Introduction to Physics

物理学导论（第四版）

WULIXUE DAOLUN

主编　张汉壮　倪牟翠　王　磊

高等教育出版社·北京

配音：
内容提要

内容提要

本书针对物理学类专业学生对物理学基本规律的逻辑关系、发展历程以及实用性了解的需要，在第一、第二、第三版的基础上，广泛参考专家意见后修改而成。

全书由绪论和第一至第六章组成。绪论部分描述了物理学大厦的轮廓，第一至第六章分别概述了机械运动、热运动、电磁现象、光现象、微观世界、时空结构等领域的知识体系的逻辑关系、发展历程和应用案例。全书用105个AR演示、25个动画演示、206个实物演示形象地展现了相关物理规律及其应用案例，以118位科学巨匠的传记配音展现了科学家对物理相关领域的贡献。

作者针对本书的编著体系配套了全程的授课视频、文字配音以及AR演示、动画演示、实物演示等多种演示资源。读者通过扫描本书中的二维码，或者登录书后网址可浏览上述相应资源。授课教师通过Email联系作者（zhanghz@jlu.edu.cn），可获得配套的PPT课件，这些课件可为教师的授课提供信息化教学保障。

本书旨在帮助和引领物理学类专业本科生加深对物理学的宏观认识。本书可作为普通高等学校物理学类专业的“物理学导论”课程教材，亦可作为其他专业学生的辅助参考书。

图书在版编目（CIP）数据

物理学导论 / 张汉壮，倪牟翠，王磊主编．--4版．-- 北京：高等教育出版社，2022.8
ISBN 978-7-04-057929-1

Ⅰ. ①物… Ⅱ. ①张… ②倪… ③王… Ⅲ. ①物理学－高等学校－教材 Ⅳ. ① O4

中国版本图书馆CIP数据核字（2022）第019670号

WULIXUE DAOLUN

策划编辑 缪可可　责任编辑 缪可可　封面设计 张 楠　版式设计 王艳红
插图绘制 黄云燕　责任校对 高 歌　责任印制 存 怡

出版发行 高等教育出版社
社 址 北京市西城区德外大街4号
邮政编码 100120
印 刷 北京市艺辉印刷有限公司
开 本 787 mm× 1092 mm 1/16
印 张 24
字 数 530千字
购书热线 010-58581118
咨询电话 400-810-0598
网 址 http://www.hep.edu.cn
http://www.hep.com.cn
网上订购 http://www.hepmall.com.cn
http://www.hepmall.com
http://www.hepmall.cn
版 次 2016年7月第1版
2022年8月第4版
印 次 2022年8月第1次印刷
定 价 46.60元

物 料 号 57929-00

物理学导论

（第四版）

主编
张汉壮
倪牟翠
王 磊

1 计算机访问http://abook.hep.com.cn/1252255，或手机扫描二维码、下载并安装Abook应用。

2 注册并登录，进入“我的课程”。

3 输入封底数字课程账号（20位密码，刮开涂层可见），或通过Abook应用扫描封底数字课程账号二维码，完成课程绑定。

4 单击“进入课程”按钮，开始本数字课程的学习。

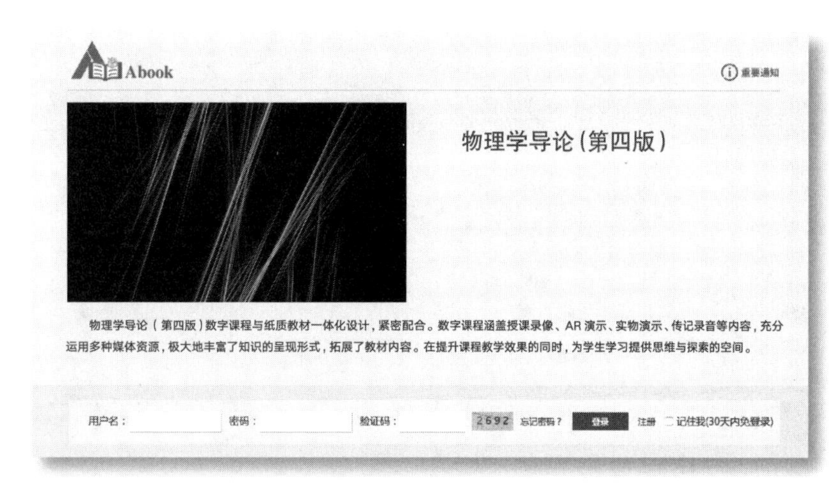

课程绑定后一年为数字课程使用有效期。受硬件限制，部分内容无法在手机端显示，请按提示通过计算机访问学习。

如有使用问题，请发邮件至abook@hep.com.cn。

http://abook.hep.com.cn/1252255

作 者 简 介

张汉壮，男，吉林大学物理学院教授，博士生导师，第三届杰出教学奖获得者，国家“万人计划”教学名师，国务院政府特殊津贴获得者，宝钢优秀教师特等奖获得者。

张汉壮教授针对不同专业本科生所建设的“物理学导论”“力学”“物理与人类生活”“电的产生与传输原理虚拟仿真实验”四门课程均获批国家级线上一流课程或虚拟仿真一流课程。其中的“力学”曾被评为国家精品课程、国家级精品资源共享课、首批课程思政示范课，“物理与人类生活”曾入选精品视频公开课。张汉壮教授编著了上述课程的配套教材四部，其中的《力学》入选“十二五”普通高等教育本科国家级规划教材，获首届全国教材建设奖优秀教材二等奖。张汉壮教授以第一完成人身份先后获得国家级教学成果奖二等奖两项。

张汉壮教授从事材料的超快动力学和发光器件的研究，承担国家自然科学基金资助项目 8 项，发表 SCI 学术论文百余篇，累计指导硕士、博士研究生及博士后百余人次。

作者 Email : zhanghz@jlu.edu.cn

作 者 的 话

1. 编著《物理学导论》的意义

配音：
作者的话

录像：
德育引领

物理学所形成的规律是千余年来百余名科学巨匠集体智慧的结晶。规律在形成的过程中，会经历现象的自然观测、人工实验、总结理论、指导实践、理论与实验的矛盾、理论再次升华等过程，最终形成了目前的物理知识理论体系。在形成物理规律的过程中，科学家们也总结出了发现问题、分析问题和解决问题的多种科学研究方法。物理学的最终规律是用数学语言来表达的，它追求的是对自然界的统一而完美的描述，希望用最少的基本原理、最简单的数学公式来表达基本规律，具有简单、和谐、对称的美学特征，公式的背后蕴含着科学的道理。正是如此美妙的理论在不断地指导着人类的生活，推动着人类的科技与文明的不断进步。对于初涉物理的学生来说，他们往往容易将精力更多地用在推导公式、演算做题等“树木”方面的工作上，而忽略了对物理的逻辑性、历史性和实用性等“森林”方面的理解。本教材就是希望从“森林”的角度，帮助读者高效地了解物理规律的逻辑性、历史性和实用性，对后续各门物理专业课程的学习起到一定的辅助作用。

2.《物理学导论》（第四版）结构框图与数字资源

本版的《物理学导论》保持前三版的体系结构（如下页图所示），仍以物理规律的体系逻辑、物理规律的发展历程、物理规律在人类生活中的应用案例为主线编著。本版的重点修改体现在三个方面：其一，对体系逻辑和发展历程做了重新的梳理，将其各分为概述和扩展两个不同层次，以满足不同读者的需求。其中概述部分作为物理学导论课程的基本内容，适合没有学过普通物理和四大力学的读者，而带“★”号的扩展部分可以作为选修内容，适合学过这些课程后而希望重温物理知识体系逻辑的读者。为了保证两个部分的独立性，部分内容有些重复。其二，将第三版的数字资源扩充至 105 个 AR 演示、25 个动画演示、206 个实物演示、118 位科学巨匠的传记解说。其三，增加了本书文字的配音，配套了有声书。

演示集锦：AR 与实物演示集锦

通过扫描本书中的二维码，或者登录书后网址可以浏览授课录像、文字配音以及 AR 演示、动画演示、实物演示等相关资源（参见“演示集锦：AR 与实物演示集锦”）。授课教师通过 Email 联系作者（zhanghz@jlu.edu.cn），可获得配套的授课 PPT 课件和相关的演示资源。

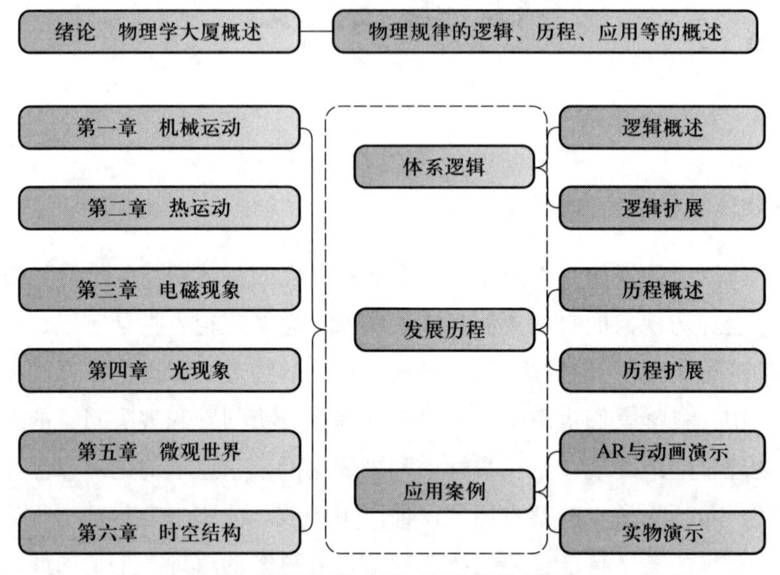

《物理学导论》（第四版）结构框图

3. 致谢

感谢吉林大学物理学院宋若龙、崔志文、何平、王鑫、徐留芳、隋宁、王荣、姚海波、郑以松、纪文宇等多年主讲本科生基础主干课的老师们，在本书的逻辑性编著方面给予的指导和帮助。感谢康智慧、迟晓春、王英惠、张涵、周洪雷、杨辉、王志军等老师在演示资源建设方面的大力帮助。感谢吉林大学物理学院、吉林大学教务处等相关部门的领导在数字资源建设方面给予的大力支持和帮助。

感谢本书的出版单位高等教育出版社及出版社相关人员在参考资料收集、文献查阅、编辑加工等方面给予的大力支持和帮助。

书中不足之处还望读者谅解，并请广大读者提出宝贵的指导意见，使本书得以不断完善。

张汉壮（zhanghz@jlu.edu.cn）
2021 年 10 月于吉林大学物理学院

目　录

配音：
目录

绪论　物理学大厦概述

§0.1　物理学研究内容分类

授课录像：物理学研究内容分类

配音：物理学研究内容分类

物理学是研究物质的结构、性质、基本运动规律以及相互作用规律的科学。从研究对象的尺度和运动速度角度，物理学可分为经典物理学（宏观物体、远远小于光速）和近代物理学（微观粒子或接近光速）。从研究对象的尺度角度，物理学可划分为天体物理学、凝聚态物理学、原子分子物理学、核物理学和粒子物理学等。从物理学最基本知识领域角度，教育部物理学类专业教学指导委员会所编制的物理专业规范中，将其概括成表 0.1 中所示的六大基本知识领域，这些也是物理学类专业本科生所需掌握的基本知识内容。而课程体系则是相关知识领域规律总结的载体。如果将表 0.1 所示的物理学每个基本知识领域按照其规律内容比例和建立的时间画成一座如图 0.1 所示的“山”的话，就能更形象地展现物理学的基本研究内容以及发展历程。

表 0.1　物理学基本知识领域

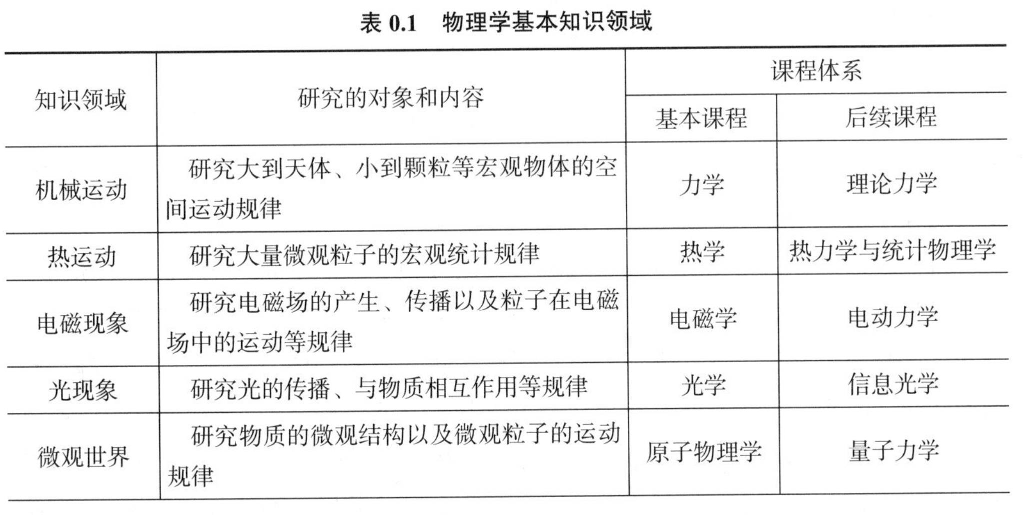

知识领域	研究的对象和内容	课程体系	
		基本课程	后续课程
机械运动	研究大到天体、小到颗粒等宏观物体的空间运动规律	力学	理论力学
热运动	研究大量微观粒子的宏观统计规律	热学	热力学与统计物理学
电磁现象	研究电磁场的产生、传播以及粒子在电磁场中的运动等规律	电磁学	电动力学
光现象	研究光的传播、与物质相互作用等规律	光学	信息光学
微观世界	研究物质的微观结构以及微观粒子的运动规律	原子物理学	量子力学

续表

知识领域	研究的对象和内容	课程体系	
		基本课程	后续课程
时空结构	研究时间、空间以及引力场的性质，宇宙的形成、结构及演化等规律	力学	电动力学、量子力学

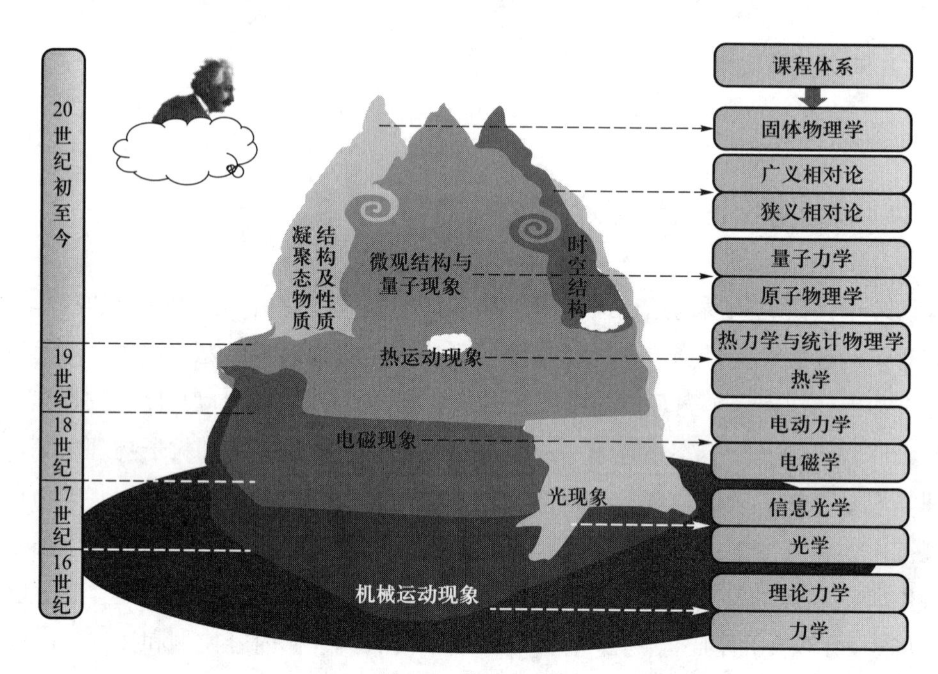

图 0.1 物理"山"

授课录像：物理学规律的逻辑关系概述

配音：物理学规律的逻辑关系概述

§0.2 物理学规律的逻辑关系概述

表 0.1 中所示的是物理学最基本的研究领域规律分类，所对应的课程体系再加上固体物理学、数学物理方法、计算物理及相关实验课程等构成了本科生物理学类专业课程体系。

机械运动研究的是小到颗粒、大到天体的宏观物体的空间运动规律，所形成的理论包括牛顿力学和分析力学，对应的课程分别为力学和理论力学。牛顿力学是实验规律的总结，分析力学一方面可以由牛顿力学导出，另外一方面可以不依赖于牛顿力学而从哈密顿原理直接导出。牛顿力学的优点是物理图像清晰，缺点是不易处理较为复杂的力学体系。而分析力学的物理图像与牛顿力学的相比显得渐行渐远，但它不但适合处理较为复杂的力学体系，而且其处理问题的变分思想方法还可以推广至其他领域，具有普适性。

热运动研究的是大量微观粒子组成的系统的宏观运动规律，形成了热力学宏观理论与统计物理学微观理论，对应的课程分别为热学和热力学与统计物理学。统计物理学对热力学宏观规律提供了理论支撑，二者构成了热学领域的理论体系。

电磁现象研究的是电磁场的产生与传输的基本规律，所形成的理论包括电磁实验规律以及电磁学统一理论，对应的课程分别为电磁学和电动力学。电磁学统一理论的基础是麦克斯韦方程组，麦克斯韦方程组是在电磁学实验规律基础上总结升华而成的，是对实验规律的理论性认识。

光现象研究的是光的传播以及光与物质相互作用的基本规律，形成了光具有波动性和粒子性的双重属性，即光的波粒二象性的理论，对应的课程分别为光学和信息光学。光学侧重的是以电磁学理论为基础的唯象研究方法，而信息光学则是利用电磁学理论处理光现象的理论方法。

微观世界研究的是微观物理问题，形成了半经典量子理论和量子力学理论，对应的基本课程是原子物理学与量子力学。原子物理学是基于经典物理理论对微观现象的半量子化描述，而准确地描述微观世界的理论则是量子力学。在量子力学理论基础上，量子理论被进一步发展出来。量子理论与相对论的结合进一步建立了现代物理理论，用以处理量子体系问题。

时空结构研究的是无引力场时的两个惯性参考系之间的时空以及物理规律的变换关系以及引力场对时空和物理规律的影响，分别形成了狭义相对论和广义相对论。狭义相对论的运动学部分需要在力学课程中介绍，动力学部分需要在电动力学和量子力学课程中介绍。广义相对论可以在力学课程中有所涉及，详细内容需要在专业课程中介绍。

授课录像： 物理学规律的发展历程概述

上述课程体系中的力学、热学、电磁学、光学、原子物理学一般统称为普通物理，而对应的后续课程一般统称为理论物理。每个领域的前后课程并非难易程度的不同，而是解决问题的方法不同，并且前后课程间有着逻辑关联。针对不同专业的课程设置，会有专业物理（普通物理 + 理论物理）、大学物理（普通物理的组合）之分，其根本的差别是内容选取的不同，并非物理规律的不同。

配音： 物理学规律的发展历程概述

§0.3 物理学规律的发展历程概述

物理学是人类历史上最悠久的自然科学之一。最早的研究始于古巴比伦和古希腊的人们对自然现象的观察。在公元 15 世纪末以前，物理学的研究还只是分散和不成体系的。物理学真正成为科学始于 16、17 世纪，牛顿力学最先建立，到 19 世纪末，热学、统计力学、光学以及电磁学等分支学科相继建立，经典物理学大厦建成了。20 世纪初，当物理学的研究深入高速和微观领域时，已有经典理论与实验的矛盾显现出来了。最为突出的是用经典理论解释包括光波在内的电磁波传播和黑体辐射规律的矛盾。随着这两个矛盾的解决，相对论和量子力学诞生了，物理学发展成为现代物理学，最终构建了如图 0.1 所示的物理基本知识领域“山”。这座“山”也是以图 0.2 所示的科学家为代表的无数科研工作者不断探索和总结升华的结果。每个领域相关的科学巨匠对物理学规律所作的贡献会在本教材的各章中的发展历程中予以介绍。本教材的附录部分给出了 118 位科学家的传记。

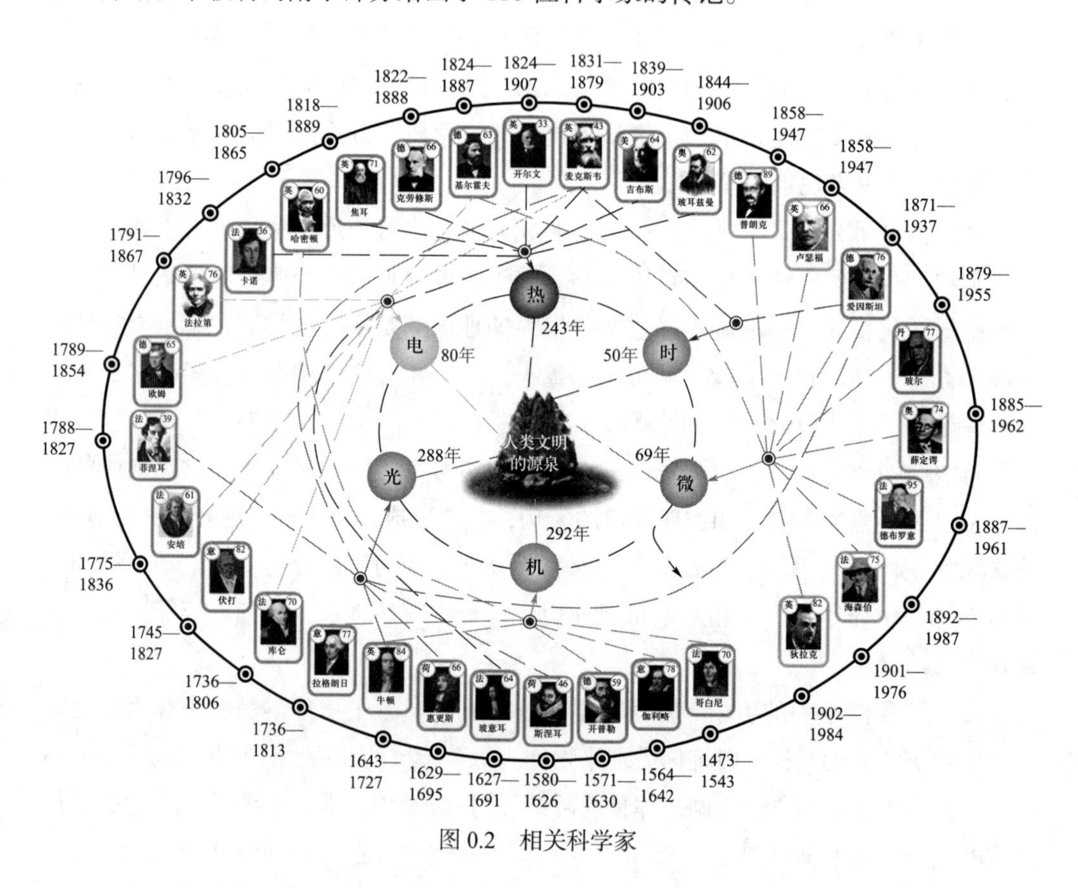

图 0.2 相关科学家

物理学家们用什么样的研究方法发现了上述物理规律？概括起来可以总结为三种方法：一是以实验为基础，通过观测总结上升至理论，这称为实验物理学研究方法，19 世纪中叶以前的物理学研究大都属于这一方法。二是从已知的原理出发，理论上预测规律，再被实验所验证，这称为理论物理学研究方法。20 世纪以后，实验物理学和理论物理学两种研究方法并存，相辅相成地推动着物理学的发展。三是随着计算机技术的进步和发展，将数学和计算机应用到物理学的研究中，可以解决复杂体系的物理问题，这构成了另外一种研究方法，称为计算物理学研究方法。因此，物理学的研究方法包含实验、理论与计算，所得结论的正确性必须由实验事实来检验。

§0.4 物理学规律的实用性概述

授课录像：物理学规律的实用性概述

配音：物理学规律的实用性概述

从人类文明进步的角度而言，物理学是自然科学的基础。物理学在探索未知的物质结构和运动基本规律中的每一次重大突破，都带来了物理学在新领域、新方向的发展，并导致新的分支学科、交叉学科和新技术的产生。物理学又是科学技术进步的源泉，极大地推动着人类文明的进步。自 17 世纪经典力学的体系建立以来，物理学的三次重大突破都导致了重大的技术进步和生产力的巨大飞跃。第一次，在力学基础上的热学和热力学的研究促进了蒸汽机的发明和广泛应用，为工业生产和交通运输提供了动力，促成了人类历史上的第一次工业革命。第二次，电磁感应的研究和电磁学理论的建立导致了发电机、电动机的发明和无线电通信的发展，引发了第二次工业革命。第三次，相对论、量子力学的建立为近代物理学的发展奠定了理论基础，使物理学进入高速、微观的领域，在核能、电子计算机、微电子技术、航天技术、分子生物学和遗传工程等领域取得了重大突破。物理学不仅是自然科学的基础，也是现代技术的重要基础，已成为人类文明的重要组成部分。

从人类生活角度来看，物理学可以帮助我们了解自然和宇宙，可以指导人类的生活。学习物理学也是提升人们科学素质最为有效的手段之一。

以人类居住的地球为例，在地球上生存的生命离不开阳光，而阳光当然离不开太阳。太阳与地球的距离大约是地球直径的 1.2 万倍，也就是约 1.5×10^{8} km，光的速度约为 3×10^{8} m/s，依据这些数据可以估算，从太阳发出的光传到地球上所需要的时间大约是 8.3 min。在这样一个巨大的空间距离内，有很多的自然现象在时刻发生着。例如，从太阳到地球的这段路途中，有日冕层、电离层、极光、臭氧层、雨、雷、电等，这些自然现象的成因都可由物理学规律解释。因此，从这个层面来说，学习物理学可以使我们了解自然和宇宙，树立唯物主义世界观。

在文体活动中，我们经常会发现，跳水运动员、芭蕾舞演员、滑冰运动员等会通过改变身体质量分布的方式实现转体角速度的变化。在乒乓球、网球、足球等各种球类运动中，运动员通过击打球的不同位置，可以实现上旋球、下旋球、侧旋球（也称香蕉球）等。植物从土壤中汲取水分需要利用毛细现象规律，而在土地保墒时又要阻止毛细现象的发生。例如，庄稼收割完之后，土壤中的水分还会通过毛细现象蒸发，使土地变干涸。在这种情况下，就要通过松土的办法，把毛细管破坏掉，把水分保留到土壤里面。这些体育运动中的现象以及土地保墒反映的都是物理学原理，因此，从这个层面上说，物理可以科学地指导人类的生活与生产。

大学教育的目的不仅仅是传授知识，而更重要的是在传授知识的过程中，培养学生的综合能力和实现价值引领。随着时代的发展，知识内容本身或许会成为陈旧落后的内容，而所培养的良好能力会使人受益终身。由于不同学科的特点不同，各学科所培养学生的能力侧重面会有所不同。由于物理学研究内容和研究手段的特殊性，非常有利于学习物理的人养成良好的逻辑思维能力、创新与探索能力、接受新事物能力等，所以从这个层面来讲，物理又是培养学生具有良好科学素质的有效手段。

§0.5　学好物理学的建议

授课录像：
学好物理学的建议

配音：
学好物理学的建议

初唐书法家虞世南的“居高声自远，非是藉秋风”以及唐朝诗人王之涣在《登鹳雀楼》中的“欲穷千里目，更上一层楼”脍炙人口。从表面看，虽然两首诗分别描述的是声音的传播和景物与观察者所处位置的关系，但其深刻的内涵告诉我们高屋建瓴的重要性。对于任何一门学科的学习来讲，初学者往往是在推导公式、演算做题等方面所下的工夫有余，而对于学科的逻辑性、历史性以及实用性方面重视程度不足。如下几点具体的建议供读者学习物理学时参考。

1. 掌握物理规律的逻辑关系，消除“学物理，如雾里”的盲目性

物理规律在形成的过程中，会经历现象的自然观测、人工实验、总结理论、指导实践、理论与实验的矛盾、理论再次升华等过程，最终形成了目前的物理知识理论体系。因此，同学们要想学好物理，首先需要对物理规律的逻辑有清楚的认识，亦即在深入学习时，要清楚同一领域的课程之间的逻辑关系、每门课程解决了哪些问题、知识体系之间的逻辑关系如何。

2. 了解物理规律的建立过程，弥补“雾里看物理”的方法缺失

物理规律是无数科学家千年来的集体智慧结晶。在发现规律的过程中，科学家们探索出了多种发现问题、分析问题和解决问题的方法。因此，要想学好物理，需要了解科学家们发现规律的历史过程，这也是培养同学解决问题能力的有效手段。从时代发展的角度来说，知识内容本身或许成为陈旧落后的内容，但在学习过程中所培养的良好思维能力和解决问题的能力会使人受益终身。

3. 理解物理规律的实用性，消除“勿理物理”的无兴趣性

物理学规律是用数学语言来表达的，它追求的是对自然界的统一而完美的描述，希望用最少的基本原理、最简单的数学公式来表达基本规律，具有简单、和谐、对称的美学特征，公式的背后蕴含着科学的道理。正是如此美妙的理论在不断地指导

着人类的生活，推动着人类的科技与文明的不断进步。因此，学好物理更加需要体会物理的实用性，这也是培养探索精神的过程。

在上述基础上，认真、独立地做好习题，是学好物理学课程所必须完成的任务。许多习题是实际问题的简化，可以起到理论联系实际的桥梁作用。同学们不能简单地套用公式或对照答案，应以分析和研究的态度，独立地做好每一道习题，这样既可加深对基本理论的理解，又可提高运用理论解决实际问题的能力。

§0.6 物理学导论的演示资源概述

授课录像：物理学导论的演示资源概述

演示资源的建设和应用对提升理科课程，尤其是物理课程的教学效果具有十分重要的作用，因为物理规律往往是深奥的、抽象的，而当代学生的特点是思维活跃、处于丰富的信息技术包围中，仅靠教师讲授书本内容很难为学生所接受。新时代的教师应该充分利用计算机、多媒体、互联网等技术，借助信息化手段，丰富课程内容的表现形式，激发学生的兴趣，提高教学效率。本课程的演示资源主要包括 AR 演示、动画演示、实物演示三种类型，其中 AR 演示有 105 个，动画演示有 25 个，实物演示有 206 个，涵盖了机械运动、热运动、电磁现象、光现象、微观世界、时空结构六大领域。本课程通过演示化的教学方法实现了教师的主导作用与学生的主动精神的有机结合。此外本书还有 118 位科学巨匠的简介和对应的解说，为同学们了解科学巨匠们在科学研究中所作出的杰出贡献提供了帮助。同时，本书中增加了文字配音，实现了有声书。

配音：物理学导论的演示资源概述

参考文献

[1] 张汉壮 . 力学 . 4 版 . 北京：高等教育出版社，2019.

[2] 教育部高等学校物理学与天文学教学指导委员会物理学类专业教学指导分委员会 . 高等学校物理学本科指导性专业规范 高等学校应用物理学本科指导性专业规范（2010 年版）. 北京：高等教育出版社，2011.

第一章　机 械 运 动

本章概述图 1.1 所示的机械运动领域规律的逻辑关系、发展历程及实用性，精选典型案例，以 AR 演示、实物演示等方式展现相关的基本规律及应用案例。

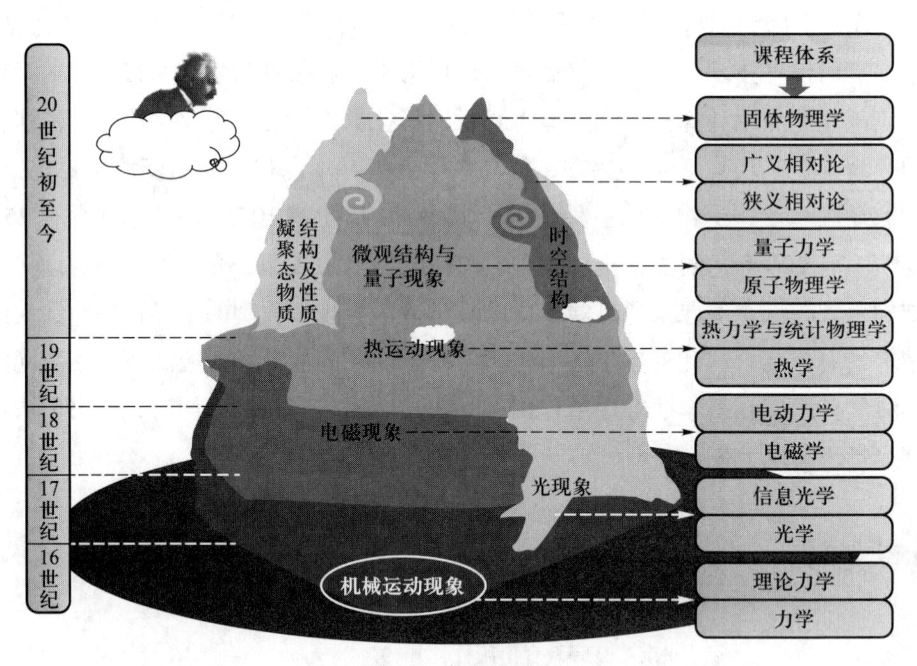

图 1.1　物理“山”

§1.1　机械运动知识体系逻辑

机械运动研究的是小到颗粒、大到天体的宏观物体的空间运动规律，所形成的理论包括牛顿力学和分析力学，对应的课程分别为力学和理论力学。牛顿力学是实验规律的总结，分析力学一方面可以由牛顿力学导出，另外一方面也可以从哈密顿原理导出，其知识体系之间的基本逻辑关系如图 1.2 所示。牛顿力学和分析力学均为本科生的专业基础课程。

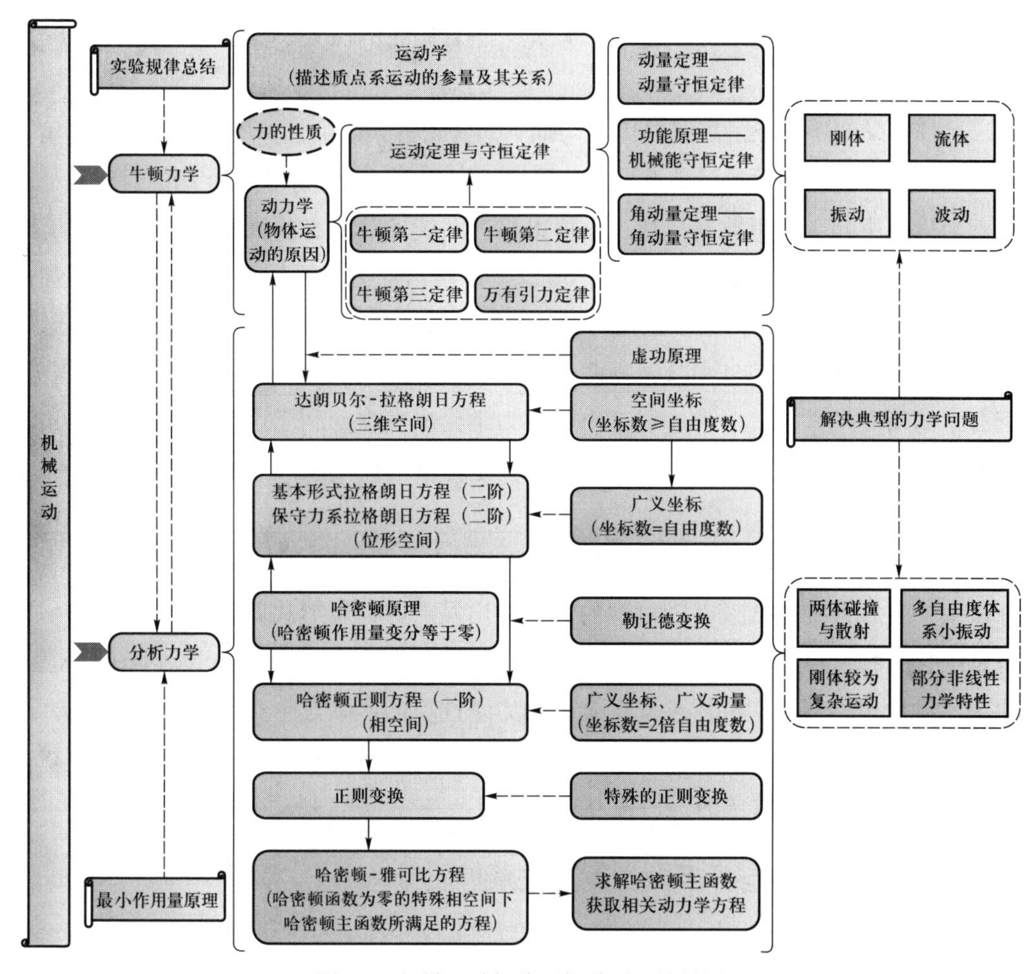

图 1.2　机械运动规律逻辑关系思维导图

1.1.1　牛顿力学与分析力学逻辑关系概述

授课录像：牛顿力学与分析力学逻辑关系概述

配音：牛顿力学与分析力学逻辑关系概述

牛顿力学与分析力学是机械运动的两种等价规律，两者可以相互导出。牛顿力学的优点是物理图像清晰，缺点是不易处理复杂的力学体系的问题。而分析力学的物理图像与牛顿力学的相比，虽然显得渐行渐远，但它不但适合处理诸如图 1.2 所示的较为复杂的力学体系的问题，而且其处理问题的变分思想还可以推广至其他领域。

对于一个宏观力学系统，如何在已知外力和初始条件的情况下确定其在三维空间的时间演化规律，或者在已知演化规律的前提下确定相关的物理量，是构建机械运动规律的根本任务。显然，有了这样的规律就可以科学地指导人类的活动，例如如何使发射炮弹的射程最远、如何发射人造地球卫星等。牛顿集大成地高度升华，总结出了这样的规律，即牛顿运动定律和万有引力定律。原则上，由牛顿运动定律辅以初始条件可以解决一切机械系统的动力学问题，但在实际操作的过程中会出现求解的困难，尤其是对于复杂的力学系统。随着研究的深入，分析力学被进一步发展建立起来了。

牛顿力学解决问题的思路是以力为动力源，求解系统的加速度，再依据加速度、速度、位移等的运动学矢量关系最终获得以坐标表示的力学系统在空间的运动规律。分析力学解决问题的思路是寻找一个可以描述系统运动状态的函数及其随时间的演化方程，求解演化方程，最终同样获得以坐标表示的力学系统在空间的运动规律。因此，分析力学的主要任务就是如何寻找系统函数及其所满足的方程。

分析力学有拉格朗日和哈密顿两种动力学表达形式，可以通过两种途径获得分析力学的动力学方程。一种途径是由牛顿力学为出发点，利用虚功原理、达朗贝尔原理、坐标变换等方式获得；另外一种途径是由最小作用量原理而引申出的哈密顿原理直接获得。

综上所述，牛顿力学是以实验为基础，以力、速度为出发点的矢量形式方程。分析力学是以系统函数及其随时间的演化为出发点的标量形式方程。寻找系统函数以及演化方程可以以牛顿力学为基础导出，也可以从哈密顿原理导出。但在哈密顿原理的方法中，选取能够体现系统全部动力学性质的函数是个难点。而由牛顿力学出发得出的拉格朗日函数最终解决了这个难题。因此，从寻找系统函数的角度来说，牛顿力学依然是分析力学的坚强有力的后盾。

*1.1.2 牛顿力学与分析力学逻辑关系扩展

一、牛顿力学知识体系概述

授课录像：牛顿力学与分析力学逻辑关系扩展

配音：牛顿力学与分析力学逻辑关系扩展

牛顿力学首先以质点为研究对象，主要由运动学和动力学内容组成。运动学首先用位置矢量、速度、加速度来描述的质点的位置和运动状态，随后用微元法给出了三者之间的矢量关系。为了便于计算，运动学中引入了直角坐标、极坐标、本征坐标等坐标系。视具体问题的研究方便，人们选择一种合适的坐标系，将位置矢量、速度、加速度以及相互关系在该坐标系下表示出来，就把运动学的矢量运算化作了标量运算。质点运动学并没有解释质点运动的原因，解释这一问题的是质点动力学。牛顿集大成地总结出了牛顿运动定律和万有引力定律，构成了牛顿力学的最基本理论体系。牛顿第一、第二定律仅在惯性系下成立。依据等效原理，人们引入惯性力，即可将惯性系下的牛顿第二定律推广至非惯性系下。至此，质点的基本动力学规律就已经全部建成了。

一个实际的机械运动系统可以看成由无数多质点组成的。如果对每个质点都应用牛顿运动定律，似乎就可以解决一个系统的力学问题。但事实上，由于质点间相互作用力是未知的，人们无法求解众多的质点方程组。即便求不出系统中每个质点的运动规律，是否有办法获得系统的某些整体信息呢？有！利用微积分的数学手段，通过力和力矩等物理量对时间和空间的累积积分，由牛顿运动定律出发，可以获得既适用于质点，又适用于质点系的质心运动定理、动量定理、功能原理、角动量定理等运动定理。在特殊的条件下，这些定理（原理）可以转化为相应的动量守恒定律、机械能守恒定律、角动量守恒定律等。从这个推导过程看，动量守恒定律、机械能守恒定律、角动量守恒定律等似乎是相应定理的推论，但从后续的物理研究中人们会发现，这些守恒定律是适合各个领域的、更为普遍的规律。

上述的质点运动学、质点动力学以及由此导出的相应定理与守恒定律就构成了牛顿力学的理论框架体系。以此为基础，根据研究对象的属性，可以处理如图 1.2 所示的特殊质点系中的刚体和流体等问题、普遍的运动形式中的振动和波动等典型的力学问题。

二、分析力学知识体系概述

用一个可以表征系统全部动力学性质的函数及其随时间的演化方程去解决实际的力学体系问题是分析力学的核心思想。选取拉格朗日函数作为系统函数，其随时间的演化方程为拉格朗日方程，这就是拉格朗日表述形式的分析力学。选取哈密顿函数作为系统函数，其随时间的演化方程为哈密顿正则方程，这就是哈密顿表述形式的分析力学。这两个方程既可以从牛顿力学出发获得，也可以从哈密顿原理直接获得。由牛顿力学可以直接求解系统所受的约束力，而从拉格朗日方程和哈密顿正则方程是无法直接求解约束力的。为了弥补这个不足，分析力学还发展了拉格朗日不定乘子法，可以实现约束力的求解。为了更加方便地求解哈密顿正则方程，人们进一步探索了正则变换和哈密顿–雅可比方程的方法。

基本形式与扩展形式的拉格朗日方程的适用条件仅限于完整约束（位置矢量仅可以表示为坐标和时间的函数）。保守力系的拉格朗日方程适用的条件为完整约束+理想约束（约束力对系统的虚功之和为零）+保守力系（广义力的功可以用势能函数来表示）。哈密顿正则方程的适用条件与保守力系的拉格朗日方程是相同的。保守力系的系统不一定对应的是能量守恒系统，只有加上稳定约束（约束方程仅是空间坐标的函数）以及势能函数与时间无关的条件才对应的是能量守恒系统。

上述的拉格朗日方程和哈密顿正则方程构成了分析力学的理论基础，加上拉格朗日不定乘子法、正则变换、哈密顿–雅可比方程的方法，构成了分析力学的理论框架体系。以此为基础，根据研究对象的属性，可以处理如图 1.2 中所示的较为复杂的力学问题。

三、由牛顿力学到分析力学的途径

以牛顿力学为出发点，通过相关的原理和数学手段，分析力学的拉格朗日表述形式和哈密顿表述形式就可以被推导出来。

1. 由牛顿力学到拉格朗日表述的途径

牛顿力学是以力、速度为出发点的矢量方程，侧重从力的角度处理问题，适用于简单的力学系统。对于一个复杂的系统，牛顿力学就显得无能为力。分析力学的侧重点是用一个系统函数及其随时间的演化方程来描述系统的动力学规律。为了研究力学运动规律，首先需要选取研究对象。如果选择的研究对象是一个力学体系（等效为由许多相互作用的质点组成的），可以有外力和内力之分。如果选取的研究对象是个质点，就没有了外力和内力之分，而只有主动力（对系统主动施加的作用力）和约束力之分。其中的约束力属于被动力（伴随系统的状态而产生的作用力）。针对一个静力学平衡系统，对系统内的某个质点应用牛顿第二定律，就会得到该质点“所受的主动力与约束力之和等于零的平衡态方程”。设想这个质点在约束允许的条件下，在平衡状态附近做了微小的移动，称为虚位移（只是想象，并没有真实运动）。用这个虚位移点乘质点的“主动力与约束力之和等于零的平衡态方程”两边，就得到这个质点“所受的主动力虚功与约束力虚功之和等于零的方程”。对体系中的每个质点所满足的这样的方程全部相加，就会得到体系所受的主动力虚功之和与约束力虚功之和相加等于零的系统平衡方程。进一步将约束力分为理想约束力和非理想约束力。理想约束力虚功之和为零（例如，光滑的曲面、曲线、铰链、刚性连接等），而非理想约束力的虚功是不为零的（例如，弹性体质点之间的相互内力、摩擦力等）。如果系统所受到约束力全部为理想约束力，则平衡条件下所有主动力虚功之和等于零，称为虚功原理。如果体系所受到的约束力中存在着非理想约束力，可以将非理想约束力视为主动力的一部分，则虚功原理的表述形式是不变的。如此一来，通过虚功原理就把牛顿的矢量方程转化为标量方程，进而开启了标量运算的模式。显然，由虚功原理无法获得系统的约束力。如果想求出这些约束力，分析力学中有拉格朗日不定乘子法，可以实现约束力的求解。

对于受外力作用而加速运动的一个力学体系，由牛顿第二定律可获得每个质点所受的主动力与约束力之和等于质点质量乘以加速度的方程。如果将质量乘以加速度一项以加负号的方式移至方程的左侧，并称其为有效力（并不是力学中定义的惯性力），即可得到主动力、约束力、有效力之和等于零的方程。如此一来就把动力学问题转化为静力学问题，这被称为达朗贝尔原理。重复上述处理静力学系的方法，就可获得理想约束条件下主动力虚功之和与有效力虚功之和等于零的方程，称为达朗贝尔−拉格朗日方程。对于非理想约束力，可以将其视为主动力，达朗贝尔−拉格朗日方程的形式不变。

为了方便进一步改造达朗贝尔−拉格朗日方程，我们先描述一下自由度与相空间的概念。针对一个体系而言，能够用来完全描述系统运动的、相互独立的自变量个数称为自由度。一个自由体系的空间自由度就是组成体系所有质点的空间坐标个数。当体系受到某种约束时，其空间自由度就会减少，亦即体系所有质点的空间坐标并不是独立的。根据具体研究问题的约束条件，可以重新选择一组独立的、与体系自由度相等个数的自变量作为新的“坐标”，称为广义坐标，广义坐标对时间的导数称为广义速度。广义坐标的选取不受限于真实的空间坐标，可以是长度、角度、面积等，要视具体的问题，以有利于方便地解决问题为原则。为了从几何角度形象地表示系统的空间状态以及随时间的演化过程，除了时间自变量以外，以函数的其他独立自变量的组合构造一个想象的“空间”。某时刻系统的状态对应着这个“空间”一个点，系统状态随时间的演化过程就可以用这个“空间”点的移动，或称轨道来表示。一个系统函数可以以不同的独立自变量来描述，对应的“空间”也就不同。以独立的真实空间坐标为自变量组成的“空间”称为三维空间，以独立的广义坐标为自变量组成的“空间”称为位形空间，以独立的广义坐标和广义动量为自变量所组成的“空间”称为相空间。

按照如上关于广义坐标、广义速度、相空间等的描述，显然前述获得的达朗贝尔–拉格朗日方程是三维空间下的方程。如果体系受到约束限制，这些空间坐标就不是独立的自变量。因此，有必要根据体系的具体约束关系，重新选取与体系自由度个数相一致的广义坐标作为独立自变量，进一步改造达朗贝尔–拉格朗日方程。也就是将三维空间下的达朗贝尔–拉格朗日方程变换为位形空间下的形式。具体的操作方法就是，视具体约束条件，选取一组合适的广义坐标，依据完整约束方程（质点的位置矢量仅可以表示为坐标和时间的函数），可以将空间坐标用广义坐标及时间的组合来表示，空间速度用广义坐标和广义速度及时间的组合来表述，将其代入达朗贝尔–拉格朗日方程中，体系的主动力以广义坐标来表示，称为广义力；体系的动能以广义坐标和广义速度来表示，称为广义动能，最终可得位形空间下体系的广义动能与广义力关系的方程，称为基本形式的拉格朗日方程。对于保守力系，体系所受的保守力可以用相应的势能函数来表示。定义体系的动能与势能之差为拉格朗日函数，则可以将基本形式的拉格朗日方程改造为位形空间下关于拉格朗日函数的方程，称为保守力系的拉格朗日方程，它是分析力学的一个重要理论方程。对于有些不能用势能函数表示的主动力（包括非理想约束力），保守力系拉格朗日方程的右侧需要有非保守力对应的广义力存在，这是拉格朗日方程的一种扩展形式。

2. 由拉格朗日方程到哈密顿表述的分析力学途径

拉格朗日方程是一组二阶常微分方程组，其方程组的个数与体系自由度是相同的。是否可以将这组方程组降为一阶呢？保守系统中拉格朗日方程中仅有拉格朗日函数对广义坐标和广义速度两种偏导的形式存在。其中的拉格朗日函数对广义速度的偏导数相当于广义坐标对时间的二阶偏导数，这也是拉格朗日方程二阶性的由来。如果定义拉格朗日函数对广义速度的偏导数为新的自变量，称为广义动量（在三维空间具有动量的量纲），用以替换原来的广义速度，并将其视为与广义坐标相互独立的自变量（即把原来的位形空间扩大到相空间），原则上就可使拉格朗日方程降阶。按照此方法就可获得相空间下新的拉格朗日方程。对如此方法所获得的结果进行分析时会发现，两个“空间”下自变量的变换关系不具有简单的对称性。数学上有一种方法可以解决这一问题，即当新的自变量是原函数对原自变量偏导数的变换关系时，在自变量变换的同时，重新构造一个函数形式，使其与原来的函数满足一定函数关系，称为勒让德变换。勒让德变换不但可以使原、新自变量之间的变换具有简单的对称关系，也可以使变换方程在新的自变量空间下具有简单的表述形式。按照此方法，自变量在由位形空间向相空间变换的同时，定义一个函数，称为哈密顿函数，它与拉格朗日函数满足勒让德变换关系。如此可得到相空间下哈密顿函数所满足的方程，称为哈密顿正则方程，简称正则方程。这个方程是分析力学的另一重要方程。该方程也可以进一步由泊松括号来表示，特殊情况下也可以利用泊松定理辅助求解。

概括一下拉格朗日方程与哈密顿正则方程的区别：拉格朗日方程是以广义坐标为独立自变量的一组二阶常微分方程组，其方程的个数与广义坐标的自由度是相同的；而正则方程是以广义坐标和广义动量为独立自变量的相空间下的一阶常微分方程组，其方程的个数比拉格朗日方程的个数增加了一倍，所带来的好处是使方程的表述形式更为简单，有时也更便于求解。

综上所述，由于推导拉格朗日方程的前提条件是质点的位置矢量仅可以表示为坐标和时间的函数，即完整约束条件，非理想约束力可以以主动力的形式来体现，所以基本形式与扩展形式的拉格朗日方程仅限于完整约束；保守力系的拉格朗日方程是在基本拉格朗日方程基础上，加上理想约束力虚功之和等于零，所有主动力均可以用势能函数来表示为条件进一步推导得出的，因此保守力系的拉格朗日方程适用的条件为完整约束＋理想约束＋保守力系；正则方程是由保守力系拉格朗日方程进一步变换而来，因此与保守力系的拉格朗日方程适用的条件是相同的。保守力系的系统不一定对应的是能量守恒系统。理想约束意味着约束力对系统的虚功之和为零，但并不排除约束力对系统做实功，而稳定约束（约束方程仅是空间坐标的函数）条件限定了约束力对系统不做实功；势能函数与时间无关意味着系统与外界没有能量交换。因此，对于保守力系的系统，只有加上稳定约束以及势能函数与时间无关的条件才对应的是能量守恒系统。

四、由哈密顿原理到分析力学的途径

前述是从牛顿力学获得分析力学两种表述的途径。分析力学的两种表述形式也可以从独立于牛顿力学的哈密顿原理直接获得。哈密顿原理源于最小作用量原理和变分原理。

为了便于理解哈密顿原理，首先解释一下什么是变分原理。把一个函数对空间或者对时间的积分称为作用量。一般来说，这个作用量是以函数为自变量的，也就是函数的函数，数学上称为泛函。数学上有个变分原理，即一个泛函的极值对应着作用量的变分等于零。因此，对一个作用量取极值，也就意味着作用量的变分等于零。由此可以看出，变分原理实际上是求泛函极值的一种数学手段。那么这个变分原理的数学手段对寻找物理规律有什么用呢？求解最速降线问题是一个典型的例子：一个质点在重力作用下滑落到其下方的一点，不计摩擦，沿着什么样的轨道所用时间最短？这个问题最早由伽利略于1630年提出，并给出了并不准确的圆弧形的结论。1696年瑞士科学家约翰·伯努利解决了此问题，并以此向牛顿及其他数学家们提出挑战。约翰·伯努利本人、他的老师莱布尼茨、他的哥哥雅克布·伯努利、他的学生洛必达以及牛顿等很快都给出了旋轮线（也称摆线）的结论，但他们各自所采用的方法是不同的。直至1744年，约翰·伯努利的另一位学生，著名的数学家欧拉针对最速降线问题建立了一个方程，后人称为欧拉–拉格朗日方程，给出了求解最速降线问题的最佳数学方法，即变分原理。同年，法国科学家莫培督发表论文《论各种自然定律的一致性》，在对比光的传播以及弹性球在刚体表面上的反弹动力学行为时，提出了“它将沿一条作用量为最小的路线”，并进而推论“大自然在显示自己的作用能力时，永远是选取最简单路线”的观点，也就是最小作用量原理的最早表述形式。1746年，莫培督将动量对空间位移的标量积分定义为作用量，利用变分等于零，导出了碰撞定律和杠杆定律。后来拉格朗日和雅可比先后将莫培督原理中的作用量改造成相空间的表述形式。意大利科学家拉格拉日于1788年建立拉格朗日方程后，英国科学家哈密顿发现欧拉所建立的最降速线方程和拉格朗日方程具有非常相似的形式。哈密顿综合前述的极值问题以及莫培督原理等成果，于1835年提出了哈密顿原理，即一个系统真实的物理过程对应着该系统函数的作用量取极值，进一步利用变分原理可获得系统函数所满足的方程。这是对莫培督原理的进一步拓展。

利用最小作用量原理寻找物理规律的一个关键问题是如何寻找系统函数以及对应的作用量。例如，欧拉方程所描述的极值系统中所选的函数是根据牛顿运动定律给出的，对应的作用量是这个函数对空间的积分；莫培督原理中所选的函数是真实空间下的动量，对应的作用量是动量对空间位移的标量积。拉格朗日方程建立后，哈密顿将拉格朗日函数作为力学系统函数，它对时间的积分对应作用量，称为哈密顿作用量。系统作用量的选取不同，会导致最小作用量的适用范围不同。例如，对于一个力学体系，莫培督的最小作用量原理仅适用于机械能守恒体系，哈密顿的最小作用量原理适用于机械能守恒与非守恒体系。德国数学家诺特提出的“任何作用量的对称性都会与一个守恒量一一对应”的诺特定理以及群论的发展为寻找适用领域更为广泛的作用量，或者由作用量的对称性直接获得守恒定律提供了方向性的指导。

依据上述的思想方法很容易从哈密顿原理推导出分析力学的两种表述方程。将拉格朗日函数对时间积分作为力学系统的作用量，即哈密顿作用量，令哈密顿作用量的变分等于零，即可直接导出保守力系的拉格朗日方程。将拉格朗日函数用哈密顿函数来表述，重新对哈密顿作用量取变分取零，可直接获得在相空间中的哈密顿正则方程。

五、正则变换与哈密顿-雅可比方程

无论是从牛顿运动定律的途径还是从哈密顿原理的途径都可获得用以描述力学系统的动力学方程，即拉格朗日方程和哈密顿正则方程。正则变换和哈密顿-雅可比方程是为了更加方便地求解正则方程而发展出的理论方法。

哈密顿正则方程是由两类方程组成的，一类是广义坐标对时间的导数等于哈密顿函数对广义动量的偏导数，另一类是广义动量对时间的导数等于哈密顿函数对广义坐标的偏导数的负值。由此可以看出，如果哈密顿函数不显含某些广义坐标，则对应的广义动量为守恒量；如果哈密顿函数不显含某些广义动量，则对应的广义坐标为守恒量。将哈密顿函数中不显含的那些广义坐标或者广义动量称为循环坐标。显然循环坐标的个数越多，求解正则方程就越方便。如何使哈密顿函数出现更多的循环坐标？哈密顿函数出现循环坐标个数的多少是与广义坐标和广义动量的选取有关的。将原来选取的一组广义坐标和广义动量相空间，变换到另外一组新的广义坐标和广义动量相空间，同时使新相空间下的哈密顿函数依然保持原有的方程形式，并且出现更多的循环坐标，这是正则变换的任务。如何实现这样的变换？分析力学的变分原理证明，一个相空间下的拉格朗日函数加上该相空间下的一个任意函数对时间的全导数不影响变分结果，也就是对所建立的方程不产生任何的影响。拉格朗日函数的这个特性为寻找两个相空间的坐标与函数间的变换关系找到了依据。定义两个相空间下的拉格朗日函数之差等于一个函数对时间的全导数。这个函数是任意的，其自变量可以是两个相空间中的广义坐标与广义动量的任意组合。为了建立起两个相空间坐标之间的变换关系，需要在原相空间下的广义坐标和广义动量中任选其一，与新相空间下的广义坐标和广义动量任选其一的组合，作为这个任意函数的自变量。因此，可以有四类自变量的组合，对应就有四类函数。把这类函数称为正则变换的母函数。这个母函数就把新、原相空间的自变量和哈密顿函数联系了起来。由进一步推导可知，两个相空间的坐标变换可以通过母函数对相应坐标的偏导数实现，新、原相空间下的哈密顿函数之差等于母函数对时间的偏微分。

综上所述可以看出，所选取的母函数是架起新、原两个相空间之间的桥梁。选取合适的母函数就可以在新的相空间下出现更多的循环变量，更方便求解。一个关键的问题是如何选取合适的桥梁呢？由于母函数选取的任意性，只能根据具体的问题进行尝试，而没有一个确切的选取规则。

上述正则变换的难点在于母函数的选取，是否能够选取一个特殊的母函数使得新相空间下的自变量全部变为循环坐标呢？由哈密顿正则方程可以看出，如果令新的相空间下的哈密顿函数等于零，则新相空间下的广义坐标与广义动量将全部为循环坐标。由前述的“新、原相空间下的哈密顿函数之差等于母函数对时间的偏导数”可以看出，如果令新空间下的哈密顿函数等于零，则可以得到母函数对时间的偏导数与原相空间下哈密顿函数之和等于零的方程，称为哈密顿-雅可比方程，方程中的特殊母函数称为哈密顿主函数。由哈密顿-雅可比方程是可以求解哈密顿主函数的，由此可以直接解出原相空间下的广义坐标和广义动量随时间变化的关系。

§1.2　机械运动规律发展历程

由图 1.2 所示的牛顿力学和分析力学构成了现代机械运动的理论体系。这个理论体系看似是在 16 至 19 世纪逐渐建立和发展的，但它的建立过程却经历了两千余年的人类的奋斗历程。本书将这个奋斗历程分为天地运动探索、新物理学诞生、践行完善发展三个阶段，如表 1.1 所示。在机械运动领域作出重要贡献的科学家及其传记分别如图 1.3 所示和附录 1 所述。

表 1.1　机械运动理论的重要历史发展阶段

阶段	年代	分段历史	相关科学家
天地运动探索（2500 余年）	公元前 6 世纪（泰勒斯本原说）—1908 年（佩兰实验）	本原说（2500 余年）	泰勒斯、亚里士多德、留基波、道尔顿、奥斯特瓦尔德、布朗、爱因斯坦、佩兰
	公元前 4 世纪（亚里士多德）—1522 年（麦哲伦环球航行）	测量学（2000 余年）	亚里士多德、阿利斯塔克、埃拉托色尼
	公元前 4 世纪（亚里士多德）—公元前 3 世纪（阿基米德）	运动论（100 余年）	亚里士多德、阿基米德
	约 140 年（托勒密《天文学大成》）—1543 年（哥白尼《天体运行论》）	地动说（1400 余年）	亚里士多德、托勒密、哥白尼

续表

阶段	年代	分段历史	相关科学家
新物理学诞生（140余年）	1543年（哥白尼《天体运行论》）—1687年（牛顿《自然哲学的数学原理》）	万有引力定律（144年）	第谷、伽利略、开普勒、胡克、牛顿
	1583年（伽利略单摆等时性观测）—1687年（牛顿《自然哲学的数学原理》）	牛顿运动定律（104年）	斯蒂文、伽利略、笛卡儿、居里克、托里拆利、帕斯卡、惠更斯、胡克、牛顿、莱布尼茨、哈雷
践行完善发展（140余年）	1687年(牛顿《自然哲学的数学原理》)—1759年（哈雷彗星）	指导发现（72年）	哈雷
	1738年（伯努利《流体动力学》）—1851年（傅科摆实验）	应用完善（113年）	伯努利、卡文迪什、马格纳斯、傅科
	1744年（莫培督原理）—1835年（哈密顿《再论动力学的一种普遍方法》）	分析力学（91年）	莫培督、欧拉、达朗贝尔、拉格朗日、雅可比、哈密顿

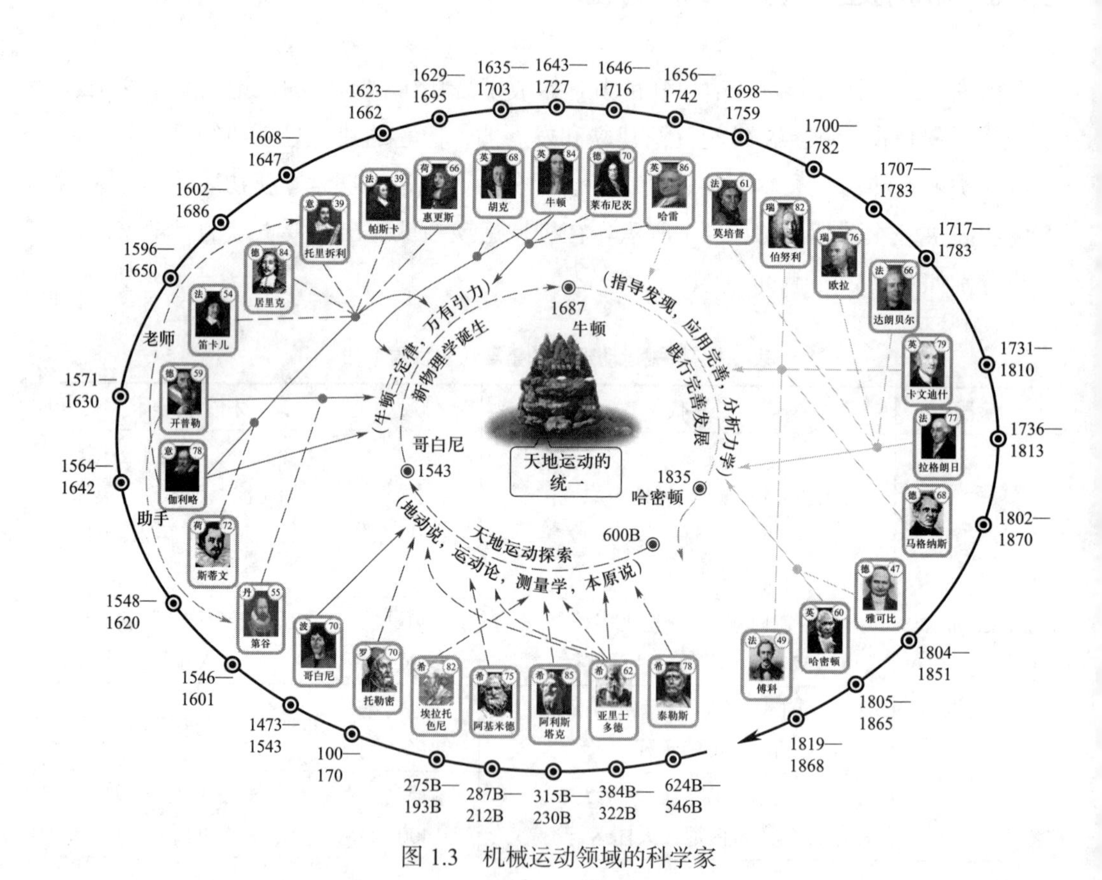

图1.3　机械运动领域的科学家

1.2.1 机械运动规律发展历程概述

授课录像：
机械运动
规律发展
历程概述

配音：
机械运动
规律发展
历程概述

本书将机械运动规律的发展历程概括为三个阶段。从约公元前 6 世纪古希腊哲学家泰勒斯的物质本原说至 1543 年哥白尼的《天体运行论》问世，这是人类对自然界的天地运动规律探索的阶段，经历了 2000 余年的发展历程。从 1543 年哥白尼的《天体运行论》问世至 1687 年牛顿的《自然哲学的数学原理》问世，这是新物理学的诞生阶段，经历了 140 余年的发展历程。从 1687 年牛顿的《自然哲学的数学原理》问世至 1835 年的哈密顿分析力学问世，这是牛顿力学的践行发展完善阶段，经历了 140 余年的发展历程。

一、天地运动探索

1. 本原说

关于物质是由什么组成的探讨可以追溯至公元前 6 世纪的古希腊，第一个留下记载的是古希腊哲学家泰勒斯。此后，阿那克西曼德、毕达哥拉斯、赫拉克利特、恩培多克勒、亚里士多德等古希腊哲学家提出了各自的观点。公元前 4 世纪前后，古希腊哲学家留基波和他的学生德谟克利特提出了对近代科学产生深远影响的原子论思想。19 世纪初，英国化学家、物理学家道尔顿（1766—1844）沿袭了留基波的原子论思想，提出了物质是由原子组成。19 世纪 40 年代，德国物理化学家奥斯特瓦尔德提出了唯能论观点。1827 年英国植物学家布朗发现了布朗运动现象。1905 年爱因斯坦根据分子运动理论提出了布朗运动的数学模型。1908 年法国物理学家佩兰通过实验验证了模型的正确性。至此原子学说得到普遍承认，唯能论退出历史舞台。

2. 测量学

人类所接触的最直接的环境就是星空和大地。地球是圆的吗？地球、月球、太阳孰大孰小？地球有多大？这些早期探索，凝结了古希腊人的智慧。古希腊哲学家毕达哥拉斯凭直觉认为球是完美的形状，所以他认为地球应是球形的。古希腊哲学家亚里士多德依据前人的成果，总结了地球是球形的三点证据。葡萄牙航海家麦哲伦首次实现了环球远行，第一次直接证明了地球是球形的。古希腊天文学家阿利斯塔克最早给出了地球—太阳的距离与地球—月球距离的比例关系的测量方法。古希腊哲学家希帕克斯发展了阿利斯塔克的方法，同时考虑了日食的模型，更加精确地测量了各项数据。阿利斯塔克的计算结果表明，太阳的尺度要比地球大得多，因此，他提出了地球应该围绕着太阳运动的假说，为日后日心说的发展打下了基础。古希腊杰出的天文学家埃拉托色尼首次给出了地球半径的测量和计算方法。随着人类科技手段的不断进步，人类发展了测量上述各种数据的现代化测量方法，得出了现代的天文学数据。

3. 运动论

对物质运动规律的探索是物理学的另一重要研究内容。关于物体运动的最早理论著作是公元前 4 世纪古希腊亚里士多德的《物理学》，它被认为是古代西方学术的百科全书，对其后近千年的历史都有较大的影响。虽然亚里士多德的理论中许多结论是不正确的，但他的研究成果为人类对物质运动规律的研究奠定了原始基础。公元前 3 世纪的古希腊阿基米德关于浮力定律、杠杆原理的总结由现代牛顿力学也可以推导得出。

4. 地动说

宇宙中的天体如何运动？从地球上观测浩瀚的太空，人们感觉大部分星体都在围绕着地球做圆周运动。早在古希腊时期亚里士多德就提出了宇宙结构的地心说理论。公元 140 年左右，希腊天文学家托勒密总结了古希腊天文学家喜帕恰斯（又译伊巴谷）等人的大量观测与研究成果，写成以地心说理论为主体的巨著《天文学大成》。该书成为古希腊天文学的百科全书，统治天文学长达 13 个世纪。在地心说理论中，托勒密为了解释金星、火星等行星的运行折返等现象，需要在星体的运行轨道上再加上额外的本轮轨道。因此，地心说是一个大圆套小圆的、十分复杂的天体运行体系。

公元 16 世纪，波兰天文学家哥白尼打算以托勒密的地心说体系为基础来修订天文学，但发现托勒密体系太烦琐，而且对很多自然现象不能给予很好的解释。他搜寻攻读了大量古希腊哲学原著，分析了其中关于地球运动的描写，结合自己的观测和计算，提出设想：如果星体围绕太阳运动的话，很多问题的解释就变得简单了。依据这个想法，他于 1514 年完成了《天体运行论》的撰写，于 1543 年临终前公开发表。

日心说的问世恰逢中世纪欧洲的科学陷入低谷，也正是宗教教会统治欧洲社会的行政、文化大权的时期。从当时宗教统治的角度来看，日心说是违背宗教教义的，必然会遭到禁锢。从感官角度而言，人们根深蒂固地认为岿然不动的大地，突然间变成了宇宙中漂浮的星体，而人类怎么可能在一个漂浮的星体上生存？为了考证新的宇宙体系以及所带来的相关物理问题，人们需要建立新的物理学体系，开启新物理学的征程。

二、新物理学诞生

1. 万有引力定律建立的发展历程

德国天文学家开普勒受哥白尼日心说的影响，阅读了大量的天文学著作，进一步进行了相关研究。1600 年，开普勒收到布拉格天文台的第谷的资助和邀请，成为第谷的助手。第谷一生积累了大量的天文观测资料。1601 年第谷逝世前把所有资料都赠送给了开普勒。开普勒紧紧抓住行星轨道问题，以火星为例分析第谷的资料。

尝试了 19 种可能的路径，发现只有椭圆轨道才与观测资料相符，开普勒前后用了八年时间于 1609 年得到了开普勒第一、第二定律，又用了九年时间于 1618 年得到了开普勒第三定律。开普勒三定律的建立，打破了自古以来人们所信奉的星体做完美圆周轨道运动的观念。

哥白尼的日心体系经过第谷、开普勒等人的工作已经有了很大的发展，但这一学说要得到广泛的认可还需要更明确的观测事实，而真正的决定性证据来源于伽利略的望远镜天文观测。1610 年，伽利略利用可以放大 33 倍的自制望远镜对金星进行了长达三个月的观测，发现了金星的位相现象，即有类似月亮的盈亏现象。这一发现是支持日心说理论的一个决定性证据。因为按照地心说理论不会有金星的盈亏现象的出现，而日心说可以预言盈亏现象的出现。

哥白尼以及开普勒的天体运行论给人们带来的下一个问题是，什么样的力会使星体做椭圆轨道运动？亦即后人所称的开普勒问题。开普勒本人曾试图引入太阳磁力来探求星体运行规律的原因，但没有成功。直至 1673 年，胡克、哈雷、雷恩等人结合各自的研究工作，认定星体所受太阳的向心力与其距离的平方成反比，但是他们无法说明引力的本质，也不能证明在平方反比引力作用下的行星轨道是椭圆或更广泛的圆锥曲线。真正圆满解决这一问题的是英国物理学家牛顿。

“苹果落地”的故事广为流传，这是牛顿思考引力过程的一个传说故事。苹果落地引发牛顿思考的一个问题是，苹果落地和月球围绕地球运动是否是由相同性质的力引起的？牛顿基于惯性定律和牛顿第二定律，利用几何的方法获得了圆周运动与受力成平方反比的关系。进一步通过计算和测量月球的运行周期，验证了这一关系的正确性。牛顿进一步设想，既然月球绕地球公转可以这样来解释，那么地球和其他行星绕太阳的公转为什么不能类似地来说明呢？所以牛顿又把思路推广到行星绕日的运动上，利用平方反比的受力关系圆满地解释了行星轨道问题。牛顿把这个规律再次推广到任何两个物体之间，得到了万有引力定律。

2. 牛顿运动定律的建立过程

牛顿运动定律是牛顿集众多科学家的研究成果于大成的结果。关于地面上物体运动规律的研究最早始于古希腊的亚里士多德，他在公元前 4 世纪的主要著作之一《物理学》被认为是古代西方学术的百科全书，对其后近千年的历史都有很大的影响。意大利物理学家伽利略除了利用自制的望远镜观测天体外，也在研究亚里士多德的理论。无论是从逻辑的角度，还是实验的角度，伽利略认为亚里士多德的理论是存在问题的。他通过人工设计斜面物体运动实验，推知自由落体定律和惯性定律。伽利略是首个通过人工设计实验寻求物理规律的人，也是首个利用实验和数学相结合的方法寻求物理规律的人。爱因斯坦对其的评价是：伽利略是现代物理学之父。

在伽利略和牛顿的时代，还有荷兰的斯蒂文、惠更斯，德国的居里克，意大利的托里拆利，法国的帕斯卡，英国的玻意耳、胡克等物理学家，以及德国的莱布尼茨等数学家，他们在天文学、物理学、数学等方面进行了重要的研究工作，为牛顿的集大成工作奠定了基础。

万有引力定律和牛顿运动定律等重要研究成果集中体现在牛顿于1687年出版的《自然哲学的数学原理》一书中。牛顿运动定律的建立，使天上、地下物体的运动规律有了统一的描述，奠定了物理学的力学基础，使力学有了精练完美的表达，成为系统完整的科学。正如恩格斯所说，牛顿完成了人类科学史上的第一次总结。

三、践行完善发展

1. 牛顿力学的指导发现

牛顿运动定律的建立使人们理解了自然界为什么如此井然有序地运转，它可以使人们追踪过去、预测未来，充分体现了科学的能动作用。万有引力定律是由轨道问题出发而得到的。万有引力定律建立之后，人们可以探讨反问题，即由牛顿运动定律研究更为广泛的轨道问题。其研究的结果是，星体不仅具有类似围绕太阳运动的一般椭圆轨道，还可以有长椭圆、双曲线、抛物线等各种轨道。相应的计算预言结果被哈雷彗星、海王星、冥王星等天体的发现所证实。

2. 牛顿力学的应用完善

经过16、17世纪世界科学大飞跃，物理学家开始用伽利略、牛顿的成果和科学方法，用力学的观点去认识流体、热、电磁、光等物理现象，相关的科学实验开始兴起。例如，1738年瑞士物理学家伯努利出版了《流体动力学》，提出了“伯努利方程”等流体动力学的基础理论；之后德国科学家马格纳斯在伯努利方程的基础上研究了“马格纳斯效应”；1752年美国科学家富兰克林通过对雷电的实验研究验证了“天电”“地电”的统一；英国的物理学家卡文迪什，在万有引力定律建立的111年后，设计扭秤实验，测量了引力常量“G”，利用所测得的G可以计算地球的重量，所以卡文迪什被称为是第一个称量地球重量的人；1851年法国物理学家傅科设计了著名的“傅科摆”，首次验证了地球的自转。到19世纪中期，相继出现了刚体力学、流体力学、天体力学、声学等牛顿力学的衍生学科。

3. 分析力学的建立

法国杰出的数学家、天文学家和理论物理学家拉格朗日，从1755年至1788年，历时33年完成了巨著《分析力学》，创立了经典力学的分析力学方法体系。这部巨著是牛顿之后、哈密顿之前最重要的经典力学著作。哈密顿曾把这部著作誉为一部“科学诗篇”。拉格朗日曾被誉为“欧洲最伟大的数学家”，拿破仑把他比喻为“一座高耸在数学世界的金字塔”。英国数学家、物理学家哈密顿于1834年、1835年先后发表了《论动力学的一种普遍方法》和《再论动力学中的普遍方法》两篇重要论文，为分析力学的发展掀开了新的一页，成为建立哈密顿表述分析力学的里程碑。

1.2.2 机械运动规律发展历程扩展

一、天地运行探索

人类对科学的探索始于公元前 600 年前的古希腊。本书按照时间顺序将机械运动规律的早期发展阶段概括为本原说、测量学、运动论、地动说等四个部分，跨越 2500 余年的时间。

授课录像：
天地运行探索——本原说

配音：
天地运行探索——本原说

1. 本原说

物理是研究物质的组成及其运动规律的科学。因此，物理研究首先涉及的就是物质的本原说问题，即物质是由什么组成的？现代物理学的研究表明，物质是由可再分的原子所组成的。诺贝尔奖得主，美国著名物理学家费曼在他的《费曼物理学讲义》中关于原子论的深远意义做过评价："假如由于某种大灾难，所有的科学知识都丢失了，只有一句话可传给下一代，那么怎样才能用最少的词汇来传达最多的信息？我相信这句话是原子的假设……在这一句话中包含了大量的有关这个世界的信息。"人类形成原子论的科学认识经历了千余年的发展历程。

中国古代关于物质本原问题概括起来有，元气说（云、雾、烟、气）、阴阳说（阴、阳）、五行说（金、木、水、火、土）。而关于物质的本原问题，古希腊哲学家们也提出了很多观点。泰勒斯（约前 624—约前 547）是古希腊第一个留下相关记载的哲学家，首次提出物质的本原是水，一切由水而生又复归于水。由他所创立的米利都学派的自然哲学家们认为世界万物都是由物质构成的，而不是神所创造的，是首个与宗教相对立的唯物论世界观。泰勒斯除了对哲学的研究外，对天文学和几何学的研究也颇有建树，他首次预言了日食的存在，在几何学上也有着划时代的贡献。泰勒斯的弟子阿那克西曼德（约前 610—约前 546）认为万物的本原没有什么具体的规定，它是与任何物体相互转化的"无限者"，并提出宇宙是球状的观点。阿那克西曼德的学生，也是米利都学派的第三代弟子阿那克西米尼（约前 586—约前 526）认为万物的本原是气，并提出宇宙是个半球的观点。毕达哥拉斯（约前 570—约前 495）是古希腊另外一位具有重要影响的哲学家，他认为万物的本原是"数"，并提出了地球、天球的概念。他所创立的毕达哥拉斯学派信奉的是科学性与宗教性相混合的客观唯心主义。毕达哥拉斯进一步发展了泰勒斯的几何学，把数学的演算引入几何学，使几何学的规则得到证明。史学记载，勾股定理就是由毕达哥拉斯最早证明的。爱菲斯学派的创始人赫拉克利特（约前 535—约前 475）继承了米利都学派自然哲学的传统，提出了万物的本原是火。爱菲斯学派的主要哲学思想是认为世界上的一切事物都是变化的，变化遵循着一定的秩序或规律。因此，赫拉克利特也被称为辩证法的奠基人之一。这些均是关于物质本原的单一元素观点。古希腊另外一位沿袭毕达哥拉斯哲学思想的恩培多克勒（约前 494—约前 434）提出四元素的观点，认为万物的本原是由火、水、土、气组成的。古希腊著名哲学家亚里士多德（前 384—前 322）提出，地界物质（地球及地球表面上的物质）是由土、水、气、火四元素组成，这些元素是“可朽的”，即有生灭变化，重物在上，轻物在下；天体是由第五元素“以太”组成的，是“不朽的”。“可朽的”与“不可朽”的天界分界点是月球。

古希腊另一位哲学家留基波（约前 500 年生）和他的学生德谟克利特（约前 460—前 370）提出了万物是由肉眼看不见、不可再分割的微粒组成的，即对近代科学产生深远影响的原子论思想。19 世纪初，英国化学家、物理学家道尔顿（1766—1844）沿袭了留基波的原子论思想，提出了物质是由原子组成的，原子不能被创造也不能被消灭，在化学反应中不可再分割、保持不变的观点。19 世纪 40 年代，德国物理化学家奥斯特瓦尔德（1853—1932）根据用能量转化的观点可以成功地解释催化现象，而用原子论观点却无法解释而提出，能量是关于自然、社会和思维等的万物的基础，物质和精神都是能量的不同形式，可以相互转化，并主张把物质的概念从科学中排除出去，即唯能论。唯能论观点提出后，无论在科学方面还是在哲学方面都颇受争议。例如，在物理学界，奥斯特瓦尔德和当时享有盛誉的奥地利的马赫（1838—1916）等物理学家是唯能论的支持者，而奥地利著名的物理学家，在统计力学中作出杰出贡献的玻耳兹曼（1844—1906）是原子论的捍卫者。两个学派为此激烈争论了 60 余年。1827 年英国植物学家布朗（1773—1858）在使用显微镜观察水中花粉散落的颗粒时，发现了颗粒的不规则运动，这一现象被称为为布朗运动，正是这一发现为原子论带来了曙光。在众多学者的研究基础上，1905 年爱因斯坦根据分子运动理论提出了布朗运动的数学模型。1908 年法国物理学家佩兰（1870—1942）通过实验验证了模型的正确性。至此原子学说得以普遍承认，唯能论才宣告退出历史舞台。

授课录像：
天地运行探索——测量学

经过理论物理学家们的不断努力，当今的原子已不是当年认为的不可再分的，它是由原子核和核外电子组成，原子核又可以分为质子和中子，质子和中子又是由夸克所组成的。

2. 测量学

配音：
天地运行探索——测量学

人类所接触的最直接的环境就是天空和大地。天空是什么？大地是什么？从现代的角度看，人们所看到的天空就是有界无边的宇宙空间，大地就是人类赖以生存的地球表面。利用现代的卫星拍摄，人们不但能够轻易看出地球是球状的，而且地球表面的山峰草原、江河湖海等都是一目了然的。然而，在没有这些现代化技术的早期，人们又是如何认识天空和大地的呢？

在我国古代就有“天圆地方”的盖天说（诸如北京天坛公园等许多建筑体现的就是这一思想），“天如鸡子，地如鸡中黄”的浑天说等。古埃及的哲学家对天地也有各种各样的说法。关于地球形状的正确认知要归功于古希腊人。古希腊哲学家毕达哥拉斯凭直觉认为球是完美的形状，所以他认为地球应是球形的。公元前 6 世纪，古希腊航海技术迅速发展，使人们具有了远航的能力。航行过程中的一些现象使古希腊人逐渐意识到地球是球形的。公元前 4 世纪，古希腊哲学家亚里士多德（前 384—前 322）依据前人的成果，总结了地球是球形的三点证据：其一，远离港口的船只在地平线处总是桅杆后隐没；其二，星体的高度会随着人的位置而改变；其三，月食时地球投影到月亮上的影子是圆形的。意大利探险家哥伦布（1452—1506）相信地球是球形的，他认为从欧洲向西航行也可以到达东方的中国和印度。在西班牙国王的支持下，哥伦布从 1492 年至 1504 年间 4 次横跨大西洋到达美洲大陆（即哥伦布发现新大陆），但他本人生前一直认为自己到达了印度。世界上首次实现环球远行的是葡萄牙航海家麦哲伦（1480—1521）。他于 1519 年率领船队由西班牙出发，渡过大西洋，绕过南美洲，横跨太平洋、印度洋，最后绕过非洲返回西班牙，于 1522 年完成了人类首次环球航行（不幸的是，麦哲伦于 1521 年死于航行途中），这次航行第一次直接证明了地球是球形的。17 世纪的英国物理学家牛顿（1643—1727）认为，由于地球的自转等因素的影响导致地球赤道处更加突出，地球的形状应该是一个椭球，形成了今天人们对地球的正确认识。

地球、月球、太阳孰大孰小？基于这个问题的早期探索，凝结了古希腊人的智慧。古希腊天文学家阿利斯塔克（约前 310—前 230）最早给出了地球—太阳距离与地球—月球距离的比例关系的测量方法。当月球为上弦月或下弦月时，太阳直射月球。此时，太阳、地球和月球构成一个以月球为直角的三角形，因此只要测出地球到月球的连线和地球到太阳的连线之间的夹角，即可算出地球—太阳距离与地球—月球距离的比例关系。阿利斯塔克利用他所测量的夹角计算出了地球—太阳的距离是地球—月球距离的 19 倍（实际值约为 390 倍）。进一步从地球上测量月球和太阳的大小对人眼所张开的角度（称为视角），以及月全食时地球的阴影区宽度与月球影子直径的比例，利用月球视角和太阳视角近似相等的条件，阿利斯塔克最终给出了计算结果：地球—月球的距离是地球半径的 20 倍（实际约为 60.3 倍），地球—太阳的距离约为地球半径的 380 倍（实际约为 2.35 万倍），地球半径约为月球半径的 3 倍（实际约为 3.67 倍），太阳半径约为地球半径的 6.3 倍（实际约为 108.7 倍）等结果。这个计算结果说明，太阳的尺度要比地球大得多，因此，阿利斯塔克提出了地球应该围绕着太阳运动的假说，为日后日心说的发展打下了基础。阿利斯塔克所测量和计算的这些结果与今天所知的实际数值相去甚远，其主要原因在于他的各种测量数据有误差，例如，他测量的太阳到月球连线以及太阳到地球连线间的夹角是 87°，而实际值为 89° 52′等。但他所采用的方法是正确的。古希腊哲学家希帕克斯（约前 190—约前 120）发展了阿利斯塔克的方法，同时考虑了日食的模型，更加精确地测量了各项数据，得出地球—月球平均距离约为地球半径的 67.3 倍，与目前的测量数值 60.3 倍十分接近了。

上述内容给出了地球与月球的间距、地球与太阳的间距与地球半径的关系，以及月球、太阳的半径与地球半径的关系。如果能够测出地球半径的大小，就能够获得各项数据的数值。古希腊杰出的天文学家埃拉托色尼（约前 276—约前 194）首次给出了地球半径的测量和计算方法。他选择了位于同一条经线上的两座城市，一座是位于北回归线上的赛伊尼（现代的阿斯旺附近），另一座是亚历山大城（现代的亚历山大港）。由于赛伊尼位于北回归线上，太阳光线直射地面，而与亚历山大城会形成一个角度。测量这个角度，以及赛伊尼与亚历山大城之间的距离（通过驼队的行走时间进行计算），埃拉托色尼最终给出了地球半径约为 6307 km 的计算结果，与地球的实际半径已经相当接近了。

随着人类科技手段的不断进步，测量上述各种数据的现代化测量方法得到不断发展。例如，人们采用类似埃拉托色尼的弧度测量方法，经过大量的数据测量，测得地球半径约为 6 371 km。利用 1969 年人类首次登月时在月球上放置的激光反射系统，通过激光测距法测得地球—月球距离是 3.84×10^5 km，同时人们发现，目前的月球以约 3.8 cm/a 的速度逐渐远离地球（潮汐锁定现象所导致的）。金星凌日时（太阳、金星、地球近似在一条直线上），利用雷达回波首先测定地球和金星之间的距离，再利用开普勒第三定律，可间接计算出地球—太阳的距离是地球半径的 2.35 万倍，约 1.496×10^8 km。通过航天器所载的激光雷达对月球进行测绘，测出月球半径约为地球半径的 0.27，约为 1 738 km。测量水星的凌日时间（太阳、水星、地球近似在一条直线上），间接测得太阳半径是地球半径的 108.7 倍，约为 6.96×10^5 km 等。这些形成了现代的天文学数据。感兴趣的读者可参见“AR 演示：天体间距”。

授课录像：
天地运行探索——运动论

AR 演示：
天体间距

3. 运动论

对物质运动规律的探索是物理学的另一项重要研究内容。可以把这一研究探索分为地面物质运动和天体运行两个方面。经过两千多年的探索，最终由伟大的科学家牛顿集大成地总结了天地合一的理论。本部分介绍早期人们对地面物质运动规律的探索历程，其杰出的代表人物当属古希腊的亚里士多德（前 384 年—前 322 年）和阿基米德（前 287—前 212）。

配音：
天地运行探索——运动论

亚里士多德对运动论的贡献体现在约公元前 4 世纪的物理学著作中，其主要观点包括：①物体的运动分为不受强迫作用的“自然”运动和受强迫作用的“受迫”运动。由土、水、气、火等“可朽的”四元素所组成的地界物质的“自然”运动是上下的，运动规律是“物体越重下落越快”。而由“不可朽”的第五元素“以太”所构成的天体的“自然”运动是圆周运动，两种运动的分界点是月球。②力是使“受迫”地界物质获得速度的原因。③由前两项分析给出的结论是，地球既不能绕自身轴转动，也不能在空中运动，只能是静止不动的。虽然亚里士多德的这些理论是不正确的，但他的研究成果为人类寻求正确的运动学规律奠定了原始的基础。公元前3世纪左右，古希腊的阿基米德在动力学方面的两个代表性的贡献是浮力定律、杠杆原理，其正确性可由牛顿力学证明。

4. 地动说

对天地运动规律的探索是人类早期关于运动的另一项重要研究。从早期亚里士多德的“同心球”体系、托勒密的地心说，到哥白尼的日心说，经历了漫长的科学考证后，日心说才逐渐被人们接受，直至现代的宇宙没有中心的宇宙学原理，人类经历了千余年的探索历程。

授课录像：
天地运行探索——地动说

配音：
天地运行探索——地动说

（1）地心说

早期人类探索天体运行规律的基础是对天文现象的观测以及古希腊哲学家们认为圆周运动是自然界完美运动的哲学理念。天文现象的观测事实包括，太阳东升又西落，月有阴晴圆缺，发光星体的忽明忽暗，除了个别星体外，星体彼此间相对位置保持不变、围绕地球做圆周运动等。如何从理论上总结出一套体系来解释这些天文现象呢？古希腊哲学家毕达哥拉斯凭直觉认为圆是世界上最完美的形状，由此柏拉图假设天体的表观运动是匀速圆周运动的组合。由古希腊数学家、天文学家欧多克索斯（约前390—约前337）提出，并经过他的学生卡利普斯（约前370—约前300）改良，最终由亚里士多德完成的天体“同心球”体系，是首个关于天体运行的系统的学说。这个学说虽然可以解释日月运行的快慢，行星出现的“逆行”“折返”等部分天文学现象，但却无法解释行星的忽明忽暗（即星体离地球距离的远近变化）等其他现象。古希腊数学家阿波罗尼奥斯（约公元前3世纪末到公元前2世纪初）提出了星体围绕地球运动的“均轮”“本轮”模型。古希腊天文学家希帕克斯（约前190—约前120）进行了大量的天文观测，发现岁差现象，提出了地心说的“偏心圆”模型。托勒密总结这些研究成果，建立了更为系统的地心说体系。

托勒密（约100—约170）是古希腊地理学家、天文学家、数学家，也是世界上第一个系统研究日月星辰的构成和运动方式的科学家。他在140年左右发表的天文学著作《天文学大成》就是以地心说为理论依据，编制了星表，给出日食、月食的计算方法等。《天文学大成》是古希腊天文学和宇宙思想的顶峰，天文学的百科全书，统治天文学长达 13 个世纪，直到开普勒的时代它都是天文学家的必读书籍。

托勒密地心说体系的核心思想是将地球视为宇宙中心，其他星体都围绕着地球做圆周运动。从地球的观察者的角度，为了解释“个别星体”有时出现的“逆行”“折返”现象，以及其他星体的忽明忽暗的现象（亦即星体与地球的距离不断变化），星体被认为在围绕地球做大圆周运动（称为均轮）的同时，还绕某个中心做小圆周运动（称为本轮）。为了解释太阳和月球的视运动不均匀的现象（亦即四季不等时的现象），托勒密设想地球距离均轮中心有一定的距离，即“偏心圆”。为了较为准确地解释所观测到的天文现象，托勒密引入了一个与地球相对均轮中心的对称点，称为“匀速点”。最终所构成的运动图景就是，地球偏离均轮中心一定的位置，星体绕着自身的本轮中心做匀速圆周运动，本轮中心围绕均轮中心做非匀速圆周运动，同时相对匀速点做匀角速运动。托勒密所建立的地心说体系不仅能够很好地解释一些日月星辰现象，同时也符合古希腊哲学家们的圆周运动组合是天体自然运动的思想理念，更重要的是符合公元 5 世纪至 15 世纪的欧洲宗教教义，因此，这个体系统治天文学长达 13 个世纪之久就不难理解了。

（2）日心说

尽管托勒密的地心说体系如此被认可，但它却有着诸多让人难以理解的地方。例如，太阳等恒星距离地球是如此的遥远，每 24 h 绕地球转一圈，其运转速度是难以想象的。再有部分天文观测现象与地心说理论的预言不符。更为突出的是，地心说体系实在太复杂了。一个由几十个“轮中轮”所构成的体系能够有条不紊地在天上运转，让天文学家感到有些不可思议。据说，西班牙历史上一个国王卡斯蒂利亚在初次接触托勒密的体系时说，“如果上帝在创世之前曾与我商讨，我一定建议他把世界弄得简单点。”即便托勒密本人也没有在著作中提到天上是否“真的”存在这样的“轮中轮”。在他看来，他所描述的体系更倾向于是宇宙的一个“模型”，而不一定对应的是“真实”的图景。天体的运行真的就是如此的复杂吗？直至 1543 年哥白尼的日心说问世，天体运行规律的新模型才建立起来。

如测量学部分所述，古希腊阿利斯塔克在测量地球、月球、太阳之间的距离和大小关系时，得到“太阳半径是地球半径的 6.3 倍”的结论。这一计算结果说明，太阳的尺度要比地球大得多，因此阿利斯塔克首次提出了地球应该围绕着太阳运动的假说。这个假说从理念上对哥白尼或许具有一定的启迪作用。在哥白尼时代人们已有了较为丰富的天文观测资料，其中部分天文观测事实与托勒密的地心说不符。从理念上看，除了地心说模型非常复杂外，哥白尼还认为托勒密的地心说体系并没有严格满足柏拉图的匀速圆周运动组合中的匀速要求。基于这些因素，哥白尼发展了“地心说”理论模型，建立了“日心说”理论模型。哥白尼非常钦佩托勒密的成就，因此他在《天体运行论》的内容组织逻辑上仿效了托勒密的《天文学大成》。在托勒密的“均轮”“本轮”“偏心圆”“匀速点”等地心说的关键词中，哥白尼除了去掉“匀速点”之外（哥白尼同时代的大多数天文学家认为这是哥白尼的重大成就之一），对其他的关键词都予以了保留，根本的区别在于将地球中心换成了太阳中心，但其理论模型的物理意义却大不相同了。为了解释从地球上观察太阳、月球等每日的视运动变化，除了偏心圆之外，哥白尼加了地球绕自身轴的自转。为了解释个别星体的“逆行”“折返”的现象，需要设定不同星体围绕太阳运动的运行周期不同。由于哥白尼坚持所有天体的运动都是匀速圆周运动或者匀速圆周运动的组合，因此，为了使计算结果与观测数据相符合，他需要保留偏心圆和本轮的设计。直至开普勒三定律及相关观测事实的问世，才打破了天体运动都是匀速圆周运动组合的完美理念，哥白尼所设计的本轮自然也就消除了，详见“AR 演示：宇宙结构说”。

AR 演示： 宇宙结构说

日心说一经问世，无论是对人们的感受，还是对宗教的统治，都带来了巨大的挑战。也正是这些挑战，引发了物理学的伟大革命，拉开了新物理学的序幕。

二、新物理学诞生

日心说的问世恰逢中世纪，正是宗教教会统治欧洲社会的时期。从宗教统治的角度看，地心说与宗教教义是统一的，符合当时的宗教统治的需要。而日心说是违背宗教教义的，因此遭到禁锢是必然的结果。从感官角度说，人们根深蒂固地认为岿然不动的大地突然间变成了宇宙中悬浮的星体，而人类怎么可能在一个悬浮的星体上生存？从日心说本身角度看，虽然日心说可以准确地解释更多的天文观测现象，优于地心说，但也有不尽如人意的方面。其一，日心说还必须用本轮来说明宇宙的结构。虽然哥白尼建立日心说的初始愿望之一是简化地心说体系，但最后的结果似乎并不比地心说体系简单多少。据相关文献报道，根据哥白尼时代的天文学数据，地心说约需要约 80 个本轮。在哥白尼未发表的草稿中，哥白尼本人最早标注了约 34 个本轮，而后人的计算表明可能需要比地心说还多的本轮，而地心说和日心说中到底需要多少个本轮并没有公认的数据报道。其二，地球上的观察者在某时刻及半年后（地球沿绕日轨道运行半年而位于太阳另外一侧时），分别观测某颗恒星，按照日心说应该能够观测到该颗恒星的位置不同，即周年视差，但由于当时的天文观测条件所限，并没有观测到周年视差。其三，按照亚里士多德的力学理论，地球是不可能运动的。如果地球运动了，按照当时的运动学原理，竖直上抛的物体将不会落回原点，而实际上是差不多都落回原点的，如何解释这一落体问题？ 法国数学家笛卡儿（1596—1650）在一次给友人的通信中，以木板画的形式描述了一个验证地球自转的实验。画中有一个固定在地球上、炮口竖直射向天空的大炮。大炮的两侧分别站着法国数学家梅森神父（1588—1648）和天文学家佩蒂特（1598—1677）。俩人看向竖直射向天空的炮弹，梅森提出疑问“炮弹会落回原地吗？”以亚里士多德为代表的旧的物理学已无法回答这些问题。为了考证新的宇宙体系以及所带来的相关物理问题，人们需要建立新的物理学体系。从1543年哥白尼的《天体运行论》问世，经过伽利略、开普勒等诸多物理学家历经140余年的理论与实验方面的探索，直至1685年，牛顿完成了其巨著《自然哲学的数学原理》，构建了天地合一的新物理学体系。本书将新的物理学体系的发展历程分为万有引力定律的建立和牛顿运动定律的建立两个平行的发展过程。

1. *万有引力定律*

授课录像：
新物理学诞生——万有引力定律

哥白尼日心说提出后，虽然面临着宗教统治的禁锢以及科学家们对学说本身的争论，但科学家们继续努力探索天体运行规律的前进步伐仍在继续着。经过第谷、开普勒、伽利略等科学巨匠们的努力传承，最终由牛顿总结成了万有引力定律，不但确立了天体的最终运行模型，也给出了天地合一的引力理论。

（1）天文观测的积累

配音：
新物理学诞生——万有引力定律

丹麦天文学家第谷（1546—1601）在对恒星、行星、彗星的观测和制作古典天文仪器方面均有独到之处，大大推动了天文学的发展和文艺复兴时期自然科学的解放。第谷一生强调并擅长精密的天文观测，他制作或改进了大量的天文仪器，他是望远镜发明前最后一位用肉眼观测并取得重大成就的天文学家。不过第谷不善于理论分析，也不相信哥白尼学说。他曾提出一种介于地心说和日心说之间的折中的宇宙观，在欧洲没什么影响，但被传教士带到明朝，被徐光启主编的《崇祯历法》采用，流行了一二百年。第谷在1560年根据他人的预报观测到了日食现象。1572年第谷观测到一颗星表中未曾记载的新星，修正了亚里士多德的“月上世界永恒不变”的错误观点。1577年，第谷还观测到了轨道不是正圆形的大星体，即哈雷彗星，挑战了亚里士多德的“同心球”体系。第谷决定精确观测1000颗星，并计划制定以鲁道夫（神圣罗马帝国的皇帝）为名的星表，但只观测完成了700余颗就于1601年病逝了。幸运的是，第谷这个伯乐在生前寻到了开普勒这匹千里马，得以继续完成他的遗愿。

（2）开普勒三定律

开普勒（1571—1630）是德国天文学家，因提出开普勒三定律而获得“天空立法者”的称号。1600年开普勒受到布拉格天文台第谷的资助和邀请，成了第谷的助手。第谷的特点是精力旺盛、目光锐利、善于精确观察，但缺乏想象力，不善于分析，也不相信哥白尼学说。开普勒则富有想象力，数学分析能力极强，相信哥白尼学说。这两位天文学家开始合作的第二年，第谷去世了。第谷在逝世前把所有的资料赠送给了开普勒，嘱咐开普勒完成第谷本人没有完成的制作星表的愿望，并告诫开普勒一定要尊重观测事实。开普勒既是毕达哥拉斯的信徒，秉持圆是宇宙中最完美的形状的理念，又是哥白尼日心说的支持者。他用哥白尼体系计算火星的运动，得出火星轨道和第谷的观测数据相比较有 8′的误差。开普勒坚信第谷的观测结果是精确的，这 8′的误差远超出了数据误差的范围。他经过多年的工作，终于领悟到必须修改哥白尼体系中的圆形轨道的理念。他尝试了 19 种可能的路径，前后用了约 8 年时间，最后发现只有椭圆轨道才与观测资料相符。1609 年开普勒出版了《新天文学》一书，提出了开普勒第一、第二定律。之后，开普勒又用了 9 年时间于 1618 年出版了《宇宙和谐论》，发表了开普勒第三定律。开普勒第一定律是关于行星围绕太阳运动的轨道规律，开普勒第二定律是关于行星运行快慢的规律，开普勒第三定律则是关于行星运行轨道半径与运行周期关系的规律，又称为和谐定律。开普勒第一、第二定律是可以通过大量的天文观测资料直接总结出来的，而开普勒第三定律则不能从观测数据中直接给出。开普勒坚信，行星运行轨道半径与运行周期之间一定存在着某种必然的联系，也就是存在着一种和谐关系。于是，他努力对轨道半径以及运行周期进行各种运算，最后发现，任何星体的轨道半径立方与运行周期平方的比值是个常量。1627 年开普勒出版了《鲁道夫星表》，完成了第谷的遗愿。此星表后来持续使用了一百多年而未作任何改动，被全世界天文学家和航海家奉为经典。开普勒三定律的建立不仅简化了哥白尼的体系，使原有的本轮设置自动消除，尤其是动摇了科学家们此前一直信奉的圆周运动是天体运行最完美运动的理念基础。如果将开普勒三定律作为哥白尼日心说的观测证据之一的话，这个证据似乎还不够直接，而更为直接的证据则来源于意大利著名科学家伽利略的望远镜观测的事实。

（3）金星的位相观测

伽利略（1564—1642）是意大利天文学家、哲学家、数学家和物理学家。伽利略不是第一个发明望远镜的人，但他是第一个用望远镜观测天文现象的科学家。1609 年伽利略听说荷兰有人制作并展出了能把远处景物放大约 3 倍的望远镜，他立即利用自己的光学知识制作出了类似的装置。他在很短的时间内不断改进技艺，将制作出的望远镜放大倍数提高到 9 倍、20 倍。他把望远镜放置在威尼斯的一个塔楼顶上，邀请当地的官员用望远镜观看远景，观者惊喜万分。1610 年伽利略进一步将望远镜的放大倍数提高到 33 倍，用来观测天体，获得很多新发现，其中包括：月球表面是凹凸不平的，而并非像亚里士多德认为的那样光滑完美；木星有四个卫星（现称伽利略卫星）；土星有两个卫星（实际上是土星光环）；太阳黑子和太阳的自转；银河由无数恒星组成等。伽利略还对金星进行了长达三个月的观测，发现金星有和月亮相似的盈亏现象，称之为位相现象。这一现象只有在哥白尼的日心说体系中才可能出现，而在托勒密的地心说体系中是永远不会出现的。因此，伽利略对金星盈亏的观测事实是日心说最直接有力的证据（见 AR 演示：观测位相）。至此，日心说的正确性被直观的观测事实所证明。

AR 演示： 观测位相

哥白尼日心说模型的建立给人们带来了下一个问题：什么样的力会使星体做椭圆轨道运动？亦即后人所称的开普勒问题。直到 1687 年牛顿运动定律和万有引力定律公开发表，这个问题才得以圆满解决。

（4）万有引力定律的建立

1600 年英国科学家吉尔伯特（1540—1603）出版了著名的磁学著作《论磁、磁体和地球作为一个巨大的磁体》，开普勒立即将磁力引入太阳系，认为自转着的太阳在发出磁力，这种力驱赶着行星绕太阳运动。从现代科学的角度看，尽管开普勒的说法是错的，但这是探讨太阳、行星间存在力的相互作用的最早尝试。然而，由于开普勒深受亚里士多德的旧理论的影响，认为必须不断施加推动力才能保持运动，他也没有注意到伽利略的惯性定律和对抛体运动规律的研究成果，因此，他虽然总结出了行星运动定律，却没能在此基础上对引力本质作进一步的发现。

1662 年至 1666 年，英国实验物理学家胡克曾试图比较矿井下、地表面、高山上物体的重量，以期测量重力随地心距离变化的规律，但没得到明确的结果。1664 年胡克和英国科学家雷恩讨论在当年出现的彗星轨道问题时，胡克曾指出彗星在靠近太阳时的轨道是弯曲的，并认为这种弯曲是受太阳引力作用的结果。1673 年荷兰物理学家惠更斯发表了一篇关于单摆圆周运动的重要成果。他发现要保持物体的圆周运动需要一种向心力，并证明了这个力所产生的向心加速度与物体速率的平方成正比，与该物体离圆心的距离成反比，但他并没有将这个结果引申到行星所受的向心力就是引力的问题上来。1679 年牛顿在与胡克的私人信件中，阐述了在引力作用下物体自高塔上下落的路径为螺旋线，而胡克指出应该是椭圆。1684 年 1 月胡克、哈雷、雷恩三人在伦敦会晤时曾讨论星体的作用力问题，他们一致认为行星所受到的太阳引力与其距离的平方成反比，但无法说明引力的本质，也不能证明在平方反比引力作用下的行星轨道是椭圆或更广泛的圆锥曲线。会晤时，胡克说他曾计算过，但为了保密暂时不能公布。雷恩打赌，胡克或者哈雷若在两个月内给出计算证明，他将酬谢一本自己编写的价值 40 先令的书，最终不了了之。

1684 年 8 月哈雷带着上述问题去剑桥大学拜访牛顿。哈雷请教牛顿的第一个问题就是，假如引力与距离的平方成反比，那么行星的轨道应遵循怎样的曲线？牛顿当即回答是椭圆。让哈雷惊奇的是，牛顿称早已计算过这个问题。虽然牛顿并没有找到他的计算草稿，但他之后又认真地推敲了哈雷提出的问题，并重新做了计算，最终结果呈现在他于 1687 年发表的《自然科学的数学原理》中，圆满地解决了星体的受力与轨道的关系问题。如何确定两颗巨大星体之间的距离是牛顿一直不确定的。直至他发明了“流数术”（即现代的微积分方法），并且从数学上证明了球体对外部物体的作用恰如球体的质量全部集中在球心点一样（即现代的“质心”概念），牛顿才得出了万有引力定律的数学验证。

“苹果落地”的故事广为流传，这是牛顿思考引力过程的一个传说故事。苹果落地引发牛顿思考的一个问题是，苹果落地和月球围绕地球运动是否是具有相同性质的力引起的？在此之前，伽利略已经发现抛体的运动相当于一个匀速的水平运动和一个落体的加速运动的叠加。牛顿进一步设想，从高山上水平抛出一个物体，当抛出的水平速度不断增大时，抛体会越射越远，若速度达到一定程度，在忽略大气阻力的情况下，该抛体就会做圆周运动而永远不会到达地面。牛顿进一步设想，既然抛体可以做这样的运动，为什么不能把月球也当成这样一个抛体来考虑呢？由此，牛顿认为苹果与地球之间、月球和地球之间的力是同一性质的力。他把月球的运动分解为两种简单的直线运动：一种是由惯性引起的、沿月球轨道切线方向的匀速直线运动；另一种是把月球拉向地球的落体运动，是由地球的引力引起的。以此思想为基础，牛顿基于惯性定律和牛顿第二定律，利用几何的方法获得了圆周运动半径平方与受力成反比的关系。

牛顿进一步设想，既然月球绕地球公转可以这样来解释，那么地球和其他行星绕太阳的公转为什么不能类似地来说明呢？所以牛顿又把思路推广到行星绕日的运动上，利用平方反比的受力关系圆满地解释了行星轨道问题。牛顿进一步将平方反比的受力关系推广至任何星体以及任何物体之间，被事实证明全部正确，最终建立了万有引力定律。

2. 牛顿运动定律

授课录像：
新物理学诞生——牛顿运动定律

与探索天体运行规律同时开展的是对地面上物体运动规律的探索。早期的运动学理论主要是古希腊亚里士多德和阿基米德的学说。天体运行规律的逐步建立，越来越显得亚里士多德运动学说的捉襟见肘，迫切需要建立正确的运动学和动力学规律。经过以伽利略为代表的诸多物理学家的理论和实验的探索，最终由牛顿完成了牛顿运动定律的升华总结。

（1）近代物理学的开拓者——伽利略

配音：
新物理学诞生——牛顿运动定律

伽利略除了取得前述的天文观测的成果之外，他还创立了将数学、人工设计实验、逻辑推理相结合的研究方法。利用这套研究方法，伽利略首次提出了力学的相对性原理、运动的叠加原理、惯性、加速度等概念，发现了单摆的周期性，通过人工设计实验和推理，提出了落体定律和惯性定律等，从根本上否定了亚里士多德的动力学观点。

在力学教材中所涉及的单摆周期性、力学相对性原理、落体定律和惯性定律等内容均来源于伽利略的早期探索。1583 年伽利略观测教堂的吊灯时发现了单摆的周期性。哥白尼的日心说提出后，针对大炮竖直发射炮弹后炮弹是否落回原点的问题，伽利略给出了匀速运动参考系和静止参考系无法区分的描述，即力学的相对性原理。这一成果体现在他于 1632 年发表的著作《关于托勒密和哥白尼两大世界体系的对话》中。针对亚里士多德的“物体越重，下落越快”的观点，伽利略在大学期间就曾向老师提出过“大小块冰雹总是一起纷纷落下，难道大冰块生成的地点非常高吗”等质疑。为了反驳亚里士多德的观点，就有了伽利略在比萨塔上做自由落体实验的故事。然而，物理学史研究资料显示，并没有可靠的证据表明伽利略在比萨塔上做过自由落体实验，真正做过落体实验的另有其人。1586 年荷兰天文学家斯蒂文在他所出版的《静力学原理》一书中描述，取两只铅球，其中一只比另一只重十倍，把它们从三十英尺（约 9.14 米）的高度同时释放，铅球落地时发出的响声“听上去就像是一个声音一样”，表明两个球是几乎同时落地的。伽利略是通过对斜面上物体运动的研究和进一步的推理获得自由落体定律和惯性定律的。具体来说，由于自由落体下落的时间太短，按照当时的条件无法实现准确的时间计量。伽利略就设计了一个斜面实验，用来减缓物体的下落速度。在斜面上放置小铜球，使其沿着斜面自由下滑，利用罗马式水漏作为计时器，通过测量下滑的路程与时间的关系，再设想把斜面的仰角推广至垂直状态，推理获得了落体定律。同样利用这个斜面，实验发现，以一定的初速度从斜面底端运行至斜面上的小铜球，无论斜面的仰角多大，小球所上升的高度总是相同的，亦即斜面仰角越大，小球在斜面上运动的距离越短，斜面仰角越小，小球在斜面上运动的距离越长。当斜面的仰角趋向于零时，推算小球将一直运动下去，即后来牛顿总结的惯性定律。这些相关成果集中体现在他 1637 年完成的著作《关于力学和位置运动的两门新科学的对话》中。

伽利略既是努力奋斗的科学家，也是虔诚的天主教徒。他认为，科学的任务是探索自然规律，教会的职能是管理人们的灵魂，二者不应互相侵犯。为了宣传他的日心说主张以及与反对他的宗教势力抗争，他 5 次去教廷的所在地罗马进行沟通，但最终还是没能逃脱宗教势力对他的惩罚。可以说，伽利略的一生是为了科学而奋斗的一生，更是为了捍卫科学真理而与旧观念和宗教统治势力战斗的一生，谱写了近代物理学可歌可泣的序篇。爱因斯坦评论说：“伽利略的发现以及他所用的科学推理的方法，是人类思想史上最伟大的成就之一，而且标志着物理学的真正开端。”

（2）承前启后的耕耘者

与伽利略同时代以及后代的科学家们，如斯蒂文、笛卡儿、托里拆利、居里克、帕斯卡、惠更斯、胡克、莱布尼茨等，为牛顿运动定律的建立奠定了坚实的基础。

斯蒂文（1548—1620）是荷兰物理学家、军事工程师。1586年斯蒂文出版了《静力学原理》一书，书中对阿基米德的杠杆原理做了简化的数学证明，研究了滑轮组的平衡问题，提出了液体对底部的压力只取决于受力面积和液体的深度等流体力学定律，分析了物体在斜面上的受力情况和平衡条件，提出了相当于现代“力的平行四边形法则”的思想，并给出了著名的“得于力者失于速”的机械效率概念。在书中还描述了斯蒂文和助手做的反对亚里士多德“重的物体比轻物体先落地”论断的实验。斯蒂文的工作对经典力学具有开创性的意义，他的成就代表着当时的科学前沿。

笛卡儿（1596—1650）是法国著名哲学家、数学家、物理学家，西方近代哲学创始人之一。他在科学史上的主要贡献涉及哲学、数学、宇宙学、力学等方面。1629年笛卡儿开始写第一部作品《论世界》，其中包含了日心说的思想，但他听到伽利略因日心说被监禁的消息，放弃了出版，该书在他去世后才得以出版。1637年笛卡儿用法文写成3篇论文《折光学》《气象学》《几何学》，并为此写了一篇序言《科学中正确运用理性和追求真理的方法论》（哲学史上简称为《方法论》），提出了“我怀疑，我思想”，即“我思故我在”的哲学思想。在《折光学》这篇论文中，他用力学加几何的方法推导出了现代形式的折射定律。《几何学》确定了笛卡儿在数学史上的地位。笛卡儿在关于宇宙体系和力学方面的贡献体现在他1644年出版的《哲学原理》一书中。在宇宙体系方面，笛卡儿提出了“漩涡宇宙”的思想。他认为宇宙空间充满着一种特殊的物质，称为“以太”。在力学方面，笛卡儿提出了动量的概念，并且指出动量是守恒的。他还提出物体不受外力作用时必将保持原来的静止或匀速直线运动状态的思想，也就是惯性定律。

托里拆利（1608—1647）是意大利物理学家、数学家。亚里士多德学说否认真空的存在，也不承认空气有重量。在伽利略时代，水泵已在水井和矿山中广为应用，但人们发现水泵不可能把水抽到10.5 m以上。托里拆利认为，由空气重量产生的大气压力可以解释这类现象。1643年他做了著名的“托里拆利实验”：在一根长约1.2 m、一端封闭的玻璃管内充满水银，堵住开口端将管子倒立放入水银槽中，放松开口，水银向下流到水银柱高约760 mm时就不再向下流了，在玻璃管顶端出现一段真空。这个实验装置就是第一支水银气压计。1 mm水银柱压强的单位“托（torr）”就是以托里拆利的姓氏命名的。

居里克（1602—1686）是德国物理学家、工程师。在托里拆利实验完成11年之后的1654年，当时还在任马德堡市长的居里克制造了两个直径约51 cm的铜制半球，半球中间有一层浸满了油的皮革，它的作用是使两个半球能完全密合。接着他用自制的抽气机将球内的空气抽掉，此时两个沉重的铜制半球在没有任何辅助下紧密地合而为一。接着居里克为了证明两半球的结合是多么紧密，用两队马匹分别向两个相反的方向拖拽连着两个半球的绳子，最终用了 16 匹马，才勉强将两个半球拉开。此实验不仅令皇帝惊奇，也让居里克一举成名。之后，居里克多次在各地重现此实验以飨广大好奇的观众，而此实验也因居里克的职衔而被称为“马德堡半球实验”。

帕斯卡（1623—1662）是法国数学家、物理学家、思想家。帕斯卡在得知托里拆利实验之后，成功重复了这一实验。他还请人登上高山做同样的实验，证实了大气压强随高度增加而减小。帕斯卡进一步研究了流体的静力学，在 1653 年提出流体能传递压强的定律，即帕斯卡定律，它是流体静力学的基本定律之一。他还利用这一定律制成水压机。国际单位制中压强的单位“帕（Pa）”是用他的姓氏命名的。

惠更斯（1629—1695）是荷兰数学家、物理学家、天文学家。在望远镜制造、土星观测、碰撞中的动量守恒以及摆的研究等方面作了出贡献，并最早提出波动光学理论。1668 年惠更斯应英国皇家学会的要求深入研究了碰撞问题，得出了正确的动量守恒定律。他还指出，在完全弹性假定下，不仅动量守恒，而且质量与速度平方的乘积也是守恒的。后来德国的莱布尼茨将质量与速度平方的乘积称为“活力”，并据此提出了机械能守恒的思想。1673 年惠更斯通过对单摆运动的研究获得了关于圆周运动的重要成果，他发现要保持物体的圆周运动需要一种向心力，并证明了这个力所产生的向心加速度与物体速率的平方成正比、而与该物体离圆心的距离成反比。如果惠更斯把向心加速度用于行星，并与开普勒第三定律联系起来，便有可能推出行星的向心加速度和行星距太阳的距离平方成反比的定律，进而有可能推出万有引力定律，但惠更斯没有这样做，他没有看出行星所受的向心力就是引力。惠更斯在物理学方面的最重要贡献是奠定了光的波动理论的基础。惠更斯生前誉满欧洲，是英国皇家学会和法国科学院的元老会员。但是由于他的年代离牛顿这位巨人太近了，后者耀眼的光芒一定程度地掩盖了他的成就。

胡克（1635—1703）是英国实验物理学家、博物学家、发明家，在力学、光学、生物学等领域颇有建树。力学中的弹性定律就是他提出的，也称胡克定律。1662 年英国皇家学会正式成立时，胡克被委任为学会的实验管理员。1663 年胡克成为英国皇家学会正式会员。1662—1666 年间，胡克曾到山顶和矿井下测量重力随地心距离而变化的规律，但没得到明确的结果。自 1664 年起，胡克在英国皇家学会主持一个有关力学方面的系列讲座。1679 年胡克分 6 集将历年的讲演汇集为《卡特勒演讲集（1664—1678）》出版，其中也记载了胡克自己的研究，如固体的弹性定律和力学的一般规律、宇宙体系理论等。《卡特勒演讲集（1664—1678）》是英国皇家学会早期的科学活动史，已成为人们研究 17 世纪英国乃至世界科学史的重要的第一手资料。胡克对光学、生物学的研究包括，重复了格里马尔迪的衍射实验，并根据对肥皂泡膜颜色的观察提出了光是在以太中传播的一种纵波的假说。他自制了复式显微镜，首次发现了植物细胞，首创了“细胞（cell）”一词，并在1665年出版了《显微图集》一书，同时也在此书中正式提出了光的波动说。

莱布尼茨（1646—1716）是德国哲学家、数学家，与牛顿各自独立地创立了微积分。在物理方面，莱布尼茨很重视惠更斯在弹性碰撞中发现的新的守恒量，即质量乘以速度的平方。1693年他用“活力”一词命名这个量，并提出重物凭借其速度能够上升的高度与其活力成正比，并且可以互相转化，也就是现代的机械能守恒定律。

（3）新物理学的奠基者——牛顿

如前所述，17世纪中叶的欧洲科学研究蓬勃发展，有了诸多关于机械运动规律的成果，人们迫切需要将这些分散的研究成果上升为一种普适的理论，牛顿以其独有的才能和智慧完成了这一使命。如英国诗人亚历山大·蒲柏（1688—1744）在牛顿的墓志铭所言：“自然和自然的法则隐藏在黑夜中，神说：让牛顿去吧！万物遂成光明。”恩格斯评价，“牛顿完成了人类科学史上的第一次总结。”

牛顿（1643—1727）是英国数学家、物理学家和天文学家，经典力学的奠基者。牛顿18岁时进入英国剑桥大学学习数学。1665—1666年期间，因为伦敦流行瘟疫，牛顿被迫回到家乡潜心做物理研究。牛顿1667年回到剑桥大学，1688年被选为议员，1696年出任造币局局长，1703年被推举为英国皇家学会会长，1705年被英国女王授予爵士头衔。牛顿在青年时代就对炼金术产生了极大的兴趣，投入了大量精力，但最终却未做出可供称道的成就。

牛顿一生中的重要科学研究贡献主要包括：万有引力定律、牛顿运动定律、微积分和光学。这些成果都产生于1665—1666年期间。这两年间，因为伦敦流行瘟疫，剑桥大学被迫关门，牛顿回到了家乡。他系统地整理了大学里学过的功课，潜心研究了开普勒、笛卡儿、阿基米德和伽利略等人的著作，还进行了许多光学实验。万有引力定律和牛顿运动定律的重要的研究成果集中体现在牛顿于1687年所出版的《自然哲学的数学原理》中。牛顿在数学和光学方面所取得的成果体现在他晚年出版的《三次曲线枚举》《利用无穷级数求曲线的面积和长度》《流数术》《光学》等著作中。牛顿在光学方面的贡献将在本书第四章予以介绍。

牛顿发现万有引力定律是他在自然科学中最辉煌的成就之一，其建立的思想如前所述。牛顿运动定律是在众多科学家探索成果的基础上总结完成的。牛顿的这些辉煌工作都产生于1665—1666年英国流行瘟疫、他回到家乡进行研究的期间，而公开发表于1687年的《自然哲学的数学原理》中。为何时隔20余年才出版？综合史学资料，其主要原因有：其一，由于年轻时的牛顿与当时的大科学家胡克关于光的粒子性和波动性以及万有引力定律发明权等方面的学术争执，使得牛顿不愿意主动发表文章；其二，对于万有引力问题，他无法确定两个具体星体间的距离；其三，由于胡克与牛顿间的冲突，英国皇家学会没有积极主动安排出版等。在这样的背景下，经过哈雷的努力和出资，才最终完成了这部巨作的出版工作。

三、践行完善发展

经过16、17世纪世界科学大飞跃，物理学家们一方面通过天体的观测验证牛顿力学的指导作用，另一方面将其应用到实际问题中，并通过实验确定未知量。随着牛顿力学的不断完善和发展，形成了机械运动的另一重要理论体系，即分析力学。

1. 牛顿力学指导发现

授课录像：
践行完善发展——牛顿力学指导发现

配音：
践行完善发展——牛顿力学指导发现

万有引力定律是由轨道问题出发而得到的。万有引力定律建立之后，人们可以探讨反问题，即由万有引力定律和牛顿第二定律研究更为广泛的轨道问题。其研究的结果是，星体不仅有一般椭圆轨道，还可以有长椭圆、双曲线、抛物线等各种轨道（由星体形成过程中的初始能量所决定）。从距离太阳由近到远的距离算起，太阳系是由水星、金星、地球、火星、木星、土星、天王星、海王星、冥王星（现已被改称为“矮行星”）以及彗星等星体组成。人类在公元前就已发现了水星、金星、火星、木星和土星。1781年英国天文学家赫歇耳（1738—1822）宣布发现天王星，这也是使用望远镜发现的第一颗行星。在此之前天王星也多次被观测到，但是人们以为它是一颗恒星。而太阳系中的彗星、海王星、冥王星均是通过牛顿运动定律指导预测发现的，充分体现了牛顿力学的指导作用。历史上著名的故事就是哈雷彗星的预言发现。

哈雷（1656—1742）是英国天文学家、物理学家、数学家和探险家。1676年起，哈雷开始进行掩星、太阳黑子和月食的观测。他向英国皇家学会提交了《求行星轨道偏心率和远日点的直接的和几何的方法》的论文，并提出了改进的日食计算方法。同年，哈雷远航到南大西洋进行南天恒星观测，测定了360颗恒星，并发现了半人马座星团，还进行了水星凌日观测，于1678年绘制成人类首张南天星图。哈雷对物理学发展的另一个重要贡献是积极促成了牛顿的巨著《自然哲学的数学原理》的出版。当开普勒三定律提出之后，人们逐渐认识到天体之间存在引力，并且如果行星以椭圆轨道运动，则引力的作用应该与天体间距离的平方成反比。历史上胡克、哈雷、惠更斯、雷恩都独立地提出过这个观点，但都没能给出证明。1684年哈雷为此专程到剑桥向牛顿请教。牛顿表示他曾经计算过并可以给出证明。不久牛顿把一篇《论轨道物体的运动》的论文寄给了哈雷。哈雷读后立刻意识到这篇论文的重要性。他再次访问牛顿，极力劝说并鼓励他公布自己的研究成果。正是在哈雷的不懈努力与支持下，牛顿才于1687年完成了他的巨著，甚至在英国皇家学会表示无力承担出版费用时，哈雷独自承担了《自然哲学的数学原理》的出版工作。在近代自然科学史上，牛顿的《自然哲学的数学原理》的出版具有划时代的意义。爱因斯坦曾赞扬说："直到19世纪末，它一直是理论物理学领域中每个工作者的纲领。"哈雷不仅在生前促成了《自然哲学的数学原理》的出版问世，在去世后，他关于彗星的科学预言的实现又给《自然哲学的数学原理》增添了夺目的光彩。

人们在1531年、1607年和1682年分别观测到三颗未知的星体。1695年哈雷用牛顿运动定律论证，这三颗星体是同一颗星体，以约75.5a（年）为一个周期运动，并预言此星体将于1758年再现。临近1758年，人们纷纷打赌预言是否灵验成为世界性趣闻。1758年12月25日，一个天文爱好者观察到了这颗彗星，证实了哈雷的预言。1759年，这颗星体就被命名为哈雷彗星（其远日点已超过海王星轨道）。

1821年法国天文学家布瓦（1767—1843）发现天王星的轨道和计算数据有较大的偏差，认为有一个摄动星体的存在。1846年法国天文学家勒维耶（1811—1877）根据计算推算出该星体的位置。同年，柏林天文台的德国天文学家伽勒（1812—1910）宣布正式发现海王星，与勒维耶的数据相差不到1°。

19世纪末，天文学家通过观测海王星轨道的摄动，推测还存在其他行星。1909年美国天文学家罗威尔（1855—1916）和皮克林（1858—1938）通过计算确定该行星的可能坐标。1930年美国天文学家汤博（1906—1997）宣布，通过拍摄照片的方法发现了冥王星。

2. 牛顿力学应用完善

上述天文观测的事实对牛顿力学的正确性是有力的支持。人们以此进行深入的应用性研究和相关的参量测量，并继续进行其他领域的研究。

授课录像：
践行完善发展——牛顿力学应用完善

伯努利（1700—1782）是瑞士数学家、物理学家。伯努利对物理学最重要的贡献是把数学应用于力学，创立了流体力学的系统理论。1738年他出版了经典著作《流体动力学》，给出了"伯努利方程"等流体动力学的基础理论。此外，他还研究了弹性弦的横向振动问题，提出了声音在空气中的传播规律。他的论著还涉及天文学、地球引力、潮汐、磁学、振动理论、船体航行的稳定和生理学等。

配音：
践行完善发展——牛顿力学应用完善

卡文迪什（1731—1810）是英国物理学家、化学家。卡文迪什在物理学和化学方面的成就和贡献很多。1798年卡文迪什通过扭秤实验验证了牛顿的万有引力定律，测量出引力常量的数值。通过万有引力定律和牛顿第二定律，加上测量的引力常量，人们可以间接地计算出地球的质量，因此卡文迪什被称为"第一个称量地球的人"。卡文迪什还在电学、热学、化学方面取得诸多成果，但他的绝大部分研究结果都没有在他生前发表。直到100年后，麦克斯韦发现和整理了卡文迪什的论文，于1879年才出版发表了这些论文。1871年卡文迪什的后代捐资兴建了剑桥大学著名的卡文迪什实验室。

马格纳斯（1802—1870）是德国物理学家、化学家。马格纳斯在物理学中的主要贡献是发现了“马格纳斯效应”。1852 年马格纳斯在研究炮弹飞行弹道问题时，发现炮弹有时不能按预计的弹道曲线飞行。当时人们已经知道，为了避免子弹或炮弹在高速飞行时受空气作用而翻滚，应使子弹或炮弹在出膛时绕自身的对称轴高速旋转，这样才能保证子弹或炮弹在前进过程中始终弹头向前。马格纳斯经过反复观察和实验后得出结论，这种高速旋转运动的物体会受到来自周围空气的横向力作用，以至于物体的运动轨迹偏离理论预计的弹道曲线。后来人们把这一现象称为马格纳斯效应。乒乓球、网球等的上旋球、下旋球以及足球的弧线球（香蕉球）就是因此而形成的。马格纳斯在气体膨胀、气体热传导等方面也做了很多有意义的实验研究。此外，他也是一位化学家，1828 年他发现了一种新的有机复合物，被命名为“马格纳斯绿盐”。

傅科（1819—1868）是法国物理学家。傅科对物理学最重要的贡献是光速的测定和傅科摆的实验。他用旋转镜法测量了光速，证明了光在空气中的传播速度比在水中快。这一实验为惠更斯的光的波动说提供了证据。1851 年傅科在法国首都巴黎设计制作了以他的名字命名的摆。傅科摆由一个重 28 kg 的铅球，系在长为 67 m 的细钢丝线上构成。傅科将这个巨大的单摆悬挂在巴黎万神殿圆屋顶的中央，悬挂点经过特殊设计，使整个摆可以在任何方向自由摆动，并且使因摩擦而消耗的能量减少到最低限度。摆锤的下方是一个巨大的沙盘，当摆锤摆动时，安装在摆锤上的指针会在沙盘上画出运动的痕迹。依据经验，人们原以为这样的单摆在沙盘上来回摆动，指针仅能画出唯一一条轨迹。但事实上人们惊奇地发现，每经过一个周期的摆动，单摆在沙盘上画出的轨迹都会偏离原来的轨迹，准确地说，在直径为 6 m 的沙盘边缘，两个轨迹之间相差大约 3 mm。“地球真的是在转动啊”，人们不禁发出了这样的感慨。傅科摆的实验被评为“物理最美实验”之一，直到今天仍是各天文台用以证实地球自转的主要实验。

授课录像：践行完善发展——分析力学与守恒量

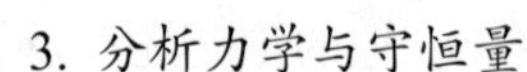

3. 分析力学与守恒量

（1）分析力学的建立

牛顿力学以实验为基础，以力、加速度为出发点的矢量形式方程表示。随着科学家们对机械运动规律的深入研究发现，可以通过寻找系统函数及其随时间演化为出发点的标量形式方程描述力学运动规律，形成了机械运动领域的另外一套理论体系，即分析力学。这套新的力学理论体系的建立离不开莫培督、欧拉、达朗贝尔、拉格朗日、哈密顿、雅可比等著名科学家们的聪明才智和不懈努力。

配音：践行完善发展——分析力学与守恒量

莫培督（1698—1759）是法国数学家、物理学家、哲学家。为了验证牛顿的地球扁球形的理论，莫培督于 1736 年亲自带队去北极圈附近测量地球弧长，证明了牛顿理论的正确性。因为这一贡献，莫培督几乎成了所有欧洲国家科学院的会员。

1744 年他发表了《论各种自然定律的一致性》，提出最小作用量原理。虽然后来莱布尼茨的信奉者们声称在莱布尼茨早期的信件中提出过最小作用量原理，但由于无法查证，最后柏林科学院判定莱布尼茨信件为赝品，也就意味着莫培督是提出最小作用量原理的第一人。

欧拉（1707—1783）是瑞士数学家、物理学家。1744 年欧拉出版《寻求具有某种极大或极小性质的曲线的方法》一书，给出了解决最速降线的一般方法，这是变分法历史上的里程碑，标志着变分法的诞生。欧拉是波动说的支持者，他在 1746 年出版的《光和色彩的新理论》中明确表示反对当时主流的微粒说。1750 年欧拉和丹尼尔·伯努利联合提出欧拉-伯努利梁方程，用以解决梁受力形变的问题，在建筑学中得到了广泛的应用。1757 年欧拉由牛顿运动定律出发给出无黏性流体的运动学微分方程，即欧拉方程。数学上的常微分方程也以欧拉命名。

达朗贝尔（1717—1783）是法国著名的物理学家、数学家和天文学家。1743 年达朗贝尔出版专著《动力学论》，这是法国最早综述牛顿力学的著作，也是创立分析力学的标志。在这部著作的序言中，达朗贝尔澄清了 17 到 18 世纪关于运动的量度，即“动量”和“活力”（现在称动能）概念的混乱。《动力学论》更为重要的意义在于提出了以达朗贝尔的名字命名的原理，即达朗贝尔原理。后来拉格朗日在此基础上提出了达朗贝尔-拉格朗日方程，写出了动力学普遍方程，奠定了分析力学的基础。达朗贝尔也是首个提议将“时间”作为三维笛卡儿坐标之外的第四维度的人。

拉格朗日（1736—1813）是法国杰出的数学家、天文学家和物理学家，分析力学的奠基人。拉格朗日在科学上的贡献遍及力学、天体力学、数论、微分方程、函数论等多个领域，被誉为继欧拉之后最伟大的数学家和牛顿之后最伟大的力学家。从 1755 年至 1788 年，拉格朗日历时 33 年完成了巨著《分析力学》，创立了经典力学的分析力学方法体系。他将约翰·伯努利提出的虚位移原理和达朗贝尔原理结合起来，导出了著名的拉格朗日方程，建立了用数学分析的语言表达的经典力学方法。这套理论和方法能够处理更加复杂的力学问题，适用范围也更广泛。《分析力学》是牛顿的《自然哲学的数学原理》之后、哈密顿的著作之前最重要的经典力学著作。哈密顿曾把这部著作称为一部“科学诗篇”。拉格朗日曾被誉为“欧洲最伟大的数学家”，拿破仑把他比喻为“一座高耸在数学世界的金字塔”。

哈密顿（1805—1865）是英国数学家、物理学家。哈密顿在力学方面的主要成就是使分析力学实现了继拉格朗日之后的又一次质的飞跃。他于 1834 年、1835 年先后发表了《论动力学的一种普遍方法》和《再论动力学中的普遍方法》两篇重要论文，为分析力学揭开了新的一页。哈密顿正则方程组的求解也是分析力学中的重要问题。哈密顿本人提出了一种正则变换的方法。

雅可比（1804—1851）是德国数学家。雅可比在物理学中的主要贡献是发展了分析力学的哈密顿-雅可比方程。1835 年哈密顿发表哈密顿正则方程组，并提出了一种原则解法，但在选择所需函数时往往十分困难。雅可比深入研究了哈密顿的理论，独立于哈密顿提出一种特殊的正则变换，使所得的哈密顿函数等于零，导出了和哈密顿相同的偏微分方程，后人称之为“哈密顿-雅可比方程”。这些成果不仅推动了分析力学的发展，而且在量子力学、引力场方程等的建立中也起到了重要作用。

（2）关于动量守恒和能量守恒的历史争论

动量、能量、角动量等的守恒律是现代物理学中的重要理论层次。从历史的角度看，早在牛顿运动定律建立之前，研究者们对质点运动定理中的部分概念就有了讨论，如动量和能量。动量概念的提出最早可以追溯到 14 世纪。为了解释箭之类的飞行物在脱离手后仍能继续运动这一现象，当时有人提出是某种可以称为“动力”的东西给予了飞行物继续运动的能力，并断言这种“动力”与物体的重量和速度成正比。17 世纪，笛卡儿提出了所谓的普遍“运动量”守恒原理，并把“运动量”定义为质量和速度的乘积，但他尚未认识到“运动量”的矢量特征。直到 1669 年，《哲学会刊》上发表了惠更斯、沃利斯和雷恩三人彼此独立完成的研究成果，文章中把物体的动量定义为质量与速度的乘积，动量守恒定律才正式确立下来。

力学中能量原理的应用最早可追溯到伽利略时期。伽利略在论证同一物体沿高度相同的不同斜面下滑会获得相等速度这一现象时，曾分析单摆摆球总是能摆回同一高度这个问题。凭着直觉，他意识到了机械能守恒定律的存在。1669 年惠更斯认识到要解决弹性碰撞问题，仅仅应用动量守恒定律是不够的，他提出了物体的质量与速度平方乘积（后来，此量被称为“活力”）在碰撞前后保持不变的定律。1695 年莱布尼茨提出了力和路径的乘积等于“活力”的增加，这实际上就是动能定理。1807 年托马斯·杨创造了“能”这个词，用来表示“活力”。1826 年蓬瑟勒创造了“功”一词，以表示力和路径的乘积。而牛顿在《自然哲学的数学原理》中并没有提及功和能，也没有赋予“活力”这个概念以特别重要的意义。

动量和能量两个概念的平行发展，最终导致历史上对力学持不同观点的两大学派的形成。一派以力、质量、动量为原始概念，功则为导出概念，这是由笛卡儿创导，并为牛顿遵循和发展；另一派则以功、能量为原始概念，而力为导出概念，这是由莱布尼茨创导，并为惠更斯、蓬瑟勒等遵循，以后又为分析力学学派所发展。讨论运动守恒要比质量守恒更为困难，因为运动是一个复合的概念，既涉及物体的质量，又涉及物体的速度。从衡量物体运动的功效及守恒的角度，是将动量作为“运动之量”还是将动能作为“运动之量”，在 18 世纪，两个学派之间就此发生过一场争论。争论持续了约半个世纪，直到 1743 年，达朗贝尔在他的《动力学论》的序言中对此作了评述，争论才宣告结束。从现代科学的角度看，两种观点都是对的，分别反映了问题的不同方面：从力对时间的累积效果角度看，需要考虑的是动量守恒；从力对空间的累积效果看，需要考虑的是能量守恒。

从力学规律的建立过程角度看，动量守恒定律、能量守恒定律、角动量守恒定律等守恒定律似乎是相应定理在特殊条件下的推论。但现代的物理学研究结果表明，守恒定律是比相关定理更为高级的一个层次。物理规律大致可以分为三个理论层次。初级理论层次是在一定条件下成立的规律（唯象理论），如胡克定律、气体物态方程等；中级理论层次是统领某个学科领域的规律，如牛顿运动定律是统领力学的理论规律，麦克斯韦方程组是统领电磁学、光学的理论规律；而守恒定律则属于统领各个学科领域的高级理论层次。

§1.3　牛顿力学基本理论及其解决实际问题的应用案例

本节以表 1.2 所示的逻辑主线与演示资源，介绍牛顿力学的基本理论以及解决实际问题的应用型案例。

表 1.2　力学相应规律及其应用案例

<table>
<tr><th colspan="2">规律分类</th><th>演示资源</th><th>应用案例</th></tr>
<tr><td colspan="2">机械运动规律发展历程</td><td>天体间距（AR）
宇宙结构说（AR）
观测位相（AR）</td><td>天体间距测量</td></tr>
<tr><td rowspan="3">1.3.1　质点基本运动规律——牛顿运动定律</td><td>一、万有引力定律</td><td>建立万有引力定律的思考（AR）
卡文迪什实验（AR）
太阳系（AR）
星际探测器（AR）</td><td>三种宇宙速度、星际探测器</td></tr>
<tr><td>二、牛顿第一定律</td><td>气垫导轨（实物）</td><td>“新地平线”号探测器在离开冥王星后的运动</td></tr>
<tr><td>三、牛顿第二定律</td><td>厄特沃什实验（AR）
牛顿第二定律的内在随机性（AR）
混沌摆（实物）
抛体（实物）
猎猴实验（实物）
飞旋的扑克牌（实物）
牙签悬浮术（实物）</td><td>在太空中称量体重</td></tr>
</table>

续表

规律分类		演示资源	应用案例
1.3.1 质点基本运动规律——牛顿运动定律	四、牛顿第三定律	力的合成与分解（实物） 摩擦力自锁效应（实物） 形状记忆合金（实物） 意念弯曲钥匙（实物） 爆碎玻璃杯（实物）	摩擦力的自锁效应
	五、非惯性系质点动力学方程	自由落体非惯性系（AR） 等效原理（AR） 车的惯性（动画） 超重与失重（AR） 潮汐现象（AR） 潮汐锁定（AR） 惯性离心力（实物） 表观重力（AR） 匀角速转动非惯性系下物体的运动（实物） 科里奥利力（实物） 傅科摆（AR） 傅科摆（实物） 落体偏东（AR） 东北信风（AR） 台风的形成（AR） 大气环流构成（AR）	1. 源于惯性平动力现象——惯性、超重与失重、潮汐现象、潮汐锁定 2. 源于惯性离心力现象——表观重力、乒乓球沉入水底 3. 源于惯性科氏力现象——傅科摆、落体偏东、东北信风、台风、大气环流
1.3.2 导出规律——运动定理与守恒定律	一、质心运动定理	质心运动（实物） 质心参考系（AR） 锥体上滚（实物）	物体逆斜坡而上的现象
	二、动量定理与动量守恒定律	动量守恒的小车（实物）	火箭发射
	三、功能原理与机械能守恒定律	机械能守恒（实物） 徒手碎酒瓶（实物） 一维碰撞（AR） 二维碰撞（AR） 七联球碰撞（实物） 超级球（实物） 口吞宝剑（实物） 越杯子的硬币（实物） 香烟入鼻（实物） 铅笔穿越橡皮筋（实物） 伸长魔棒（实物）	滑冰接力与超级球效应

续表

规律分类		演示资源	应用案例
1.3.2 导出规律——运动定理与守恒定律	四、角动量定理与角动量守恒定律	不倒翁（AR） 反重力玻璃杯（实物） 牙签挂瓶子（实物） 神奇的乒乓球（实物）	船的稳定性
1.3.3 特殊质点系力学问题——刚体	一、定轴转动	角速度的矢量性（实物） 转动惯量演示仪（实物） 转椅角动量守恒（实物） 摩擦转盘（实物）	运动员转体角速度的控制
	二、质心运动与相对质心运动	平动陀螺仪（实物） 滚摆（实物） 明日环（实物） 转动惯量与质量比值的比较（实物） 纯滚动条件比较（实物） 季节变化与极昼极夜（AR）	跳台跳水运动员的空中转体与落水控制
	三、定点进动和章动	导航仪（实物） 陀螺仪（实物） 车轮的进动和章动（实物） 陀螺的进动与章动（AR） 翻身陀螺（AR） 翻身陀螺（实物） 岁差（AR） 旋转的子弹（AR）	岁差
1.3.4 特殊质点系力学问题——流体	一、流体静力学	大气压力（实物） 反重力可乐（实物） 撬不动的纸（实物） 不会漏气的气球（实物） 浮沉子（实物）	潜水艇的升降
	二、流体动力学	流线（AR） 流管（AR） 连续性方程（动画） 胶皮管流速（实物） 吹纸片（实物） 气悬球（实物） 悬浮的纸环（实物） 流体涡旋（实物）	飞机的升力

续表

规律分类		演示资源	应用案例
1.3.4 特殊质点系力学问题——流体	二、流体动力学	液体的内摩擦（实物） 飞机的升力（实物） 逆风行船（实物） 马格纳斯效应（AR） 电梯球与落叶球（AR）	飞机的升力
1.3.5 普遍运动形式力学问题——振动	一、简谐振动	弹簧振子（动画） 弹簧振子（实物） 自动运行的螺母（实物） 简谐振动的几何表示（动画） 简谐振动的几何表示（实物） 同方向同频率简谐振动的合成（动画） 拍现象（动画） 垂直方向同频率合成（动画） 李萨如图形（动画） 李萨如图形摆（实物） 激光李萨如图（实物） 信号频率的测量（实物）	信号频率的测量
	二、阻尼振动	阻尼摆和非阻尼摆（实物） 阻尼振动（动画）	测量仪表的阻尼设计
	三、受迫振动	共振现象（AR） 弹簧振子（实物） 鱼洗（实物） 多谐共振仪（实物） 耦合摆球（实物）	自鸣的铜磬
1.3.6 普遍运动形式力学问题——波动	一、波的传播	声波波形（实物） 变音编钟（实物） 横波（实物） 细软弹簧纵波（实物） 波声速测量（实物） 相速度与群速度（AR） 超波速运动（AR）	冲击波和超声波
	二、波的反射与合成	一维驻波（动画） 二维驻波（AR） 圆环驻波（实物） 悬线驻波（实物）	不迷失方向的蝙蝠、B超

续表

规律分类		演示资源	应用案例
1.3.6 普遍运动形式力学问题——波动	二、波的反射与合成	简正频率（动画） 水波的干涉与衍射（实物）	不迷失方向的蝙蝠、B超
	三、多普勒效应	多普勒效应（AR）	物体运动速度的测量、彩超

1.3.1 质点基本运动规律——牛顿运动定律

授课录像：万有引力定律

配音：万有引力定律

牛顿力学基本规律包括万有引力定律和牛顿运动定律以及非惯性系下的质点动力学方程。本节以此概述相关原理，列举相应的典型应用案例。

一、万有引力定律

1. 规律描述

任何两个物体之间都存在着相互作用力，作用力的大小与两个物体质心之间（密度均匀的物体）的距离平方成反比，受力方向沿互相吸引的方向，这就是万有引力定律。万有引力定律的建立过程见“AR 演示：建立万有引力定律的思考”。

万有引力定律公式中有个常量，称为引力常量。要想定量获得两个物体之间的万有引力，必须要确定这个常量。在万有引力定律建立 111 年后，英国的物理学家卡文迪什设计了扭秤实验，测量了引力常量。利用所测的引力常量可以计算地球的重量，所以卡文迪什被称为是第一个称量地球重量的人。测量引力常量的原理见“AR 演示：卡文迪什实验”。

AR 演示：建立万有引力定律的思考

AR 演示：卡文迪什实验

2. 应用案例——三种宇宙速度与星际探测器

行星围绕太阳做有条不紊的运动是由万有引力定律、牛顿第二定律所支配的，它们不同的运行轨道是由初始条件所决定的，见“AR 演示：太阳系”。宇宙中各种星体的不同的初速度是宇宙大爆炸之初形成的。人们在地面上利用火箭发射使物体获得一定的初速度，以后的运动轨迹由万有引力定律和牛顿运动定律所支配。初始速度不同就会有不同的运动轨道。第一宇宙速度是卫星围绕地球运动的临界速度。

在第二宇宙速度下，卫星围绕太阳运动。在第三宇宙速度下，卫星脱离太阳系的吸引，成为太阳系以外的银河系的一员。目前人类的技术尚不能发射超过第二宇宙速度的航天器，那么如何实现远离地球的星际旅行呢？实际上，星际探测器除了使用携带的燃料为自己加速或变轨外，大多还借助了太阳系其他天体与航天器之间的万有引力，即利用了“引力助推”效应。科学家们通过巧妙的计算指出，当航天器以特殊的轨道接近某一天体时，由于万有引力的作用，它会先加速接近天体、绕天体运行半圈之后沿相反方向离开天体，此时航天器相对太阳的运行速度已获得了一份增量。如果能够连续地利用多个天体的引力助推，则可以使航天器获得非常可观的速度，甚至接近第三宇宙速度。例如，1977 年美国发射的旅行者 1 号和 2 号探测器，就先后借助木星、土星、天王星的引力作“跳板”，从木星跳到土星，又从土星跳到天王星，继而又跳到海王星，成为探测太阳系行星最多、探测成果最丰富的星际探测器，见“AR 演示：星际探测器”。

苹果为何会落地？月亮为何会围绕地球运动？太阳系的成员是如何和谐共处的？什么是彗星？人造地球卫星是如何发射的？这些均与万有引力定律有关，具体解释参见《物理与人类生活》(张汉壮、王磊、倪牟翠主编，高等教育出版社出版)。

AR 演示：
太阳系

AR 演示：
星际探测器

二、牛顿第一定律

1. 规律描述

授课录像：
牛顿第一定律

配音：
牛顿第一定律

在一个特定的参考系中，物体不受外力作用时会保持静止或匀速直线运动状态。这一属性也称惯性定律，这个特殊的参考系称为惯性系。

牛顿第一定律需要对应特定的参考系才成立，这个参考系称为惯性系。如何寻找惯性系？这是一个只能通过实验来解决的问题。通过实验，如果我们能够判定一个物体不受其他物体的作用（如远离任何星体的宇宙飞船），则以该物体为参考系就会有惯性现象的发生，这个参考系就是惯性系。同时，相对该惯性系呈现静止或匀速直线运动的其他参考系均是惯性系。实际上，地球表面以及相对地球表面静止或匀速直线运动的参考系并非严格的惯性系，因为地球既围绕太阳公转，又有本身的自转，所以并非惯性系。但在大多数情况下，地球的公转和自转对所研究对象的影响是很小的。在地球表面小范围内，相对地球表面静止或匀速直线运动的参考系而言，牛顿第一定律依然近似成立，因此，在这种情况下，地球表面可近似视为惯性系。对太阳围绕银河系中心转动的情况亦是如此。

古希腊的亚里士多德认为，力是使物体运动的原因。这一从表面现象总结出来的规律被人们认可达千年之久。实际上，这个规律深层的问题是忽视了摩擦力的作用。由于自然界中不存在完全光滑的理想表面，因此物体保持匀速直线运动状态不变的属性不可能由完全严格的实验所验证，而只能是一种极限情况下的推论。因此，有时现象背后所蕴含的规律是需要靠智慧和推理获得的。有关该定律最早的实验是伽利略使黄铜球在斜面上的运动的实验。由于实际上不存在完全光滑的表面，因此，物体不可能永远地自动运动下去。物体在尽可能满足无摩擦条件下的表现效果见“实物演示：气垫导轨”。

实物演示：
气垫导轨

2. 应用案例——“新地平线”号探测器在离开冥王星后的匀速直线运动

“新地平线”号探测器是美国于2006年发射的探测器。“新地平线”号于2015年飞掠过冥王星，之后继续向柯伊伯带飞行，已于2019年抵达柯伊伯带成为目标天体（命名为2014MU69的小天体），并预计于2029年飞离太阳系。在“新地平线”号目前所处的区域，即太阳系的冥王星以外，无论是太阳还是其他天体的引力都十分微弱，因此可近似认为探测器不受外力作用，即保持匀速直线运动状态。在美国发布的“新地平线”号任务官网中，给出了每分钟更新一次的探测器与太阳、地球及目标天体间距离的实时数据，持续观察一段时间可以看出，探测器的运动近似为$14.4\ \mathrm{km\cdot s^{-1}}$的匀速直线运动。

冰壶运动中为什么要刷冰亦与牛顿第一定律有关，具体解释参见《物理与人类生活》（张汉壮、王磊、倪牟翠主编，高等教育出版社出版）。

三、牛顿第二定律

1. 规律描述

惯性参考系下，任何一个物体所获得的加速度与该物体所受真实力的大小成正比，与质量成反比，此为牛顿第二定律。

授课录像：
牛顿第二定律

牛顿第二定律中所定义的质量是描述物体惯性大小的量，称为惯性质量。任何物体都有被其他物体吸引的属性，用另外的物理量描述其被吸引的属性的大小，称为引力质量。实验证明，如果选取相同的惯性质量与引力质量标准，同一物体的惯性质量和引力质量是相等的，其证明的实验过程见“AR演示：厄特沃什实验”。

配音：
牛顿第二定律

一个具有确定初始条件的系统，在牛顿运动定律和万有引力定律的支配下，就具有确定的运动轨迹，即便初始条件有微小的改变，系统的运动轨迹也不会有明显的偏离。这也是20世纪以前人们对牛顿力学的决定论的理解。随着非线性动力学的发展，人们发现，对于某些非线性系统，在某些特殊的条件下，即便有确定的动力学方程，极其微小的初始条件的变化，在理论计算上也会导致系统产生大相径庭的轨道，这一特性称为初值条件的敏感性。在实际过程中，外界微小的扰动不可避免，这意味着理论上的初始条件无法严格地确定，由于初值条件的敏感性，导致这样的系统具有不确定的轨迹，称为内在随机性，所表现的是一种混沌现象。这种现象首次出现在天气预报的研究中。美国气象学家洛伦茨在他的一次演讲中说："一只蝴蝶在巴西扇动翅膀会在得克萨斯引起龙卷风"，人们称之为"蝴蝶效应"。对于某些特殊的力学系统，在一定的条件下，牛顿力学同样也会显示出内在随机性行为，见"AR 演示：牛顿第二定律的内在随机性""实物演示：混沌摆"。

AR 演示：
厄特沃什实验

AR 演示：
牛顿第二定律的内在随机性

实物演示：
混沌摆

2. 应用案例——太空称量体重的方法

在地面上的人受到的重力与人的质量成正比，根据这一关系可以用体重秤测量人的质量，俗称"体重"。在绕地球飞行的宇宙飞船上，人处于失重状态，此时如何测出航天员的"体重"呢？根据牛顿第二定律，物体受力会产生加速度，加速度的大小与力的大小成正比、与物体的质量成反比。可见，通过给航天员施加一个大小已知的力，测出航天员在该力作用下的加速度的大小，就可以计算出他的质量了。2013 年 6 月 20 日，我国的"神舟"十号宇宙飞船在轨飞行期间，进行了一次精彩的太空授课活动。航天员把自己连接到一端固定的大弹簧的另一端，利用弹力使自己获得加速度，由此测出了自己的"体重"。物体仅在重力作用下的运动轨迹见"实物演示：抛体""实物演示：猎猴实验"。与牛顿第二定律有关的其他现象参见"实物演示：飞旋的扑克牌""实物演示：牙签悬浮术"。

人体能够承受多大的加速度？为什么拱形的桥梁更结实？高空下落的雨滴速度会越来越大吗？这些问题都与牛顿第二定律有关，具体解释参见《物理与人类生活》（张汉壮、王磊、倪牟翠主编，高等教育出版社出版）。

实物演示：
抛体

实物演示：
猎猴实验

实物演示：
飞旋的扑克牌

实物演示：
牙签悬浮术

四、牛顿第三定律

1. 规律描述

两个物体之间的作用力和反作用力，总是同时在同一条直线上、大小相等、方向相反，此为牛顿第三定律。牛顿第三定律是关于相互作用力性质的规律。作用在同一点上的多个力可以用一个力来等效，称为力的合成；反之，一个作用力也可以用多个力来等效，称为力的分解，见“实物演示：力的合成与分解”。

授课录像：牛顿第三定律

对牛顿三定律的理解：从公式角度看，可以说牛顿第一定律是牛顿第二定律在特殊条件下（外力为零）的结果；牛顿第三定律是独立于牛顿第一、第二定律的力的规律。但从物理的内涵角度看，牛顿第一定律定义了惯性参考系，给出了自然界一种规律的宽泛描述。牛顿第二定律给出了惯性参考系下作用在物体上的力与加速度的定量关系。而牛顿第三定律将待研究物体与周围环境的关系以力的方式来体现，并且导致质点系以质心为代表的整体运动与质点系的内力无关。因此，牛顿运动定律构成了一个完整的理论体系。

实物演示：力的合成与分解

配音：牛顿第三定律

2. 应用案例——摩擦力自锁效应

当两本书的书页密集交叉叠放一起的时候，试图把两本书拽开是很困难的，这是页与页之间摩擦力的累计作用的结果。实验表明，物体间的摩擦力大小与相互间的正压力和摩擦因数成正比。由于书脊的作用，使得交叠的书页之间产生相互的正压力，书页之间产生摩擦力。当人们试图拽开两本书时，手的作用力加大了书页之间的正压力，使得摩擦力进一步增大。因此，越试图用力把两本书拽开，越适得其反，这一现象称为自锁效应。依据这一道理，我们采取同时抖动两本书，减少书页之间正压力的办法来拽开这样的两本书，避免自锁效应，见“实物演示：摩擦力自锁效应”。与力有关的其他现象参见“实物演示：形状记忆合金”“实物演示：意念弯曲钥匙”“实物演示：爆碎玻璃杯”。

小鸟为什么可以自由地飞行？流星和陨石是如何形成的？如何获得更快的游泳速度？轴承中的钢珠有什么作用？神奇的记忆功能材料有何特征？这些问题均与牛顿第三定律有关，具体解释参见《物理与人类生活》（张汉壮、王磊、倪牟翠主编，高等教育出版社出版）。

实物演示：摩擦力自锁效应

实物演示：形状记忆合金

实物演示：意念弯曲钥匙

实物演示：爆碎玻璃杯

五、非惯性系质点动力学方程

1. 规律描述

授课录像：
非惯性系质点动力学方程——原理概述

物体不受外力作用时会保持静止或匀速直线运动状态不变，物体所在的这个特殊的参考系称为惯性系，这是只能通过实验来确定的参考系。一旦找到了这样一个惯性系，相对性原理告诉我们，相对该惯性系做匀速直线运动的一切参考系都是惯性系。而相对该惯性系做非匀速直线运动的参考系就是非惯性系。例如，加速启动或减速的汽车是一个简单平动非惯性系；考虑地球的自转，地球表面实际上是一个匀角速度转动的非惯性系；游乐园中的空中旋转娱乐装置是一个既有平动又有转动的复杂非惯性系。

配音：
非惯性系质点动力学方程——原理概述

在非惯性系中，牛顿第二定律是失效的，见“AR 演示：自由落体非惯性系”。但研究表明，如果在非惯性系中人为地加上一个虚拟的力的话，将物体所受的真实力和这个虚拟的力合起来作为物体所受的合外力，牛顿第二定律的形式在非惯性系下依然有效。这个虚拟的力被称为惯性力。之所以如此解决非惯性系的动力学问题源于等效原理，见“AR 演示：等效原理”。

惯性力的表达式和非惯性系的种类有关。例如，相对惯性系做平动的非惯性系和相对惯性系做匀角速度转动的非惯性系，两者的惯性力的表达式是不同的。惯性力的作用效果和真实力的效果无异，但没有施力来源，所以在非惯性系下感觉到的惯性力就像是一种无形的力量之手。

AR 演示：
自由落体非惯性系

AR 演示：
等效原理

2. 应用案例

授课录像：
非惯性系质点动力学方程——惯性平动力

（1）源于惯性平动力的现象——惯性、超重与失重、潮汐现象、潮汐锁定

源于惯性平动力的惯性以及超重与失重现象分别参见“动画演示：车的惯性”“AR 演示：超重与失重”。潮汐是海水的周期性涨落的现象，“昼涨称潮，夜涨称汐”，它主要是月球、太阳对海水的吸引力和惯性力共同作用的结果，见“AR 演示：潮汐现象”“AR 演示：潮汐锁定”。

为什么月球只有一面始终面向地球，而另一面却永远无缘与地球谋面？从表象上看，是月球绕地球的公转周期与月球的自转周期相同导致的。从机理上看，地球的公转周期与月球的自转周期为何相同？这是潮汐锁定效应导致的。

针对一个球形的星体，潮汐力引起的效果是使星体拉伸变形为椭球体。设想星体本身没有自转，而且对这种拉伸作用的响应是瞬时的，因此，随着星体的轨道运动，椭球体的长轴方向是随时改变的，也就是始终沿着引力方向。由此导致星体内部不断发生相对形变而产生摩擦，使星体的运动能量耗散。在一定的角动量下，圆轨道对应的能量最低，因此，潮汐力作用的一个效果就是通过耗散作用使星体的椭圆轨道逐渐趋向圆轨道。而实际的星体对潮汐力的拉伸响应不可能是瞬时的，因此某时刻星体所受的引力对前一时刻还没有完全消失的长轴两端产生净引力矩。这个净引力矩使本来无自转的星体的自转周期有趋向于公转周期的效果，这是潮汐力作用的另外一个效果，称为潮汐锁定。如果星体本身具有与公转周期相差不大的自转周期，潮汐锁定的效果与上述的作用机理是相同的，也就是说，潮汐力的作用最终使自转周期与公转周期相同。

配音：
非惯性系质点动力学方程——惯性平动力

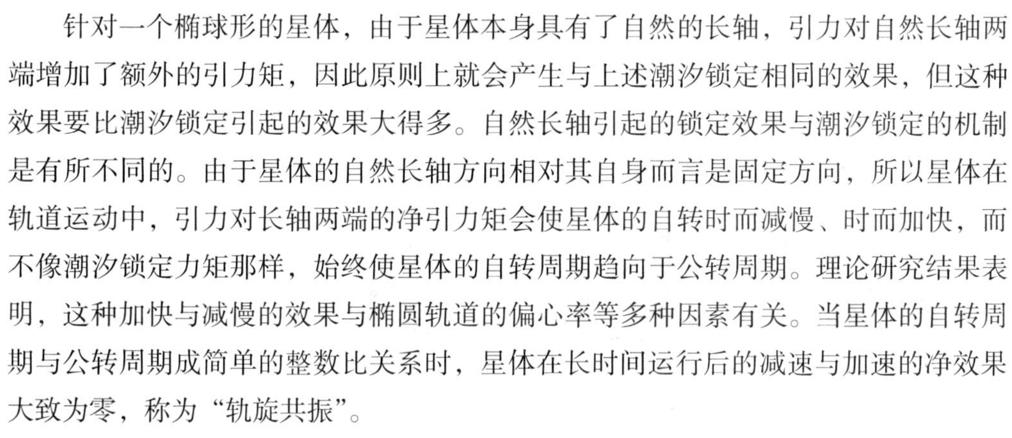

针对一个椭球形的星体，由于星体本身具有了自然的长轴，引力对自然长轴两端增加了额外的引力矩，因此原则上就会产生与上述潮汐锁定相同的效果，但这种效果要比潮汐锁定引起的效果大得多。自然长轴引起的锁定效果与潮汐锁定的机制是有所不同的。由于星体的自然长轴方向相对其自身而言是固定方向，所以星体在轨道运动中，引力对长轴两端的净引力矩会使星体的自转时而减慢、时而加快，而不像潮汐锁定力矩那样，始终使星体的自转周期趋向于公转周期。理论研究结果表明，这种加快与减慢的效果与椭圆轨道的偏心率等多种因素有关。当星体的自转周期与公转周期成简单的整数比关系时，星体在长时间运行后的减速与加速的净效果大致为零，称为“轨旋共振”。

由相关的理论可以推知，当星体自转较快，即自转周期远小于公转周期时，星体会首先进入高阶“轨旋共振”的状态。在此状态所持续的时间与星体的结构、公转轨道的偏心率等多种因素有关。如果星体在该状态停留的时间较长，则星体就会在该状态被较长时间俘获。否则，星体会在潮汐力耗散、自然长轴引力矩等因素的作用下，进入下一个低阶的“轨旋共振”状态。以此类推，最终会形成星体的自转周期与公转周期相等的锁定状态。如果星体的初始自转周期与公转周期相差不大时，星体不会进入“轨旋共振”的状态，而是直接进入自转周期与公转周期相等的锁定状态。

就上述的潮汐锁定和自然长轴引力矩锁定两个因素比较而言，对于球形星体，潮汐锁定是对俘获或锁定起决定性作用的；而对于椭球形的星体，自然长轴引力矩锁定是起决定性作用的。由于星体在形成过程中受潮汐力作用以及其他多方面因素的影响，宇宙中的天体大部分都应是椭球形的，因此从星体形状的角度统计，自然长轴引力矩锁定起着决定作用的概率更高。

月球已进入了自转周期与公转周期相等的锁定状态。由于月球椭球体的自然长轴在自转轴方向上，因此，月球被地球锁定的主要因素应该来源于潮汐锁定。在太阳系中，还有一对星体，就是冥王星和它的卫星卡戎，两者已完全面对面地被相互锁定了。水星的公转周期是87.975 d，自转周期是58.65 d，已被太阳俘获在3∶2的“轨旋共振”状态。金星的公转周期是224.7 d，自转周期是243 d，两者已非常接近了，因此金星最终是很有可能被太阳锁定的。

既然地球可以锁定月球，反过来，地球也应该被月球所锁定。但由于地球的质量较大，达到被月球锁定时的状态需要相当长的时间，人们估算需要约75亿年的时间。天文学家估算，到那个时候太阳已变成红巨星了，地球也可能被太阳吞噬了。虽然地球不能被月球锁定，但其影响效果已有所体现。由于月球对地球的潮汐锁定和引力矩的作用，导致地球的自转角速度变慢。由于地球的自转方向与月球质心绕地球的公转方向是相同的，地球和月球构成的系统对其系统质心的角动量守恒，因此地球的自转角速度变小导致月球的质心运动速度增大。由万有引力定律和牛顿第二定律可进一步推知，月球质心运动速度的增大将导致地球与月球质心间的距离变大，也就是月球会逐渐远离地球。精确的测量结果确实表明，月球正以约$3.8\ \mathrm{cm \cdot a^{-1}}$的速度逐渐远离地球。

动画演示：
车的惯性

AR演示：
超重与失重

AR演示：
潮汐现象

AR演示：
潮汐锁定

授课录像：
非惯性系质点动力学方程——惯性离心力与科氏力

（2）源于惯性离心力的现象——表观重力、乒乓球沉入水底

处于匀角速转动的非惯性系下的物体，将受到惯性离心力的作用，见“实物演示：惯性离心力”。

地球表面上所称量的重力称为表观重力。惯性离心力的作用导致地球表面各处的表观重力是不同的，见“AR演示：表观重力”。传说，曾经有一艘装有贵重货物的船只，从南非开往赤道的另一非洲国家，当卸船时发现货物少了。经过一番侦查，并没有发现船上的小偷，其货物丢失的部分就是由表观重力在地球不同纬线处的差异而造成的。

配音：
非惯性系质点动力学方程——惯性离心力与科氏力

处于V形管状液体中的相同体积的乒乓球和钢球，所受浮力相同，重力不同。当V形管相对地面静止时，V形管是一个惯性参考系，在牛顿第二定律的支配下，乒乓球会上升至液体的表面，钢球会下落至液体的底部。当V形管相对地面做匀角速转动时，V形管变成了匀角速转动的非惯性系，乒乓球和钢球除了受到重力、浮力等真实力外，还受到惯性离心力的作用。由于惯性离心力的作用，导致小球所受

合力的大小、方向发生了改变。小球在重力、浮力、惯性离心力的共同作用下，在V形管径向应用牛顿第二定律，可以导出乒乓球下沉，而钢球升起的结果，见“实物演示：匀角速转动非惯性系下物体的运动”。

实物演示：
惯性离心力

AR演示：
表观重力

实物演示：
匀角速转动非惯性系下物体的运动

（3）源于科里奥利力现象——傅科摆、落体偏东、东北信风、台风、大气环流

处于匀角速转动非惯性系下的物体，总会受到惯性离心力的作用。除此之外，如果物体相对该非惯性系有运动，还会受到科里奥利力的作用，见“实物演示：科里奥利力”。

法国科学家傅科就是利用科里奥利力作用的效果首次验证了地球的自转。他于1851年在巴黎伟人祠的圆屋顶下，用摆线长67 m、摆锤重28 kg的单摆做实验。如果地球没有自转，单摆的轨迹将是一条直线。而实际的轨迹却呈现花瓣形状，这就是科里奥利力造成的，见“AR演示：傅科摆”“实物演示：傅科摆”。

落体为何会偏东（参见“AR演示：落体偏东”）？北半球的冬天为何容易刮东北风（参见“AR演示：东北信风”）？台风是如何形成的（参见“AR演示：台风的形成”）？国际航班为何往返时间不同（参见“AR演示：大气环流构成”）？这些问题均与科里奥利力有关，具体解释参见《物理与人类生活》（张汉壮、王磊、倪牟翠主编，高等教育出版社出版）。

实物演示：
科里奥利力

AR演示：
傅科摆

实物演示：
傅科摆

AR演示：
落体偏东

AR演示：
东北信风

AR演示：
台风的形成

AR演示：
大气环流构成

1.3.2 导出规律——运动定理与守恒定律

一个实际的机械运动系统可以看成由无数个质点组成。如果对每个质点都应用牛顿运动定律似乎就可以解决一个系统的力学问题。但事实上，由于质点间相互作用力是未知的，我们无法求解众多的质点方程组，即便求不出系统中每个质点的运动规律，是否有办法获得系统的某些整体信息呢？有！我们利用微积分的数学手段，由牛顿运动定律出发，可以获得既适用于质点，又适用于质点系的质心运动定律、动量定理、功能原理、角动量定理等运动定理。在特殊的条件下，这些定理（原理）可以转化为相应的动量守恒定律、机械能守恒定律、角动量守恒定律等守恒规律。从这个推导过程看，动量、机械能、角动量等守恒定律似乎是相应定理的推论，但从后继的研究中会发现，这些守恒定律是适合各个领域的更为普遍的规律。

一、质心运动定理

1. 规律描述

授课录像：
质心运动定理

配音：
质心运动定理

一个物体可以看成由无数个质点组成的系统。以人体为例，我们可以把人体看成由无数个质点组成的质点系。每个质点原则上都遵从牛顿第二定律。由于人体内各质点之间的相互作用力是未知的，所以试图由牛顿第二定律求得人体中每个质点的运动规律是不可能的。力学的研究结果表明，虽然我们无法获知一个物体内每个质点的运动规律，但在物体内可以找到一个特殊的点，称为质心（对密度均匀物体，质心位置位于几何中心），在合外力（与内力无关）的作用下，无论物体上其他质点如何运动，但质心的运动遵从牛顿第二定律，这称为质心运动定理，见“实物演示：质心运动”。

以质点系的质心为坐标原点，坐标轴的方向始终与某个惯性系的坐标轴保持平行的平动坐标系称为质心参考系（简称质心系），参见“AR 演示：质心参考系”。质心系在处理许多物理问题时具有特殊的作用，如质心系下质点系的总动量始终为零，有时候在质心系下处理问题会更简单等。

实物演示：
质心运动

AR 演示：
质心参考系

实物演示：
锥体上滚

2. 应用案例——物体逆坡而上现象

仅受重力作用的物体，在质心运动定律的作用下，物体质心的运动只能沿着斜坡而下，不会逆着斜坡而上。如果我们设计一个装置，使得物体在斜坡底端处的质心位置高于在斜坡顶端处的质心位置，物体的整体运动效果似乎是由低向高运动，而实际上物体的质心是从高向低运动的，依然满足质心运动定律，见“实物演示：锥体上滚”。

如何赢得拔河比赛？堆叠的书本可以偏离支撑面边缘吗？走钢丝表演者手中的长杆有什么用？这些问题均与质心运动定律有关，具体解释参见《物理与人类生活》（张汉壮、王磊、倪牟翠主编，高等教育出版社出版）。

二、动量定理与动量守恒定律

1. 规律描述

实物演示：动量守恒的小车

授课录像：动量定理与动量守恒定律

在有些力学问题的研究中，需要用到力对时间的累积作用效果的规律。力对时间的积分称为力的冲量，物体的速度与质量的乘积称为动量。由牛顿第二定律可以推知，力的冲量等于动量对时间的变化率，这一规律称为动量定理。由动量定理可以推知，当一个系统的外力之和为零时，系统的总动量守恒，见“实物演示：动量守恒的小车”。

2. 应用案例——火箭发射

配音：动量定理与动量守恒定律

物体由于受地球引力的作用而被束缚在地球的表面。要想使物体离开地球表面，必须克服地球的引力作用。火箭的发射就是利用动量定理，在火箭的底部不断喷射物质，喷射物质与火箭主体间有相互作用力，使其克服地球的引力而升空。

机场为何要驱赶小鸟？为什么儿童乘车应使用儿童安全座椅？为什么驾驶机动车时禁止超速？这些问题均与动量定理与动量守恒定律有关，具体解释参见《物理与人类生活》（张汉壮、王磊、倪牟翠主编，高等教育出版社出版）。

三、功能原理与机械能守恒定律

1. 规律描述

授课录像：功能原理与机械能守恒定律

在有些力学问题的研究中，需要知道力对空间（距离）的累积作用效果的规律。力对空间的积分称为力的功，物体速度的平方与质量乘积的 1/2 定义为动能。由牛顿第二定律可知，力的功等于动能的变化，这一规律称为动能定理。由动能定理可以进一步获得功能原理。由功能原理可以推知保守力系统的机械能守恒，见“实物演示：机械能守恒”。

配音：功能原理与机械能守恒定律

联合动量守恒定律和机械能守恒定律，可以得到一个结论：两个物体相互碰撞时，相互作用力的大小与两个物体的折合质量、相对速度成正比，与作用时间成反比，见“实物演示：徒手碎酒瓶”。两个物体的质量接近时的折合质量近似为每个物体的质量，一个较大质量物体与较小质量物体的折合质量近似为较小质量物体的质量。由此可以处理碰撞一类的物理问题，见“AR 演示：一维碰撞”“AR 演示：二维碰撞”“实物演示：七联球碰撞”。

实物演示：
机械能守恒

实物演示：
徒手碎酒瓶

AR 演示：
一维碰撞

AR 演示：
二维碰撞

实物演示：
七联球碰撞

2. 应用案例——滑冰接力与超级球效应

当一个运动的物体与另外一个质量相等的静止物体弹性碰撞时，由动量守恒定律和机械能守恒定律可以推知，两个物体将交换速度。利用这一规律可知，两个质量接近的滑冰接力运动员可实现速度的近似交换。当具有初始速度的大质量物体与静止的小质量的物体弹性碰撞时，小质量的物体将获得较大的速度，见“实物演示：超级球”。

与机械能相关的其他案例参见“实物演示：口吞宝剑”“实物演示：穿越杯子的硬币”“实物演示：香烟入鼻”“实物演示：铅笔穿越橡皮筋”“实物演示：伸长魔棒”。

为什么机动车在行驶时应保持足够车距？如何跳得更高、更远？这些问题均与功能原理和机械能守恒定律有关，具体解释参见《物理与人类生活》(张汉壮、王磊、倪牟翠主编，高等教育出版社出版)。

实物演示：
超级球

实物演示：
口吞宝剑

实物演示：
穿越杯子的硬币

实物演示：
香烟入鼻

实物演示：
铅笔穿越橡皮筋

实物演示：
伸长魔棒

四、角动量定理与角动量守恒定律

1. 规律描述

授课录像：
角动量定理与角动量守恒定律

在有些力学问题的研究中，需要知道力引起的转动效果规律。力与力对空间参考点的位矢的叉乘称为力矩，质点的动量（速度与质量的乘积）与质点对空间参考点的位矢的叉乘称为角动量。由牛顿第二定律可推知，对空间同一参考点，力矩等于质点角动量对时间的变化率，这一规律称为角动量定理。当作用在系统的外力对空间参考点的力矩之和为零时，由角动量定理可以推知系统的角动量守恒。

2. 应用案例——船的稳定性

由角动量定理可推知，一个物体在外力的扰动下发生倾斜时。如果物体的质心在相对支点倾斜的一侧，则重力对支点的力矩就会加速物体的翻转，这是在人们日常生活中经常发生的现象。如果设计一个质心较低，且接触点面积较大的物体，使得在物体的倾斜过程中，物体的质心始终在相对支点倾斜的另一侧，则重力相对支点的力矩是恢复力矩，使得物体恢复到原来的状态，这就是不倒翁的原理，见“AR演示：不倒翁”。船的设计除了考虑浮力的作用外，还要考虑不倒翁的原理，使得船在外界因素的扰动下，重力的力矩始终是恢复力矩，以保证船不发生翻转。

配音：角动量定理与角动量守恒定律

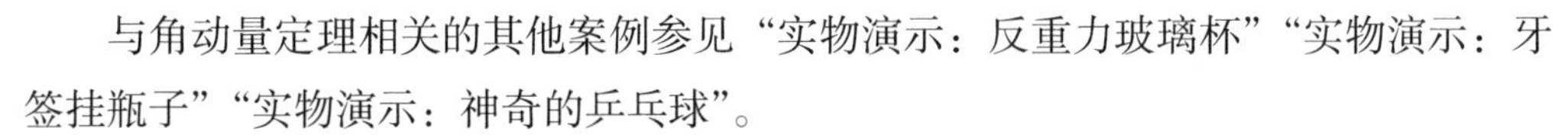

与角动量定理相关的其他案例参见“实物演示：反重力玻璃杯”“实物演示：牙签挂瓶子”“实物演示：神奇的乒乓球”。

门把手为何要安装在远离转轴的位置亦与角动量定理有关，具体解释参见《物理与人类生活》（张汉壮、王磊、倪牟翠主编，高等教育出版社出版）。

AR演示：
不倒翁

实物演示：
反重力玻璃杯

实物演示：
牙签挂瓶子

实物演示：
神奇的乒乓球

1.3.3 特殊质点系力学问题——刚体

自然界中有形物质的存在状态可分为固态、液态、气态、等离子态。在外力和内力的作用下，严格来讲，这些形态的物质都会有形变，但其形变的大小有差异，固态物质（固体）的形变最小。整体上形变可忽略的特殊固态物质（质点系）被称为刚体。与质点类似，刚体也是一种理想化的模型。刚体是自然界中比较常见的一种质点系，了解其运动规律具有重要的意义。

一、定轴转动

1. 规律描述

授课录像：
定轴转动

若刚体上的每一点都绕同一固定轴做圆周运动，则称刚体做定轴转动。将质点系的角动量定理应用到定轴转动质点系时，可以得到定轴转动的角动量定理的简洁表达形式。对于刚体，可以进一步得到转动定律。

配音：
定轴转动

描述刚体的转动需要用到角速度、角加速度等参量。有限的角位移和平均角速度不能定义为矢量。而无限小的角位移可以定义为矢量，由此导致瞬时角速度（简称角速度）可以定义为矢量，满足矢量的叠加法则，见“实物演示：角速度的矢量性”。

当定轴转动的物体有外力矩作用时，力矩等于刚体的转动惯量与角加速度的乘积。转动惯量是体现质点系的质量相对转轴分布情况的物理量。当质量集中在转轴附近时，转动惯量小，当质量远离转轴时，转动惯量大。在相同的外力矩作用下，由于转动惯量的不同，系统转动的角加速度也会不同，见“实物演示：转动惯量演示仪”。反之，对于固定的转动惯量，力矩越大，角加速度越大。由于力矩等于力与力到转轴距离的乘积，因此对于同一个力而言，作用点距离转轴越近，力矩越小；距离转轴越远，力矩越大。广为流传的阿基米德的名言“给我一个支点，我可以撬动地球”就是此道理。

当相对转轴无力矩作用时，由质点系定轴转动的角动量定理我们可以导出角动量守恒定律，由此可以进一步推知转动惯量与转轴方向角速度乘积为常量的结论。当质量集中在转轴附近时，转动惯量小，当质量远离转轴时，转动惯量大，因此，前者绕转轴的角速度就会大，而后者就会小，见“实物演示：转椅角动量守恒”。

当两个以上相互之间有摩擦力的转盘构成的系统绕同一轴做定轴转动时，由角动量守恒定律可以推知，最终各个圆盘将具有相同的转动角速度，见“实物演示：摩擦转盘”。

实物演示：角速度的矢量性

实物演示：转动惯量演示仪

实物演示：转椅角动量守恒

实物演示：摩擦转盘

授课录像：质心运动与相对质心运动

2. 应用案例——运动员转体角速度的控制

滑冰运动员、芭蕾舞演员除了质心的运动之外，还有相对系统质心的转动。质心的运动遵从质心运动定律，相对质心的转动遵从角动量守恒定律。当运动员控制自身的质量相对自身转轴的分布（如运动员在运动过程中不断改变姿势），也就是控制了转动惯量的大小。由转动惯量小、角速度大，转动惯量大、角速度小的规律可以帮助运动员控制身体转动的角速度。

在旋转木马上的不同位置人们为何感觉快慢不同？如何将直线运动转化为定轴转动？直升机尾部的螺旋桨起什么作用？这些问题均与刚体定轴转动运动学和动力学规律有关，具体解释参见《物理与人类生活》（张汉壮、王磊、倪牟翠主编，高等教育出版社出版）。

配音：质心运动与相对质心运动

二、质心运动与相对质心运动

1. 规律描述

物体在空间的运动可以等效为质心的运动和相对质心的运动，见“实物演示：

平动陀螺仪”。

对于刚体而言，如果去掉刚体定轴转动中的固定轴限制，并保持转轴方向不变，这种运动称为刚体的平面平行运动，可以等效为质心的平动和相对质心的转动。质心运动遵从质心运动定律，相对质心的转动遵从角动量定理，见“实物演示：滚摆”和“实物演示：明日环”。如果刚体做纯滚动，其质心的运动速度和刚体的转动惯量与质量的比值有关，见“实物演示：转动惯量与质量比值的比较”，也与纯滚动条件有关，见“实物演示：纯滚动条件比较”。

实物演示：
平动陀螺仪

实物演示：
滚摆

实物演示：
明日环

实物演示：
转动惯量与质量比值的比较

实物演示：
纯滚动条件比较

2. 应用案例——跳台跳水运动员空中转体与落水控制

跳台跳水运动员的运动是质心的运动与相对质心运动的结合。质心的运动遵从质心运动定律，即运动员的质心运动是抛物线，最大高度和落水点取决于起跳的初始速度。运动员相对质心在转轴方向的转动遵从角动量定理。由角动量守恒定律可知，当运动员的质量分布集中在转轴附近时，转动惯量小，角速度大；当运动员的质量分布远离转轴时，转动惯量大，角速度小。因此，运动员在空中的转体尽量使身体收缩，使得转动惯量小，从而获得较快的转速。而在即将落水的时候，要伸展身体，使得转动惯量大，从而获得较慢的转速，以避免水花的产生。运动员通过控制起跳的速度，以实现精准的落水点。

为什么会有季节的变化以及极昼和极夜的现象发生（参见“AR演示：季节变化与极昼极夜”）？机器人是如何帮你开门的？这些均与质心平动与相对质心转动的规律有关，具体解释参见《物理与人类生活》（张汉壮、王磊、倪牟翠主编，高等教育出版社出版）。

AR演示：
季节变化与极昼极夜

三、定点进动和章动

1. 规律描述

由刚体组成的系统，当外力对系统的质心没有力矩作用时，系统角动量守恒，保持平衡或者绕着自转轴匀角速度转动，见“实物演示：导航仪”。

授课录像：
定点进动和章动

当外力对系统质心有力矩作用时，系统在角动量定理的支配下，运动状态取决于初始条件。如系统没有绕着对称轴自转，系统翻转；如系统绕着对称轴高速自转，系统将发生进动和章动现象，见“实物演示：陀螺仪”“实物演示：车轮的进动和章

配音：
定点进动和章动

动”“AR 演示：陀螺的进动和章动”。

当陀螺的底部做成光滑的球形支点时，陀螺在自转的过程中，由于底部摩擦力很小，不足以提供陀螺在进动过程中质心做圆周运动的向心力，导致陀螺整体在地面上滑动，直至翻转。翻转后陀螺的尖状支点着地，使得摩擦力增大，可以提供陀螺在进动过程中质心做圆周运动的向心力，进而可以保持陀螺稳定的进动和章动。这种陀螺被称为翻身陀螺，见“AR 演示：翻身陀螺”“实物演示：翻身陀螺”。

实物演示：导航仪

实物演示：陀螺仪

实物演示：车轮的进动和章动

AR 演示：陀螺的进动和章动

AR 演示：翻身陀螺

实物演示：翻身陀螺

2. *应用案例——岁差*

地球的赤道平面与太阳运行轨道平面的交点称为“春分点”和“秋分点”，统称为“二分点”。在这两点太阳直射地球赤道，全球各地昼夜等长。天文学家通过细心的观测，惊奇地发现“二分点”在由东向西缓慢地漂移。这种现象在我国称为“岁差”。这一现象说明地球的自转轴是绕着某个轴在进动的。其原因是太阳以及月亮对地球引力的合力并不通过地球的质心，从而对地球质心产生了力矩作用，因此产生了进动。计算结果表明，这个进动的周期是 26000 年，见“AR 演示：岁差”。太阳运行至与二分点连线垂直的两点分别称为冬至点和夏至点。

如何让飞行的子弹在空中不翻转（见“AR 演示：旋转的子弹”）？自行车为何快骑容易慢骑难？这些问题都与刚体进动和章动规律有关，具体解释参见《物理与人类生活》（张汉壮、王磊、倪牟翠主编，高等教育出版社出版）。

AR 演示：岁差

AR 演示：旋转的子弹

1.3.4 特殊质点系力学问题——流体

自然界中有形物质的存在状态可分为固态、液态、气态、等离子态。液体、气体、等离子体的压缩形变较大，各部分之间易发生相对运动，具有流动性，称为流体。流体显示出与刚体截然不同的物理性质。一般来说，流体不但可压缩，而且流体的流层之间有黏性作用。如果忽略流体的可压缩性，这种流体称为不可压缩的流体。如果忽略流体的可压缩性和流层之间的黏性作用，这种流体称为理想流体。

一、流体静力学

1. 规律描述

授课录像：流体静力学

从流体的运动形态角度，流体的运动规律可分为流体静力学（流体静止不动）和流体动力学（流体运动）。流体静力学的研究内容主要包括压强、浮力定律、帕斯卡定律等内容。

配音：流体静力学

处于流体内的物体会受到周围流体对它的作用力，物体单位面积上所受到力定义为压强。周围流体对物体作用力的合力称为浮力。浮力的方向向上，大小等于物体排开流体的重量，称为浮力定律。这个规律最早是由古希腊阿基米德提出的，也称阿基米德原理。

作用在密闭容器中流体上的压强等值地传到流体各处和器壁上去，这是 17 世纪法国帕斯卡首次提出的，故称为帕斯卡定律。各种液压（油压或水压）机都是根据帕斯卡定律制成的。液压机在起重、锻压等方面有着广泛的应用。

地球表面的物体处于大气的包围中，时刻受到大气的压力。这个压力有多大呢？其定量的实验测量最早是由伽利略的助手、意大利物理学家托里拆利完成的，称为托里拆利实验。在长约 1 m、一端封闭的玻璃管内装满水银，将管口堵住，然后倒插在水银槽中，放开堵住的管口，玻璃管内的水银面下降一些以后就不再下降了，这时测量管内的水银面与水银槽水银表面的高度差约为 760 mm。玻璃管内水银面上方是真空，而管外水银面受到大气压强，正是大气压强支持着管内的 760 mm 高的水银柱，也就是说大气压强同 760 mm 高的水银柱产生的压强相等，这是一个标准大气压。如果将水银换成水，计算表明，一个大气压能够支撑约 10 m 高的水柱，见“实物演示：大气压力”。

在托里拆利实验完成 11 年之后，时任马德堡市长的德国物理学家奥托·冯·居里克在神圣罗马帝国皇帝面前进行了一项实验。他制造了两个直径约 51 cm 的铜制半球，半球中间有一层浸满了油的皮革，用来让两个半球完全密合。接着他用自制的真空泵将球内的空气抽掉，此时两个沉重的铜制半球在没有其他任何辅助下紧密合在一起。接着居里克为了证明两半球的结合是多么紧密，最终用了 16 匹马才勉强将两个半球拉开。此实验不仅令皇帝惊奇，也让居里克一举成名。之后居里克多次在各地重现此实验以飨广大好奇的观众，此实验也因居里克马德堡市长的职衔而被称为“马德堡半球实验”。

人们生活在如此大的压强环境中，为什么没有感受到“马德堡半球实验”所证明的如此大的空气压强呢？这是因为人体的器官与外界大气是相通的，内外气压一样，长期生活在这样的条件下，习惯了而已。长期在低海拔地区生活的人突然到高海拔的环境中，除了缺少氧气，呼吸困难外，身体的内外压强差的平衡也需要有个适应的过程。长时间在水下作业的潜水员，由于其体内的压强已经与地面的压强产生了较大的偏差，因此当他返回地面时，要通过减压舱将体内的压强减少至与地面压强匹配后才能出舱，否则会造成肺气压伤、气体栓塞等伤害，严重时会危及生命。

与大气压强有关的其他案例见“实物演示：反重力可乐”“实物演示：撬不动的纸”“实物演示：不会漏气的气球”。

实物演示：大气压力

实物演示：反重力可乐

实物演示：撬不动的纸

实物演示：不会漏气的气球

实物演示：浮沉子

2. 应用案例——潜水艇的升降

流体中物体的运动取决于物体的重力和所受的浮力。由牛顿第二定律可知，当二者相等时，物体就会保持平衡状态，当二者不相等时，物体就会向上或向下运动。广为流传的曹冲称象的故事的原理就是重力等于浮力。将下端开有小孔的玻璃制小瓶体放在一可挤压的密闭容器内。挤压容器的上端，根据帕斯卡原理，压力会传给容器内各处，使得小瓶体中的空气被压缩，小瓶体里就会进入一些水。以小瓶和进入小瓶的水为研究对象，由于小瓶的排水体积不变，但所受的重力增加了，导致重力大于浮力，小瓶体下沉。当停止挤压容器时，小瓶体内空气体积又恢复原状，导致小瓶体上浮。这一装置称为浮沉子。这是法国科学家笛卡儿最早设计的，见“实物演示：浮沉子”。潜艇的工作原理就是基于浮沉子的原理。潜艇上都设有压载水舱，当往压载水舱里注水，潜艇就变重了，直至潜艇的重量大于浮力，潜艇就逐渐下潜。当用高压空气分步骤把压载水舱里的水挤出去，使之充满了空气，潜艇的重量就减轻了，当重量小于浮力时，潜艇就会逐渐上浮，直至浮出水面。

真空压缩袋是如何压缩衣物的？这也与大气压作用的原理有关，具体解释参见《物理与人类生活》(张汉壮、王磊、倪牟翠主编，高等教育出版社出版)。

二、流体动力学

1. 规律描述

授课录像：
流体动力学

配音：
流体动力学

理想流体是指不可压缩、没有黏性的流体。定常流动是指不同质元的流体在空间某处的速度是相同的，见“AR 演示：流线”“AR 演示：流管”。由质量守恒可得流体的连续性方程，即流管的面积与流体流速的乘积是个常量，见“动画演示：连续性方程”“实物演示：胶皮管流速”。

将质点系的功能原理应用到理想流体的定常流动上，会得到一条流线上的各点的压强、速度和高度的关系方程，称为伯努利方程。在同一高度时，由伯努利方程可以推知，流速大、压强小，流速小、压强大，见“实物演示：吹纸片”“实物演示：气悬球”“实物演示：悬浮的纸环”“实物演示：流体涡旋”。连续性方程和伯努利方程是处理流体动力学的基本方程。

伯努利方程适用的是理想流体。理想流体仅是一种理想化的模型，而实际存在的流体可以分为牛顿流体和非牛顿流体。

流体在流动的过程中，如果层与层之间的黏性摩擦力满足与速度梯度成线性关系，这种流体称为牛顿流体，如空气、水等。这一关系最早是由牛顿设计实验并给出的，称为牛顿黏性定律。不同流体的内摩擦大小是不同的，见“实物演示：液体内摩擦”。

流体在流动的过程中，如果层与层之间的黏性摩擦力不满足与速度梯度成线性关系，这种流体称为非牛顿流体，如石油、泥浆、人体的血液、淋巴液、囊液等。非牛顿流体是自然界中广泛存在的流体，具有剪切稀化、剪切增稠、射流胀大、爬杆效应、开口虹吸、湍流减阻、拔丝性、连滴效应、液流反弹等许多奇妙的性质。其中，剪切增稠性质的宏观表现为，作用在流体上的外力越大，系统的黏稠性越大，以至于快速跑过液面的人不会浸入流体中。

AR 演示：
流线

AR 演示：
流管

动画演示：
连续性方程

实物演示：
胶皮管流速

实物演示：
吹纸片

实物演示：
气悬球

实物演示：
悬浮的纸环

实物演示：
流体涡旋

实物演示：
液体内摩擦

2. 应用案例——飞机的升力

非螺旋桨式的飞机为什么要在跑道上获得一定的速度才能起飞？这种飞机的飞行需要两种力的支撑，一是前进的力，二是克服重力的升力。前者可以利用发动机吸入空气、压缩、向后喷出气体，在动量定理的支配下获得向前的动力。而后者则需设计飞机的机翼形状和倾角，使得机翼上方的流线被压到一起，流线变得密集，流速增加，压强减小。机翼的下方的流线则变得稀疏，流速减少，压强增大。如此就产生了一个向上的净升力。早期的飞机设计主要是靠流速与压强的关系来获得升力。现代的飞机机翼设计是使机翼有一定的倾角，使得机翼与流动的气体产生一部分向上作用力，加之流速与压强的关系产生的压力差，二者的共同作用使飞机获得升力的，见“实物演示：飞机的升力”。流速的方向改变所产生的作用力参见“实物演示：逆风行船”。

吸尘器为什么能吸入物体？列车站台为何要设置黄色警戒线？各种神奇的旋转球是如何实现的（见“AR 演示：马格纳斯效应”“AR 演示：电梯球与落叶球”）？这些问题均与流速与压强的规律有关，具体解释参见《物理与人类生活》（张汉壮、王磊、倪牟翠主编，高等教育出版社出版）。

实物演示：
飞机的升力

实物演示：
逆风行船

AR 演示：
马格纳斯
效应

AR 演示：
电梯球与
落叶球

1.3.5 普遍运动形式力学问题——振动

振动不仅存在于力学领域，而且广泛存在于物理学的其他领域，如电磁学、光学、原子物理学以及量子力学等。从广义上说，振动是指描述系统状态的参量（如位移、角度、电压等）在其基准值附近交替变化的过程，但这种变化的动力学过程在各个领域中并不相同。在力学中讨论这种运动形态，有助于加深在其他领域中对类似运动形态的学习和理解。

一、简谐振动

1. 规律描述

授课录像：
简谐振动

配音：
简谐振动

机械振动是振动的一种形式，它是物体在平衡位置附近，在同一路线上来回往返的周期运动。如果这种来回往返运动的物理量随时间的变化可以用余弦或正弦的函数形式来描述，则这种振动称为简谐振动，见“动画演示：弹簧振子”“实物演示：弹簧振子”“实物演示：自动运行的螺母”。简谐振动是研究复杂振动的基础。

一维的简谐振动可以用二维的圆周运动来等效描述，见“动画演示：简谐振动的几何表示”“实物演示：简谐振动的几何表示”。

当一个物体同时参与两种以上分振动时，总的振动效果满足振幅与相位的叠加原理。当两个分振动在同一方向叠加合成时，同频率叠加后的振动依然是简谐振动，见“动画演示：同方向同频率简谐振动的合成”；不同频率的合成会形成拍现象，见“动画演示：拍现象”。当两个分振动相互垂直时，形成的是二维轨迹，见“动画演示：垂直方向同频率合成”；当两个频率成整数倍的分振动在相互垂直的方向上进行叠加合成时，会产生稳定的图形，称为李萨如图形，见“动画演示：李萨如图形”“实物演示：李萨如图形摆”“实物演示：激光李萨如图形”。

动画演示：
弹簧振子

实物演示：
弹簧振子

实物演示：
自动运行的螺母

动画演示：
简谐振动的几何表示

实物演示：
简谐振动的几何表示

动画演示：
同方向同频率简谐振动的合成

动画演示：
拍现象

动画演示：
垂直方向同频率合成

动画演示：
李萨如图形

实物演示：
李萨如图形摆

实物演示：
激光李萨如图形

实物演示：
信号频率的测量

2. 应用案例——信号频率的测量

当两个相互垂直的简谐振动的频率成整数倍时，所合成的轨迹是一稳定封闭的曲线，称为李萨如图形。在李萨如图形上，分别平行于两个坐标轴画出两条与李萨如图形最多交点个数的直线，其交点个数比值与两个分振动的频率比值是有关的。利用这一特点，可以测量一个信号的未知频率，见“实物演示：信号频率的测量”。

如何调整机械摆钟的走时快慢也与简谐振动规律有关，具体解释参见《物理与人类生活》（张汉壮、王磊、倪牟翠主编，高等教育出版社出版）。

二、阻尼振动

1. 规律描述

在简谐振动中，机械能守恒，振动可以一直持续下去。但在实际问题中，振动系统同外界作用不能忽略，比如介质有阻力，随时间的增加，系统的振幅在减小，最后停下来。这种振幅随时间的增加而减小的振动称为阻尼振动。经常遇到的介质阻力有黏性阻力，如空气阻力、液体阻力等，当然也有其他形式的阻力，如电磁阻力等，见“实物演示：阻尼摆和非阻尼摆”。

授课录像：
阻尼振动

2. 应用案例——测量仪表的阻尼设计

依据阻尼的大小，阻尼振动可以分为弱阻尼、临界阻尼和过阻尼三种情况。弱阻尼仍然具有周期振动的特性，但振幅逐渐减少；临界阻尼对应的是，系统离开平衡位置后快速回到平衡位置，而不再持续振动；过阻尼对应的是，系统离开平衡位置后，要经过较长时间回到平衡位置，也不再持续振动，见“动画演示：阻尼振动”。临界阻尼导致系统能很快地回到平衡位置的这一特点在实际问题中有很多应用，如灵敏电流计、灵敏天平都是把阻尼设计成临界阻尼，以使指针很快地回到原点或零点，以便进行下一次测量。

配音：
阻尼振动

如何利用阻尼器减少摩天大楼在强风时的摇晃也与阻尼振动规律有关，具体解释参见《物理与人类生活》（张汉壮、王磊、倪牟翠主编，高等教育出版社出版）。

实物演示：
阻尼摆和非
阻尼摆

动画演示：
阻尼振动

授课录像：
受迫振动

三、受迫振动

1. 规律描述

无阻尼，振动系统做持续的简谐振动；有阻尼，能量将有损失，振动逐渐衰减，直至消失。要使振动维持下去，外界必须对系统施加力的作用才能使振动维持下去。在周期性驱动外力作用下，系统会发生共振现象。共振是施加系统的外界驱动频率和系统的固有频率相接近时，系统振动幅度达到最大的现象。共振现象广泛存在于自然界和人们的日常生活中。见“AR 演示：共振现象”“实物演示：弹簧振子”“实物演示：鱼洗”“实物演示：多谐共振仪”“实物演示：耦合摆球”。

配音：
受迫振动

AR 演示：
共振现象

实物演示：
弹簧振子

实物演示：
鱼洗

实物演示：
多谐共振仪

实物演示：
耦合摆球

2. 应用案例——不敲自响的铜磬

唐朝的时候，洛阳的一个寺庙里发生了一件奇事：挂在庙里的一个铜磬（一种打击乐器），没人敲它，常常会自己“嗡嗡”地响起来。起初，庙里的和尚以为这是鬼神在作怪。直到后来，人们才逐渐弄清了其中的缘故。原来，庙里还有一口大钟，每当小和尚去敲大钟时，这个铜磬也会随之响起来。大钟不响，铜磬的声音也就停止了。究其原因人们发现，这个寺庙里的大钟和铜磬的共振频率正好相同，敲大钟产生的振动引起空气介质同频率的振动（波动），当该振动传播到铜磬处时，就成了铜磬的驱动力，由于大钟与铜磬的共振频率相同，也就引起了铜磬的共振，使得铜磬随着大钟的鸣响而自鸣。

纸人为何会在琴弦上跳跃？人为何会晕车、晕船？桥梁为何会被大风吹垮？这些问题均与共振规律有关，具体解释参见《物理与人类生活》（张汉壮、王磊、倪牟翠主编，高等教育出版社出版）。

1.3.6　普遍运动形式力学问题——波动

振动的传播就是波动。波动是自然界中广泛存在的一种运动形式，它包括机械波和电磁波两种类型。这两种类型的波动在传播的机制上却是不同的，前者需要介质，而后者不需要介质。但在数学描述中，这两种波动又有许多共同之处。本节主要介绍机械波的一些基本规律和应用案例。

一、波的传播

1. 规律描述

人们利用声电转化技术，可以形象地展现声波的振动频率，见“实物演示：声波波形”。敲击物体之所以会发出声音，是因为敲击使物体发生共振，共振作为声波的波源在介质中传播。而物体的共振频率与其本身的固有物性有关，因此当改变物

授课录像：
波的传播

配音：
波的传播

体的物性时，敲击所发出的声音频率就会发生改变，见“实物演示：变音编钟”。

波动可以分为横波、纵波。振动的方向与传播的方向相互垂直的波称为横波，见“实物演示：横波”。振动的方向与传播的方向在同一方向的波称为纵波，见“实物演示：细软弹簧纵波”“实物演示：波声速测量”。

单频率波在介质中的传播速度称为相速度。当介质中有多个频率相近的简谐波存在时，介质中会形成波包状的波形，波包的传播速度称为群速度，见“AR 演示：相速度与群速度”。

实物演示：
声波波形

实物演示：
变音编钟

实物演示：
横波

实物演示：
细软弹簧
纵波

实物演示：
波声速测量

AR 演示：
相速度与
群速度

2. *应用案例——冲击波与超声波*

在许多情形中，波源在介质中的运动速度大于波在介质中的传播速度，即波源在波前的前面，这种形式的波动称为 bow wave（有多种译法，如击波、艏波、头波、舷波等），其波面的包络面成圆锥状，称为马赫锥，见“AR 演示：超波速运动”。日常生活中击波的例子很多，例如，人在地面上看到超声速飞机掠过空中后片刻，才听到它发出的声音；子弹掠空而过发出的呼啸声；水上的快艇掠过水面后留下的尾迹等。超波速运动有时会产生强烈的压缩气流，锥面处介质的物理性质，例如压强、温度、密度等发生跃变，造成强烈的破坏作用，这种波称为冲击波。

听诊器为何更能够听清人的心跳也与波传播规律有关，具体解释参见《物理与人类生活》（张汉壮、王磊、倪牟翠主编，高等教育出版社出版）。

AR 演示：
超波速运动

二、波的反射与合成

授课录像：
波的反射
与合成

1. *规律描述*

当介质中同时存在相反方向传播的两列同频率的行波时，二者叠加所形成的波，称为驻波，见“动画演示：一维驻波”“AR 演示：二维驻波”“实物演示：圆环驻波”“实物演示：悬线驻波”。

可以有两种方式形成上述的驻波：一是在无限长的介质中，各自激发相反方向传播的两列同频率的行波；二是在有边界条件的有限介质中，激发一个行波，利用边界的反射，产生另外一种同频率的行波，然后合成驻波。对于第二种方法形成的驻波，由于有了边界条件的限制，就使得能够产生驻波的频率也受到了限制。把能够产生驻波的那些频率称为系统的简正频率。显然，对于无限长的介质，其简正频率是连续的、无限多的。而对于有限的介质，其简正频率将依据边界条件而定，见“动画演示：简正频率”。

配音：
波的反射与合成

对于一个系统，所存在的简正频率是固定的。实际上到底哪个或哪些频率振动，是由外界的激发条件所决定的。如果外界激发的频率是简正频率当中的一个，那么介质中就存在该频率驻波的振动，且振动幅度较大。如果外界激发的频率是简正频率中的多个，那么介质中就会激发多个简正频率的同时振动，合成较复杂的波。如果外界激发的频率不是简正频率，那么介质中形成的波动可以看成不同简正频率驻波的线性叠加。一般来说，此时介质振动的幅度很小。由此可见，激发的形式不同，每个驻波的强弱是不同的。当外界激发频率与系统简正频率相等时，会引起系统较大幅度振动，这种现象称为共振，与受迫振动的共振具有相同的物理意义。波在空间某一点处的叠加见“实物演示：水波的干涉与衍射”。

动画演示：
一维驻波

AR 演示：
二维驻波

实物演示：
圆环驻波

实物演示：
悬线驻波

动画演示：
简正频率

实物演示：
水波的干涉与衍射

2. *应用案例——不迷失方向的蝙蝠、B 超*

蝙蝠的视力远不如人的视力，但它却能够在黑夜中绕开障碍物而自由地飞行。这是靠蝙蝠嘴里发出的超声波来完成的。人耳识别不了超声波，但蝙蝠却能够识别。蝙蝠嘴里发出的超声波向前传播，遇到障碍物后反射，蝙蝠根据耳朵听到的反射波，就能够分辨前方的障碍物，从而绕开障碍物而自由地飞行。人们根据这一原理发明了雷达。即雷达发射无线电波，无线电波遇到障碍物反射后再被雷达接收，根据接收的信息来获得障碍物的信息。

人耳能听到的声波频率范围为 20 Hz 到 20 kHz，低于这个范围的称为次声波，高于这个范围的称为超声波。超声波可以在人体内传播，遇到不同组织界面会发生反射，B 超检测的原理正是基于超声波的这些特点。利用超声探头向人体发射一组超声波，同时用探头内的接收器接收回声信号，器官的位置与性质会使信号出现不同的延时与强弱的变化，这些信息通过电子计算机处理成图像，就生成了我们所看到的 B 超图像。

如何实现悦耳动听的音乐也与简正频率规律有关，具体解释参见《物理与人类生活》（张汉壮、王磊、倪牟翠主编，高等教育出版社出版）。

三、多普勒效应

1. 规律描述

授课录像：
多普勒效应

AR 演示：
多普勒效应

当发声体或发光体与观察者有相对运动时，发声体的声音或发光体的颜色会发生变化，这一现象是奥地利物理学家多普勒于 1842 年首次提出的，称为多普勒效应。1845 年巴洛特在荷兰进行实验，证实了多普勒效应的存在，见“AR 演示：多普勒效应”。

2. 应用案例——物体运动速度的测量、彩超

配音：
多普勒效应

由于多普勒效应公式把物体的运动速度和接收者测量的频率联系了起来，因此，人们就利用这一特点检测物体的运动速度。其检测的原理是，发射特定频率的声、光、电等信号去照射运动的物体，检测返回的信号频率，与发射的信号频率去比对，就能够间接地检测出物体的运动速度。例如，检测船只的速度和方向声呐、监视车辆的速度的探头、预测天气的雷达等。其中，医学上常用的彩超技术就是利用的多普勒效应。彩超是在 B 超基础上利用伪彩技术和多普勒效应形成的。声波遇到运动的物体发生反射后，频率就会改变，这是由多普勒效应带来的。超声探头所发出的超声波遇到流动的血液，回波频率就会发生改变，经计算机处理将频率改变的大小以不同颜色标志出来，就能判断人体内血流的快慢。

火车的声音为何是呼啸而来、低沉而去？驾驶员超速时会把绿灯看成红灯吗？这些问题都与多普勒效应有关，具体解释参见《物理与人类生活》（张汉壮、王磊、倪牟翠主编，高等教育出版社出版）。

参考文献

[1] 张汉壮．力学．4 版．北京：高等教育出版社，2019.

[2] 费曼．费曼物理学讲义（第 1 卷）．郑永令，等，译．上海：上海科学技术出版社，2020.

[3] 哈依金．力学的物理基础：上册．应知言，等，译．北京：高等教育出版社，1980.

[4] 哈依金．力学的物理基础：下册．应知言，等，译．北京：高等教育出版社，1982.

[5] 朗道，栗弗席兹．力学．5 版．李俊峰，译．北京：高等教育出版社，2007.

[6] 基特尔 C. 伯克利物理学教程：第一卷 力学．北京：科学出版社，1979.

[7] 哈里德 D，瑞斯尼克 R. 物理学基础 中册．郑永令，译．北京：高等教育出版社，1985.

[8] 蔡伯濂．力学．湖南：湖南教育出版社，1985.

[9] 漆安慎，杜婵英．力学．2 版．北京：高等教育出版社，2005.

[10] 郑永令，贾起民，方小敏．力学．2 版．北京：高等教育出版社，2002.

[11] 赵凯华，罗蔚因．力学．2 版．北京：高等教育出版社，2004.

[12] 舒幼生．力学．北京：北京大学出版社，2006.

[13] 杨维纮．力学与理论力学：上册．北京：科学出版社，2008.

[14] 钟锡华，周岳明．力学．北京：北京大学出版社，2000.

[15] 戚伯云，杨维纮．力学．2 版．北京：科学出版社，2008.

[16] 卢民强，许丽敏，力学．北京：高等教育出版社，2002.

[17] 史可信．力学．2 版．北京：科学出版社，2008.

[18] 陈锺贤，霍雷．力学．北京：机械工业出版社，2007.

[19] 卢德馨．大学物理学．2 版，北京：高等教育出版社，1998.

[20] 张三慧．大学物理学：力学．2 版．北京：清华大学出版社，2003.

[21] 梁绍荣，刘昌年，盛正华．普通物理学：力学．3 版．北京：高等教育出版社，2005.

[22] 周衍柏．理论力学教程．3 版．北京：高等教育出版社，2009.

[23] 梁昆淼．力学（上册）．4 版．北京：高等教育出版社，2010.

[24] 梁昆淼．力学（下册）理论力学．4 版．北京：高等教育出版社，2009.

[25] 金尚年，马永利．理论力学．2 版．北京：高等教育出版社，2002.

[26] 陈世民．理论力学简明教程．2 版．北京：高等教育出版社，2008.

[27] 李德明，陈昌民．经典力学．4 版．北京：高等教育出版社，2006.

[28] Goldstein. Classical Mechanics. 3rd ed. 北京：高等教育出版社，2005.

[29] 秦敢，向守平．力学与理论力学：下册．北京：科学出版社，2008.

[30] 刘川．理论力学．北京：北京大学出版社，2019.

[31] 管靖，刘文彪．理论力学简明教程．北京：科学出版社，2008.

[32] 牛顿．自然哲学之数学原理．王克迪，译．北京：北京大学出版社，2013.

[33] 梅森 S F. 自然科学史．周煦良，等，译．上海：上海译文出版社，1980.

[34] 霍布森 A. 物理学的概念与文化素养．4 版．秦克诚，刘培森，周国荣，译．北京：高等教育出版社，2011.

[35] 金晓峰．诗情画意的物理学．文汇报，2015-10-30.

[36] 秦克诚．方寸格致：《邮票上的物理学史》增订版．北京：高等教育出版社，2013.
[37] 郭奕玲，沈慧君．物理学史．2 版．北京：清华大学出版社，2005.
[38] 赵峥．物理学与人类文明十六讲．北京：高等教育出版社，2008.
[39] 倪光炯，王炎森，钱景华，等．改变世界的物理学．3 版．上海：复旦大学出版社，2009.
[40] 施大宁．文化物理．北京：高等教育出版社，2011.
[41] 宣焕灿．天文学史．北京：高等教育出版社，1992.
[42] 科瓦雷 A. 伽利略研究．刘胜利，译．北京：北京大学出版社，2008.
[43] 科瓦雷 A. 牛顿研究．张卜天，译．北京：北京大学出版社，2003.
[44] 普朗特 L，奥斯瓦提奇 L，维格哈特 K．流体力学概论．郭永怀，陆士嘉，译．北京：科学出版社，1981.
[45] 吴文俊．世界著名科学家传记（数学家三）．北京：科学出版社，1992.
[46] Kauffman G B. Gustav Magnus and his green salt. Platinum Metals Rev.，20（1）：21-24，1976.
[47]《加油向未来》节目组．加油向未来 科学一起嗨：上册．北京：高等教育出版社，2016.
[48]《加油向未来》节目组．加油向未来 科学一起嗨：下册．北京：高等教育出版社，2016.
[49] I. 伯纳德·科恩．新物理学的诞生．张卜天，译．北京：商务印书馆，2017.
[50] 钱临照，许良英．世界著名科学家传记（I、II、III、IV、V）. 北京：科学出版社，1990-1999.
[51] 申先甲．物理学史简编．济南：山东教育出版社，1985.
[52] 陈毓芳，邹延肃．物理学史简明教程．北京：北京师范大学出版社，2016.
[53] 弗·卡约里．物理学史．戴念祖，译．北京：中国人民大学出版社，2010.
[54] 吴国盛．科学的历程．2 版．北京：北京大学出版社，2002.
[55] 苏亚沃尔夫．十六、十七世纪科学技术和哲学史．周昌忠，苗以顺，译．北京：商务印书馆，1984.
[56] 魏凤文，申先甲．20 世纪物理学史．南昌：江西教育出版社，1994.
[57] 向义和．物理学基本概念和基本定律溯源．北京：高等教育出版社，1994.
[58] 厚宇德．物理文化与物理学史．成都：西南交通大学出版社，2004.

第二章　热　运　动

本章概述图 2.1 中所示的热运动现象规律的逻辑关系及发展历程，精选典型案例，以 AR 演示及实物演示等方式展现相关的基本规律及其应用案例。

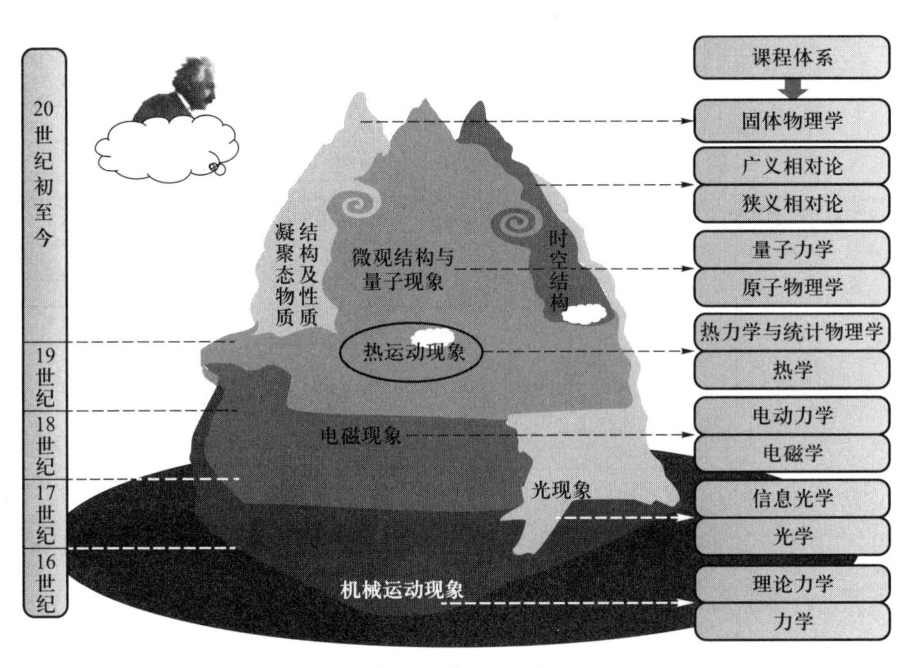

图 2.1　物理“山”

§2.1　热运动知识体系逻辑

热运动研究的是由大量微观粒子所组成系统（气体、液体、固体等）的热现象规律，形成了热力学宏观理论与统计物理学微观理论。热力学宏观理论是基于热现象的实验规律总结而成的；统计物理学微观理论是基于系统的微观性质，从统计学的角度出发而建立的。统计物理学微观理论不仅为热力学宏观理论提供了理论支撑，而且为相关领域研究提供了理论指导。热力学宏观理论与统计物理学微观理论之间的逻辑关系如图 2.2 所示。“热学”和“热力学与统计物理学”是物理专业本科生专业基础课程中的两门重要课程。“热学”一般侧重热现象实验规律的总结，而“热力学与统计物理学”侧重的是热力学宏观理论和统计物理学微观理论的建立过程、二者之间的相互支撑关系以及处理实际系统热力学问题的方法。

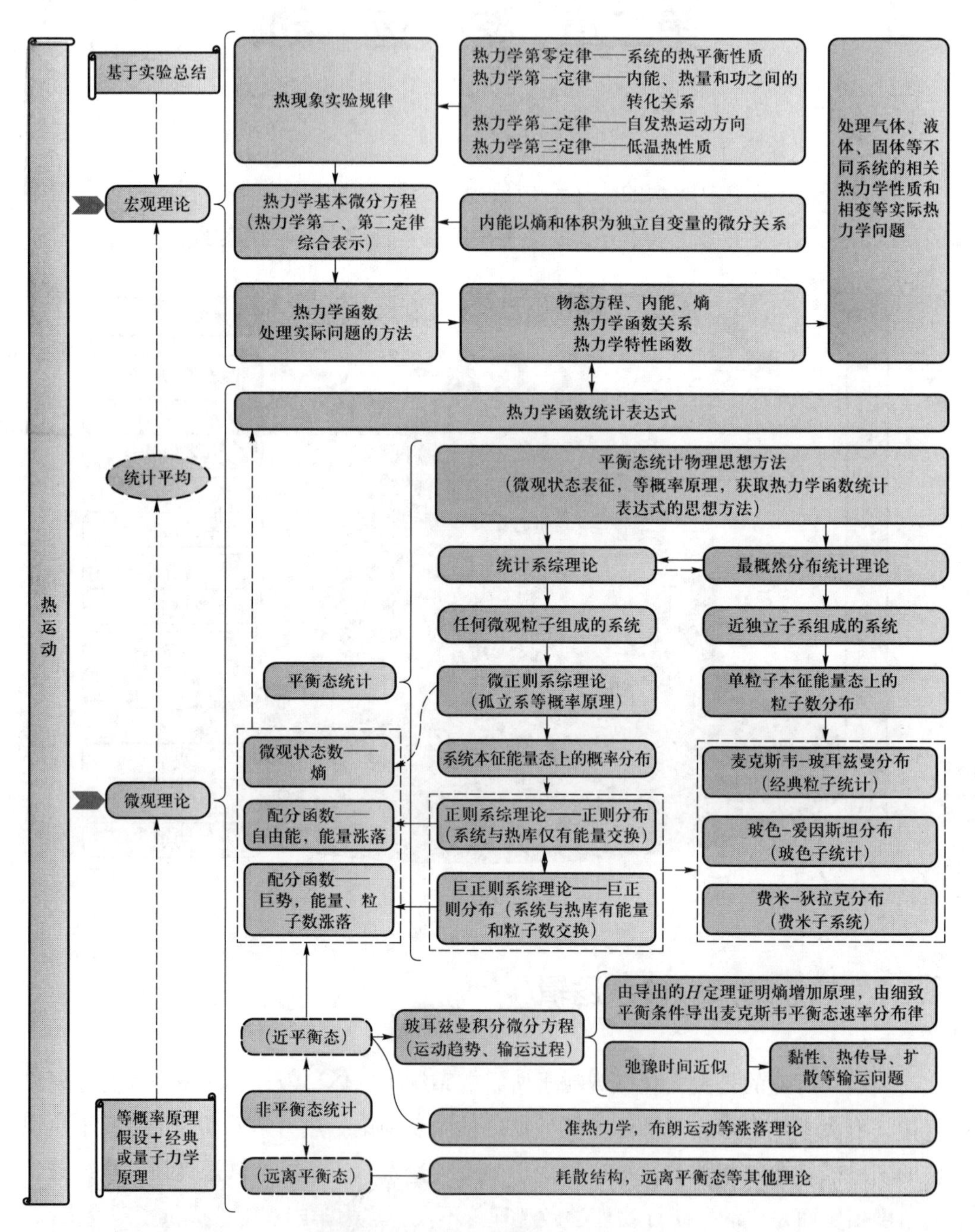

图 2.2　热运动规律逻辑关系思维导图

2.1.1 热力学宏观理论与统计物理学微观理论逻辑关系概述

一、热力学宏观理论知识体系概述

热运动研究的是由大量微观粒子所组成系统的热现象规律，可以分为平衡态和非平衡态两种情况。本部分概述的是系统平衡态的热力学宏观理论，主要包括热现象实验规律、热力学基本微分方程、利用热力学函数处理实际问题的方法。

授课录像： 热力学宏观理论与统计物理学微观理论逻辑关系概述

1. 热现象实验规律

热现象的实验规律主要包括热力学第零定律、热力学第一定律、热力学第二定律和热力学第三定律，分别给出了系统的热平衡性质、内能与热量及功之间的转化关系、自发热运动方向、低温热性质等方面的规律。在上述四条实验定律中，热力学第三定律是低温环境下量子效应的宏观表现，需要用量子统计理论才能予以解释，不影响热力学宏观理论的建立。而由热力学第零定律、热力学第一定律和热力学第二定律所组成的三条基本定律则是建立热力学宏观理论的基础。

配音： 热力学宏观理论与统计物理学微观理论逻辑关系概述

2. 热力学基本微分方程

如何将上述实验规律上升为一种理性的数学表达？人们可以从数学角度引入一些用来表征系统热力学性质的状态参量。针对热力学第零定律、热力学第一定律和热力学第二定律三条基本的实验定律，人们分别引入温度、内能、熵等描述系统相关性质的状态量。依据熵和功的定义，可以将热力学第一定律和热力学第二定律综合表示为内能以熵和体积为独立自变量的微分关系，称为热力学基本微分方程。热力学基本微分方程使热现象实验规律上升为一种理论的表达，成为热力学宏观理论的核心基础。针对不同的热力学系统，热力学基本微分方程在功的表达形式上略有差别。

3. 利用热力学函数处理实际问题的方法

为了以热力学基本微分方程为基础处理实际的热力学问题，引入热力学函数作为数学手段。用以描述系统某一状态参量与其他参量之间的函数关系称为热力学函数。温度、压强和体积之间的函数关系称为物态方程，从宏观角度可以由实验来确定，从微观角度可以由平衡态统计物理理论导出；内能、熵与可测量物理量（如温度、压强、体积、比热容等）的函数关系需要由物态方程、热力学基本微分方程、热力学函数关系来获得。什么是热力学函数关系？

除了针对三条基本实验定律所引入的温度、内能、熵三个状态量之外，为了描述相关热力学规律和处理实际问题的方便，人们进一步定义了焓、自由能、吉布斯函数等辅助状态量，它们与其他物理量之间的关系称为辅助热力学函数。以热力学基本微分方程为基础做进一步演绎推导，可以导出辅助热力学函数所满足的微分方程。根据热力学基本微分方程以及辅助热力学函数所满足的微分方程，利用数学函数全微分的性质，可以建立相关热力学函数间的偏微分关系，即热力学函数关系。几组特定的函数关系首先是由麦克斯韦给出的，也称麦克斯韦关系。如何依靠上述的热力学基本微分方程以及所引入的各种热力学函数解决实际的热力学问题？

从实际处理问题的角度看，依据物态方程，以及内能、熵与可测量物理量的函数关系，可以获得实际热力学系统的全部热力学宏观性质，因此也称物态方程和内能、熵的热力学函数为基本热力学函数。

从理论本身的角度看，实际平衡态系统的全部热力学信息可以用一个热力学特性函数来描述。什么是热力学特性函数？上述的热力学基本微分方程以及辅助热力学函数微分方程并不是彼此独立的。理论上可以证明，选取适当的物理量为独立自变量，只要知道了某个热力学函数与该自变量的函数关系，由该热力学函数所满足的微分方程以及热力学函数关系，可以推导出其他所有热力学函数，从而也就确定了系统的全部热平衡态性质，这样的热力学函数被称为特性函数，有的教材也称之为热力学势。进一步可以证明，以熵和体积为独立自变量的内能以及由热力学基本微分方程演绎推导出的焓、自由能、吉布斯函数等均是特性函数。

二、统计物理学微观理论知识体系概述

1. 统计物理学理论的建立原则

上述热力学宏观理论的微观物理机制是什么？早期人们认为热是一种特殊的物质，即热质说。后来的研究表明，热现象是由大量微观粒子的无规则机械运动引起的，即热动说。既然热现象是由大量微观粒子的无规则运动引起的，是否可以利用经典力学或者量子力学的理论来描述每个粒子的运动规律，进而给出系统的宏观性质呢？答案是否定的。首先，由于系统粒子个数的庞大及其相互作用性质的未知，导致无法求解庞大的方程组，所以无法给出这样的描述。其次，粒子个数的庞大会导致系统出现全新的规律性，即统计规律。热力学函数是架起热力学宏观理论和统计物理学微观理论的桥梁。

2. 平衡态统计物理思想方法

获取热力学函数的统计表达式，从微观机制角度解释热力学宏观规律以及处理相关的热力学问题是平衡态统计物理理论的根本任务。孤立系的等概率原理是完成这一任务的基础。研究结果表明，热力学平衡系统的一个宏观状态对应着大量的微观状态。等概率原理是指，孤立系统处于平衡状态时，系统的各个可能的微观状态是等概率出现的。这是平衡态统计物理理论的一条根本假设，由它所导出的理论及推论被实验所证实，间接地证明了等概率原理的正确性。

如何由等概率原理推导出孤立系统的热力学函数统计表达式？一个热力学系统

的熵等于玻耳兹曼常量与微观状态数对数的乘积，这一函数关系称为玻耳兹曼关系式。熵是热力学系统的宏观量，微观状态数是微观量，因此只要能够确定孤立系统的微观状态数，通过玻耳兹曼关系式即可确定系统的熵，再利用热力学函数关系就可以导出其他所有的热力学函数。这一思想方法被总结为微正则系综统计理论。

微正则系综统计理论原则上可行，但无法有效地解决实际问题。进一步的研究结果表明，任何热力学平衡态系统均可以从能量角度表征系统微观状态。如果能够获取系统微观状态按照能量的概率分布关系式，以此构造配分函数后发现，系统的自由能（或巨化学势）与配分函数的关系具有与玻耳兹曼关系式相似的形式，说明非孤立系统的配分函数与孤立系统的熵具有等同的地位。如此一来就可以把微正则系综理论中确定系统的微观状态数转为确定系统的配分函数，不但解除了孤立系统的限制，也避免了计算系统微观状态数的困难，而且可以利用配分函数处理系统的能量和粒子数的涨落问题。以此思想方法所形成的理论就是最概然分布统计理论以及正则系综理论和巨正则系综理论。

3. 平衡态统计理论

从适用的条件角度看，最概然分布统计理论适用的只是由近独立的全同粒子组成的孤立系统，而微正则系综理论、正则系综理论、巨正则系综理论则适用于任何微观粒子所组成的体系，在平衡统计物理理论中，将后三种理论统称为统计系综理论。微正则系综理论的核心任务是确定孤立系统的微观状态数，而最概然分布统计理论、正则系综理论、巨正则系综理论的核心任务是确定系统微观状态按照能量的概率分布式，以此确定系统的配分函数。

（1）最概然分布统计理论

最概然分布统计理论也称玻耳兹曼统计理论，其适用的条件是由近独立的全同粒子组成的孤立体系。量子力学表明，对于近独立孤立体系，单个粒子会存在各种可能的能量，称为本征能量，确定本征能量是量子力学的任务，而统计物理学的任务是确定系统在单粒子本征能量态的粒子数分布规律。依据等概率原理，按照排列组合并取极值的方法，可以获得系统按照单粒子本征能量的粒子数分布规律。以此为基础构造配分函数，利用配分函数可以首先计算系统的内能或自由能的统计表达式，再利用热力学函数关系可以导出其他所有热力学函数的统计表达式。

针对经典粒子体系以及量子体系中的玻色子和费米子体系，利用最概然分布统计理论所导出的单粒子本征能量态的粒子数分布公式，分别称为麦克斯韦–玻耳兹曼分布、玻色–爱因斯坦分布和费米–狄拉克分布。在经典极限条件下（高温条件下能级结构近乎连续），玻色–爱因斯坦分布、费米–狄拉克分布均趋向麦克斯韦–玻耳兹曼分布，而在低温条件下，由玻色–爱因斯坦分布和费米–狄拉克分布可以分别导出玻色-爱因斯坦凝聚以及能量费米球的结果，并被实验所证实。

（2）统计系综理论

如果所研究的系统不是由近独立的全同粒子组成的孤立系统，最概然分布统计理论是不适用的。针对实际的热力学系统所建立的平衡态统计物理理论是统计系综理论，包括微正则系综理论、正则系综理论、巨正则系综理论三种形式。

微正则系综是指与外界没有能量和粒子交换的孤立系统，用能量、体积、总粒子数来表征其宏观状态。针对这样的热力学系统，所形成的理论是微正则系综理论，即计算孤立系统的总微观状态数，由玻耳兹曼关系导出熵的统计表达式，由热力学函数关系获得所有的热力学函数。

微正则系综理论原则上可以解决一切热力学问题，但有时无法解决具体的实际热力学问题，例如，与外界有能量交换或既有能量交换又有粒子交换的系统，此时需要用到正则系综理论和巨正则系综理论。量子力学原理表明，在一定的宏观约束条件下，系统会存在各种可能的总能量，称为系统本征能量。正则系综理论和巨正则系综理论的思想方法是，通过构造系综，借助最概然分布统计方法思想获得系统微观状态按照系统本征能量态上的概率分布规律。以此为基础构造配分函数，由配分函数首先计算系统的内能（或正则系综中的自由能，或巨正则系综中的巨化学势），再由热力学函数关系导出其他所有热力学函数的统计表达式。

针对正则系综（与外界只有能量交换的系统）和巨正则系综（与外界不仅有能量交换，还有粒子交换的系统），所获得的系统微观状态按照系统本征能量态的概率分布公式分别称为正则分布和巨正则分布。正则分布和巨正则分布是可以相互导出的。由正则分布可以导出用最概然分布统计理论所给出的麦克斯韦-玻耳兹曼分布，由巨正则分布可以导出用最概然分布统计理论所给出的玻色-爱因斯坦分布、费米-狄拉克分布。

综上所述，最概然分布统计理论是特定的，微正则系综理论是根本的，正则系综理论和巨正则系综理论是普适而且实用的。在解决实际的热力学问题中，需要根据系统所满足条件和方便来选择相应的理论，例如，理想气体物态方程、热力学第零定律、热力学第一定律、热力学第二定律等可以由微正则系综理论导出，实际气体的物态方程、能量均分定理等需要由正则分布导出，热力学第三定律需要由巨正则分布导出等。

4. 非平衡态统计物理理论

非平衡态的微观理论主要包括近平衡态的统计理论，近平衡态的涨落理论以及远离平衡态的理论。近平衡态的统计理论核心是玻耳兹曼积分微分方程；近平衡态的涨落理论是涨落准热力学理论与布朗运动理论；远离平衡态的理论是耗散结构理论。目前，其他处理远离平衡态的理论仍在不断发展和完善中。

近平衡态的基本统计理论是玻耳兹曼积分微分方程。针对由气体分子所组成的热力学系统，基于分子在各方向速度的独立性、分子的速度在空间方向上的均匀性假设以及分子间碰撞的动量守恒和能量守恒等的经典力学原理，玻耳兹曼建立了适用于稀薄单原子分子气体系统在平衡态附近的分布函数所满足的方程。由于方程是由分布函数对时间的偏导数以及对相空间的积分所组成，所以称其为积分微分方程。由玻耳兹曼积分微分方程，可以证明热力学第二定律，导出麦克斯韦、玻耳兹曼气体速度分布律以及气体系统的黏性、热传导、扩散等输运规律。

*2.1.2 热力学宏观理论与统计物理学微观理论逻辑关系扩展

一、热力学宏观理论知识体系扩展

热运动研究的是由大量微观粒子所组成系统的热现象规律，形成了热力学宏观理论和统计物理学微观理论。这里的微观粒子可以包括气体、液体、固体等多种类型。热现象规律可以分为平衡态和非平衡态两种情况，本节阐述系统平衡态的热力学宏观规律，主要由热现象实验规律、热力学基本微分方程、利用热力学函数处理实际问题的方法等内容所组成。

授课录像： 热力学宏观理论与统计物理学微观理论逻辑关系扩展

1. 热现象实验规律

热现象的实验规律主要包括热力学第零定律、热力学第一定律、热力学第二定律和热力学第三定律。其中的热力学第三定律是低温环境下量子效应的宏观表现，需要用量子统计理论才能予以解释，不影响热力学宏观理论的建立。而由热力学第零定律、热力学第一定律和热力学第二定律所组成的三条基本定律则是建立热力学宏观理论的核心基础。

配音： 热力学宏观理论与统计物理学微观理论逻辑关系扩展

热力学第零定律是关于热平衡态间关系的规律，为温度的测量提供了理论依据。热力学第一定律是关于内能、热量和功之间转化的守恒规律，以此推知，不可能实现没有能量来源的第一类永动机。热力学第二定律是关于自发热运动方向的规律，它是基于卡诺循环和热力学第一定律总结而成的。从热机和制冷机的角度，分别有“不可能从单一热源吸取热量使其全部变为有用功而不产生其他影响”的开尔文表述以及“不可能把热量从低温物体传到高温物体而不产生任何其他影响”的克劳修斯表述这两种等价表述。热力学第三定律是关于低温环境下量子效应的宏观性质规律，由能斯特定理来表述，即系统的熵随热力学温度趋于零而趋于零。由能斯特定理可以推知，不可能通过有限的步骤使一个物体冷却至热力学温度的零度，简称绝对零度不能达到原理。这里所说的绝对零度不能达到是指“通过有限步骤”，并不否认可以无限趋近于绝对零度。

2. 热力学基本微分方程

如何将上述的实验规律上升为一种理性的数学表达？需要从数学角度引入一些可以用来表征系统热力学性质的状态参量。对于一个复杂的系统，需要用几何参量、力学参量、电磁参量和化学参量等四类作为状态参量。当然，对于一个不涉及电磁性质、化学性质的简单系统，只需要几何参量和力学参量即可。这些参量还可以分成两类，一类称为广延量，如物质的量、体积等，他们与系统的总质量成正比，具有可加性；另一类称为强度量，如压强、密度等，他们代表物质的内在性质，与总质量无关，不具有可加性。针对热力学第零定律、热力学第一定律和热力学第二定律，分别引入温度、内能、熵等描述系统相关性质的状态量，其中温度属于强度量，内能和熵属于广延量。依据熵和功的定义，可以将热力学第一定律和热力学第二定律综合表示为内能以熵和体积为独立自变量的微分关系，称为热力学基本微分方程。热力学基本微分方程使热现象实验规律上升为一种理论表达，成为热力学宏观理论的核心基础。针对不同的热力学系统，热力学基本微分方程在功的表述形式上略有差别。

3. 热力学函数处理实际问题的方法

（1）物态方程、内能与熵热力学函数

热力学基本微分方程只是确立了系统内能与熵之间的联系。为了处理实际问题，需要以热力学基本微分方程为基础，进一步引入热力学函数作为数学手段，用以描述系统热力学性质的一个参量与其他参量之间的函数关系，称为热力学函数。温度、压强和体积之间的函数关系称为物态方程，从宏观角度可以由实验来确定，从微观角度可以由平衡态统计物理学理论导出。内能和熵与可测量物理量（如温度、压强、体积、比热容等）的函数关系需要由物态方程、热力学基本微分方程、热力学函数关系来获得。什么是热力学函数关系？

（2）热力学函数关系

除了由热力学第零定律、热力学第一定律和热力学第二定律所引入的温度、内能、熵三个状态量之外，为了描述相关热力学规律和处理实际问题的方便，人们进一步定义了焓、自由能、吉布斯函数等辅助状态量，它们与其他物理量之间的关系称为辅助热力学函数。以热力学基本微分方程为基础做进一步演绎推导，可以导出辅助热力学函数所满足的微分方程。根据热力学基本微分方程以及辅助热力学函数所满足的微分方程，利用数学上函数全微分的性质，可以建立相关热力学函数间的偏微分关系，即热力学函数关系。几组特定的函数关系首先是由麦克斯韦给出的，也称麦克斯韦关系。辅助热力学函数的引入，使得不同条件下热力学规律的表述更为方便。例如，定压热容可以表示为焓对温度的偏导数，孤立系统的熵永不减少，等温等容条件下系统的自由能永不增加，等温等压条件下系统的吉布斯函数永不增加等。

（3）热力学特性函数

如何运用热力学基本微分方程以及所引入的各种热力学函数解决实际的热力学问题？从实际处理问题的角度，依据物态方程、内能、熵与可测量物理量的函数关系可以获得实际平衡态系统的全部热力学宏观性质，这些函数关系也称为基本热力学函数。从理论本身的角度看，一个热力学特性函数可以包含平衡态系统的全部热力学信息。什么是热力学特性函数？上述的热力学基本微分方程以及辅助热力学函数微分方程并不是彼此独立的。理论上可以证明，选取适当的物理量为独立自变量，只要知道了某个热力学函数与该自变量的函数关系，由该热力学函数所满足的微分方程以及热力学函数关系可以得到其他所有热力学函数，从而也就确定了系统的全部热平衡态性质，这样的热力学函数称为特性函数，有的教材也称之为热力学势。进一步可以证明，以熵和体积为独立自变量的内能，以熵和压强为独立自变量的焓，以温度和体积为独立自变量的自由能，以温度和压强为独立自变量的吉布斯函数等均是特性函数。

上述以热力学基本微分方程为核心所引入的各种热力学函数及其所满足的微分方程以及热力学函数关系，构成了处理气体、液体、固体等不同系统相关热力学性质和相变等实际问题的有效理论方法。

二、统计物理学微观理论知识体系扩展

1. 统计物理学理论的建立原则

早期人们认为热是一种特殊的物质，即热质说。后来的研究表明，热现象是由大量微观粒子的无规则机械运动造成的，即热动说。如何从微观机制的角度解释热现象宏观规律是统计物理学微观理论的主要目标。热力学宏观理论是把系统当成连续介质，完全不考虑系统的微观结构。而统计物理学的微观理论是以系统的微观组成与结构为出发点，从系统的微观性质的角度研究其宏观热力学函数的性质。因此，热力学函数也是架起热力学宏观理论和统计物理学微观理论的桥梁。

既然热现象是由大量微观粒子的无规则运动引起的，是否可以利用经典力学或者量子力学理论来描述每个粒子的运动规律，进而给出系统的宏观性质呢？答案是否定的。首先，由于系统粒子个数的庞大及其相互作用性质的未知，导致无法求解庞大的方程组，所以也就无法给出这样的描述。其次，粒子个数的庞大会导致系统出现全新的规律性，即统计规律。因此，利用经典力学或量子力学结合统计性原理才是获取统计物理学微观理论的途径。

2. 平衡态统计物理学思想方法

如何从微观角度获取热力学函数的统计表达式，解释热力学宏观规律以及处理

相关的热力学问题是平衡态统计物理学理论的根本任务。孤立系的等概率原理是完成这一任务的根本出发点。为了理解孤立系的等概率原理，首先需要明确平衡态热力学系统的宏观状态和微观状态的表征方式。

（1）孤立系的微观状态表征与等概率原理

孤立系统是指与外界没有能量和粒子交换的系统，其宏观态的表征非常简单，即用总能量、体积、总粒子数来表征。而其微观状态的表征则是比较复杂的，需要借助经典力学或量子力学原理来描述。对于由经典粒子所组成的力学系统，某时刻系统的微观状态是由每个粒子的广义坐标和广义动量所决定的，其随时间的演化规律遵从哈密顿正则方程。对于由量子体系的微观粒子所组成的热力学体系，某时刻系统微观状态由能量、轨道和自旋角动量等量子数所决定，其随时间的演化规律遵从薛定谔方程。两种类型系统的微观状态表征是类似的。以经典粒子组成的热力学系统为例，由系统内所有粒子的广义坐标和广义动量所组成的空间称为“相空间”。系统某时刻的微观状态可以用“相空间”的一个点来表示，微观状态随时间的演化对应该点在“相空间”的移动。系统不同的初始条件对应着不同的初始点和相应的移动曲线。对于一个处于平衡态的孤立系统，是无法给出系统确切初始条件的，可以想象存在大量不同的初始条件，从而在“相空间”呈现大量点的移动。由于“相空间”中的每个点都对应着系统的一个微观状态，而不同初始条件均对应着系统同样的宏观状态，因此热力学平衡系统的一个宏观状态就对应着大量的微观状态。

定义单位“相空间”点的个数为“相空间”密度，刘维尔定理表明，“相空间”密度是与时间无关的常量。这也意味着，对于热力学平衡系统的一个确定宏观状态，其微观状态数是不随时间改变的。在平衡态统计物理学理论中，当计算孤立热学系统的一个确定宏观状态所对应的微观状态数时，不用担心微观状态数是否会随时间改变，可以说这是刘维尔定理对平衡态统计物理学的一个理论支撑。“相空间”密度的大小，也就是系统微观状态概率密度的大小，则是需要平衡态统计物理学理论来确定的。

等概率原理是指，孤立系统处于平衡状态时，系统出现在各个可能的微观状态的概率是相等的。这是平衡态统计物理学理论的一条根本假设，由它所导出的理论及其推论被实验所证实，间接地证明了等概率原理的正确性。

（2）由玻耳兹曼关系式获取热力学函数统计表达式的方法——微正则系综理论

如何由等概率原理推导出孤立系统的热力学函数统计表达式？玻耳兹曼最早提出，孤立系统的熵与微观状态数存在一定的函数关系。普朗克进一步给出了熵等于玻耳兹曼常量与微观状态数对数的乘积，这一函数关系称为玻耳兹曼关系式。熵代表的是热力学系统的宏观量，微观状态数代表的是微观量，因此只要能够确定孤立系统的微观状态数，通过玻耳兹曼关系式即可确定系统的熵，再利用热力学函数关系就可以导出其他所有的热力学函数。这一思想方法最早由玻耳兹曼提出，后被总结为微正则系综理论。

（3）由系统配分函数获取热力学函数统计表达式的方法——最概然分布统计理论、正则系综理论与巨正则系综理论

上述的微正则系综理论原则上可行，但无法有效地解决实际问题。这是因为，一方面，实际的热力学系统绝大部分都不是孤立系统，无法应用等概率原理；另一方面，即便是孤立系统，如何计算系统的总微观状态数是个难点。分析力学或量子力学原理表明，一个系统的微观状态是由系统的能量、动量、角动量来确定的。动量代表了系统的平动性质，角动量代表了转动性质。对于平衡态热力学系统，并不涉及整体平动和转动行为，因此，系统的能量就决定了平衡态系统的微观状态，或者说，从能量的角度表征系统的微观状态是一种普适的方法。

如何从能量的角度获取热力学函数统计表达式？研究结果表明，如果能够获得系统微观状态按照能量的概率分布关系式，就可以以此为基础构造系统的配分函数。利用配分函数推导热力学函数统计表达式就会发现，系统的自由能（或巨化学势）的宏观状态量与配分函数的关系具有与玻耳兹曼关系式相似的形式，说明系统的配分函数与孤立系统的微观状态数具有等同的地位。如此一来就可以把微正则系综理论中确定系统的微观状态数转为确定系统的配分函数，这不但解除了孤立系统的限制，也避免了计算系统微观状态数的困难，而且可以利用配分函数处理系统的能量和粒子数的涨落问题，更重要的是有利于处理实际系统的热力学问题。以此思想方法所形成的平衡态统计理论就是最概然分布统计理论、正则系综理论和巨正则系综理论。

3. 平衡态统计理论

从适用的条件角度看，最概然分布统计理论适用的只是由近独立的全同粒子组成的孤立体系，而微正则系综理论、正则系综理论、巨正则系综理论则适用于任何微观粒子所组成的体系，在平衡态统计理论中，将后三种理论统称为统计系综理论。微正则系综理论的核心任务是确定孤立系统的微观状态数，而最概然分布统计理论、正则系综理论、巨正则系综理论的核心任务是确定系统微观状态按照能量的概率分布式，以此确定系统的配分函数。

（1）最概然分布统计理论

最概然分布统计理论也称玻耳兹曼统计理论，其适用的条件是由近独立的全同粒子组成的孤立体系。全同粒子是指内禀属性（能量、动量、角动量、自旋等）完全相同的粒子。从微观粒子是否可以被区分的角度看，可以被区分的全同粒子称为定域子系，不可以被区分的称为非定域子系。经典的全同粒子都属于定域子系，量

子体系的全同粒子一般情况下都属于非定域子系（特殊情况下有的是定域子系的）。“近独立”指的是全同粒子间的相互作用可以忽略。量子力学表明，对于近独立孤立体系，可以求出单个粒子各种可能存在的能量，称为本征能量，如何确定本征能量是量子力学的任务，而统计物理学的任务是确定系统在单粒子本征能量态的粒子数分布规律。

依据等概率原理，按照排列组合的方法会发现，粒子数按照单粒子本征能量的分布不是一组而是多组。每组分布对应一定的微观状态数。微观状态数最多的那一组分布说明系统出现的概率最大，意味着最接近系统的实际平衡态，这也是最概然的含义。利用微分取极值的办法求出微观状态数最多的那组分布，就得到了系统实际上按照单粒子本征能量的粒子数分布规律。以此为基础构造配分函数，利用配分函数可以计算系统的内能（或自由能）的统计表达式，再利用热力学函数关系可以导出其他所有的热力学函数统计表达式。

利用最概然分布统计理论所导出的经典粒子按照单粒子本征能量态的粒子数分布公式，称为麦克斯韦－玻耳兹曼分布。由该分布可以进一步导出单个粒子的能量按其自由度分配的能量均分定理。这个定律在高温时与实验结果相符，而在低温条件下与实验不符。这是因为经典粒子在低温时呈现的是量子效应，其分布规律已失效。利用最概然分布理论可以进一步推导出量子体系中的玻色子和费米子按照单粒子本征能量态的粒子数分布公式，分别称为玻色－爱因斯坦分布和费米－狄拉克分布。在经典极限条件下（高温条件下能级结构近乎连续），玻色－爱因斯坦分布、费米－狄拉克分布均趋向麦克斯韦－玻耳兹曼分布，而在低温条件下，由玻色－爱因斯坦分布和费米－狄拉克分布可以分别导出玻色－爱因斯坦凝聚以及能量费米球的结果，并被实验所证实。

（2）统计系综理论

如果所研究的热力学系统不是由近独立的全同粒子组成的孤立系统，也就无法计算单粒子的本征能量，最概然分布统计理论也就失效了。针对一般的热力学系统，玻耳兹曼首先提出了系综的概念和思想方法，后被吉布斯发展总结成为系统的理论，即统计系综理论，包括微正则系综理论、正则系综理论、巨正则系综理论。

a. 微正则系综理论

微正则系综是指与外界没有能量和粒子交换的孤立系统，用能量、体积、总粒子数来表征其宏观状态。针对这样的热力学系统，所形成的理论称为微正则系综理论。具体做法是，首先，确定孤立系统微观状态的表征方法；其次，依据等概率原理对每个微观状态赋予相等的概率；第三，计算给定宏观约束状态条件下的总微观状态数；第四，由玻耳兹曼关系式计算系统的熵；最后，由热力学函数关系式获得所有的热力学函数。利用微正则系综理论可以推导出理想气体的物态方程，顺磁材料的磁化率与温度的关系以及晶体中的缺陷数与温度的关系等。

b. 正则系综理论理论与微正则系综理论

上述的微正则系综理论原则上可以解决一切热力学问题，但在解决具体问题时会遇到很大的困难。因为，一方面，实际的热力学系统绝大部分都不是孤立系统，无法应用等概率原理；另一方面，即便是孤立系统，计算系统的总微观状态数是个难点，例如，在利用微正则系综理论推导理想气体物态方程、顺磁材料的磁化率与温度的关系、晶体中的缺陷数与温度的关系等的例子中，分别以分子在空间的位置分布、电子自旋上下、晶体中缺陷在空间的分布等特定的方式来表征系统的微观状态，进一步计算总的微观状态数。显然，这些微观状态的表征方式是因具体问题而异的，不具有普适性，因此也就无法给出计算系统微观状态数的普适方法。普适性的理论是以能量概率分布的方式表征系统微观状态。

对于一般性的热力学系统，无法确定单粒子的本征能量态，因此，也就无法应用最概然分布理论。量子力学原理表明，在一定的宏观约束条件下，系统会存在各种可能的总能量，称为系统本征能量。将最概然分布统计理论中的单粒子本征能量转换为系统本征能量，寻求系统微观状态按照系统本征能量态上的概率分布，之后仿照最概然分布理论导出热力学函数统计表达式，以这一方法所形成的理论就是正则系综理论和巨正则系综理论。正则系综是指与外界只有能量交换的系统，用温度、体积、总粒子数来表征其宏观状态，巨正则系综是指与外界不仅有能量交换，还有粒子交换的系统，用温度、体积、化学势来表征其宏观状态。两种理论只是适用对象不同，其处理热力学问题的思想方法是一致的。

如何求出系统微观状态按照系统本征能量态上的概率分布表达式是正则分布系综理论和巨正则系综理论的核心问题。对于一般性的孤立平衡态热力学系统，从时间的维度，经过足够长的时间观测，系统会在各个系统本征能量态上以概率的方式出现。如果从时间的角度去获得其能量概率分布是无法实现的。吉布斯设想了一种将系统随时间演化所经历的各种微观状态转化为与时间无关的等价描述方法，即吉布斯系综。具体的思想是，将系统随时间演化经历的所有微观状态想象成与时间无关而同时出现的一种集合体，亦即是由满足同样宏观条件的大量系统所组成的，称为系综。将这个系综与近独立子系的最概然分布统计方法类比，把系综中的系统总个数等效为总粒子数，把系综中所有可能出现的系统本征能量态等效为单粒子本征能量态。如此一来就可以利用最概然分布统计方法求出系综中的系统微观状态按照系统本征能量态的分布次数。

换个角度考虑上述问题，如果将系综的某个系统看成实际的热力学系统，而把系综中的其他系统看成外界对该热力学系统的一种作用，系统微观状态在每个系统本征能量态上出现概率的大小与上述系综方法中的系统微观状态按照系统本征能量态的分布次数比例是成正比的。因此，利用最概然分布统计理论所求出的系综中的系统微观状态按照系统本征能量态的分布次数比例，实际上也就是一个实际热力学系统的微观状态出现在系统本征能量态上的概率。

通过构造系综，利用最概然分布统计方法寻求实际热力学系统微观状态出现在系统本征能量态上的次数比例的做法，可以说是吉布斯系综的原始思想方法。由于系综中其他系统对所关心的热力学系统只是一种外界作用，因此可以将系综中所有外界作用的系统当成是一个热库，而不关心这个热库的具体能量结构。如此就把吉布斯系综方法进一步简化为：对所关心的热力学系统和热库所组成的孤立系统，利用等概率原理获得热力学系统微观状态在其系统本征能量态上的概率分布，这也是大部分教材中推导系综分布公式的做法。

针对正则系综和巨正则系综，利用上述的理论方法所获得的系统微观状态按照系统本征能量态的概率分布公式分别称为正则分布和巨正则分布。正则分布和巨正则分布是可以相互导出的。由正则分布可以导出用最概然分布统计方法所给出的麦克斯韦–玻耳兹曼分布，由巨正则分布可以导出用最概然分布统计方法所给出的玻色–爱因斯坦分布、费米–狄拉克分布。

综上所述，最概然分布统计理论是特定的，微正则系综理论是根本的，正则系综理论和巨正则系综理论是普适且实用的。在解决实际的热力学问题中，需要根据系统所满足条件和方便来选择相应的理论，例如，理想气体物态方程、热力学第零定律、热力学第一定律、热力学第二定律等可以由微正则系综理论方便地导出。实际气体的物态方程、能量均分定理等需要由正则分布导出，热力学第三定律需要由巨正则分布导出等。

4\. 非平衡态统计物理理论

非平衡态的微观理论主要包括近平衡态的统计理论，近平衡态的涨落理论以及远离平衡态的理论。近平衡态的统计理论核心是玻耳兹曼积分微分方程；近平衡态的涨落理论是涨落准热力学理论与布朗运动理论；远离平衡态的理论是耗散结构理论。目前，其他处理远离平衡态的理论仍在不断发展和完善中。

近平衡态的统计基本理论是玻耳兹曼积分微分方程。当一个热力学系统偏离某个平衡态时，用以描述系统状态的分布函数将发生改变。对于由气体分子组成的系统而言，改变的因素一方面来源于由于外场的作用导致的气体分子在各个方向运动的不均匀性，即漂移变化（当没有外场等因素作用时，可不考虑），另一方面来源于分子间正碰撞与反碰撞的不均匀性。基于分子在各方向速度的独立性、分子的速度在空间方向上的均匀性假设以及分子间碰撞的动量和能量守恒等的经典力学原理，玻耳兹曼建立了适用于稀薄单原子分子气体系统在平衡态附近的分布函数所满足的方程。由于方程是由分布函数对时间的偏导数以及对相空间的积分所组成，所以称其为玻耳兹曼积分微分方程。

由分布函数可以构造一个与熵具有相同物理意义的泛函 H，由玻耳兹曼积分微分方程可以推导出与熵具有相同结果的结论，即 H 定理，理论上证明了热力学第二定律。由玻耳兹曼积分微分方程还可以得出系统平衡时的充分必要条件，即分子间的正碰撞与反碰撞的效果抵消，称为细致平衡条件。由这个条件可以推知早期麦克斯韦的气体分子平衡态速率分布律。

由于分子间的正碰撞与反碰撞所引起的分布函数的改变在玻耳兹曼积分微分方程中是以积分形式体现的，实现准确求解是困难的。为了能够近似求解玻耳兹曼积分微分方程，人们引入了局域平衡的弛豫时间近似，将玻耳兹曼积分微分方程中的正碰撞与反碰撞效应以一种简单的近似的方式来体现，以此进一步处理系统的黏性、热传导、扩散等输运问题。

§2.2 热力学宏观理论与统计物理学微观理论发展历程

热运动理论体系是 18 至 20 世纪初建立的。从历史发展的角度看，我们将其分成热力学宏观理论与统计物理学微观理论两个发展阶段，每个阶段的历史发展过程如表 2.1 所示。在热运动领域作出重要贡献的科学家及其传记分别如图 2.3 所示和附录 2 所述。

表 2.1 热运动理论的重要历史发展阶段

阶段	年代	分段历史	作出重要贡献的科学家
热力学宏观理论（280 余年）	1659 年（玻意耳开展理想气体研究）—1873 年（范德瓦耳斯方程）	物态方程（214 年）	马略特、玻意耳、华伦海特、摄尔修斯、布莱克、查理、盖吕萨克、范德瓦耳斯
	1781 年（瓦特改良蒸汽机）—1851 年（开尔文表述）	热力学第二定律（70 年）	瓦特、卡诺、克拉珀龙、克劳修斯、开尔文
	1842 年（迈耶提出能量守恒定律）—1849 年（焦耳热功当量）	热力学第一定律（7 年）	迈耶、焦耳、亥姆霍兹

续表

阶段	年代	分段历史	作出重要贡献的科学家
热力学宏观理论（280余年）	1906年（能斯特第一种表述）—1939年（福勒提出热力学第零定律）	热力学第三、第零定律（33年）	能斯特、福勒
统计物理学微观理论（50余年）	1857年（克劳修斯解释压强微观机制）—1877年（玻耳兹曼熵与概率的关系）	分子动理论（20年）	阿伏伽德罗、洛施密特、克劳修斯、麦克斯韦、玻耳兹曼
	1872年（玻耳兹曼积分微分方程）—1877年（玻耳兹曼熵与概率的关系）	玻耳兹曼统计方法（5年）	玻耳兹曼
	1873年（吉布斯自由能）—1902年（吉布斯系综统计）	吉布斯系综统计方法（29年）	吉布斯
	1923年（玻色-爱因斯坦统计）—1926年（费米-狄拉克统计）	玻色、费米统计分布（3年）	玻色、爱因斯坦、费米、狄拉克
	1827年（布朗运动）—1908年（佩兰实验）	其他非平衡态理论（81年）	佩兰、布朗、朗之万、斯莫卢霍夫斯基、爱因斯坦

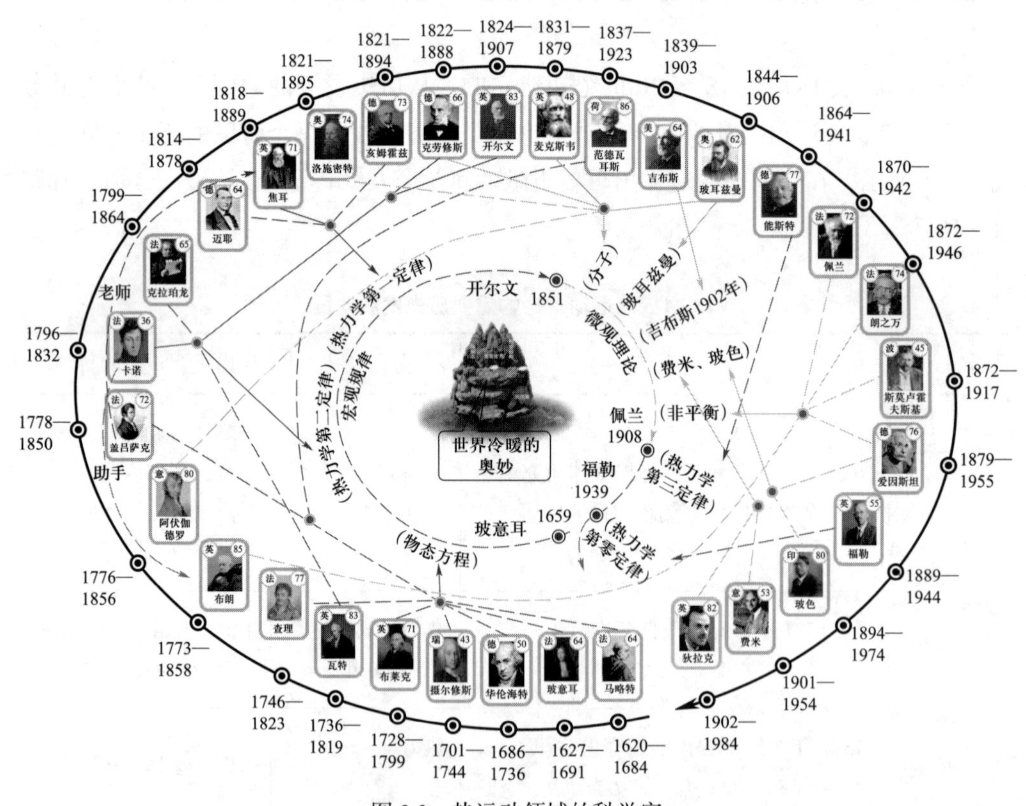

图2.3　热运动领域的科学家

2.2.1 热力学宏观理论与统计物理学微观理论发展历程概述

热运动规律的探索是从宏观热现象的研究开始。对于“热”的本质的问题，19 世纪以前，人们从各种热现象的观测中，认为热是一种物质，即热质说。但是热质说无法圆满解释摩擦生热这一热现象。19 世纪之后，人们逐渐认识到热是物质内部大量微观粒子运动的宏观体现，即热动说，现已成为科学的学说。18 世纪中叶以前，人们对热现象的研究还只是停留在对实验规律的总结方面，并没有形成系统的理论。在此之后，随着计温学和量热学的发展，热现象的研究走向了科学轨道，逐渐形成了如今的热力学宏观理论和统计物理微观理论。从 17 世纪至 20 世纪，热运动规律的建立经历了 280 余年的发展历程。

授课录像： 热力学宏观理论与统计物理学微观理论发展历程概述

一、热力学宏观理论

从规律建立的时间角度，热运动的实验规律包括气体物态方程、热力学第二定律、热力学第一定律、热力学第三定律、热力学第零定律。

配音： 热力学宏观理论与统计物理学微观理论发展历程概述

气体物态方程是从理想气体的研究开始的。针对理想气体的实验研究，英国化学家玻意耳和法国物理学家马略特分别于 1662 年和 1676 年各自独立地发现了等温气体的压强体积反比定律，称为玻意耳-马略特定律。由于没有建立一个合适的温标，直至 100 多年后才由两个法国人发现另外两个气体状态定律，即 1787 年法国查理发现的等容气体压强与温度成正比的定律（查理定律），1802 年盖吕萨克发现的等压气体体积与温度成正比的定律（盖吕萨克定律）。为了更精确地描述实际气体，人们提出了多种描述实际气体的方程。最典型的方程之一是 1873 年荷兰科学家范德瓦耳斯提出的方程，称为范德瓦耳斯方程，简称范氏方程。

热力学第二、第一定律的建立源于蒸汽机的改进。随着 18 世纪蒸汽机的发展，迫切需要研究热和功的关系，以提高热机效率，适应生产力发展的需要。1824 年法国物理学家卡诺针对热机效率的研究，提出了理想热机的循环模式和工作原理，称为卡诺热机。卡诺热机确定了能够将内能转化为机械能的最大限度。卡诺以此为基础表述了具有重要意义的卡诺定理，这是热力学第二定律的最早表述。不过卡诺的工作在当时并没有引起重视，后来法国物理学家克拉珀龙用数学公式和图像法重新表述了卡诺定理，才使卡诺工作的重要性逐渐被认识到。热力学第一定律（能量守恒定律）建立之后的 1850 年，德国物理学家克劳修斯以热力学第一定律为出发点，为了在理论上证明和保留卡诺定理的结论，需要增加一个“不可能把热量从低温物体传到高温物体而不产生任何其他影响”这样一个热的普遍特性，即为热力学第二定律的克劳修斯表述。基于同样的思想，1851 年英国物理学家开尔文给出了“不可能从单一热源吸取热量使其全部变为有用功而不产生其他影响”的另外一种普遍特性的表述，称为热力学第二定律的开尔文表述形式。随后，开尔文指出，有关热力学第二定律的两种表述是等价的。

热力学第一定律是关于机械能、热量以及系统内能之间的能量守恒与转化的规律。德国物理学家迈耶首先发现并表述了能量守恒定律，德国物理学家、生理学家亥姆霍兹最早提出能量守恒定律的严谨数学形式。在这一规律的建立过程中，除了迈耶和亥姆霍兹的贡献外，英国科学家焦耳在实验验证方面作出了杰出的贡献。焦耳从 1840 年到 1878 年前后用了近 40 年时间，采用不同的方法做了四百多次实验，测量了热功当量的数据，为热力学第一定律的建立提供了坚实的实验基础。

低温物理学和化学平衡常量的确定为热力学第三定律的建立提供了基础，德国科学家能斯特在 1906 年和 1912 年分别给出了热力学第三定律的两种不同表述。

热力学第零定律是由英国物理学家福勒于 1939 年正式提出，虽然比热力学第一、第二定律晚了近百年，但因较其他定律更为基本，因此被命名为热力学第零定律。

二、统计物理微观理论

上述有关热现象的宏观规律是从实验的角度获得的，如何理解这些规律的本质？ 19 世纪中叶，科学家们开始研究与热现象有关的微观机制。先后建立了分子动理论、统计物理学及其他非平衡态理论。

1. 分子动理论

克劳修斯在研究热力学第二定律的同时，也从微观上对热现象的微观本质进行了探讨。1857 年他以分子对器壁的碰撞说明了气体压强的形成，推导出气体压强与分子平均平动动能的关系公式，联合理想气体物态方程给出了分子平均平动动能与温度的关系，以此给出了对温度的微观认识。1859 年英国物理学家麦克斯韦基于分子在各方向速度的独立性和分子的速度在空间方向上的均匀性假设，推导出了自由空间的平衡态气体分子速率分布规律，即麦克斯韦速率分布律。直至 1920 年，德国科学家施特恩对该分布律才进行了首次实验验证。麦克斯韦还重新提出了由英国物理学家瓦特斯顿于 1845 年论文中提到的能量按自由度均分的思想，认为分子的每个自由度具有相同的平均能量，即能量均分定理。1868 年奥地利物理学家玻耳兹曼将麦克斯韦速率分布推广至受保守力作用的平衡态系统中，得出了粒子数随能量的分布，即玻耳兹曼分布律。玻耳兹曼还将能量均分定理准确地表述为动能按自由度均分定理，并用统计力学的方法给出了证明。玻耳兹曼认为麦克斯韦速率分布律的获得没有足够的理论保证，为此，玻耳兹曼基于分子碰撞过程中能量、动量守恒的经典力学原理和大量分子数的统计平均假设，进一步研究了大量气体分子所组成系统的状态随时间演化的一般规律，于 1872 年导出了分布函数随时间的演化方程，即玻耳兹曼积分微分方程。由玻耳兹曼积分微分方程发现，麦克斯韦分布律所描述的平衡态对应的是玻耳兹曼积分微分方程中的最概然、最稳定的状态。对于非平衡状态，玻耳兹曼提出了著名的 H 定理，与克劳修斯的熵增加原理是一致的，给宏观热力学第二定律以微观解释。至此，由克劳修斯、麦克斯韦和玻耳兹曼等人从物质的微观结构出发，通过阐述热力学参量的微观本质，建立了分子动理论的主要内容。

2. 统计物理学

针对玻耳兹曼的 H 定理，1874 年和 1876 年，英国开尔文和奥地利洛施密特先后分别提出了“可逆性佯谬”问题，即微观粒子所遵从的经典力学方程是可逆的，而大量分子所组成系统的宏观过程规律是不可逆的，玻耳兹曼基于经典力学原理，针对大量微观粒子组成体系的研究结果是否正确？玻耳兹曼就此进一步研究统计问题。他基于经典力学原理，加上统计概率原理假设，于 1877 年发表了用以处理近独立粒子经典体系平衡态问题的统计研究成果，并提出熵与系统的微观状态数存在一定的函数关系，也就此回答了“可逆性佯谬”问题，即分子动理论虽然引进了统计方法，但未将统计观点作为理解热力学现象的新的基础，从而造成统计随机性与经典力学决定性之间的矛盾。进一步讲，宏观系统的不可逆性不是由于运动方程和分子间的相互作用力形式引起的，而是由统计概率性引起的，或者说，宏观自发过程的可逆过程并不是没有，而是由概率原理导致的这种可逆过程发生的概率非常小，以至于实际中观察不到。1900 年普朗克引进玻耳兹曼常量，明确写出熵与微观状态数的关系式，揭示了热力学第二定律的统计本质，这个公式被作为玻耳兹曼统计力学的标志。

玻耳兹曼是原子论的坚决支持者，他的研究结果受到当时在学术界享有威望的马赫、奥斯特瓦尔德等为代表的持唯能论观点学者的长期批评。所以，玻耳兹曼生前的研究工作没有得到认可和支持。直至他去世两年之后的 1908 年，法国物理学家佩兰通过布朗运动的实验结果证实了原子的存在，原子论得到普遍承认后，人们才逐渐接受了玻耳兹曼的研究成果。后人在玻耳兹曼的墓碑上刻上了熵与微观状态数的关系式，以纪念玻耳兹曼在统计物理学所作出的杰出贡献。

美国物理化学家吉布斯在麦克斯韦、玻耳兹曼等人工作基础之上，使用温度、内能、熵等状态函数为坐标，发展了热力学系统的图示法。在热力学系统中考虑了化学、引力、应力、表面张力、电磁等因素，扩展了热力学的范围。1902 年吉布斯发表《统计力学的基本原理》巨著，创立了统计系综方法，建立了平衡态的经典统计力学方法。吉布斯的系综统计方法，不但可以处理前述的玻耳兹曼统计理论以及后来发展的玻色、费米的量子统计理论所能解决近独立粒子体系的平衡态问题，而且可以处理非近独立粒子体系的经典和量子统计问题。因此，吉布斯的系综理论是更具普遍化的统计理论。

在玻耳兹曼统计、吉布斯统计系综理论基础之上，玻色、爱因斯坦、费米等人基于微观粒子的全同粒子假设，逐步建立了玻色、费米等量子统计物理理论，用以处理近独立量子体系的平衡态问题。至此，统计物理学的基础理论得以建立。

3. 其他非平衡态理论

非平衡态的涨落准热力学理论是由波兰物理学家斯莫卢霍夫斯基提出，后经爱因斯坦补充完善形成的一种处理近平衡态涨落的方法。1827 年英国植物学家布朗在显微镜下观察到悬浮在液体中花粉在不停地做无规则运动，称为布朗运动。经过 70 余年的努力，形成了朗之万方程和爱因斯坦-斯莫卢霍夫斯基理论等涨落理论，使布朗运动现象得以解释。目前，包括耗散结构理论在内的处理远离平衡态的其他微观理论仍在不断地完善和发展中。

2.2.2 热力学宏观理论与统计物理学微观理论发展历程扩展

热运动规律的探索是从宏观热现象的研究开始。从规律建立的时间角度，所形成的规律包括气体物态方程、热力学第二定律、热力学第一定律、热力学第三定律、热力学第零定律。如何理解这些实验规律的本质？ 19 世纪中叶，科学家们开始研究与热现象有关的微观机制，先后建立了分子动理论、统计物理学及其他非平衡态理论。

一、热力学宏观理论

1. 物态方程

授课录像：
热力学宏观理论——物态方程

热力学系统的温度、内能、熵三个状态量与可测量物理量（温度、压强、体积、热容等）的具体函数关系，是解决实际平衡态系统的全部热力学宏观性质的基础。从宏观角度看，温度与压强和体积的函数关系需要由实验来确定，这个函数关系也称物态方程。从微观角度看，物态方程可以从统计物理学微观理论中导出。针对理想气体组成的热力学系统，物态方程也称为理想气体物态方程。而从实验角度获取理想气体物态方程却经历了一百余年的时间。

配音：
热力学宏观理论——物态方程

理想气体物态方程是关于理想气体的温度、体积、压强三者之间关系的方程。从实验的角度，需要固定温度、体积、压强中的一个物理量而寻找其他两个物理量间的规律。当温度、体积、压强分别固定时，所获得其他两个物理量之间的关系规律分别称为玻意耳-马略特定律、查理定律、盖吕萨克定律。

玻意耳（1627—1691）是英国物理学家和化学家，英国皇家学会的创始人之一。1659 年玻意耳通过 U 形管实验对理想气体进行研究，发现了理想气体的压强与体积成反比的定律，并于 1662 年发表，即玻意耳定律。马略特（1620—1684）是法国物理学家，法国实验物理学的创始人之一。1676 年他在发表的《关于空气性质的实验》的论文中，宣布发现了等温条件下理想气体体积与压强成反比的规律。虽然他比玻意耳提出的晚了 14 年，但他是完全独立地发现的，且明确地指出了“温度不变”的条件，他比玻意耳更深刻地认识到这个定律的重要性，现在人们称这个定律为“玻意耳－马略特定律”。

在玻意耳－马略特定律建立的年代，温标还没有建立，所以也就无法进行温度与体积、温度与压强之间变化规律的实验。1724 年荷兰物理学家华伦海特（1686—1736）创立了华氏温标。1742 年瑞典天文学家摄尔修斯（1701—1744）创立了摄氏温标。有了温度的定量计量，才有了理想气体另外两个实验定律的确立基础。1802 年法国化学家、物理学家盖吕萨克（1778—1850）发表论文《关于气体与蒸气膨胀的研究》，证明了各种不同的气体在等压条件下随温度升高都以相同的数量膨胀，称为盖吕萨克定律。盖吕萨克在该篇文章中提到了法国教学家、物理学家查理（1746—1823）没有发表的实验发现，即等容条件下气体压强与温度成正比的关系规律。人们把这一规律的发现归功于查理，称为查理定律。

将上述三个实验定律综合起来就确立了理想气体物态方程。为了更精确地描述实际气体，人们提出了多种描述实际气体的方程。最典型的方程之一是 1873 年荷兰科学家范德瓦耳斯提出的方程，称为范德瓦耳斯方程，简称范氏方程。

18 世纪初，由于蒸汽机的出现及其在工业上的广泛应用，促使人们对热现象深入研究。在初步建立起来的计温学的基础上，英国化学家、物理学家、教育家布莱克（1728—1799）进行了量热方面的实验。通过实验布莱克推导出每种物质的温度升高 1°F 各自吸收的热量是不同的，这就是现在的热容的概念。他还把热的单位定义为 1 lb（磅）的水温度升高 1°F 时所需要的热量。在这个基础上，后来热学中引进了热量的单位“卡”，即 1 g 的水温度升高 1℃所需要的热量。“卡”这个单位一直沿用到现在。大约在 1760 年，布莱克实验还发现，物质在由固态变为液态或由液态变为气态的过程中，尽管温度保持不变，但都要吸收一定量的热，反之则放出等量的热。因为这些热是躲藏或潜伏在冰所溶成的水里或水所化成的水汽里，所以他把这种热称为相变“潜热”。

授课录像：热力学宏观理论——热力学第二定律

2. 热力学第二定律

（1）蒸汽机的发明与改进

配音：热力学宏观理论——热力学第二定律

热力学第二定律源于蒸汽机的发明与使用。世界上第一个用蒸汽做动力的装置是由古希腊数学家、亚历山大港的希罗（Hero of Alexandria）于 1 世纪发明的“汽转球”（Aeolipile），这个发明更像是一种玩具，在很长一段时间人们并没有想到它的实用功能。到 1688 年法国物理学家丹尼斯·帕潘曾用一个圆筒和活塞制造出第一台简单的蒸汽机。但是帕潘的发明没有实际运用到工业生产上。1698 年苏格兰铁匠纽克曼经过长期研究，综合帕潘和塞维利发明的优点，制造了世界上第一台真正意义上的蒸汽机。当时纽克曼蒸汽机的效率极低，因为它的加温和冷却是在同一汽缸中交替进行的，大量的热量都浪费了。1705 年英国人托易斯·塞维利发明了蒸汽抽水机。

英国发明家瓦特（1736—1819）是第一次工业革命的重要人物，由他发明了新型实用的蒸汽机。瓦特在他的朋友、格拉斯哥大学教授布莱克的潜热理论启发下，经过反复研究和实验，于 1769 年发明了分离式冷凝器，显著地提高了蒸汽机的热效率，并且获得了他的第一项专利。1781 年瓦特发明了带有齿轮和拉杆的机械联动装置，将活塞往返的直线运动转变为齿轮旋转的圆周运动，从而可以把动力传给任何工作装置，用来带动车床、锯、粉碎机、车轮和轮船推进器等，使蒸汽机真正成为通用的原动机。接下来瓦特又分别发明并获得了双作用蒸汽机（1782 年）、调速器（1784 年）以及蒸汽气压表（1790 年）的专利，极大地改进了蒸汽机的性能。为了纪念瓦特的贡献，物理学中功率的国际单位即命名为瓦特。

（2）热力学第二定律

法国青年工程师卡诺（1796—1832）针对蒸汽机效率低下的情况，决心研究蒸汽机，以便改进。他不像其他人着眼于机械细节的改良，而是从理论上对理想热机的工作原理进行研究，这就具有更大的普遍性。卡诺于 1824 年出版了《关于热动力以及热动力机的看法》一书，指出“最好的热机工作物质是在一定的温度变化范围内膨胀程度最大的工质”，即指出气体作为工作物质的优势，预示了今天普遍使用的内燃机发展。书中虽然应用了错误的“热质说”，但他给出的理想热机的循环模式和工作原理是正确的，现在为了纪念他的卓越贡献，分别称为“卡诺循环”和“卡诺定理”。他创造性地提出具有重要理论价值的卡诺循环，指明了提高热机效率的正确途径，揭示了热力学过程的不可逆性，被后人认为是热力学第二定律的先驱。他在 1824 年发表的唯一的出版著作《关于热动力以及热动力机的看法》也成为热力学发展史上一座重要的里程碑。卡诺的工作经克拉珀龙的介绍，以及开尔文、克劳修斯等人的发展，最终促成了热力学第二定律的建立。

法国工程师、物理学家克拉珀龙（1799—1864）致力于热力学的研究，他与卡诺共同奠定了热力学的理论基础，为热力学的发展作出了奠基性的贡献。19 世纪前半叶，法国很多理论科学家和实用工程师致力于研究如何提高蒸汽机的效率。卡诺于 1824 出版了《关于热动力以及热动力机的看法》，系统地探讨了热机工作的本质，但是在当时未能引起重视。克拉珀龙研究了卡诺的著作，认识到卡诺理论的正确性与重要性。1834 年克拉珀龙在巴黎发表了题为《关于热的动力》的论文，把卡诺的理论用数学形式重新提出，并引入了以体积为横坐标、压强为纵坐标的 $p-V$ 图，用图解法表示了卡诺提出的理想热机循环过程，他还指出，$p-V$ 图的曲线所围的面积为一个循环变化所做的功，由热机所做的功和这一循环所吸收的热量之比，即可确定热机的效率。克拉珀龙的这套数学方法很快被广泛采用，至今仍出现在热学教科书中。克拉珀龙还利用卡诺定理研究了气-液二相平衡问题。他通过对一个无穷小可逆卡诺循环的分析，研究得出了两相平衡曲线斜率与相变潜热的关系，即热力学上的克拉珀龙方程。后来他又和克劳修斯分别运用热力学导出了关于饱和蒸气压的克拉珀龙-克劳修斯方程。

德国物理学家克劳修斯（1822—1888）是热力学和分子动理论的创始人之一。1850 年克劳修斯发表著名论文《论热的动力以及由此推出的关于热学本身的诸定律》，提出热力学第二定律的克劳修斯表述，即不可能把热量从低温物体传到高温物体而不产生任何其他影响。在分别发表于 1854 年和 1865 年的两篇论文《力学的热理论的第二定律的另一形式》和《力学的热理论的主要方程之便于应用的形式》中，克劳修斯提出熵的概念，并明确证明：一个孤立系统的熵永不减少，即熵增加原理。在 1865 年的论文中他还建立了热力学第二定律的微分方程。

英国物理学家开尔文勋爵，原名威廉·汤姆孙（1824—1907），开尔文是他获封的勋爵名。1848 年汤姆孙根据卡诺的热循环理论创立了热力学温标的概念。他还同焦耳合作，发现了著名的焦耳-汤姆孙效应，这个效应为近代低温工程提供了基础。1851 年汤姆孙发表论文提出了热力学第二定律的开尔文表述。

授课录像：
热力学宏观理论——热力学第一定律

3. 热力学第一定律

热力学第一定律源于机械能与其他形式能之间的能量转化问题研究。德国物理学家迈耶（1814—1878）首先发现并表述了能量守恒定律。迈耶的父亲是一位药剂师，因此迈耶也接受了医学训练，于 1838 年获得医学博士学位。1840 年到 1841 年迈耶作为外科医生随一艘荷兰商船远航东印度，他发现在热带地区病人静脉中的血液不寻常地呈鲜红色。他通过思考认为食物中的化学能可以转化为热能，进一步想到能量可以在各种形式间互相转化，这促使他由医学转向物理问题的研究。1841 年航行结束后迈耶把自己的研究结果写成论文《论力的量和质的测定》提交给德国权威刊物《物理学和化学年刊》，但是被拒绝了，因为他的论文缺少精确的实验数据，所使用的术语也大多不是当时主流学术界熟知的词汇。迈耶认真修改了论文，再次以《论无机界的力》为题投稿给化学家李比希主办的《化学和药学年刊》。李比希一向主张各种自然力之间是相互联系的，因而很快同意发表迈耶的论文。1842 年 5 月迈耶的论文发表标志着能量守恒定律的首次提出。接下来迈耶又指出确立不同形式能量之间数值上当量关系的必要性。并对热与机械功的当量进行了初步的实验和计

配音：
热力学宏观理论——热力学第一定律

算。迈耶还进一步把能量守恒与转化的思想推广到电能、化学能及有机体的能量等形式中，进行了大量开拓性的工作。他的目标是建立一个普遍的能量守恒理论。然而，由于迈耶不属于任何主流的学术团体，他的工作常常遭受冷遇甚至诋毁。直到1854年，亥姆霍兹才在一次公开演讲中提到迈耶是能量守恒定律的奠基人之一。英国物理学家丁铎尔也热心地强调了迈耶的先驱性工作，使迈耶在晚年得到了英国、德国等学术界的接纳，并获得了许多荣誉。

英国物理学家焦耳（1818—1889）通过精密实验测定了热功当量的数值，为建立热力学第一定律奠定了实验基础。焦耳的父亲是一个富有的啤酒酿酒师。焦耳没有受过正规的学校教育，一直在自家的啤酒厂劳作。他年轻时就从事电磁学的研究，发现电流可以做机械功，也能产生热和磁的效应。焦耳研究了电的、机械的和化学的作用之间的联系，并促成了热功当量的精准测量。焦耳于1843年在英国学术协会上宣读的一篇论文中给出了热功当量值。1847年4月焦耳在一次通俗演讲中首次阐述了能量守恒的观点。1849年焦耳向英国皇家协会提交了《论热的机械当量》论文，报告了他关于热功当量的最新测定成果。焦耳在从1843年至1878年近40年时间里，不断地进行热功当量测量的实验，所得结果相当精确。

德国物理学家、生理学家亥姆霍兹（1821—1894）最早提出了能量守恒定律的严谨数学形式。亥姆霍兹中学毕业后进入柏林的皇家医学院，1842年取得医学博士学位，并被任命为波茨坦驻军军医。在这段时间里，他完成了一系列生理学实验研究以及能量守恒定律的实验与理论研究工作。1847年亥姆霍兹在德国物理学会发表了题为《论力的守恒》的讲演，第一次以数学方式提出能量守恒定律。他总结了当时发现的热电效应、电磁效应以及他本人所做的有关肌肉活动中新陈代谢方面的论文和动物热的研究成果，讨论了已知的力学的、热学的、电学的、化学的各种科学成果，严谨地论证了各种运动中能量守恒定律。亥姆霍兹不仅是一位著名的物理学家，还是一位杰出的、具有高尚人品的教师，他影响和造就了一大批物理学领域的天才，他们当中有电磁波的发现者赫兹、量子论的创立者普朗克、1907年诺贝尔物理学奖得主迈克耳孙、1911年诺贝尔物理学奖得主维恩等。

授课录像：热力学宏观理论——热力学第三、第零定律

4. *热力学第三定律*

能斯特（1864—1941）是德国物理化学家，因在热化学领域的卓越贡献获得了1920年诺贝尔化学奖。能斯特的研究主要在电化学和热力学方面。1889年他提出溶解压假说，从热力学导出了电解电池的电动势与溶液浓度的关系式，这就是电化学中的能斯特方程。同年，他还引入溶度积这个重要概念，用来解释沉淀反应。1897年能斯特发明了能斯特灯，这是一种使用白炽陶瓷棒的电灯，是碳丝灯的替代品和白炽灯的前身。

能斯特用量子理论的观点研究低温现象，得出了光化学的“原子链式反应”理论。1906 年根据对低温现象的研究，能斯特提出了热力学第三定律，也称“能斯特热定理”，即系统的熵随热力学温度趋于零而趋于零。由能斯特定理可以推知，不可能通过有限的步骤使一个物体冷却至热力学温度的零度，简称绝对零度不能达到原理。这里所说的绝对零度不能达到是指“通过有限步骤”，并不否认可以无限趋近于绝对零度。

配音：热力学宏观理论——热力学第三、第零定律

5. 热力学第零定律

虽然现在大部分教材开始即是关于温度及温标的介绍，但存在温度假设的理论依据却是热力学宏观规律中最后建立的。由于这个定律比前三个定律更为基本，因此，从知识体系的逻辑角度将其命名为热力学第零定律，这个定律是福勒于 1939 年正式提出的。

福勒（1889—1944）是英国物理学家，狄拉克的老师。福勒的物理学研究主要在热力学和统计力学领域。1922 年福勒与 C.G. 达尔文一起合作完成了一篇关于能量分配的文章，提出了计算统计积分的方法，即达尔文-福勒（Darwin-Fowler）法，又称为最速下降法，这个方法不仅在热力学和统计力学中有重要价值，还被应用到物理学的其他领域中。同一年福勒还与米尔恩开始合作研究恒星光谱、温度和压力等问题。他们在 20 世纪 20 年代发表了一系列这方面的文章，这使福勒获得了 1923—1924 年度剑桥大学的亚当斯奖（Adams Price）。

1929 年福勒整理了先前的研究成果，出版了专著《统计力学》。这本书在 1936 年再版。1939 年他又与古根海姆合著并出版了《统计热力学》。在这本书中福勒正式提出了热力学第零定律，他写道：“作为对实验事实的概括，我们引入一个假设：如果两个系统各自同第三个系统处于热平衡，则这两个系统也彼此处于热平衡。根据这个假设，我们可以证明几个系统之间的热平衡条件是这些系统的热力学状态的一个单值函数相等，把这个单值函数称为温度。我们把温度存在的假设称为热力学第零定律。”

福勒的研究兴趣十分广泛，尤其是对当时新兴的量子力学的发展十分关注，是把这一新理论引入剑桥大学的重要科学家。正是他向当时是自己研究生的狄拉克介绍了海森伯等人的著作，才促使狄拉克转向量子力学的研究，最终创立了相对论量子力学方程。福勒的学生中有狄拉克、莫特、钱德拉塞卡 3 人获得了诺贝尔物理学奖。我国物理学家王竹溪和张宗燧在 1935 年和 1936 年曾相继跟随福勒学习。

在如上热力学宏观规律建立的基础上，科学家们不断总结和升华，逐步建立了利用热学函数解决实际热力学问题的热力学宏观理论。

二、统计物理学微观理论

如何理解上述以热现象实验规律为基础的热力学宏观理论的微观机制？19 世纪中叶，科学家们开始研究与热现象有关的微观机制。先后建立了分子动理论、统计物理学及其他非平衡态理论。

1. 分子动理论

（1）气体分子特性

授课录像：统计物理学微观理论——分子动理论

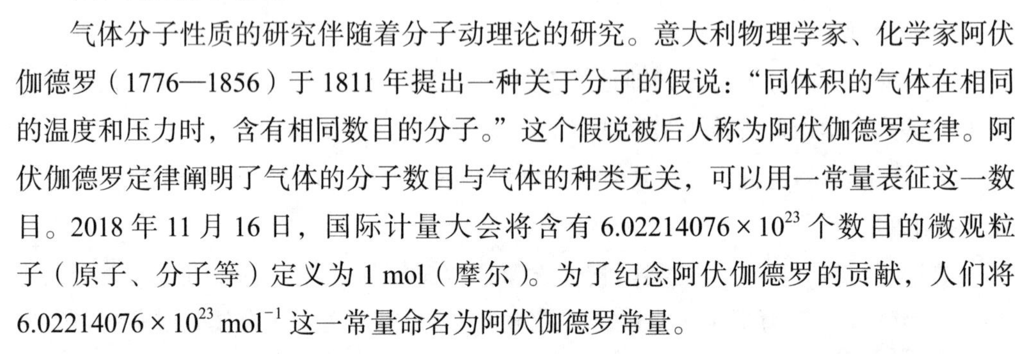

气体分子性质的研究伴随着分子动理论的研究。意大利物理学家、化学家阿伏伽德罗（1776—1856）于 1811 年提出一种关于分子的假说：“同体积的气体在相同的温度和压力时，含有相同数目的分子。”这个假说被后人称为阿伏伽德罗定律。阿伏伽德罗定律阐明了气体的分子数目与气体的种类无关，可以用一常量表征这一数目。2018 年 11 月 16 日，国际计量大会将含有 6.02214076×10^{23} 个数目的微观粒子（原子、分子等）定义为 1 mol（摩尔）。为了纪念阿伏伽德罗的贡献，人们将 $6.02214076\times10^{23}\ \mathrm{mol^{-1}}$ 这一常量命名为阿伏伽德罗常量。

配音：统计物理学微观理论——分子动理论

奥地利物理学家、化学家洛施密特（1821—1895）于 1865 年在维也纳科学院公布其研究论文《空气分子的大小》，论文中第一次给出了分子大小的确切数据，并由此计算出标准状态下 1 $\mathrm{m^3}$ 理想气体所含的粒子数，现称“洛施密特数”。

（2）克劳修斯与麦克斯韦分子动理论

德国物理学家克劳修斯（1822—1888）除了对热力学第二定律的贡献外，也是分子动理论的创始人之一。1857 年克劳修斯发表了《论我们称之为热的那种运动》一文，首先阐明了分子动理论的基本思想和方法，然后推导了理想气体压强公式，证明了玻意耳定律和盖吕萨克定律，讨论了气体热容遵从的规律，计算了气体分子的方均根速率，另外还涉及液态和固态，分析液体蒸发和沸腾的过程。这篇内容丰富的论文为分子动理论奠定了理论基础，为阿伏伽德罗定律提供了第一个物理论据，也直接影响了麦克斯韦在分子动理论方面的工作。

英国物理学家麦克斯韦（1831—1879）除了是电磁学的统一理论奠基人外，他在颜色的生理学说、热力学、统计物理学以及筹建卡文迪什实验室等方面都作出了重大贡献。麦克斯韦是牛顿之后世界上最伟大的物理学家之一。在 19 世纪，物理学家们大多倾向于把经典力学用于气体分子的运动，试图对系统中所有分子的位置、速度等状态作出完备的描述。麦克斯韦通过考查指出，只有用统计的方法才能正确描述大量分子的行为，气体中大量分子的碰撞不是导致分子速率平均，而是呈现一种速率的统计分布，所有速率都会以一定的概率出现。1857 年克劳修斯首先引入概率理论，推导出理想气体压强公式，并由此提出了理想气体分子运动模型。麦克斯韦读到克劳修斯的论文后，受到极大鼓舞，于 1859 年发表了《气体动力理论的说明》一文，用概率的方法推导出了气体分子速率分布律。利用这一分布律，麦克斯韦计算了分子的平均碰撞频率，所得结果比克劳修斯的更准确。1860 年麦克斯韦用分子速率分布律和平均自由程的理论推算气体的输运过程中扩散系数、传热系数和黏度等参量，并亲自做了实验，表明理论和结果惊人地一致。这个结论为分子动理论提供了重要的证据。

（3）玻耳兹曼的近平衡态统计理论

奥地利物理学家玻耳兹曼（1844—1906）是分子动理论与统计物理学的奠基者之一。1868 年玻耳兹曼发表了题为《关于运动质点间动能平衡的研究》的论文，将麦克斯韦提出的分子速率分布律推广到系统受保守力场作用的情形，导出了气体分子在外力作用下达到动态平衡时的速率分布函数，称为麦克斯韦－玻耳兹曼分布。当考虑外力仅有地球引力时，即可得到重力场中大气分子随高度的分布，利用麦克斯韦－玻耳兹曼分布能很好地说明大气密度和压强随高度的变化。在这篇文章中，玻耳兹曼还证明了分子能量中每一个平方项的平均值都大致相等，这就是能量均分定理，它揭示了温度概念的微观本质。

玻耳兹曼进一步考虑非平衡态向平衡态演化问题。在 1872 年发表的题为《气体分子热平衡问题的进一步研究》的论文中，导出了分子分布函数随时间演化所遵循的方程，即著名的玻耳兹曼积分微分方程。利用这个方程，只要令分子随时间变化的分布函数的一阶导数等于零，就可得到麦克斯韦分布律。也就是说，平衡态分布函数是玻耳兹曼积分微分方程的一个稳定的解。在这篇论文中玻耳兹曼还引进了由分子分布函数定义的一个函数 H，进一步证明得出分子相互碰撞下 H 随时间单调地减小，在平衡态取得最小值，这就是著名的 H 定理。H 定理与克劳修斯提出的熵增加原理相当，都表明了热力学过程由非平衡态向平衡态转化的不可逆性。

玻耳兹曼的 H 定理所提出的自然过程的不可逆性很难被当时科学家们所接受。1876 年洛施密特指出，一个孤立系统从任意初始状态出发，即使达到了平衡态，也无法长时间保持在这样的状态，因为如果使所有的分子速度变为原来速度的负值，则整个过程就将反向进行，平衡被破坏，结果又回到初始状态。洛施密特提出的问题的实质在于，认为每个分子的运动都应该服从牛顿运动定律，而牛顿运动定律是时间反演对称的，每个分子的运动以及分子间的碰撞是完全可逆的，这显示出微观运动的可逆性与宏观热力学过程的不可逆性是矛盾的，因为按照玻耳兹曼的工作，宏观热力学规律是从每个分子的牛顿运动定律出发得到的，这就是所谓“可逆性佯谬”。

1877 年玻耳兹曼发表论文《一般力学理论和第二定律的关系》，对可逆性佯谬作出了回答。他认为，在真实世界中宏观过程的不可逆性并非起因于运动方程和分子间相互作用力所遵循的定律的形式，而是在于初始条件。对于某些具有特殊初始条件的过程，可能会出现 H 增大、熵减小的情形，但是使 H 减小、熵增大的初始条件却多得无可比拟。虽然不可能证明无论在什么样的初始条件下，系统都会从非均匀分布达到均匀分布，但是在大量初始条件下，系统经过长时间后总会趋于均匀分布。由于均匀分布相应的分子微观状态数远比非均匀分布多，所以导致均匀分布的初始条件的数目也多得多。

授课录像：
统计物理学微观理论——玻耳兹曼统计方法

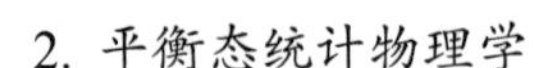

（1）玻耳兹曼统计方法

玻耳兹曼在 1877 年发表的《一般力学理论和第二定律的关系》论文中，除了对可逆性佯谬作出了回答之外，还提出了统计物理中的基本假设：每一种分子微观状态，不管相应于均匀的还是非均匀的宏观分布，都具有相同的概率。他指出系统的熵与微观状态数目具有一定的函数关系，揭示了宏观态与微观状态之间的联系，指出了热力学第二定律的统计本质。1900 年普朗克引进称为玻耳兹曼常量的比例系数，给出了玻耳兹曼–普朗克公式。

配音：
统计物理学微观理论——玻耳兹曼统计方法

玻耳兹曼还把热力学理论和麦克斯韦电磁场理论相结合，对当时物理学界著名的黑体辐射问题进行了研究。1870 年玻耳兹曼的老师斯特藩在研究黑体辐射实验时提出，一定温度下，黑体表面单位时间、单位面积辐射出的总能量与黑体热力学温度 T 的 4 次方成正比。1884 年玻耳兹曼从理论上严格证明了这个关系，称为斯特藩–玻耳兹曼定律。这个定律对后来普朗克的黑体辐射理论有很大的启示。

授课录像：
统计物理学微观理论——吉布斯系综统计方法

玻耳兹曼的工作使气体动理论趋向成熟和完善，同时也为统计力学的建立奠定了坚实的基础，从而导致了热现象理论的长足进展。美国著名理论物理学家吉布斯正是在玻耳兹曼和麦克斯韦工作的基础上建立起统计力学大厦。玻耳兹曼开创了非平衡态统计理论的研究，玻耳兹曼积分微分方程对非平衡态统计物理起着奠基性的作用，无论从基础理论或实际应用上，都显示出相当重要的作用。

玻耳兹曼是原子论的坚决支持者，他的研究结果受到当时在学术界享有威望的马赫、奥斯特瓦尔德等为代表的持唯能论观点学者的长期批评。由于长期缺少理解和支持，玻耳兹曼晚年精神状况欠佳。1906 年 9 月 5 日，正在度假的玻耳兹曼去世，被葬于维也纳中央墓地。后人在他的墓碑上镌刻熵与微观状态数的关系式，以纪念玻耳兹曼对建立统计物理学所作出的杰出贡献。

配音：
统计物理学微观理论——吉布斯系综统计方法

（2）吉布斯系综统计方法

美国著名理论物理学家、物理化学家吉布斯（1839—1903）在科学史上被称为“物理化学之父”，出版了《统计力学的基本原理》，建立了统计物理学的普遍统计方法。

吉布斯在数学和物理学方面均有广泛的研究。1873 年至 1878 年，他发表了被称为是“吉布斯热力学三部曲”的三篇论文，即《流体热力学的图示法》《借助曲面描述热力学性质的几何方法》《非均匀物质的平衡》，提出了吉布斯自由能、化学势概念，推导出吉布斯相律。1902 年吉布斯发表巨著《统计力学的基本原理》，在麦克斯韦和玻耳兹曼的理论基础上，基于等概率原理的基本假设，创立了系综统计的方法，完成了统计力学方法的建立。此外，吉布斯在数学、光学、电磁学理论的研究上也有建树，完善了矢量分析的方法，他还研究过四元数。

吉布斯自 30 岁起在耶鲁大学任教授，授课长达 34 年，为美国物理学界培养了许多杰出的人才。他学识渊博，谦逊和蔼，深受学生的爱戴和尊敬。吉布斯曾说“大学存在的目的，是让学生学习敲理想的门。”

（3）量子体系的玻色、费米统计分布

授课录像：统计物理学微观理论——量子体系的玻色、费米统计分布

印度物理学家玻色（1894—1974）首先提出玻色光子的统计方法。玻色针对黑体辐射问题，借助玻耳兹曼统计方法，给出光子的统计分布方法。这种新的统计理论与当时已知的传统理论仅在一条基本假定上不同。传统统计理论假定一个系统中所有粒子是可区分的，基于这一假定的经典统计理论能够解释理想气体定律，可以说是相当成功的。然而玻色认为，实际上并没有任何方法能够区分两个光子有何不同。他采用与传统统计相似的方法得到了一套新的统计理论。玻色的理论无须更多的经典物理假设就可以正确描述光子的行为，开创了一类新的统计方法。但是哲学杂志的审稿人并没有看出这篇论文的意义，因此，玻色的论文很快被退稿了。1924 年玻色将论文原稿又寄给了爱因斯坦。爱因斯坦读到玻色的论文后，立刻意识到这篇论文的重要性，他亲自把该论文译成德文，并通过自己的影响力将它发表在德国的学术刊物上。在玻色工作的基础上，爱因斯坦于 1924 年 9 月和 1925 年 2 月紧接着发表了《单原子理想气体的量子理论Ⅰ》和《单原子理想气体的量子理论Ⅱ》两篇论文，系统创立了玻色-爱因斯坦统计理论。爱因斯坦还提出，无相互作用的玻色子在足够低的温度下将发生相变，即全部玻色子会分布在相同的最低能级上，这就是著名的“玻色-爱因斯坦凝聚”。1995 年 6 月 5 日，美国的两名物理学家康奈尔和维曼铷原子的将温度降到 1.7×10^{-7} K，刷新了当时全球的最低冷却温度的记录，原子数密度为 2.5×10^{12} cm^{-3}，出现明显的“玻色-爱因斯坦凝聚”现象。这种凝聚发生在宏观尺度，开辟了宏观量子现象的新天地。

配音：统计物理学微观理论——量子体系的玻色、费米统计分布

美籍意大利物理学家费米（1901—1954）首先提出费米统计方法，他因证明了可由中子辐照而产生新的放射性元素以及有关慢中子引发的核反应的发现荣获 1938 年诺贝尔物理学奖。费米是 20 世纪少有的同时在理论物理和实验物理两方面都作出卓越贡献的物理学家。他的研究领域涉及原子物理、核物理、统计物理学、宇宙线

物理、高能物理等，取得了相当多的开创性成就。费米受到泡利于1925年提出的泡利不相容原理的启发，将其用于原子气体问题，认为两个气体原子也不能具有相同的状态，或者说，在理想的单原子气体分子所可能存在的任何一种量子状态中都仅仅能够有一个原子。由这一思想出发，费米借助玻耳兹曼统计方法得出了关于气体运动行为的一整套计算方法，即“费米统计”方法，于1926年3月发表了著名论文《论理想单原子气体的量子化》。论文发表后很快获得了泡利和索末菲等知名物理学家的认同和推广，使费米统计方法在原子物理和核物理领域获得了更普遍的应用。在费米论文发表后不久，英国物理学家狄拉克也独立地提出了这种类型的统计法，因此现在这种方法命名为“费米-狄拉克统计”。费米-狄拉克统计法使解释电子在金属中的性质成为可能，并在粒子物理中得到了广泛的应用。

3. 其他非平衡态理论

授课录像：
统计物理学微观理论——其他非平衡态理论

英国植物学家布朗（1773—1858）在实验上首次发现了粒子的无规则运动，这称为布朗运动。1827年布朗在用显微镜研究植物的授粉过程中发现了一种奇特的现象：许多微粒存在非常明显的运动。这种运动不仅包含位置的变动，也经常有微粒自身的转动和变形。经过反复观察，布朗认为运动既不是生命体的运动，也不是由于液体的流动或蒸发产生的，而是属于微粒本身的。布朗的论文发表在1828年的《爱丁堡科学杂志》上，先引起了一阵轰动，但很快沉寂下去了，因为当时没有人能对这种现象提出令人信服的解释。

配音：
统计物理学微观理论——其他非平衡态理论

直到1905年，爱因斯坦才根据分子热运动学说建立了布朗运动理论，对这一现象给出了明确的解释。爱因斯坦还在论文中指出了一种应用布朗运动数据推算阿伏伽德罗常量的方法。1906年波兰物理学家斯莫卢霍夫斯基提出一个硬球碰撞的微观动力学模型，研究了布朗运动，得出与爱因斯坦一致的结果。1908年法国物理学家朗之万写出描述单个布朗粒子运动的方程，其中包含随机项，是一个随机微分方程。从朗之万方程出发对粒子运动轨迹的平均得到的结果与爱因斯坦的结果吻合。

法国物理学家佩兰通过朗之万了解到了爱因斯坦的工作，于1908年开始着手实验验证该理论。他采用了多种实验方法，在不同实验条件下，测量得到了阿伏伽德罗常量的数值，得出了与爱因斯坦理论相一致的结果。实验结果同时证明了将理想气体定律推广至平衡乳浊液的可行性，即沉降平衡定律。1913年佩兰总结自己及其他科学工作者研究原子和分子性质的成果，写成了颇具影响力的《原子》著作。佩兰因为揭示物质的不连续结构，特别是发现沉降平衡定律获得了1926年诺贝尔物理学奖。

布朗运动是分子物理学中的一个著名现象，它是分子无规则乱运动的最明确、最有力的一个证据。布朗运动的发现与理论研究对确立原子、分子的学说起到了决定性的作用，它还对扩散问题的研究以及涨落理论的研究有重要意义。经过70余年的努力，朗之万方程和爱因斯坦-斯莫卢霍夫斯基理论等涨落理论逐渐建立，使布朗运动现象得以解释。目前，包括耗散结构理论在内的处理远离平衡的其他微观理论仍在不断地完善和发展中。

§2.3 热学相关基本规律及应用案例

本节以表2.2所示的逻辑主线与演示资源，介绍相关热学基本规律及其典型的应用性案例。

表2.2 热运动相关基本规律及其应用案例

<table>
<tr><th colspan="2">规律分类</th><th>演示资源</th><th>应用案例</th></tr>
<tr><td rowspan="5">2.3.1 宏观规律</td><td>一、气体物态方程</td><td>打气筒（AR）
瓶子吞鸡蛋（实物）
吸水的杯子（实物）</td><td>气体物态方程应用案例——打气筒、瓶子吞鸡蛋、吸水的杯子</td></tr>
<tr><td>二、热力学第零定律</td><td>系统的热平衡性质（AR）
红外测温（AR）</td><td>系统热平衡性质应用案例——温度计</td></tr>
<tr><td>三、热力学第三定律</td><td>地球表面的温度（AR）</td><td>自然界温度的量级</td></tr>
<tr><td>四、热力学第一定律</td><td>烧不破的气球（实物）
烧不着的纸（实物）
手指出烟（实物）</td><td>热传导应用案例——烧不破的气球</td></tr>
<tr><td>五、热力学第二定律</td><td>热机工作原理（AR）
蒸汽机（实物）
可视化斯特林热机（实物）
热磁轮（实物）
叶片热机（实物）
半导体堆热机（实物）
永动鸟（实物）
制冷机工作原理（AR）</td><td>1. 热能转化为机械能应用案例——热机
2. 机械能转化为内能应用案例——制冷机</td></tr>
<tr><td>2.3.2 微观理论</td><td>一、平衡态气体分子动理论</td><td>空间概率分布（实物）
速率分布（实物）
热缩冷胀（AR）</td><td>1. 玻耳兹曼统计应用案例——大气层高度
2. 分子扩散与相互作用应用案例——热胀冷缩与热缩冷胀现象</td></tr>
</table>

续表

规律分类		演示资源	应用案例
2.3.2 微观理论	二、输运过程气体分子动理论	溶液中的扩散（实物） 幽灵纸（实物） 空气黏性（实物）	1. 分子扩散应用案例——气味产生 2. 系统与外界能量交换应用案例——云阶与松花蛋花纹的形成、温室气体效应
2.3.3 典型热力学问题	一、物态	表面张力（实物） 毛笔吸墨（实物） 绽开的纸花（实物） 木块漂浮位置（实物） 散开的胡椒粉（实物） 水中捞沙（实物） 毛细饮水鸟（实物）	表面张力应用案例——植物吸收水分与土壤保墒、毛笔吸墨、绽开的纸花
	二、相变	临界点状态投影演示（实物） 过冷水（实物） 沸腾的针筒（实物） 超声雾化（实物）	1. 凝结过程快于汽化过程的案例——过冷水 2. 汽化过程快于凝结过程的案例——沸腾现象

2.3.1 宏观规律

一、气体物态方程

1. 规律描述

授课录像：
气体物态方程

为了描述一个系统在平衡态或者在变化过程中的热力学性质，需要引入各种宏观的物理量。宏观规律导致这些物理量不可能是全部独立的，而是存在一定的函数关系，这些函数被称为热力学函数。一个平衡系统的压强、温度、体积等之间所满足的热力学函数方程称为物态方程，将其应用到气体系统，称为气体物态方程。

2. 应用案例——打气筒、瓶子吞鸡蛋、吸水的杯子

配音：
气体物态方程

打气筒的上方和下方分别装有单向活塞。打气筒在上提的过程中，气室体积增大。在温度不变的条件下，根据气体物态方程，气室的压强变小。当压强小于大气压时，打气筒上方的单向活塞由于压强差被推开，气体从上方进入气室。同理，打气筒下压过程中，气室内气体体积减小，压强增大。当压强大于大气压强时，上方活塞关闭。继续下压打气筒，气室内压强继续增大。当压强大于充气物体压强时，打气筒下方单向活塞打开，气体由气室进入充气物体，完成充气过程，参见“AR 演示：打气筒”。

如何拔火罐？装热水的瓶子的瓶盖有时为何难拧开？瓶子吞鸡蛋是魔术吗（见“实物演示：瓶子吞鸡蛋”）？杯子可以自动吸水吗（见“实物演示：吸水的杯子”）？这些问题均与气体物态方程有关，具体解释参见《物理与人类生活》（张汉壮、王磊、倪牟翠主编，高等教育出版社出版）。

AR 演示：
打气筒

实物演示：
瓶子吞鸡蛋

实物演示：
吸水的杯子

二、热力学第零定律

1. 规律描述

温度是表示物体冷热程度的物理量。热力学第零定律是指，若两个热力学系统分别与第三个系统处于热平衡，则这两个系统必然也处于热平衡，用温度来描述这三个系统的共同状态。所以，两个物体之间的热力学基本特征是要么温度相等，要么不等。从微观角度理解，两个接触的物体最终趋于平衡状态是由微观概率原理所决定的，参见“AR 演示：系统的热平衡性质”。

授课录像：
热力学第零定律

AR 演示：
系统的热平衡性质

AR 演示：
红外测温

配音：
热力学第零定律

2. 应用案例——温度计

最早人们靠触摸来感受物体的冷热程度，这种办法是不可靠的。英国哲学家洛克曾在 1690 年设计了如下的实验：用三个容器分别盛装热水、温水和冷水，实验者先把两只手分别放入热水和冷水中，一段时间后再将两只手同时放入温水中，这时候两只手会得到矛盾的两种感觉，一只手觉得水是热的，另一只手觉得水是冷的。但是实际上，两只手均处于同一温度的水中。因此，温度的测量不能通过触摸等感觉来说明，而需要更加客观、科学的手段。热力学第零定律为温度的科学定义提供了实验基础，同时也为温度的测量提供了理论依据。但是热力学第零定律只能说明物体的温度是否相同，而不能比较两个物体之间温度的高低。要想对温度进行定量的测量，需要给出温度的数值表示方法，即温标。温标可以分为经验温标、理想温标和国际温标。

经验温标是人们根据物质的某种属性与温度之间存在一定的关系而建立的，有多种形式。比如，1714 年德国物理学家华伦海特根据水银的体积随温度变化这一规律，经过各种尝试，最终把冰水混合物的温度规定为 32 ºF，大气压下沸水的温度规定为 212 ºF，并把水银膨胀的体积进行 180 等分，建立了华氏温标；1742 年瑞典科学家摄尔修斯规定了百分刻度，把一个大气压下的冰水混合物的温度定为 0℃，沸水温度定为 100℃，并进行 100 等分，建立了我们常用的摄氏温标；类似的经验温标还有兰氏温标等。我们日常生活中常用的温度计基本是依据经验温标而制作的。根据不同的测量要求，常用的有气体温度计、水银温度计、电阻温度计、蒸气压温度计、电容温度计、热电偶温度计、光学高温计，见“AR 演示：红外测温”。

不同的经验温标在测量同一温度的时候存在差异，即便是同一种经验温标，选择不同的测温物质或属性测温时也存在一定的差异。为了解决这一问题，人们开始寻找不依赖测温物质的温标，即理想温标。实验表明，使用不同气体作为测温物质的时候，当气体压强极低（理想气体）的时候，所有气体都遵循相同的规律，与具体哪种气体、哪种属性无关，据此建立的温标称为理想气体温标，理想气体温标同样把冰水混合物的温度定为 0℃。1848 年开尔文以卡诺定理为基础，建立了一个完全不依赖于物质属性的理想化的温标，称为热力学温标，也称绝对温标，或开尔文温标，单位用 K 来表示。1954 年国际计量大会规定水的三相点的热力学温度为 273.16 K（对应 0.01℃），0 K 对应温度的极限值（−273.15℃）。热力学温标只是一种理论温标，是无法通过实验实现的。可以证明，热力学温标和理想气体温标是等价的，因此可以使用理想气体温标来代替热力学温标。

1927 年为了统一各个国家的温度计量标准，国际上制定了国际实用温标，并经过了数次修改，目前国际上采用的是 1990 年制定的国际温标（ITS−90）。ITS−90 以热力学温标为基础，通过规定若干个可以复现的平衡点温度以及基本测温仪器保证了国际上的温度标准的一致性和准确性。

授课录像：
热力学第
三定律

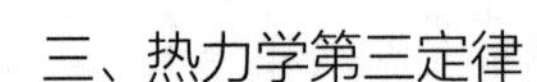

三、热力学第三定律

1. 规律描述

不能通过有限的步骤使物体降温至绝对零度，亦即绝对零度不能达到原理。从微观的角度看，绝对零度是组成物质的微观粒子完全处于静止不动的状态。

配音：
热力学第
三定律

2. 自然界温度的量级

自然界的最低温度是 1K（−272.15℃），一般是在星际空间的深处。实验室目前可达到的最低温度是 pK 量级，主要是通过磁光俘获加蒸发冷却的方式实现。自然界最高的温度是宇宙大爆炸时的温度，一般认为可达 10^{32}℃。氢弹爆炸时的温度约 3.5×10^{8}℃，原子弹爆炸时的温度约 10^{7}℃，太阳表面温度约 5500℃，白炽灯正常工作时温度约 2200℃，汽车发动机工作时内部最高温度约为 1700℃，人的正常体温在 36℃到 37.2℃之间。

地球表面各处的温度主要取决于太阳光辐射能量的多少，但具体的温度还会受到当地的降雨量、空气流动、海拔等多种因素的影响，而这些因素与地球表面的海洋与陆地的分布以及陆地的结构等因素有关。地球表面海水面积占地球总表面积的 71%，其中北半球海水面积是陆地面积的约 1.5 倍，而南半球海水面积是陆地面积的约 9.6 倍。综合上述，地球北极区域的最低温度记录约为−70℃，而南极洲高原区域的气温接近−100℃。这是因为南极洲高原区域的海拔较高，空气稀薄，地面吸收的热量更易散失。除了火山喷发等特殊情况之外，地球表面的最高温度发生在北回归线附近的区域，有的地区的最高温度可达近百摄氏度。这是因为和其他地区相比，这一区域的陆地面积较大，年平均降雨量较少，地面对太阳光辐射能量的吸收能力较强，空气流动相对缓慢等，导致热量散失得较少，参见“AR 演示：地球表面的温度”。

AR 演示：
地球表面的温度

四、热力学第一定律

1. 规律描述

授课录像：
热力学第一定律

配音：
热力学第一定律

能量是物质所具有的基本属性之一，以多种不同的形式存在。按照物质的不同运动形式分类，可以分为机械能、内能、电能、辐射能、核能、化学能等。这些不同形式的能量之间可以通过物理或化学过程相互转化，但是总能量不会增加或减少，这就是能量守恒与转化定律，它是自然界的一种普遍规律，将其应用到热学领域就是热力学第一定律。对于理想气体，内能是系统温度的体现。温度高，意味着系统内能大，温度低，意味着系统内能小。热力学第一定律意味着，可以通过传热或做功两种方式来改变系统的内能。在通过传热改变系统的内能过程中，有些物质通过吸（放）热可以很快地升（降）温，而有些物质却很慢，例如，水沸腾起来很慢，而一根金属棒却很容易被烧红，这和这些物质的热容有关。热容是指物质每升高或降低单位温度从外界吸收或放出的热量。

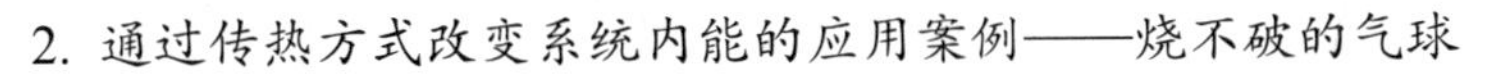

2. 通过传热方式改变系统内能的应用案例——烧不破的气球

气球一般由橡胶制作，表面非常薄，碰到火后立刻达到橡胶的燃点而爆破。如果将水装入气球，再用火焰炙烤时，会发现气球基本就不会破了。这是因为薄的橡胶气球表面可以把热量立刻传给水，而水通过对流作用将热量传走。水的温度不会超过 100℃，因而不会达到橡胶的燃点（350℃），所以气球就不会被火焰烧破了，参见“实物演示：烧不破的气球”。

保温瓶为何可以保温？冬天刮风为何让人感觉格外寒冷？车胎为何在夏季容易爆胎？高温桑拿蒸汽会伤人吗？如何逃离火场？钻木为何可以取火？流星为何会发

光？这些问题均与传热方式改变系统内能有关，具体解释参见《物理与人类生活》（张汉壮、王磊、倪牟翠主编，高等教育出版社出版）。其他与热力学第一定律有关的案例参见“实物演示：烧不着的纸”“实物演示：手指出烟”。

实物演示：
烧不破的气球

实物演示：
烧不着的纸

实物演示：
手指出烟

五、热力学第二定律

1. 规律描述

授课录像：
热力学第二定律

配音：
热力学第二定律

热力学第一定律是关于机械能和热能之间的守恒与转化的规律，可以通过传热或做功两种方式来改变系统的内能。将系统释放的内能全部转化为以功为表现形式的机械能是不违反热力学第一定律的，但违反热力学第二定律，实际上是不能实现的。热力学第二定律有两种等价的表述：一种是开尔文表述，即不可能从单一热源吸取热量，使其完全变成有用的功，而不产生其他影响。另一种是克劳修斯表述，即不可能把热量自动从低温物体传到高温物体，而不产生其他影响。热力学第二定律的实质是，一切与热现象有关的实际宏观过程，都是不可逆的。

热力学第二定律的数学描述需要引入新的系统状态参量“熵”，它是描述系统的无序程度的物理量。由热力学第二定律的数学描述可知，对于可逆绝热过程系统的熵是不变的，不可逆过程系统的熵是增加的。所以对于一个孤立系统（与外界没有能量和物质交换的系统），熵永不减少，这称为熵的增加原理。克劳修斯等人将这一原理应用到整个宇宙，认为宇宙的熵永不减少，未来总有一天宇宙的熵会达到极大值，于是整个宇宙就达到热平衡状态，称为热寂状态（宇宙中每个地方温度都相同）。热寂说提出后就受到许多人的反对和批判，例如，引力系统具有负热容，导致熵的上限是在增大的；整个宇宙不会出现平衡态，所以熵是没有极大值的等观点。热寂说也与现代主流的宇宙大爆炸理论相违背。总之，热寂说尚需科学家们进行进一步的研究和论证。

2. 应用案例

（1）热能转化为机械能的应用案例——热机

实现由内能转化为机械能的装置称为热机。循环介质从高温热源吸热并将其全部转化成机械功是符合热力学第一定律的，但不符合热力学第二定律。开尔文表述的热力学第二定律指出，不可能从单一热源吸收热量使之完全转化为有用功，一定有向低温热源放热等其他伴随过程。因此，高温热源、低温热源、循环介质的存在是实现热机的条件。研究表明，卡诺循环是实现最高转化效率的理想热机。汽车发动机是热机的一种，它的高温热源来自汽油等燃料的燃烧过程中所产生的热量，低温热源是汽车周围的自然环境，循环介质为燃料和空气等组成的混合气体，其循环过程可以近似视为由两个交替的等容过程和绝热过程组成。汽车点火后，起动机将蓄电池的电能转化为机械能，驱动发动机飞轮旋转，实现发动机的启动。在飞轮的惯性下，到达汽缸顶部的活塞向下运动，同时汽缸从进气阀吸入燃料气体（空气和汽油蒸气的混合气）；到达汽缸底部的活塞在惯性下向上运动，绝热压缩燃料气体，使气体温度压强同时升高，直至活塞即将运动到顶部时，气体温度上升到可燃点。火花塞放出电火花点燃气体，等效为循环介质从高温热源吸收热量，气体温度压强同时增加，等效为等容过程。之后进入绝热过程，高温高压气体推动活塞向下运动，进入绝热膨胀过程，对外做功，温度压强同时降低，直到活塞运动到底部。之后排气阀打开，气体压强降低，同时向汽车周围环境的低温热源放出热量，等效为等容过程。由于飞轮惯性，活塞向上运动，将残余气体排出，完成了一个循环。重复整个过程，发动机就源源不断地将热转化为功了，参见“AR 演示：热机工作原理”“实物演示：蒸汽机”“实物演示：可视化斯特林热机”“实物演示：热磁轮”“实物演示：叶片热机”“实物演示：半导体堆热机”。

“永动鸟”为何可以永动（参见“实物演示：永动鸟”）？这也是热能转化为机械能的应用案例，具体解释参见《物理与人类生活》（张汉壮、王磊、倪牟翠主编，高等教育出版社出版）。

AR 演示：
热机工作原理

实物演示：
蒸汽机

实物演示：
可视化斯特林热机

实物演示：
热磁轮

实物演示：
叶片热机

实物演示：
半导体堆热机

实物演示：
永动鸟

（2）机械能改变内能的应用案例——制冷机

实现从低温热源吸热，向高温热源放热的装置称为制冷机。从低温热源吸热，并将其全部向高温热源释放是不违反热力学第一定律的，但不符合热力学第二定律。克劳修斯表述的热力学第二定律指出，不可能把热量自动从低温物体传到高温物体，而不产生其他影响。因此，为了实现制冷的目的，就需要设计一种循环过程，通过外界对系统做功，利用循环介质在循环过程中某个阶段从周围环境的吸热过程，造成一个更低的温度环境，达到制冷的目的，参见“AR 演示：制冷机工作原理”。

AR 演示：
制冷机工作原理

冰箱、空调是如何制冷的？喷壶为何可以降温？这些问题也是热力学第二定律的应用案例，具体解释参见《物理与人类生活》（张汉壮、王磊、倪牟翠主编，高等教育出版社出版）。

2.3.2 微观理论

一、平衡态气体分子动理论

1. 规律描述

授课录像：
平衡态气体分子动理论

配音：
平衡态气体分子动理论

组成物质的原子或分子等粒子的热运动以及粒子之间的相互作用力决定了物质的宏观形状。当粒子之间距离小且有较大相互作用时就组成了固体，粒子之间距离较大且相互作用较小就组成了液体，粒子之间距离更大且相互作用可以忽略就组成了气体。粒子的无规则运动以及之间的相互作用力属性是经过理论证明与实验检验的。

1827 年英国植物学家布朗在花粉颗粒的水溶液中观察到花粉不停顿地做无规则运动。进一步实验证实，不仅花粉颗粒，其他悬浮在流体中的微粒也表现出这种无规则运动，如悬浮在空气中的尘埃，后人将其称为布朗运动。布朗颗粒是一种非常小的宏观颗粒，其尺寸一般为 10^{-7}~10^{-6} m，颗粒不断受到流体分子的撞击，在任何一瞬间颗粒受到各个方向的撞击并不平衡，这就导致颗粒会向着净作用力的方向运动，布朗运动代表了一种随机的涨落现象。

气体是由大量的分子微粒组成，并可以忽略相互作用力的系统。分子持续地做无规则的热运动，且向空间各个方向运动的概率及能量分布均匀，运动过程中分子与器壁的碰撞满足力学的动量守恒，由此可以导出大量微观分子在单位时间内作用在容器壁单位面积上的平均冲量，即宏观压强。因此，从微观的角度，气体压强是大量微观粒子与容器壁相互作用的宏观统计量。

热力学第零定律从宏观角度定义了温度，两个处于热平衡的系统，温度相等，宏观上不再交换热量。从微观角度看，此时这两个系统各自的分子的平均平动动能相等。可以证明，此时系统分子的平均平动动能与温度成正比，所以温度在微观上反映了系统内分子运动的剧烈程度，温度越高，分子的无规则运动也就越剧烈。

对于由大量微观自由粒子所组成的系统，虽然单个微观粒子无规则地运动，但是它们在空间所出现的概率以及对应的速率是具有确定的统计分布规律的。一定条件下的大量粒子运动的空间统计分布规律参见“实物演示：空间概率分布”，所对应的速率统计分布规律参见“实物演示：速率分布”。

实物演示：
空间概率分布

实物演示：
速率分布

2. 应用案例

（1）玻耳兹曼统计应用案例——大气层高度

对于可忽略相互作用力的气体系统，麦克斯韦给出了无势能场下的自由气体分子速率分布律，即麦克斯韦速率分布律。玻耳兹曼给出了粒子数随势能场的分布规律，称为玻耳兹曼分布律。大气层是包裹地球的一层空气，从地面到 10 ~ 12 km 的这一层空气，是大气层最底下的一层，称为对流层。主要的天气现象，如云、雨、雪、雹等都发生在这一层里。在对流层的上面，直到大约 50 km 高的这一层，称为平流层。平流层里的空气比对流层稀薄得多了，那里的水汽和尘埃的含量非常少，所以很少有天气现象了。从平流层以上到约 80 km 这一层，有人称它为中间层，这一层内温度随高度降低。在约 80 km 以上，到 500 km 左右这一层的空间，称为热层，这一层内温度很高，昼夜变化很大。从地面以上大约 500 km 开始，到大约 1000 km 的这一层，称为电离层，美丽的极光就出现在电离层中。这是实验探测的结果，那么有没有办法计算大气层的高度呢？其实可以通过玻耳兹曼统计方法进行估算。假设大气层仅是由气体分子所组成的，且仅处于重力场中，则根据玻耳兹曼分布律公式，可以计算出大气密度（或压强）随着高度的变化的公式，当密度（或压强）趋于某一极小值的时候，认为此时的高度为大气层的高度，理论估算的结果为 1000 km，和实验结果基本吻合。

（2）分子扩散与相互作用应用案例——热胀冷缩与热缩冷胀现象

对于同一物态的物质，粒子的热运动和粒子之间的相互作用力的共同作用有时会导致物体体积的变化。对于分子间有相互作用的系统，当分子热运动效果大于分子间相互作用力效果时，会出现热胀冷缩现象，例如，夏天电线的松弛、冬天铁轨的裂缝、冬天墙的裂缝等均是热胀冷缩规律导致的；反之会出现热缩冷胀现象，例如，金属锑制作的铅字更牢固且棱角更分明、湖水从表面开始结冰等现象均是热胀冷缩规律导致的。我们以湖水从表面开始结冰为例解释其原理。

0℃到4℃的水，属于热缩冷胀系统。在此温度区间外的水又具有热胀冷缩的特性，导致4℃水的密度最大。如果水不具备这个特点，当冬季的温度逐渐趋向于0℃时，由于热胀冷缩，河表面水的密度将大于河底水的密度，河水内部的水将不断发生上下对流，导致河水上下整体几乎同时达到0℃。当温度继续降低时，河水整体陆续释放相变潜热后几乎同时结冰。于是水中的生物也就同时被“冻住”了。而事实并非如此，就是因为0℃到4℃的水具有热缩冷胀的反常效应。当河面的温度从高温接近4℃时，由于热胀冷缩，导致河水表面密度大于底部密度，发生水的上下对流。达到4℃时，对流发生的程度最大。当河面的温度从4℃降至0℃的过程中，由于热缩冷胀，河水表面的水密度开始小于底层的水密度，水的上下对流不再发生。当温度继续降低时，表面河水释放相变潜热后逐渐形成冰。随着温度的继续降低，冰层厚度再缓慢增加。如果河水的深度足够深，会使河水底部保持在4℃左右而不结冰。也就是说，由于水在0℃到4℃的热缩冷胀的反常效应，使得河水的温度是不均匀的，从上到下，温度由低到高至4℃，见“AR演示：热缩冷胀”。

AR演示：
热缩冷胀

二、输运过程气体分子动理论

1. 规律描述

外界的扰动会使原有系统的平衡态变成非平衡态状态。从非平衡态再到平衡态的过程称为输运过程。输运过程中会有扩散、黏性、热传导等现象发生。发生输运过程的宏观原因是某个物理量不均匀，微观原因是分子的无规则运动。

授课录像：
输运过程
气体分子
动理论

2. 应用案例

（1）分子扩散应用案例——气味产生

物质分子从高浓度区域向低浓度区域转移，直到均匀分布的现象，是分子（原子）热运动导致的，可发生在一种或多种物质之间，参见“实物演示：溶液中的扩散”“实物演示：幽灵纸”。

配音：
输运过程
气体分子
动理论

物质的宏观状态变化取决于粒子的热运动和粒子之间的相互作用力。对于分子间没有相互作用的系统，分子无规则运动会导致物质迁移。我们平时说的飘香四溢，闻到的香水味道，就是气体分子扩散的结果。

实物演示：
溶液中的
扩散

实物演示：
幽灵纸

（2）系统与外界能量交换的应用案例——云阶与松花蛋中松花的形成、温室气体效应

对于一个与外界没有能量交换的孤立气体分子系统，运动过程是微观粒子在空间从有序分布到无序分布。而对于一个与外界有能量交换的系统，有时会出现从无序分布到有序分布，这种现象被称为自组织现象。空气中水分子在温度较低时会形成小的液体粒子。阳光照射到这些大量的粒子上，经过散射、透射、折射等后会形成人们所能看到的云彩。对于天空中的某个云彩系统，有时候是近独立系统，而有时候不是近独立系统，它们和外界会有能量交换，存在非线性动力学过程。因此，这个系统中的大量液体粒子有时会出现从无序分布到有序分布的非常态过程，形成美丽的云阶现象。岩石中的花纹以及松花蛋中的花纹的形成亦是相同的道理。松花蛋的制作过程是将碱性物质涂抹在鸭蛋表面，一段时间后，氢氧根离子经蛋壳上的小孔进入鸭蛋内部，和蛋白中的氨基酸及矿物质产生反应，生成氨基酸盐，有时会形成有序结晶析出，就形成了漂亮的“松花”。

地球对流层顶部的温度很低，地表平均温度是 15℃，温差达到近百摄氏度，是什么因素维持着这么大的大气层温差？大气成分中所包含的分子和所占的比例大约为氮气占 78%，氧气占 21%，稀有气体占 0.94%，二氧化碳占 0.03%，水蒸气和杂质占 0.03%。大气中的二氧化碳和水蒸气分子吸收地球辐射的红外线后，将再次发射红外线，其中约一半的红外线散离出大气层，而另一半会再次返回地球，从而减少了地球散失的热量。这样一个过程循环往复，就维持了大气层的温差。可以设想，当二氧化碳排放量过大之后，返回地球表面的红外线增加，热能积累过多就会导致温度上升，由此会导致全球变暖、冰川消融、海水上涨等一系列的后果，这称为温室气体效应。因此，为了保护我们人类家园，要减少二氧化碳气体的排放量。

（3）流体黏性应用案例——流体阻尼器

流体在有相对运动时都会产生内摩擦力，称为流体的黏性，参见“实物演示：空气黏性”。利用流体的这种性质可以制作流体阻尼器，其原理是把会产生振动的机械结构（例如活塞）放入盛放流体的缸体中，活塞移动时，流体会通过活塞和缸体之间的缝隙，由于流体的黏性，活塞的机械能转化为流体的内能，从而达到减震效果。

热气球、孔明灯的原理是什么？超纯水为什么不宜饮用？这些问题均与气体分子的扩散规律有关，具体解释参见《物理与人类生活》（张汉壮、王磊、倪牟翠主编，高等教育出版社出版）。

实物演示：
空气黏性

2.3.3 典型热力学问题

授课录像：
物态

配音：
物态

一、物态

1. 规律描述

组成物质的原子或分子之间的相互作用大小导致物质会出现固体、液体、气体等不同的形态，称为物态。

液体表面上的内力称为张力。由于液体内部某点受周围环境的作用是对称的，而液体表面某点受周围环境的作用是非对称的，导致液体内部的内力是斥力，而液体表面的内力是吸引力，其宏观表现为张力，参见“实物演示：表面张力”。正是这种张力的作用，使得液体表面有自动收缩趋势。清晨树叶上的晨露呈球形而不摊开，水银在玻璃表面的滚动等现象，都是因为表面张力的作用。

对于固体、液体共存的体系，在固体和液体的交界面处，由于液体表面张力作用，使得液面成弯曲状。这种弯曲导致液体表面内外产生附加的压强差，这个压强差会使得液体沿着固体表面上升（如水）或下降（如水银），这一现象称为毛细现象。

2. 毛细规律应用案例——毛笔吸墨、绽开的纸花、植物吸收水分与土壤保墒

将毛笔尖在墨汁中停留片刻，墨汁就会自动吸到毛笔中（参见“实物演示：毛笔吸墨”）；将叠好的纸花放在水中，纸花会自动绽开（参见“实物演示：绽开的纸花”）；蜡烛的燃烧；植物从土壤里面吸收土壤中的水分等，这些现象的发生都是靠毛细现象的作用实现的。有时我们需要破坏毛细现象的发生，例如，庄稼收割完之后，土壤中的水分还会通过毛细现象蒸发，使土地变干枯。在这种情况下，我们就要阻止毛细现象的发生，其办法就是松土，把毛细管破坏掉，阻止水分蒸发，由此就起到了土地保墒的作用。与表面张力和毛细现象相关的案例参见“实物演示：木块漂浮位置”“ 实物演示：散开的胡椒粉”“实物演示：水中捞沙”“实物演示：毛细饮水鸟”。

实物演示：
表面张力

实物演示：
毛笔吸墨

实物演示：
绽开的纸花

实物演示：
木块漂浮位置

实物演示：
散开的胡椒粉

实物演示：
水中捞沙

实物演示：
毛细饮水鸟

二、相变

1. 规律描述

从一个系统的宏观存在角度，系统所呈现的状态有固体、液体和气体。每个系统可能由多种物质组成，而每种物质又可能有不同的微观组成结构。微观组成结构相同的物质所处的状态称为物质的相。相与相之间的转变称为相变。

授课录像：相变

仅以物态相变为例，由固体到液体之间的转化称为熔化，反之称为凝固；由固体直接到气体的转化称为升华，反之称为凝华；由液体到气体的过程称为汽化，包括蒸发和沸腾两种过程，反之称凝结。

配音：相变

以液体和气体之间的转化为例进一步解释相变的微观机制。对于置于空气中敞口的半瓶液体，有从液体出射到空气中的分子，也有从空气中回到液体的凝结分子。当出射的分子数大于凝结的分子数时，就是蒸发过程；当出射的分子数小于凝结的分子数时，就是凝结过程；当出射的分子数等于凝结的分子数时，就是平衡过程，此时空气中该气体的分压强称为饱和蒸气压。

沸腾是汽化过程中发生在液体内部的一个过程。一般情况下，液体里都存在着大量的小气泡。当气泡内部的压强大于气泡外部的压强时，内外压强差会使气泡膨胀破裂。大量气泡的如此行为就产生了宏观的沸腾现象。

实物演示：临界点状态投影演示

当系统具有液态和气态两种混合态时，一般情况下会有明显的两相交界面。但对于有些特殊的系统，这种明显的两相交界面消失，称为临界现象。例如乙醚的液态和气态在临界点附近密度趋于相同，两相的界限消失，参见“实物演示：临界点状态投影演示”。

2. 应用案例

（1）凝结过程快于汽化过程的案例——过冷水

有时人们为了喝到比较凉爽的水，会把纯净水放入冰箱的冷冻室，过一段时间后取出，会发现水还未结冰，但是当轻轻一摇晃，水瞬间就变成了冰块。这是什么原因呢？

对于大多数物质，宏观上存在气液固三种状态，构成三种状态的分子或原子并无不同，微观上来说，气体分子之间距离很大，分子之间作用力非常小，很容易被压缩；液体分子间距离较大，分子间作用力较大，可压缩性较小；固体分子间距很小，相互作用力很大，压缩非常困难。一般来说通过加压或者降温的方式，可以减小分子之间的距离，从而实现气→液→固的转化。液体转化为固体除了温度和压强适合外，还需要凝结核的参与。研究表明只有凝结核达到一定的尺寸才会自发生长变大从而使液体凝固，水中的杂质有利于凝结核的形成，而对于纯净水来说，由于凝结核形成比较困难，即使温度已经低于液-固相变点，仍有可能保持液体形态，这是一种非稳定的状态，此时如果摇晃液体就可能导致凝结核出现，从而使液体瞬间凝固，参见“实物演示：过冷水”。

人工降雨、结雾或结霜这些均与凝结过程快于汽化过程有关，具体解释参见《物理与人类生活》(张汉壮、王磊、倪牟翠主编，高等教育出版社出版)。

(2) 汽化过程快于凝结过程的案例——沸腾现象

人们利用加热的办法来煮熟食物。那么用水煮熟食物时，加热容器所能实现的最高温度是多少呢？对于一个敞口的容器来说，随着容器被加热，容器内水的温度在逐渐升高，同时水中小气泡的内部压强也在不断增大。当小气泡内的压强略大于外部固定的大气压时，小气泡开始破裂。大量小气泡的破裂导致的就是宏观沸腾现象的发生，此时的温度称为水的沸点温度。沸点温度取决于外部的大气压。在地球表面，水的沸点温度是 100℃。可想而知，水被加热至沸点后持续加热，使水中的小气泡全部破裂后，继续加热就不会有沸腾现象发生，但水的最高温度仍然是 100℃。

而对于密闭的容器来说，例如高压锅，小气泡内部和外部的压强随着温度的升高在同时增大，因此不会出现沸腾现象，温度可持续上升。所以，为了防止高压锅内温度持续上升，导致压强过大而发生爆炸，需要在高压锅内安置排气阀，即锅内压强达到一定程度时，使其与外部相连，这就是放气的过程。如果想要高压锅的水发生沸腾现象，可在高压锅的外部浇冷水，使高压锅内整体压强变低，小气泡内的压强就会大于外部压强，从而出现沸腾现象，见“实物演示：沸腾的针筒”。

由于高山上的大气压强低于地球表面的大气压强，水的沸点温度小于 100℃，也就是无论如何加热，敞口容器内的温度始终达不到 100℃，从而不易煮熟食物。显然，解决问题的办法就是改成封闭的容器加热，即采用高压锅。

电子烟、不翼而飞的樟脑、下雪不冷化雪冷、过热水、超声雾化(参见“实物演示：超声雾化”)、油锅着火不能用水浇等现象，均与汽化过程快于凝结过程有关，具体解释参见《物理与人类生活》(张汉壮、王磊、倪牟翠主编，高等教育出版社出版)。

实物演示：
过冷水

实物演示：
沸腾的针筒

实物演示：
超声雾化

参考文献

[1] 李椿，章立源，钱尚武. 热学. 2 版. 北京：高等教育出版社，2008.

[2] 秦允豪．普通物理学教程 热学．3 版．北京：高等教育出版社，2011.
[3] 赵凯华，罗蔚茵．新概念物理教程 热学 .2 版．北京：高等教育出版社，2005.
[4] 黄淑清，聂宜如，申先甲．热学教程．3 版．北京：高等教育出版社，2011.
[5] 梁绍荣，刘昌年，盛正华．普通物理学：第二分册 热学．3 版．北京：高等教育出版社，2006.
[6] 汪志诚．热力学·统计物理．5 版．北京：高等教育出版社，2013.
[7] 梁希侠，班士良．统计热力学．2 版．北京：科学出版社，2008.
[8] 包景东．热力学与统计物理简明教程．北京：高等教育出版社，2011.
[9] 苏汝铿．统计物理学．2 版．北京：高等教育出版社，2004.
[10] Soulen Jr. R J. A brief history of the development of temperature scales：the contributions of Fahrenheit and Kelvin. Supercond. Sci. Technol. ，1991（4）：696-699.
[11] 申先甲．物理学史教程．长沙：湖南教育出版社，1987.
[12] Gillispie C C. Dictionary of Scientific Biography：vol. 7. Charles Scribner's Sons，1975.
[13] 梅森 S F. 自然科学史．周煦良，全增嘏，傅季重，等译．上海：上海译文出版社，1980.
[14] 秦克诚．方寸格致：《邮票上的物理学史》增订版．北京：高等教育出版社，2013.
[15] 郭奕玲，沈慧君．物理学史．2 版．北京：清华大学出版社，2005.
[16] 罗桂环．英国植物学泰斗——罗伯特·布朗．植物杂志，1989（01）：39-40.
[17] Robert M，Hawthorne Jr. Avogadro's number：Early values by Loschmidt and Others. J. Chem. Educ.，1970（47）：751-755.
[18] Kohn M. Josef Loschmidt（1821—1895）. J. Chem. Educ. ，1945（22）：381-384.
[19] 忒斯克．马利安·斯莫路绰斯基的生平和他在物理学上的贡献．林书阅，译．物理通报，1957（04）：201-208.
[20] 林祯祺，张逢，胡化凯．量子统计学的先驱——玻色．自然辩证法通讯，2006（28）：86-92.
[21] 范印哲，张增顺．热力学第零定律的独立性问题．大学物理，1984（07）：24-25.
[22] 杨朝潢．能量子和作用量子的缘起．物理通报，1964（02）：64-71.
[23] 刘玉鑫．热学．北京：北京大学出版社，2016.
[24] 申先甲．物理学史简编．济南：山东教育出版社，1985.
[25] 陈毓芳，邹延肃．物理学史简明教程．北京：北京师范大学出版社，2016.
[26] 弗·卡约里．物理学史．戴念祖，译．北京：中国人民大学出版社，2010.
[27] 吴国盛．科学的历程．2 版．北京：北京大学出版社，2002.
[28] 苏亚沃尔夫．十六、十七世纪科学技术和哲学史．周昌忠，苗以顺，译．北京：商务印书馆，1984.
[29] 魏凤文，申先甲．20 世纪物理学史．南昌：江西教育出版社，1994.

[30] 向义和．物理学基本概念和基本定律溯源．北京：高等教育出版社，1994.
[31] 霍布森 A. 物理学的概念与文化素养．4 版．秦克诚，刘培森，周国荣，译．北京：高等教育出版社，2011.
[32] 赵峥．物理学与人类文明十六讲．北京：高等教育出版社，2008.
[33] 厚宇德．物理文化与物理学史．成都：西南交通大学出版社，2004.

第三章　电磁现象

本章概述如图 3.1 所示的电磁现象领域规律的逻辑关系及发展历程，精选典型案例，以 AR 演示及实物演示等方式展现相关的基本规律及其应用案例。

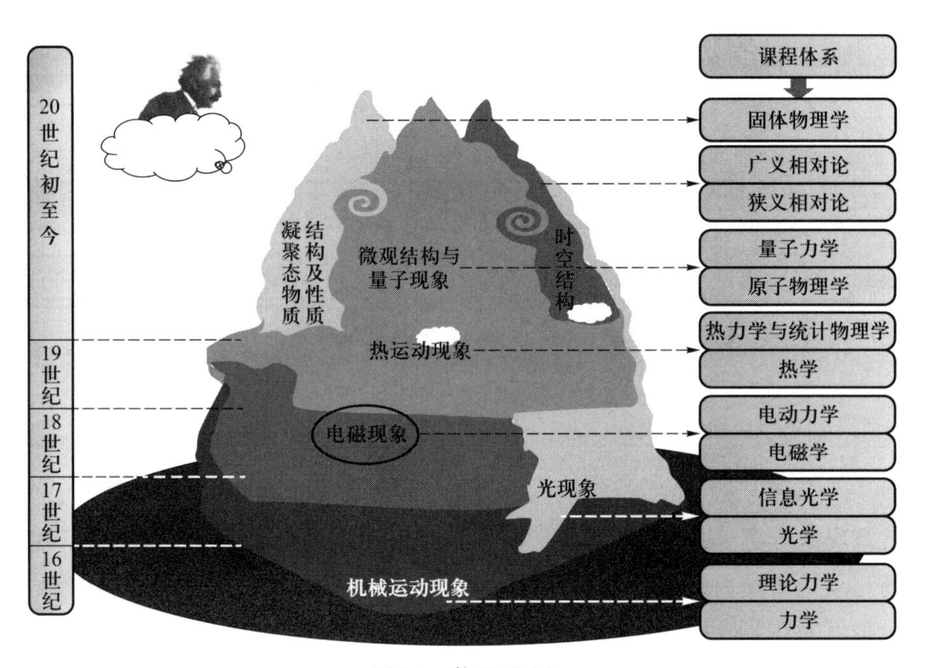

图 3.1　物理“山”

§3.1　电磁现象知识体系逻辑

电磁学研究的是电磁现象的基本规律，所形成的理论包括电磁实验规律以及电磁学统一理论，对应的课程分别为“电磁学”和“电动力学”。电磁学统一理论主要包括麦克斯韦方程组，它是在电磁学实验规律基础上总结升华而成的，是对实验规律的理论性认识，其基本知识体系之间的逻辑关系如图 3.2 所示。“电磁学”和“电动力学”是本科物理专业的重要基础课程。

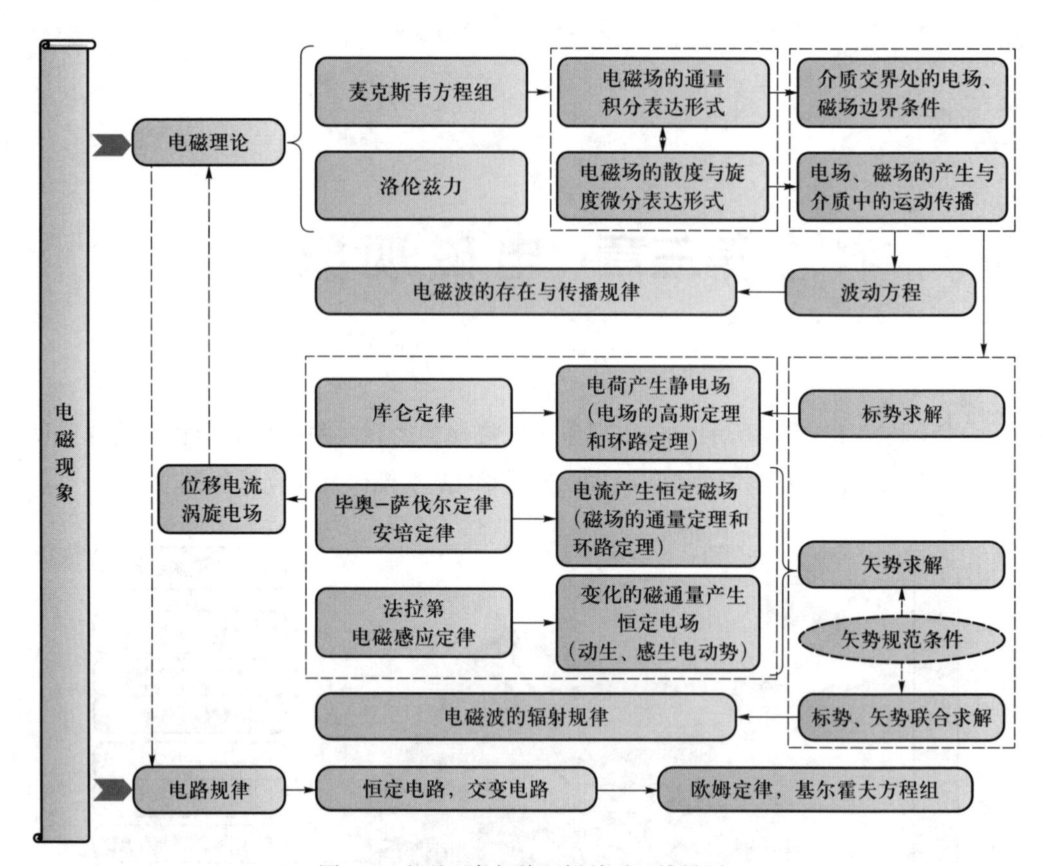

图 3.2　电磁现象规律逻辑关系思维导图

3.1.1　电磁实验规律与电磁统一理论逻辑关系概述

授课录像：
电磁实验规律与电磁统一理论逻辑关系概述

电磁现象的基本理论包括电磁场产生与传播以及电磁场对带电粒子的作用。电磁场运动的普适性理论是麦克斯韦方程组，它是基于电磁学实验总结而成。电磁场对带电粒子的作用的普遍规律是洛伦兹力公式，是基于实验和理论总结而成的。当电场有了线路等条件的制约时，辅以物质结构模型假说，简单电路的欧姆定律和复杂电路的基尔霍夫方程组就被建立了。

建立麦克斯韦方程组所基于的实验包括，静电荷产生的静电场、电流产生的磁场、变化的磁通量产生的涡旋电场等，分别以发现者的名字被命名为库仑定律、毕奥-萨伐尔定律与安培定律、法拉第电磁感应定律。

在上述电磁现象实验规律的基础上，麦克斯韦提出了变化的磁场产生“涡旋电场”、变化的电场产生“位移电流”的两个假设，将电磁学实验规律进一步总结升华，最终建立了麦克斯韦方程组。麦克斯韦方程组有积分和微分两种表述形式。前者可以方便地处理电磁场在两种电介质交界面上的反射与折射问题，后者可以方便地处理电磁场在空间的传播问题。

配音：电磁实验规律与电磁统一理论逻辑关系概述

求解麦克斯韦方程组，不但可以解释此前的所有实验现象规律，而且引入的涡旋电场和位移电流还预言了电磁波的存在，并被以后的赫兹实验所证实，为无线电通信奠定了基础。

在电磁现象的实验规律研究中，已包含了电磁场对电荷、电流等的宏观相互作用力。后来的洛伦兹总结了电磁场对电荷的作用力公式，称为洛伦兹力公式，给出了宏观电磁力的微观解释。

当电场有了线路等条件的制约时，德国物理学家欧姆给出了电流、电压和电阻三者之间的关系，即欧姆定律。这是纯电阻电路的最基本的规律。德国物理学家基尔霍夫在此基础上提出了用于分析和计算较为复杂的电路的公式，即基尔霍夫方程组。

*3.1.2 电磁实验规律与电磁统一理论逻辑关系扩展

授课录像：电磁实验规律与电磁统一理论逻辑关系扩展

电磁现象的基本理论包括电磁场产生与传播以及电磁场对带电粒子的作用。电磁场运动的普适性理论是麦克斯韦方程组，它是基于电磁学实验总结而成的。电磁场对带电粒子的作用的普遍规律是洛伦兹力公式，是基于实验和理论总结而成的。当电场有了线路等条件的制约时，辅以物质结构模型假说，简单电路的欧姆定律和复杂电路的基尔霍夫方程组就形成了。

一、电磁实验规律

配音：电磁实验规律与电磁统一理论逻辑关系扩展

物质是由带正电的原子核和核外带等量负电的电子组成的，总体呈现电中性。在摩擦、光、电等作用下，原子的正负电荷可以分离，形成带电的物体。这是关于物质电结构的最基本认识。

1. 库仑定律

电荷之间的相互作用规律是什么？从定性的角度看，同性电荷相斥，异性电荷相吸。从定量的角度看，两个点电荷之间的相互作用力与其距离的平方成反比，与两个点电荷所带电荷量成正比，这一规律称为库仑定律。如何理解电荷间相互作用力的性质？近代物理学的发展表明，电荷的周围会存在着一种场，称为电场。电荷和电场可以说是一种相生相随的关系。从场的角度看，可以将库仑定律理解为，电荷产生了电场，电场对处于其中的电荷产生作用力，亦即电荷间的相互作用力是通过场来传播的。由库仑定律可以进一步推导出电场的高斯定理和环路定理。由于库仑定律给出的电场作用力具有保守力的性质，从做功的角度看，可以引入电势来描述电场的性质。位于电场中的导体或者电介质，会引起导体中自由电子的再分配或者介质的极化，导致导体中再分配的电子或者极化电介质所产生的电场与外电场之间产生相互耦合并最终达到稳定的状态。

利用库仑定律、高斯定理、电势等相关理论可以处理静电场中的导体、电容器、电介质等静电学问题。

2. 毕奥－萨伐尔定律与安培定律

磁现象产生的本质及其规律是什么？库仑曾将静磁现象与静电现象类比而提出磁荷的概念，并认为物质的磁现象和电现象原理是相同的，即磁荷产生磁场的磁荷观点。但至今实验上没有发现磁单极用以证明磁荷的存在。意大利物理学家伏打发明了伏打电堆，这样就能够获得持续并相对稳定的电流，使人们系统研究电流所产生的各种电磁现象成为可能。丹麦物理学家奥斯特通过实验发现电流可以对磁针施加作用力，这就是电流的磁效应。奥斯特的实验工作首次揭示了电现象和磁现象的内在联系，即电可以产生磁。这一实验发现从根本上改变了此前人们认为电和磁是彼此无关的观念。法国的毕奥和萨伐尔给出了载流长直导线产生的磁场与电流和距离的关系，经过法国数学家拉普拉斯从数学上证明，最终给出了电流产生磁场规律的表达式，即毕奥－萨伐尔定律。由此可以推出磁场的高斯定理。

法国物理学家安培给出了磁场对电流元的作用力公式，即安培定律，或安培力公式。由此可以推出磁场的环路定理。事实上，安培定律中电流元之间的相互作用可以理解为两个阶段，第一阶段是电流元产生了磁场，第二阶段是磁场对另一电流元产生了作用力。第一阶段的规律和毕奥－萨伐尔定律是一致的，第二阶段是安培的贡献。安培还提出了任何磁体的磁场都是由分子环流所产生的微观机制，即磁效应的分子环流假说。磁荷产生磁场的观点已不在教科书中提起，但由于基于磁荷观点处理磁场问题的方便性，有时人们仍然基于磁荷观点去计算磁场问题，但这只是由于计算层面上的方便，而非基于物理规律层面。

3. 法拉第电磁感应定律

既然运动的电荷能够产生磁，与之对称的问题是，磁是否也能产生电？英国物理学家法拉第通过实验给出了变化的磁通量可以产生电场的规律，称为法拉第电磁感应定律。法拉第还首次提出了“场”以及“电力线”和“磁力线”等概念。这些概念的提出是物理学史上的一个伟大创举。后来的物理学家知道，“场”和“粒子”是物质的两种存在形态。

俄国物理学家楞次给出了判断感应电流方向的另外一种简洁的方法，即楞次定律。在法拉第电磁感应定律中，磁通量的变化可以来源于磁感应强度的大小变化，也可以来源于磁场通过的面积变化，前者产生的电动势称为感生电动势，后者称为动生电动势。利用法拉第电磁感应定律可以处理自感、互感、电路的暂态过程等电磁转换的实际问题。

二、电磁统一理论

（1）麦克斯韦方程组

麦克斯韦基于上述已有实验规律，引入了“涡旋电场”和“位移电流”两个假设，建立了关于电场与磁感应强度的散度和旋度的微分方程组，或者关于电场与磁感应强度通量的积分方程组，前者适用于电磁场在电介质中的传播，后者适用于处理介质交界面的电场与磁场的边值关系。麦克斯韦不仅对此前发现的实验规律给予了全面定量的概括，更重要的是，他所建立的电磁场理论，把电磁现象遵从的普遍规律，表达成一组严谨的数学物理方程。经受实验充分检验的麦克斯韦方程组，为人们解决电磁问题提供了统一的理论基础。

描述电磁场的基本场量是电场强度和磁感应强度，是可测量的实际物理量。如何从麦克斯韦方程组求解这两个重要的物理量？从向量运算的角度，一个散度为零的矢量可以用另一矢量（矢势）的旋度来表示；一个旋度为零的矢量可以用另外一标量（标势）的负梯度来表示。由于磁感应强度总是无源的，其散度为零，因此磁场强度可以用矢势的旋度来表示。由麦克斯韦方程组可以推知，由电场强度与磁感应强度随时间的变化率所组合的矢量的旋度等于零，因此可以用一个标势的负梯度来表示这个组合矢量。因此，从求解方程的角度，总可以定义一组标势和矢势，将麦克斯韦方程组转化为关于标势和矢势的方程组，为最终获得电场强度与磁感应强度寻求一种数学的求解方法。

当电磁场离开场源而在空间交替变化传播时，麦克斯韦方程组就可直接转化为齐次波动方程，称为亥姆霍兹方程。求解亥姆霍兹方程可以获得电磁场在真空中的传播规律，即电磁波是一种电场强度和磁感应强度交替耦合传播的横波，传播的速度为光速。按照利用标势和矢势求解麦克斯韦方程组的方法，在处理静电场问题时，仅需标势方程。在处理运动的电荷产生恒定磁场以及线性变化的磁通量产生恒定电场等问题时，仅需矢势方程。而在处理电磁波辐射问题时，需要标势与矢势的耦合方程。

无论上述哪种情况，用标势和矢势表示的电场强度和磁感应强度仅与矢势的旋度有关，与散度没有关系。正是由于这个自由度的存在，导致标势、矢势与确定的电磁场并不是唯一的对应关系，亦即有无限多组标势、矢势都可以用来描述同一电磁场。而且任何两组矢势、标势之间满足确定的变换关系，称为规范变换。由于这种变换并没有改变电磁场的属性，称为规范不变性。

如何找到一组描述电磁场的标势和矢势解？在求解标势、矢势方程组过程中，视求解问题的方便性，对矢势的散度给予一定的条件限制，称为一种规范条件（在经典电动力学中，常用的有库仑规范条件或洛伦兹规范条件），在这样的限制条件下，就可以求得一组用以描述电磁场的标势、矢势解。通过规范变换可以获得任何一组描述同一电磁场的标势和矢势解。

（2）洛伦兹力

在电磁现象的实验规律研究中，已包含了电磁场对电荷、电流等的宏观相互作用力。宏观电磁力的微观机制是什么？荷兰物理学家洛伦兹把麦克斯韦有关场的理论与电荷的粒子理论结合起来，认为一切普通物体分子中都含有带元电荷的电子，创立了洛伦兹电子论。洛伦兹的电子论不但给予了电磁力微观解释，还给出了带电粒子做加速或减速运动时会辐射出电磁波，并预言强磁场会导致谱线扩展的现象，即塞曼效应。

三、电路规律

当电场有了线路等条件制约时，德国物理学家欧姆把电的传导同热传导进行类比，利用傅里叶热传导理论的研究结果，给出了电流与电压、电阻的关系，即欧姆定律。它是电路的最基本规律。当电路较为复杂时，很难再用欧姆定律中串联、并联电路等方法描述和解析。德国物理学家基尔霍夫基于欧姆定律、电荷守恒定律及电压环路定理提出了适用于复杂电路计算的两个定律，即基尔霍夫第一定律（电流定律）和基尔霍夫第二定律（电压定律），建立了用于处理复杂电路的基尔霍夫方程组。

§3.2　电磁现象规律发展历程

电磁学规律体系的建立是于19世纪完成的。从历史发展角度，我们将其分成电磁现象探索、电磁实验规律、电磁统一理论几个阶段。电路与电磁力规律的发展历程包含于其中的时间段内。每个阶段所经历的发展过程如表3.1所示，在电磁现象领域作出重要贡献的科学家及其传记分别如图3.3所示和附录3所述。

表3.1　电磁现象理论的重要历史发展阶段

分类	年代	分段历史	作出重要贡献的科学家
电磁现象探索（2000余年）	公元前585年（泰勒斯磁现象）—1785年（库仑定律）	电磁现象（2370年）	泰勒斯、吉尔伯特、富兰克林
电磁实验规律（80余年）	1785年（库仑定律）—1799年（伏打电堆）	静电荷产生静电场（14年）	库仑、高斯
	1799年（伏打电堆）—1831年（法拉第电磁感应定律）	恒定电流产生恒定磁场（32年）	伏打、毕奥、安培、奥斯特、萨伐尔

续表

分类	年代	分段历史	作出重要贡献的科学家
电磁实验规律（80 余年）	1831 年（法拉第电磁感应定律）—1865 年（麦克斯韦方程组）	电磁感应定律（34 年）	法拉第、楞次
电磁统一理论（20 余年）	1865 年（麦克斯韦方程组）—1888 年（赫兹验证电磁波实验）	麦克斯韦方程组与电磁波验证（23 年）	麦克斯韦、亥姆霍兹、赫兹
电路与电磁力（60 余年）	1827 年（欧姆定律）—1892 年（洛伦兹力）	电路规律与洛伦兹力（65 年）	欧姆、基尔霍夫、洛伦兹

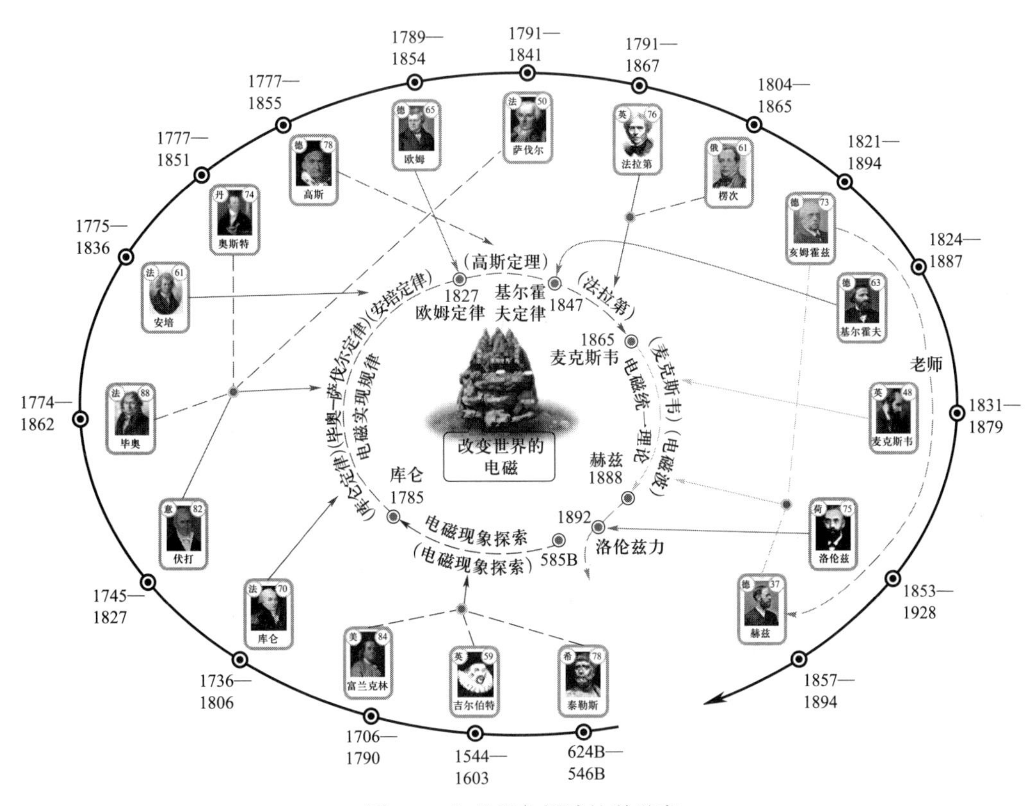

图 3.3　电磁现象领域的科学家

3.2.1　电磁现象规律发展历程概述

约公元前 580 年至 18 世纪的 2000 余年间，人类对电磁现象的研究还只处于一种探索阶段。而系统的电磁规律的形成的时间是从 18 世纪末至 19 世纪末，经历了 100 余年的发展历程。

一、电磁现象探索

授课录像：
电磁现象
规律发展
历程概述

配音：
电磁现象
规律发展
历程概述

人类有关电磁现象的观测可追溯到公元前585年。希腊哲学家泰勒斯记载了用木块摩擦过的琥珀能够吸引碎草等轻小物体以及天然矿石吸引铁的现象。在此后的2000多年中，人们对电磁现象陆续进行观测和总结。1600年英国伊丽莎白女王的御医吉尔伯特系统总结了磁现象、1729年英国的格雷发现电的传导现象、1746年荷兰的穆欣布罗克发明莱顿瓶、1752年美国富兰克林研究雷电现象并统一天地电、1767年英国普里斯特利提出电吸引力与距离平方成反比的设想、1769年苏格兰罗比生进行第一次电场力测量、1773年英国卡文迪什实验验证普里斯特利预言等，众多科学家等对电磁现象进行了观测和实验研究。电磁实验规律的定量研究是从法国科学家库仑开始的。

二、电磁实验规律

针对静电荷产生恒定电场的研究，法国物理学家库仑于1785年发表了关于金属丝和扭转弹性的论文，确定了金属丝的扭力定律。库仑利用这台扭秤对静电力和磁力进行了测量，得到了库仑定律。德国数学家高斯把数学应用到天文学、物理学等领域中，于1839年发表《论与距离平方成反比的引力与斥力的普遍定律》，得出了高斯定理。

意大利物理学家、化学家伏打于1799年首次制出伏打电堆，即今天的电池的原型，使人们第一次能得到持续的电流，使对电与磁的进一步研究成为可能。丹麦物理学家奥斯特于1820年7月在法国《化学与物理年鉴》上发表了自己的研究成果，即电流可以产生磁。奥斯特的发现揭示了长期以来被认为互不相关的电现象和磁现象之间的联系，使电磁学进入了一个崭新的发展时期。如何给出电流产生磁的定量规律源于毕奥、萨伐尔、安培等科学家的贡献。法国物理学家毕奥和萨伐尔合作，于1820年10月在法国科学院会议上提出了毕奥–萨伐尔定律，阐明了电流元产生磁场的规律。法国物理学家安培于1820年12月给出了载流导线之间的普遍安培力公式（安培定律），于1826年推导得到了安培环路定理，成为后来麦克斯韦方程组的基本方程之一。安培还从分子的电性质出发，设想了磁效应的本质正是电流产生的，提出了分子环流假说，揭示了电磁现象的内在联系。

既然电可以产生磁，反过来，磁是否也会产生电呢？英国物理与化学家法拉第给出了肯定的答案。法拉第经过反复实验研究，于1831年给出了变化的磁通量可以产生电的电磁感应定律，这在物理学发展史上具有划时代的意义。法拉第于1851年发表《论磁力线》，创立了力线和场的概念，力线实际否认了超距作用的存在，这些思想成了麦克斯韦电磁场理论的基础。俄国物理学家楞次于1834年发表论文《论动电感应引起的电流的方向》，总结出确定感应电流方向的基本规律，即楞次定律。

三、电磁统一理论

上述电磁实验规律的深层物理机制是什么？麦克斯韦方程回答了这一问题，由此所预言的电磁波也被23年后的赫兹实验所证实。英国物理学家麦克斯韦的研究领域极其广泛，在颜色的生理学说、热力学与统计物理学、电磁场理论以及筹建卡文迪什实验室等方面都作出了重大贡献，其中最杰出的成就是建立了电磁场的理论。在上述电磁实验的研究成果基础上，尤其是法拉第在1851年发表的《论磁力线》，为麦克斯韦的创造性研究准备了丰富的土壤。1865年麦克斯韦发表了《电磁场的动力学理论》，系统地总结了从库仑、安培到法拉第以及他自己的研究成果，建立了电磁场方程。麦克斯韦通过建立统一的电磁场理论，完成了人类科学史上的第二次重要总结。德国物理学家赫兹，于1887年在电磁波实验中发现了光电效应现象，于1888年通过他制作的半波长偶极子天线成功接收到了麦克斯韦预言的电磁波，还用驻波法精确地测量了电磁波的传播速度，肯定了电磁波的传播速度等于光速，验证了麦克斯韦方程组的正确性。

四、电路与电磁力

德国物理学家欧姆受傅里叶热传导理论研究结果的启发进行电路规律的研究，于1827年发表的《电路的数学研究》中给出了电流、电压和电阻三者之间的关系，即欧姆定律。德国物理学家基尔霍夫分别于1845年、1847年、1848年发表研究成果，建立了适用于复杂电路计算的基尔霍夫定律。

电荷在电磁场中的受力规律已在库仑定律、安培定律中得以体现。荷兰物理学家洛伦兹于1892年发表《麦克斯韦电磁学理论及其对运动物体的应用》，创立了洛伦兹电子论，形成了洛伦兹电磁力的系统表达式，对宏观电磁力给予了微观机理的解释。

3.2.2 电磁现象规律发展历程扩展

授课录像：电磁现象探索

一、电磁现象探索

人类有关电磁现象的观测可追溯至公元前585年，希腊哲学家泰勒斯记载了用木块摩擦过的琥珀能够吸引碎草等轻小物体以及天然矿石吸引铁的现象。在此后的2000多年中，人们对电磁现象陆续进行观测和总结。1600年英国的吉尔伯特系统总结了磁现象、1729年英国的格雷（1666—1736）发现电的传导现象、1746年荷兰的穆欣布罗克（1692—1761）发明莱顿瓶、1752年美国的富兰克林研究雷电现象并统一天地电、1767年英国的普里斯特利（1733—1804）提出电吸引力与距离平方成反比的设想、1769年苏格兰的罗比生（1739—1805）进行第一次电场力测量、1773年英国的卡文迪什（1731—1810）实验验证普里斯特利

配音：电磁现象探索

预言等。其中，比较有重要影响的是吉尔伯特和富兰克林对电磁现象的探索。

英国医生、物理学家吉尔伯特（1544—1603）是一位在英国和欧洲大陆都具有很高声誉的医生。1601 年起他被英国女王伊丽莎白一世任命为私人医生。在从事医生工作的同时，他对自然科学也很有兴趣。他最初研究化学方面的问题，四十岁以后兴趣转到了电磁学。此前，人们对于磁针指向南北现象的解释，大都带有迷信色彩。吉尔伯特在前人实验记载的启发下，把一大块天然磁石加工成球形，用细铁丝制成可以自由转动的小磁针放在磁球表面进行观察。他发现这个小磁针的行为与普通指南针在地球上的行为完全一样，于是得出结论：地球本身就是一块巨大的磁石，这样就解释了指南针的现象。此外，吉尔伯特还研究了静电现象，提出了“电性（electrics）”这个名词，并制作了第一个实验用的验电器。他花了十八年以上的时间做电和磁的实验，于 1600 年出版了巨著《论磁、磁极和地球作为一个巨大的磁体》。这是在英国出版的第一部物理科学著作，引起了同时代许多科学家的重视，伽利略、开普勒等都曾经探讨或引用过吉尔伯特的著作。由于在磁学方面开创性的贡献，吉尔伯特被誉为“磁的哲学之父”。不过，吉尔伯特在比较了电现象和磁现象之后，断言二者是两种截然不同的现象。这一结论影响了 19 世纪前的许多科学家。直到奥斯特实验发现了电流的磁效应，人们才相信电和磁之间是有联系的。

富兰克林（1706—1790）是美国科学家、政治家、文学家。1746 年富兰克林听到了英国学者斯宾塞的电学讲座，对电学实验产生很大的兴趣。后来他得到了一个莱顿瓶（一种存储电荷的装置），于是用莱顿瓶进行了一系列实验，提出了电的单流体学说，引入了“正电”和“负电”的术语，并发现了电荷守恒定律。通过反复观察实验和思考，他认识到打雷闪电和莱顿瓶放电可能是一回事。1750 年富兰克林提出一个“岗亭”实验的设想，认为可以利用建造在高处的岗亭中伸出的一端削尖的铁杆从乌云中引出电火花来。由于缺乏资金，他没有亲自做这个实验。1752 年富兰克林和他的儿子一起做了著名的“费城实验”，也就是风筝实验，证实了闪电与实验室放电性质完全相同。这个实验消除了人们对闪电的迷信，证明了“天电”和“地电”的统一性。富兰克林因此获得英国皇家学会科普利奖章。后来其他科学家相继成功实现了富兰克林的“岗亭”实验，其中也不乏为其而献身的，例如，1753 年俄国科学家利赫曼在岗亭中做电学实验时不幸遭雷击身亡。1754 年起，人们根据富兰克林的思想开始制造并使用避雷针。

授课录像：
电磁实验规律——静电荷产生静电场

二、电磁实验规律

继吉尔伯特、富兰克林等人的电磁规律研究之后，科学家们进一步进行电荷之间的相互作用力、电与磁的关系等方面的定量实验研究。

1. 静电荷产生静电场

配音：电磁实验规律——静电荷产生静电场

（1）库仑定律

库仑（1736—1806）是法国工程师、物理学家，总结了两个点电荷之间的相互作用力规律，称为库仑定律。事实上，在库仑定律之前，英国普里斯特利根据实验中发现的带电导体空腔对其内部的电荷没有电场力作用的现象，与万有引力定律相类比，于1767年提出了电吸引力与距离平方成反比的设想。1773年英国卡文迪什从实验上验证了普里斯特利的预言。库仑实验的重要之处在于库仑通过精巧的设计，验证了定律的后半部分，即电场力大小与电荷量成正比。1785年库仑发表了关于金属丝和扭转弹性的论文，确定了金属丝的扭力定律。他用自己的扭力理论设计制作了一台精度很高的扭秤，利用这台扭秤对静电力和磁力进行了测量，得到了库仑定律。在库仑的时代还未确定电荷量的单位（电荷量的单位正是在库仑发现库仑定律之后，以库仑本人的名字命名的），更不要说测电荷量的大小了。库仑根据对称性原理采用两个相同的金属球互相接触的方法，巧妙地解决了这个问题。为了测量异种电荷的引力，他设计了一种"电摆"装置，类比单摆的原理进行实验，成功证明了库仑定律。后来，库仑也研究了磁偶极子之间的作用力，得出了磁力也具有平方反比律的结论。不过，他不认为静电力和静磁力之间有什么联系，而是将电力和磁力归结于假想的电流体和磁流体，认为它们是类似于"热质"一样无质量的物质，之所以产生吸引或排斥作用是因为存在正的和负的电流体和磁流体。

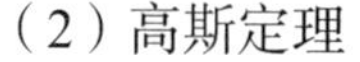

（2）高斯定理

高斯（1777—1855）是德国一位伟大的数学家，在代数、统计学、微分几何、数论等方面都作出了开创性的贡献，同时他还把数学应用到天文学、物理学等领域中，也作出了重要的贡献。1832年高斯发表《用绝对单位测量地磁场强度》，引入了以毫米、毫克、秒等三个单位为基础的单位。现在所称的"高斯单位制"是以厘米、克、秒为单位构成的单位制。在高斯单位制中，真空中的电容率和真空中的磁导率都为1，这使得公式的表达更加简洁明了，至今仍和国际单位制并用在电磁学和理论物理教材中。1839年高斯发表《论与距离平方成反比的引力与斥力的普遍定律》，研究了把力学中的势函数应用到静电学中的数学证明，即静电场的势理论，同时得出了高斯定理。高斯定理反映了静电荷和静电场中闭合曲面的电场强度通量之间的关系，是电磁场基本原理之一。

授课录像：电磁实验规律——恒定电流产生恒定磁场

2. 恒定电流产生恒定磁场

（1）恒定电流的产生

电容器存储电荷和电池的发明是实验上实现电与磁关系研究的基础。1746年在荷兰莱顿大学任教的穆森布罗克发现，金属箔覆盖的玻璃容器可以存储电荷。他

配音：
电磁实验规律——恒定电流产生恒定磁场

将这一结果写信告诉法国科学家瑞尼·瑞欧莫，后者在翻译信件时，因这一发明所在的城市为莱顿，所以将这一装置命名为“莱顿瓶”。1745年德国科学家埃瓦尔德·冯·克莱斯特也发现了类似的结果，但并未公开发表，因此，科学界还是公认穆森布罗克为莱顿瓶的发明人，而原始电池的发明则归功于伏打。

伏打（1745—1827）是意大利物理学家和化学家。伏打对物理学的主要贡献就是发明了伏打电堆，这是可以产生恒定电流的动力源。伏打于1775年发明了起电盘，用它可以很方便地多次感应出电荷并给莱顿瓶充电。1782年伏打提出了电容的三条基本原理，并在此基础上确定了电荷量、电容和电势三者间的关系。1780年意大利波罗那大学的解剖学教授伽伐尼在解剖青蛙时发现，当手术刀与青蛙某部位接触或附近有电火花时，蛙腿发生抽动。伽伐尼经过研究，将这种现象解释为动物体内存在“生物电”。伏打在重复了伽伐尼实验后，改用莱顿瓶，证明了蛙腿抽动是对电流的一种灵敏反应，而电流是由两种不同金属接触产生的，即伽伐尼电的“接触说”。他用各种金属做实验，得出伏打序列：锌、锡、铅、铁、铜、银、铂、金……在这一系列中，任何两种金属接触时，排在前面的金属将带正电、后面的金属将带负电。1799年他把用盐水浸泡过的硬纸板夹在银片和锌片之间，把一系列这样的组合叠放起来，首次制出伏打电堆，即今天电池的原型。伏打电堆使人们第一次能得到持续的电流。为了纪念伏打的贡献，人们把电压的单位命名为V（伏特）。

（2）电流磁效应

伏打电堆的发明为奥斯特的电流磁效应研究奠定了实验基础。奥斯特（1777—1851）是丹麦物理学家和化学家，是康德哲学的信奉者，他深信自然界各种现象是相互联系的。虽然吉尔伯特、库仑甚至安培等人都曾宣称电和磁之间没有联系，但奥斯特仍然积极实验以寻找电转化磁的条件。1819年底，他在哥本哈根开办了一个讲座，讲授电、电流及磁方面的知识。在一次讲课中，奥斯特突然想到，过去许多人沿着电流方向寻找电流对磁体的效应都没有成功，很可能因为电流对磁体的作用是“横向”的，而非“纵向”的，于是他把通电导线和磁针平行放置进行实验，果然发现，当导线通有电流时，小磁针向垂直于导线的方向摆动起来。奥斯特从1820年4月到7月进行了三个月的紧张工作，做了60多个实验，于1820年7月21日在法国《化学与物理年鉴》杂志上发表了题为《关于磁针上电流碰撞的实验》的论文。论文轰动了整个欧洲，到处都在重复奥斯特的实验。奥斯特的发现，改变了长期以来被认为电现象和磁现象之间无关的认识，使电磁学进入了一个崭新的发展时期。

奥斯特的电流磁效应仅是从定性的角度表明了电与磁是有关联的，定量的规律源于毕奥、萨伐尔、安培等科学家的贡献。

（3）毕奥-萨伐尔定律

毕奥（1774—1862）是法国著名物理学家、数学家、天文学家。1804 年毕奥与法国物理学家、化学家盖吕萨克乘坐热气球升到了几千米的高空，对地磁场进行测量。实验的结论是，几千米的高空磁感应强度没有明显的变化。值得一提的是，当时毕奥测量磁感应强度采用的是当时通用的、由库仑提出的“磁针周期振荡法”。毕奥对这种方法很在行，因此，丹麦物理学家奥斯特于 1820 年 7 月 21 日在法国《化学与物理年鉴》杂志上发表电流磁效应论文之后，毕奥和当时也在法国科学院承担实验工作的萨伐尔合作，很快用同样的方法测量了载流长直导线周围的磁感应强度的大小和方向，于同年 10 月 30 日在法国科学院会议上提出了毕奥-萨伐尔定律。现在教科书上采用的毕奥-萨伐尔定律形式，是毕奥接受了拉普拉斯的建议，将长直载流导线对小磁针的作用理解为无数个电流元的合成的结果，这一形式与安培提出的电流元之间相互作用规律很相似。事实上，安培定律中电流元之间的相互作用，可以理解为电流元产生磁场和磁场对另一电流元产生作用力两个阶段，而第一阶段的规律和毕奥-萨伐尔定律是完全一致的。尽管如此，毕奥和萨伐尔定律独立、清晰地阐明了电流元产生磁场的规律。

（4）安培定律

安培（1775—1836）是法国物理学家和数学家，近代电动力学的奠基人之一。法国物理学家阿拉果获悉奥斯特于 1820 年 7 月 21 日在法国《化学与物理年鉴》杂志上发表的电流的磁效应后，十分敏锐地感到这一成果的重要性，随即于同年 9 月 11 日向法国科学院报告了奥斯特的这一最新发现，这使法国科学院的院士们大为震惊，因为此前库仑、安培等著名科学家都曾“证明”过电与磁是相互独立、完全不同的。安培听到阿拉果的报告后，马上意识到奥斯特实验的重要性，第二天就重复了奥斯特的实验。仅一周之后（9 月 18 日），安培就向法国科学院提交了一份更详细的论证报告，在报告中他还增加了自己的新实验，对两根平行放置的载流直导线之间由于磁效应产生的吸引力和排斥力的研究。安培加紧工作，进行了一系列实验，分别验证了两根平行载流直导线之间作用力方向与电流方向的关系、磁力的矢量性，确定了磁力的方向垂直于载流导体以及作用力大小与电流和距离的关系。之后，安培又对电流和磁场之间的作用力进行了理论推导，于 1820 年 12 月 4 日发表了安培公式。安培公式在形式上类似万有引力定律和库仑定律。1821 年安培在这些实验和理论工作的基础上，对电流磁效应的本质进行了阐述，提出了分子环流假说，认为磁体内部分子形成的环形电流就相当于一根根磁针。1826 年安培从斯托克斯定理推导得到了安培环路定理，证明了恒定磁场中磁感应强度闭合路径的曲线积分等于此闭合路径所包围的电流与真空磁导率的乘积，这一定理成了麦克斯韦方程组的基本方程之一。尽管安培没有成为第一个发现电流磁效应的人，但他迅速地接受了奥斯特实验的思想，用大量系统的工作揭示了电磁现象的内在联系，从而使电磁学研究真正进入数学化、严密化的时代，成为物理学中又一大理论体系——电动力学的基础。麦克斯韦称安培的工作是“科学史上最辉煌的成就之一”，后人称安培为“电学中的牛顿”。安培的电动力学是以牛顿力学的“超距作用”为基础建立起来的，后来法拉第、麦克斯韦等人建立了场的理论，才使经典电动力学有了今天这样的形式。

3. 电磁感应定律

（1）法拉第电磁感应定律

授课录像：
电磁实验规律——电磁感应定律

配音：
电磁实验规律——电磁感应定律

既然电可以产生磁，反过来，磁是否也会产生电呢？答案是肯定的，即法拉第电磁感应定律。法拉第（1791—1867）是英国物理学家和化学家，是给19世纪的科学烙上深刻印记的伟大科学家。他在物理学、化学等领域均作出了重要的贡献，尤其是电磁感应定律的发现，奠定了电磁学的基础，是麦克斯韦理论的先导。法拉第仅上过小学，是自学成才的物理学家。1811年法拉第有机会听到了英国皇家学院著名科学家戴维的演讲，被深深地吸引了，决心到皇家学院去工作。经过一番努力和周折，法拉第终于当上了戴维的助手，从此开启了他在电磁领域作出伟大贡献之旅，他被称为“电学之父”和“交流电之父”。1813年法拉第随戴维夫妇到欧洲大陆各国进行科学旅行，有机会见到了当时许多知名科学家，并参观了他们的实验室。1815年法拉第回国后开始独立进行科学研究。次年他在《科学季刊》上发表了第一篇科学论文，是关于生石灰化学分析的工作。之后他又发表了多篇化学分析方面的论文，这使他增强了从事科学研究的信心，同时许多科学家也逐渐了解了法拉第。

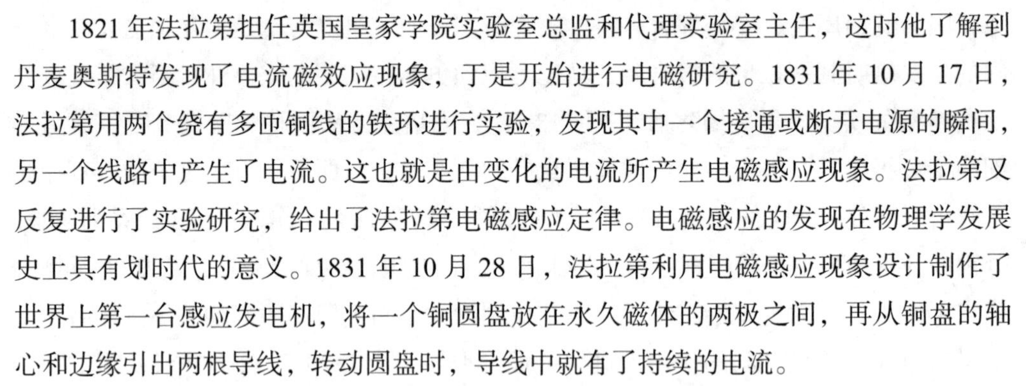

1821年法拉第担任英国皇家学院实验室总监和代理实验室主任，这时他了解到丹麦奥斯特发现了电流磁效应现象，于是开始进行电磁研究。1831年10月17日，法拉第用两个绕有多匝铜线的铁环进行实验，发现其中一个接通或断开电源的瞬间，另一个线路中产生了电流。这也就是由变化的电流所产生电磁感应现象。法拉第又反复进行了实验研究，给出了法拉第电磁感应定律。电磁感应的发现在物理学发展史上具有划时代的意义。1831年10月28日，法拉第利用电磁感应现象设计制作了世界上第一台感应发电机，将一个铜圆盘放在永久磁体的两极之间，再从铜盘的轴心和边缘引出两根导线，转动圆盘时，导线中就有了持续的电流。

1834年法拉第总结出电解定律，即电解所释放出来的物质总量和通过的电流总量成正比。1837年他引入电场和磁场的概念，即电和磁周围都有场的存在，打破了牛顿的“超距作用”的传统观念。1838年他提出电场线概念，用以形象地解释电场的存在。1843年他用“冰桶实验”证明了1746年富兰克林提出的电荷守恒定律。1852年他又引进磁力线概念，用以形象地解释磁场的存在。

（2）楞次定律

楞次（1804—1865）是俄国物理学家、地理学家。1831 年法拉第发现电磁感应现象后，通过实验说明了产生感应电流的各种情况和决定因素，对感应电流的方向也作了一定的说明，但未能归纳为简单而普遍的定律。楞次分析了法拉第等人的实验结果以及安培的电动力学理论，于 1834 年发表论文《论动电感应引起的电流的方向》，总结出确定感应电流方向的基本法则，即感应电流所产生的磁场总是补偿引起它的磁场变化，阻碍磁体的运动，称为楞次定律。1847 年德国物理学家亥姆霍兹指出，楞次定律正是电磁现象符合能量守恒与转化定律的体现。1842 年楞次发表了电流与其产生热量之间的精确关系，他的工作与焦耳的测量是彼此独立的，因此这个关系也称焦耳－楞次定律。他还研究并定量地比较了不同金属导线的电阻率，确定了电阻与温度的关系，建立了电磁铁吸引力与磁化电流的二次方成正比的定律。

三、电磁统一理论

总结如上电磁学的实验成果发现，电和磁并非孤立的，而是可以互相转化的。其更深层的机制是什么？麦克斯韦方程回答了这一问题，由此所预言的电磁波也被 23 年后的赫兹实验所证实。

1. *麦克斯韦方程组*

麦克斯韦（1831—1879）是英国物理学家，电磁场理论的创建者。1831 年麦克斯韦生于英国的爱丁堡，他的父亲是一个学识渊博、兴趣广泛的人。麦克斯韦从小受父亲影响，对自然科学兴趣浓厚。麦克斯韦 16 岁时进入爱丁堡大学学习数学、物理学和逻辑学，1850 年进入剑桥大学，1854 年在剑桥大学的数学竞赛中第一个证明了斯托克斯定理，获得史密斯奖，同年获得了学位，并留在剑桥大学进行研究工作。1856 年麦克斯韦应邀到阿贝丁专科学校任物理学教授，1860 年应聘为英国皇家学院教授。1860 年到 1865 年期间，是他一生中成果最辉煌的五年。1879 年麦克斯韦不幸患癌症英年早逝，年仅 48 岁。

授课录像：
电磁统一理论

配音：
电磁统一理论

麦克斯韦的研究领域非常广泛，他在颜色的生理学说、热力学与统计物理、电磁场理论以及筹建卡文迪什实验室等方面都作出了重大贡献，其中最杰出的成就是建立了电磁场的理论。早在剑桥读大学时，麦克斯韦就接受了威廉·汤姆孙（开尔文）的建议，开始研究电磁学。当时电磁学在实验研究方面已先后建立了库仑定律、高斯定律、安培定律和法拉第定律。在理论方面以安培的电动力学为基础，又经过诺依曼、韦伯、亥姆霍兹和威廉·汤姆孙的发展，特别是法拉第在 1851 年发表的《论磁力线》，为麦克斯韦的创造性研究准备了丰富的土壤。1855 年麦克斯韦发表了关于电磁场理论的第一篇论文《论法拉第的力线》，他把电磁现象与流体力学现象进行类比，引入新的矢量函数描述电磁场，把法拉第的“力线”和“场”的思想表述成数学语言。

为了更好地体现法拉第的力线思想，麦克斯韦在1861年提出了“电磁以太”的数学模型，并创造性地提出“位移电流”和“涡旋电场”两个概念。1862年他发表了第二篇重要论文《论物理力线》。在这篇论文中，他给出了电磁场的运动学方程和动力学方程。在此基础上，1865年麦克斯韦发表了《电磁场的动力学理论》。这篇论文系统地总结了从库仑、安培到法拉第以及他自己的研究成果，建立了电磁场方程。他在这篇论文中共列了二十个方程式，并由此导出了电磁的波动方程，推算出波的传播速度等于光速。现在教科书上的由四个基本方程组成的麦克斯韦方程组是赫兹经过研究简化得到的。麦克斯韦通过建立统一的电磁场理论，完成了人类科学史上的第二次总结。

麦克斯韦建立的电磁场理论，为物理学的发展作出了卓越的贡献，是牛顿以后世界上最伟大的物理学家之一。除了建立电磁场理论外，他还利用统计方法研究热现象的微观机制，给出了气体分子速率分布律；他还研究并进一步发展了哈密顿关于矢量分析的理论；此外，他在图表静力学原理、土星环的稳定性与运动、弹性理论和液体性质等方面也取得了一定成果。

麦克斯韦从1875年起花了许多时间和精力整理出版了卡文迪什的遗稿，并且亲自重复并改进了卡文迪什做过的一些实验。实验室还进行了多项科学研究，例如地磁、电学常量的精密测量、欧姆定律、光谱、双轴晶体等，这些工作为后来的发展奠定了基础。从1874年至1989年，卡文迪什实验室一共培养了29位诺贝尔奖得主。

2. 电磁波验证

赫兹（1857—1894）是德国物理学家。1879年德国生物物理学家、数学家亥姆霍兹以“用实验建立电磁力和绝缘体介质极化的关系”为题，设置了柏林科学院悬赏奖，实质是要求用实验验证麦克斯韦提出的“位移电流”是否真实存在。赫兹作为亥姆霍兹的学生，非常了解这个题目，但开始时他缺少实验条件。直到1886年，他在卡尔斯鲁厄高等技术学校任教时，在学校的实验室找到了一种称为里斯螺线管的感应线圈，才着手进行电磁实验。赫兹使用的螺线管有初级和次级两个线圈，他发现，当给初级线圈输入一个脉冲电流，次级线圈的火花隙中便有电火花发生。他立即敏锐地认识到这是一种与声共振现象相似的电磁共振过程，随即联想到，这正是解决亥姆霍兹提出的柏林科学院问题的关键。接着赫兹设计制造了必要的仪器，对电火花实验进行了一系列的研究，证实了位移电流及电磁波的存在，于1887年完成论文《论在绝缘体中电过程引起的感应现象》，出色地解决了1879年的柏林科学院问题，获得了悬赏奖。

1887年赫兹在电磁波实验中发现了光电效应现象，即紫外线的照射会从负极激发出带负电的粒子，他将此现象写成论文发表，但没有做进一步的研究。1888年赫兹通过他制作的半波长偶极子天线成功接收到了麦克斯韦预言的电磁波，还用驻波法精确地测量了电磁波的传播速度，肯定了电磁波的传播速度等于光速。他还做了电磁波的反射、折射和偏振等一系列实验，证明了电磁波具有与光一样的物理性质。

赫兹实验证实了电磁波的存在，这是物理学理论的一个重要胜利，同时也标志着一种基于场论的更基础的物理学理论即将诞生。赫兹的研究工作得到了科学界的高度评价和赞扬，他先后受到维也纳科学院、英国皇家学会、都灵科学院等的嘉奖。人们以“赫兹波”“赫兹矢量”“赫兹函数”来命名物理学和数学的概念，并采用“赫兹”作为频率的单位。紧张的研究工作损害了他的健康，1894年年仅37岁的赫兹英年早逝。

四、电路与洛伦兹力

前述的电磁现象规律是电磁场的产生以及在空间的传播规律，并不受具体线路条件的制约。当有了线路等条件的制约时，需要在电磁规律的基础上辅以线路的条件，形成了简单电路的欧姆定律和复杂电路的基尔霍夫方程组。电荷在电磁场中的受力规律已在库仑定律、安培定律中得以体现，后来经过洛伦兹的总结，形成了洛伦兹电磁力的系统表述，给宏观电磁力以微观机制解释。

授课录像：
电路与洛伦兹力

1. 电路

配音：
电路与洛伦兹力

欧姆（1789—1854）是德国物理学家。欧姆对物理学的主要贡献是发现了以他的名字命名的欧姆定律。在欧姆那个年代，电流、电压、电阻等概念都还没有建立起来。1821年德国物理学家施威格发明了利用电流磁效应检测电流的检流计。欧姆受到启发，把电流的磁效应和库仑扭秤法巧妙地结合起来，设计了一个电流扭力秤，用来测量电流。为了得到电动势稳定的电源，他采用温度维持在100℃的沸水和0℃的冰之间的温差电偶作为电源（温差电现象是1821年泽贝克发现的）。之后，欧姆又研究了导体的导电性质，测量了各种金属的电导率以及电导与导体长度、横截面的关系。1826年欧姆终于在实验上证实了欧姆定律。1827年欧姆发表了《电路的数学研究》一书，把电的传导同热传导进行类比，利用傅里叶热传导理论的研究结果，给出了电流与电压、电阻的关系，即欧姆定律。欧姆定律是电路的最基本规律。欧姆的研究公布以后，并没有立即引起科学界的重视，甚至在他自己的国家还受到一些人的攻击。但德国物理学家施威格始终支持和鼓励他。欧姆的大部分论文都发表在施威格主办的《化学和物理杂志》上。直到1841年，英国皇家学会授予欧姆科普利奖章，这是当时科学界的最高荣誉，从此欧姆的工作才得到普遍的承认。

基尔霍夫（1824—1887）是德国著名物理学家、化学家、天文学家。19 世纪 40 年代，电气技术迅猛发展，导致当时的电路变得越来越复杂，在一些重点地方的电路甚至呈现出蜘蛛网络的形状，很难再用人们所熟悉的串联、并联电路描述和解析。1845 年年仅 21 岁的基尔霍夫在他发表的第一篇论文中，基于欧姆定律、电荷守恒定律及电压环路定理提出了适用于复杂电路计算的两个定律，即基尔霍夫第一定律（电流定律）和基尔霍夫第二定律（电压定律）。这两个定律既有普遍性又具有实用性。依据这两个定律，电路工程师们几乎能够求解任何复杂的电路，从而成功地解决了电气技术中的大难题。基尔霍夫定律至今仍是求解复杂电路的电学基本定律，被列入物理学和电工学教科书中，基尔霍夫本人也获得了“电路求解大师”的绰号。1847 年基尔霍夫发表论文《关于研究电流线性分布所得到的方程的解》，首次引入了“电势”的概念，将其与电路中电压的概念明确区分开来。1848 年基尔霍夫又从能量的角度考察，澄清了电势差、电动势和电场强度等概念，使得欧姆电学理论与静电学概念协调起来。

1859 年他提出了辐射的基尔霍夫定律：“物体的辐射本领与吸收本领之比与物体的材料性质无关”。对所有物体，这个比值是波长和温度的普适的函数。由此提出了绝对黑体的概念。19 世纪末，人们对黑体辐射规律的研究直接导致了量子力学的建立。物理学中其他用基尔霍夫姓氏命名的公式、定律、定理还有：力学中的基尔霍夫假设、非线性弹性力学里的基尔霍夫应力、热学中基尔霍夫公式（蒸气压和热力学温度的关系）、基尔霍夫热化学定律（定压或定容化学变化中吸收的热量公式）、电学中基尔霍夫电报方程和基尔霍夫边界条件以及光学的基尔霍夫积分定理、基尔霍夫衍射公式等。

2. 洛伦兹力

洛伦兹（1853—1928）是荷兰物理学家，因塞曼效应的发现和解释而获得 1902 年诺贝尔物理学奖。洛伦兹在电磁学和时空结构领域作出了重要贡献。1892 年洛伦兹发表了《麦克斯韦电磁学理论及其对运动物体的应用》，创立了洛伦兹电子论。他把麦克斯韦有关场的理论与电荷的粒子理论结合起来，认为一切普通物体分子中都含有带元电荷的电子。“电子”这个术语就是洛伦兹首先开始使用的，洛伦兹力公式也是在这篇文章中提出的。他还指出，当带电粒子做加速或减速运动时就辐射出电磁波，并预言“如果辐射源处于强磁场中就会产生谱线扩展的现象”。这一现象后来被他的学生塞曼在 1896 年用实验证实，即简单塞曼效应。洛伦兹和塞曼因此获得 1902 年的诺贝尔物理学奖。为了解释迈克耳孙–莫雷实验的“零结果”，洛伦兹和爱尔兰物理学家斐茨杰拉德各自独立地提出了收缩假说。洛伦兹假设物体运动中，物体内部各分子之间出现一种力，使物体在运动方向上收缩。1895 年他给出收缩系数与物体运动速度的关系公式。1904 年洛伦兹发表了《运动速度远小于光速体系中的电磁现象》论文，系统而严密地论证了收缩说，提出了运动的参考系与静止参考系之间时间和空间坐标的变换关系式，就是著名的“洛伦兹变换”公式，后来成为爱因斯坦狭义相对论的基本公式之一。

§3.3　电磁学相关基本规律及应用案例

本节以表 3.2 所示的逻辑主线与演示资源，介绍相关电磁基本规律及典型应用性案例。

表 3.2　电磁学相关基本规律及应用性案例

规律分类		演示化资源	实用性案例
3.3.1 电磁场的产生与电磁力	一、电荷产生的静电场及其电场力	摩擦起电（实物） 范德格拉夫起电机（实物） 水滴感应起电（实物） 维氏起电机（实物） 静电跳球（实物） 静电摆球（实物） 绝缘体变导体（实物） 曲面电场分布（实物） 尖端放电（实物） 静电转轮（实物） 静电滚筒（实物） 放电等离子体转轮（实物） 静电屏蔽（动画） 电介质极化（实物） 压电效应（实物） 辉光放电球（实物） 三基色辉光灯（实物） 混合色辉光灯（实物） 日光灯的静电起辉（实物） 雅各布天梯（实物） 雨雷电（AR）	电磁现象案例——日冕光环、电离层、极光、臭氧层、负氧离子、雨雷电、生物电

续表

规律分类		演示化资源	实用性案例
3.3.1　电磁场的产生与电磁力	二、变化的磁通量产生的涡旋电场及其电场力	感应电动势（实物） 对比式楞次定律（实物） 跳环式楞次定律（实物） 洛伦兹力（实物） 电磁驱动（实物） 电磁阻尼（实物） 能量转轮（实物） 电磁炮（实物） 发电机（AR） 脚踏发电机（实物）	变化的磁通量产生电场案例——发电机
	三、电流产生的磁场及其磁场力	安培力（实物） 磁感应线（实物） 磁介质磁化（实物） 巴克豪森效应（实物） 电动机（AR） 矩形载流线框在磁场中的受力方向（实物） 巴比轮（实物） 霍耳效应（动画） 磁聚焦现象（实物） 司南（实物） 磁悬浮（实物） 太阳能电池电机（实物） 磁致伸缩（实物） 穿越杯子的开心果（实物）	1. 静磁场产生案例——地磁场 2. 磁场对电荷的作用力案例——电动机、霍耳效应、磁聚焦 3. 磁场对磁性物质的作用力案例——指南针、磁悬浮
3.3.2　电磁场的耦合与传播	一、元器件中的自感与互感	通电自感现象（实物） 断电自感现象（实物） 互感现象（实物） 机场安检（AR） 电磁炉（AR） 涡流热效应（实物）	元器件间互感应用案例——变压器、电磁炉
	二、电磁波	电磁波的产生与传播（AR） 电磁波的发射与接收（实物） 无线电通信（AR） 雷达（AR） 微波炉（AR）	电磁波应用案例——无线电波的产生和传播

续表

规律分类		演示化资源	实用性案例
3.3.3 电路	一、简单电路	高压带电作业（实物） 手掌蓄电池（实物）	简单电路应用案例——高压带电作业
	二、复杂电路	基尔霍夫定律（实物） *RC* 电路（实物） 温差电效应（实物） 佩尔捷效应（实物） 半导体制冷（实物） 磁悬浮（实物）	复杂电路应用案例——半导体的伏安特性、超导体

3.3.1 电磁场的产生与电磁力

一、电荷产生的静电场及其电场力

1. 规律描述

（1）电荷的产生

物质的微观组成单位是原子，原子是由带正电的原子核和核外带负电的电子组成，一般情况下，正负电荷靠引力和斥力维系在 0.06 nm 到 0.5 nm 的距离范围内。

授课录像：电荷产生的静电场及其电场力——规律描述

一般情况下，物质的正电荷和负电荷数目是相等的，所以物质呈电中性。但是在一定的条件下，比如摩擦、电、光等外界作用下，某个原子中的电子就会离开原来的原子而跑到另一个原子中，导致了某个原子带正电荷，而另外一个原子带负电荷，参见“实物演示：摩擦起电”“实物演示：范德格拉夫起电机”“实物演示：水滴感应起电”。

实物演示：摩擦起电

实物演示：范德格拉夫起电机

实物演示：水滴感应起电

配音：电荷产生的静电场及其电场力——规律描述

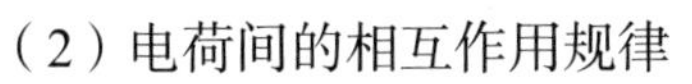

（2）电荷间的相互作用规律

物质的正负电荷被分开后，就有了带正电荷或负电荷的非电中性物质。电荷产生电场的规律遵从库仑定律，即电荷产生静电场的大小与电荷量成正比，与距离平方成反比。电荷之间的相互作用力方向的规律是，同性电荷相排斥，异性电荷相吸引，亦即，正电荷与正电荷间、负电荷与负电荷间均是相互排斥力，正电荷与负电荷间产生吸引力，参见“实物演示：维氏起电机”“实物演示：静电跳球”“实物演示：静电摆球”。由于异性电荷之间的吸引力性质，会导致正负电荷之间的会聚，称为聚集复合，宏观表现为放电过程。

实物演示：维氏起电机

实物演示：静电跳球

实物演示：静电摆球

（3）物质的电性质

在物质的内部，如果电子在外电场的作用下可以自由移动，这种物质称为导体。而在外电场下电子不能自由移动的物质称为绝缘体。还有一类物质，在一定的条件下，表现出导体的性质，而在另外的条件下表现出绝缘体的性质，称为半导体，参见“实物演示：绝缘体变导体”。

在外电场与导体内部感应电场的共同作用下，当导体内的电子处于平衡状态时，有两个显著的特征。其一，电子主要分布在导体的表面，且导体表面曲率半径大的地方电荷面密度大，曲率半径小的地方电荷面密度小，曲率半径为负的地方电荷面密度更小。由于导体的这种性质，导致导体的尖端更容易出现放电效应，参见“实物演示：曲面电场分布”“实物演示：尖端放电”“实物演示：静电转轮”“实物演示：静电滚筒”“实物演示：放电等离子体转轮”。其二，导体构成的封闭区域内的电场强度为零，这称为静电屏蔽，参见“动画演示：静电屏蔽”。

由于绝缘体内部的电子不能自由移动，当有外电场存在时，绝缘体内的电子不会大范围内地移至物体的两端，但仍然会表现出电性，例如改变外电场的分布，这是介质极化的结果。如果构成绝缘体的分子本来是没有极性的（即分子的正负电荷中心重合），在电场的作用下就会使正负电荷发生微小移动，使正负电荷的中心沿着外场方向分离，这就是位移极化。如果构成绝缘体的分子是有极性的，则每个分子都是一个小的电偶极子，在外电场作用下本来随机分布的电偶极子会沿着外电场方向偏转，这就是取向极化，参见“实物演示：电介质极化”。不仅电场会使电介质极化，一些特殊材料在压力下也会产生极化现象，称为压电效应，参见“实物演示：压电效应”。

实物演示：绝缘体变导体

实物演示：曲面电场分布

实物演示：尖端放电

实物演示：
静电转轮

实物演示：
静电滚筒

实物演示：
放电等离子体转轮

动画演示：
静电屏蔽

实物演示：
电介质极化

实物演示：
压电效应

（4）放电效应

高压电极周围的强电场会引起气体内的离子、电子加速运动撞击周围气体分子，导致气体分子的激发、电离。当正负电荷再次复合时，部分能量会以光子的形式发出，从而导致气体发光，如辉光放电、弧光放电、火花放电等都是这种原理导致的。其中，辉光放电一般是在低压气体中发生，电极距离较远，电压梯度在阴极附近较大，电离主要在阴极附近发生，所以发光主要集中在阴极附近，电流小发热量不高，参见“实物演示：辉光放电球”“实物演示：三基色辉光灯”“实物演示：混合色辉光灯”“实物演示：日光灯的静电起辉”。弧光放电一般电极距离近，电压较低，但电流大，使电路中产生很高的热量，而高热量的流动又会促使电离过程进一步加剧，从而产生较亮的弧光，参见“实物演示：雅各布天梯”。火花放电，一般电极距离远，电压高，电离发生在极间较窄的通道中，放电后电压立即下降，导致放电时间短，如闪电就是最常见的火花放电现象。

实物演示：
辉光放电球

实物演示：
三基色辉光灯

实物演示：
混合色辉光灯

实物演示：
日光灯的静电起辉

实物演示：
雅各布天梯

2. 应用案例——日冕光环、电离层、臭氧层、雨雷电、极光、负氧离子、生物电

太阳向外辐射能量的动力，是高温下氢的同位素聚变成氦元素的热核反应。太阳靠热核反应中产生的热压力与自身的万有引力平衡，使像太阳这样的恒星长期维持一个平衡状态。太阳的热核反应过程中，除辐射各种频率的光子，还会向外辐射一些带电粒子，这些带电粒子以近光速运动，称为高能粒子流。

授课录像：电荷产生的静电场及其电场力——应用案例

配音：电荷产生的静电场及其电场力——应用案例

太阳和地球之间的距离是地球直径的 1.2 万倍，大约是 1.5×10^{8} km。太阳发出的一束光传到地球约需 8 分 20 秒。太阳向外喷射的高能粒子（质子、电子和能量很高的重离子），会导致日冕光环、电离层与极光现象的发生。而太阳辐射的紫外线又会导致地球表面臭氧层以及负氧离子等的出现，这些现象可用静电学原理定性解释如下。

（1）日冕光环

高能粒子从太阳表面可以延伸到几个太阳半径处，其密度分布是不均匀的。太阳南北极附近的高能粒子密度较低，而高能粒子易从低密度处出射。从太阳出射的高能粒子也称太阳风。从太阳发出的高能粒子会发生各种辐射，例如，自由电子散射光球辐射，处于亚稳态离子的禁戒跃迁，电子、质子及各种重离子碰撞引起的轫致辐射，电子在磁场中运动产生的同步加速辐射，等离子体的静电振荡过程中产生的辐射等。如此众多种类的辐射会产生 X 射线、紫外线、可见光等，这些电磁波就构成了连续的电磁波谱。人们在日全食的时候，就可以看到一个光环，称为日冕光环。

（2）电离层

从冕洞出射的高能粒子会撞击地球大气层顶部的大气分子或原子，使后者电离，产生自由的电子和正负离子，形成等离子体区域，这个区域就是电离层。电离层的分布从距离地面约 50 km 处开始，一直延伸到距地面约 1000 km 处。电离层能使无线电波改变传播速度，发生折射反射和散射，产生极化面的旋转，并受到不同程度的吸收，对地空的通信产生很大影响。

（3）臭氧层

太阳光中的短波紫外线照射空气中的氧气，会把氧气分解成两个氧原子。而氧原子和氧气再结合的时候，可以形成有三个氧原子的分子，称为臭氧。臭氧不稳定，当长波紫外线再继续照射臭氧的时候，它又会把臭氧分解成氧原子和氧气。由于臭氧的密度比氧气大，所以，空中形成的臭氧会沿着重力场运动。在运动过程中，太阳的长、短波紫外线会使臭氧的形成与分解过程反复进行，最终形成一个臭氧与氧气共存的平衡状态，使臭氧层得以稳定存在。臭氧层的主要分布高度是从离地面 20 km 至 50 km。臭氧层可以阻挡太阳紫外线，将其转化为热，加热大气。少量的臭氧可以使人感到很清爽，比如，雷电过后人们感到身体很清爽，那就是臭氧的作用，而过量的臭氧会对人体产生伤害。

（4）雨雷电

地球表面上空随着高度的增加而温度逐渐在降低。地球表面形成的水汽在上升的过程中，随着高度的增加就会凝结成小水滴，形成天空的云。上升的热气使小水滴聚集到一定数量时，就形成积雨云。积雨云距离距地面大约是 1000 m。小水滴间碰撞以及气体分子的凝聚过程，会形成大雨滴。当大雨滴的重量大于空气的阻力与浮力时，雨滴就会下降形成雨。

下降的雨滴与上升热气的摩擦，会产生正负电荷分离。云顶一般分布正电荷，云底分布负电荷。云底的负电荷会使地面的高端物体感应出正电荷。由于云顶和云底之间，云底和地面高端物体之间有正负电荷的分布，就会产生电荷的复合过程。电荷在复合的过程中，会释放电能而爆炸。爆炸所产生的声波向四周传开，就是雷鸣。电荷在复合过程中所形成的巨大电流会击穿空气产生耀眼的闪光，就是闪电。由于声速小于光速，所以，人们先看到闪电，后听到雷声，参见“AR 演示：雨雷电”。

AR 演示：
雨雷电

（5）极光

地磁场的磁感应线是从南极到北极的弧形线，亦即磁感应线与地球的赤道面是垂直的。太阳出射的高能粒子到达地球表面时，由于地磁场作用，粒子只能绕着磁感应线做回旋运动，从地球的南北极进入到地球。进入地球大气层的高能粒子与高空中大气层中的氧和氮相遇，使氮和氧激发并发光。物质的能级结构决定了氧发出绿色、红色的光，氮发出紫色、蓝色及深红色的光，这些不同颜色的光合起来，就形成了壮观的极光景象。

（6）负氧离子

氧原子里面增加一个电子称为负氧离子。天然负氧离子主要靠宇宙射线、紫外线等产生，也可以通过微量元素辐射、电击等方法人工获得。负氧离子的寿命随着环境的不同而不同，在洁净的空气中负氧离子的寿命长达几分钟，而在灰尘中只有几秒钟，这就意味着灰尘能够吸附负氧离子。所以，负氧离子是去除尘埃、病菌的有效手段之一。此外，负氧离子还具有镇静、催眠、降压等功能，称为人体的空气维生素。

由于尘埃、污染物等能够吸附负氧离子，导致负氧离子在晴天的时候就会比阴天多，夏季比冬天多，中午比早晚多，户外比室内多。所以，从吸收负氧离子的角度看，多进行户外运动是有益的。

（7）生物电

生物体通过控制细胞膜两边的离子浓度可以形成细胞膜内外的电势差，大量细胞所累积的这种电势差称为生物电。一般情况下，这种生物电都是很弱的，主要用于生命活动或者神经传导。而有的生物体内的各细胞之间也有电势差，这种生物电就会很强。例如，电鳗鱼的身体有着特殊的细胞结构，它在受到刺激或者捕食猎物的时候，能控制细胞内的离子进行定向流动，产生电流。每个细胞产生的电压虽然不高，但是数千个细胞串联起来就可以产生 300~800 V 的电压。电鳗鱼放电时之所以不会电到自己，是因为电鳗鱼的主要器官集中在身体的前端，有绝缘性较好的脂肪保护，而放电细胞在身体的后侧，放电时大部分电流会被电阻较小的水导走。人们利用生物电这一特性制作了心电图、脑电图、肌电图等仪器，用以诊断生命体各器官的状态。

为何衣物等物体会有放电现象？为何静电可以除尘？为何避雷针可以避免建筑物遭受雷击？为何飞机不怕雷击？为何房间内有的地方手机信号不好？为什么麦克风可以放大声音？这些问题都与静电学原理有关，具体解释参见《物理与人类生活》（张汉壮、王磊、倪牟翠主编，高等教育出版社出版）。

二、变化的磁通量产生的涡旋电场及其电场力

1. 规律描述

授课录像：
变化的磁通量产生的涡旋电场及其电场力

由前述可知，电荷可以产生电场。是否可以利用磁来产生电呢？答案是肯定的，即变化的磁通量也可以产生电场，称为法拉第电磁感应定律。但电荷产生的电场与变化的磁通量产生的电场的性质是有所不同的，前者的电场线是发散的，即发散电场，而后者的电场线是涡旋状的，也称涡旋电场。

配音：
变化的磁通量产生的涡旋电场及其电场力

以磁场穿过一个导体线圈的系统为例，将穿过线圈的磁感应强度与线圈的面积乘积定义为磁通量。法拉第的实验研究结果表明，磁通量的变化导致在导体线圈中产生电场，电场对电子做功会产生电动势，参见“实物演示：感应电动势”。磁通量的变化可以有两种方式来实现，一种是线圈面积不变，而磁感应强度变化；另一种是磁感应强度不变，而线圈面积变化。前者产生的电动势称为感生电动势，后者称为动生电动势。线圈内产生感生电流方向可由楞次定律进行判断，即感应电流产生的磁通量与原磁通量增量反向，参见“实物演示：对比式楞次定律”“实物演示：跳环式楞次定律”。由于磁通量变化而在导体内部产生的电流同样要受到安培力的作用，参见“实物演示：洛伦兹力”“实物演示：电磁驱动”“实物演示：电磁阻尼”“实物演示：能量转轮”“实物演示：电磁炮”。

实物演示：
感应电动势

实物演示：
对比式楞次定律

实物演示：
跳环式楞次定律

实物演示：
洛伦兹力

实物演示：
电磁驱动

实物演示：
电磁阻尼

实物演示：
能量转轮

实物演示：
电磁炮

2. 应用案例——发电机

设想将一刚性的矩形线圈置于两个磁铁组成的磁场中，想办法让线圈运动起来。线圈在磁场中转动，由于磁铁所形成的磁场是固定的，穿过线圈的磁感应线的数量是变化的，亦即磁通量是变化的。根据电磁感应定律，变化的磁通量会导致线圈产生动生电动势，参见“AR 演示：发电机”。一个关键问题是如何使置于磁场中的线圈转动起来？其办法有多种，如人工转动，即人工发电，参见“实物演示：脚踏发电机”；将自然界流动的水截留形成水库，水库的水再次放出时就会将势能变成动能，利用水流速冲击与线圈固连的叶轮，从而使线圈转动起来，即水力发电。同样的原理，还有风力发电、利用核反应所产生的蒸汽推动叶轮的核能发电等。

磁铁在金属管道中运动变慢也与电磁感应原理有关，具体解释参见《物理与人类生活》（张汉壮、王磊、倪牟翠主编，高等教育出版社出版）。

AR 演示：
发电机

实物演示：
脚踏发电机

三、电流产生的磁场及其磁场力

1. 规律描述

授课录像：
电流产生的磁场及其磁场力

由前述可知，电荷以及变化的磁通量均可以产生电场，而磁场则是由运动的电荷（电流）产生的。磁场仅对运动的电荷（电流）产生作用力，称为磁场力。运动电荷产生恒定磁场的规律是毕奥-萨伐尔定律。恒定磁场对运动电荷产生的作用力规律是安培定律，参见“实物演示：安培力”。显然，在电场与磁场共存的空间，运动的电荷将受到电场力与磁场力的共同作用，作用的规律由洛伦兹力公式来表示。为了描述磁场，与电场线的概念类似引入磁感应线，用来描述磁场的方向和强度，参见“实物演示：磁感应线”。

配音：
电流产生的磁场及其磁场力

磁铁等物质产生的磁场以及磁场对磁性物质的作用源于物质本身内部电子的轨道、自旋、相互作用等多种因素组成的内部磁矩。不同物质的内部磁矩是不同的。有的物质内部不会存在固有磁矩，但在外磁场的作用下，会感应出与外磁场相反的磁矩，这种感应磁矩是十分微弱的，称为抗磁性物质，如水、铜、碳等物质。有的物质则有固有磁矩，称为磁性物质。一般情况下，磁性物质中的固有磁矩的方向是随机的，产生的磁场相互抵消，导致对外整体不显示磁性。但在外磁场的作用下，这些固有磁矩会沿着磁场方向重新分布，各个磁矩所产生的磁场不能相互抵消，宏观表现为被磁场所吸引，如铁、钴、镍等物质。有的磁性物质内的固有磁矩具有天然的方向取向性，即各个固有磁矩的取向大致相同，导致即使没有外磁场作用，物质的两端也会形成磁极，如天然的磁铁。显然，对于非天然性质的磁性物质，通过缠绕导线，用电流产生磁场的方式，同样可以使其两端形成磁极，称为电磁铁。对于有些过渡金属或稀土金属化合物，其局域的磁矩处于有序且相互反平行状态，因此在不受外磁场作用时的净磁矩仍为零，并不表现出磁性，称为反铁磁性。

在外界磁场的作用下，可以改变磁性物质内部的磁场性质，从而影响周围磁场分布，参见“实物演示：磁介质磁化”。铁磁性物质在反复磁化过程中，会发现其磁感应强度不随外界磁感应强度呈线性变化，两者的关系可构成一闭合曲线，此曲线称为磁滞回线，而在磁滞回线变化最陡峭的地方会出现不连续的跃变，称为巴克豪森效应，参见“实物演示：巴克豪森效应”。

实物演示：
安培力

实物演示：
磁感应线

实物演示：
磁介质磁化

实物演示：
巴克豪森效应

2. 应用案例

（1）恒定磁场产生的案例——地磁场

在地球内部、表面及外部空间存在天然的磁场，称为地磁场。如果将地球想象成一块磁铁，那么地理上的南极与北极恰好是这块磁铁的北极与南极，地球外部空间磁场的总体的方向是从地球的地理南极至地理北极。有证据表明地磁场方向并不是一成不变的，而是曾经发生过多次翻转。地磁场究竟是如何形成的？这个问题至今仍未能得到彻底的解决。在各种关于地磁场起源的理论中，目前获得最多认可的是“液核发电机”假说。研究资料表明，地球的外核是液态的，具有很高的电导率，并且处于不断运动中。如果在液核中存在一微弱磁场，那么液核中导电物质的流动切割磁场就会产生感应电流，电流又会加强磁场，在适当的条件下，电流最终会维持在一个稳定的数值，这一机制被称“磁流体发电”，稳定的电流就形成了地球的磁场。液核发电机理论不仅可以解释基本的地磁现象，而且是目前唯一能够解释地磁场翻转现象的理论，因此被认为是较为成功的地磁起源理论。

（2）恒定磁场对电荷的作用力案例——电动机、霍耳效应、磁聚焦

电动机——设想将一刚性的矩形线圈置于两个磁铁组成的磁场中。当线圈两端通电时，就会在线圈中产生电流，亦即磁场中有运动的电荷。磁场对每个运动的电荷会产生力，导致磁场对线圈整体的作用力，其方向与磁场、电流的方向都有关。

线圈所受的作用力构成力矩，导致线圈绕某一定轴转动，由此实现了由电到运动的转变，即电动机，参见“AR 演示：电动机”以及“实物演示：矩形载流线框在磁场中的受力方向”“实物演示：巴比轮”等。电动机可以分为直流电动机和交流电动机，分别对应加载在线圈两端的电压为直流电和交流电的情况。

霍耳效应——将一导体平板置于磁场中，平板的平面垂直于磁场，当导体平板通入垂直于磁场的电流时，由于洛伦兹力的作用，电荷将发生偏转，导致垂直于电流方向的导体板的两端产生电势差，称为霍耳效应，参见“动画演示：霍耳效应”。

磁聚焦——沿着磁场方向发射一电子束，电子的运动可分解为平行于磁场方向的直线运动和垂直于磁场方向的圆周运动，总运动是一螺线运动。由于电子束平行磁场方向的速率基本相等，而电子在垂直于磁场方向圆周运动周期与电子速度大小无关，所以经过一个回转周期后，电子基本会落在同一点，利用这点可以实现电子束的磁聚焦，参见“实物演示：磁聚焦现象”。磁聚焦经常被用在电真空系统中，如电子显微镜。

AR 演示：
电动机

实物演示：
矩形载流线框在磁场中的受力方向

实物演示：
巴比轮

动画演示：
霍耳效应

实物演示：
磁聚焦现象

（3）磁场对磁性物质的作用案例——司南、磁悬浮

司南——指南针是我国的“四大发明”之一，在古代被称为“司南”。指南针就是借助地磁场的方向，为人们在地球表面运动指明方向的工具。指南针本身就是一个小的永磁铁，具有固有的 N 极和 S 极。当它处于地球表面的地磁场中时，由磁铁的同极相斥、异极相吸的规律可知，指南针的 S 极将自动指向地磁场的 N 极，也就是地球的 S 极，亦即地球的南部方向，参见“实物演示：司南”。有研究表明鸟类天生具有感知磁场的能力，它们可以通过感知地磁场来确定自身的方位。

磁悬浮——超导体会产生完全抗磁性，这是因为超导体进入磁场时，会在表面感应出超导电流，又因其电阻为零，所以电流不会消失，会一直抵抗外界磁场，使超导体内部磁场为零。超导电流产生的磁化方向由外磁场的变化决定，产生排斥力或吸引力，使超导体悬浮起来或者吸引不掉落，参见“实物演示：磁悬浮”。与电磁力相关的其他案例参见“实物演示：太阳能电池电机”“实物演示：磁致伸缩”“实物演示：穿越杯子的开心果”。

电饭锅为什么可以自动断电？什么是电磁炮弹？磁悬浮列车是如何运行的？这些问题都与运动的电荷产生的恒定磁场以及磁场力有关，具体解释参见《物理与人类生活》(张汉壮、王磊、倪牟翠主编，高等教育出版社出版)。

实物演示：
司南

实物演示：
磁悬浮

实物演示：
太阳能电池电机

实物演示：
磁致伸缩

实物演示：
穿越杯子的开心果

3.3.2 电磁场的耦合与传播

一、元器件中的自感与互感

1. 规律描述

授课录像：
电磁场的耦合与传播

前述所列举的主要是关于静电场和恒定磁场的产生以及电磁作用力的实验总结规律。在此基础上，麦克斯韦引入了变化的磁场产生涡旋电场，变化的电场产生位移电流两个假设，建立了完美的麦克斯韦方程组，使电磁现象规律有了统一的数学描述。

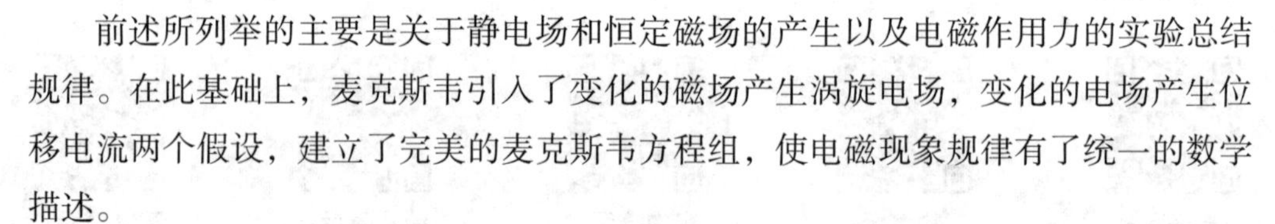

配音：
电磁场的耦合与传播

如果电荷的运动(电流)和磁通量的变化都是交变的，就会导致电场与磁场相互耦合的作用，从而导致出现自感与互感现象。当线圈中电流发生变化时，会在周边产生变化的磁场，变化的磁场会使邻近空间区域产生电场。这个感应电场作用到原来的线圈中，会产生感应电动势，阻止电流变化时，参见“实物演示：通电自感现象”“实物演示：断电自感现象”。利用这一自感现象可制成电感线圈，用来实现电路的延时目的。当感应电场作用到周边的线圈中，会使线圈中感应出电流，称为互感现象，参见“实物演示：互感现象”“AR 演示：机场安检”。

实物演示：
通电自感现象

实物演示：
断电自感现象

实物演示：
互感现象

AR 演示：
机场安检

2. 应用案例——变压器、电磁炉

(1) 变压器

由多个金属片组成一个矩形框，在矩形框的一组对边上分别缠绕两组线圈，一

端作为输入端，另一端作为输出端。当输入端输入交变电流时，变化的电场就会在金属框中形成交变的磁场，而交变的磁场又会在输出端的线圈中产生交变的电场，致使输出端产生电压。计算表明，输入端和输出端的电压比与输入和输出端所缠绕的线圈匝数有关，改变线圈的匝数比，即可实现电压的升高或降低。

（2）电磁炉

电磁炉的炉面是耐热陶瓷板，中心位置内部由线圈组成。当线圈中通有交变电流时，电磁感应定律导致线圈周围会产生交变的磁场，交变的磁场又会产生交变的涡旋电场。将铁锅或不锈钢锅等含铁的锅具放在电磁炉中心位置的时候，这个涡旋电场就会作用在锅具底部的铁上，使锅底产生涡旋电流。该涡旋电流会导致锅具本身发热，从而加热食物，利用此原理还可以实现高频感应加热，参见“AR演示：电磁炉”“实物演示：涡流热效应”。

为什么手机可以实现无线充电亦是电磁感应的应用实例，具体解释参见《物理与人类生活》（张汉壮、王磊、倪牟翠主编，高等教育出版社出版）。

AR演示：
电磁炉

实物演示：
涡流热效应

二、电磁波

1. 规律描述

麦克斯韦方程组中所蕴含的变化的电场与磁场的交替耦合规律并不依赖于是否有导体等物质的存在。如果有导体等物质的存在，其耦合的规律体现为上述的自感与互感现象。如果没有导体等介质的存在，就体现为电场与磁场在空间的耦合传播，即电磁波。

无线电波、微波、红外线、可见光、紫外线，X射线等均属于电磁波。所有这些电磁波本质上是相同的，主要的差别在于频率或波长的不同。把各种电磁波按照频率或波长的顺序排列起来，称为电磁波谱。不同波长范围的电磁波，其产生方式、性质、用途都有所不同。例如，波长从几毫米到千米范围内的是无线电波，一般由电磁振荡电路产生，主要用于通信、广播及电视信号传播；波长从780 nm到几毫米范围内的电磁波称为红外线，具有显著的热效应，在军事上可用于侦察记录目标信号；波长在几纳米到400 nm的电磁波是紫外线，具有杀菌作用，还会促进化学反应的进行；比紫外线波长更短的电磁波有X射线和γ射线，它们具有极强的穿透本领。X射线在医疗上可用于透视和病理检查，而γ射线可用于手术切除病变部位等。

2. 应用案例——无线电波的产生和传播

波长从几毫米到千米范围内的电磁波称为无线电波，主要用于通信、广播及电视信号等的传播。无线电波一般是由振荡电路产生。最简单的电磁振荡电路由一个电容器和一个电感线圈构成。给电容器充电并接通电路后，电路里就会产生周期性变化的电流，从而使电感线圈中获得周期变化的磁场，这一交替变化的电场磁场通过天线由近及远地传播，形成了无线电波，参见“AR 演示：电磁波的产生与传播”“实物演示：电磁波的发射与接收”。

如果要利用无线电波传输信息，则首先将信息转换成电信号，将需要传送的电信号调制到一个高频无线电波上，再通过天线发射出去，在需要的地方安装接收器，接收无线电波并解调，就完成了信息的传递与接收。这就是无线通信的原理。信息传送中的高频信号是为了减少信号在空间传播中的能量损失。与电磁波相关的其他案例参见“AR 演示：无线电通信”“AR 演示：雷达”“AR 演示：微波炉”。

AR 演示： 电磁波的产生与传播

实物演示： 电磁波的发射与接收

AR 演示： 无线电通信

AR 演示： 雷达

AR 演示： 微波炉

3.3.3 电路

一、简单电路

1. 规律描述

授课录像： 电路

由电阻、电感、电容、二极管、三极管等元器件构成的电路是信号的发射和接收的基本单元。电路中的电阻、电流、电压的制约规律关系是设计电路的核心。欧姆定律适用于纯电阻电路，即由金属导体或电解液导电的电路。随着对半导体、电介质等材料及器件的研究进展，人们有时候也用类似欧姆定律的方法来讨论这类非纯电阻电路的问题。

2. 应用案例——高压带电作业

配音： 电路

电流流经人体会对人体造成伤害，我国民用电压为 220V，远超过安全电压 36V，而高压线则更加危险。上万伏的高压线，即使不去触碰，接近高压线也可能因为静电感应导致人体和地面出现很高的电势差而发生触电事故。而高压线也需要日常维护和修理，那么维修人员是怎么做到不触电的呢？由欧姆定律可知，如果人体各部位处于等电势，即没有电势差，即便是再高的电势也不会在人体中产生电流。

高压作业就是基于这个原理而进行的。具体的操作办法就是工作人员穿上导体工作服，通过各种技术使人体和某根高压线处于等电势，之后就可以对该根高压线进行作业了，参见“实物演示：高压带电作业”。

人们经常看到小鸟在某个高压线上自由地降落飞起，其原因就是小鸟的两个爪子始终处于一根高压线上，两个爪子之间的电压为零，不会在小鸟身体中产生电流。设想小鸟的一个爪子落在高压线的某一极线上，而另一爪子落在高压线的另一极线上，巨大的电压会导致巨大的电流穿过小鸟的身体，小鸟瞬间便会灰飞烟灭。

手掌可以产生电吗（参见“实物演示：手掌蓄电池”）？这也与电路规律有关，具体解释参见《物理与人类生活》（张汉壮、王磊、倪牟翠主编，高等教育出版社出版）。

实物演示：
高压带电作业

实物演示：
手掌蓄电池

二、复杂电路

1. 规律解释

实际电路往往比简单的串并联电路复杂得多，利用欧姆定律解决起来非常困难，基尔霍夫定律为分析复杂电路提供了有效的方法。基尔霍夫定律不仅可以应用到简单电路，也可用于存在电感、电容、二极管、三极管等电子元件的复杂非线性电路，参见“实物演示：基尔霍夫定律”“实物演示：*RC* 电路”。

温度差可以产生电动势，反过来电流流动也可以带来温度差，这些效应就是温差电效应。温差产生电动势的实例，参见“实物演示：温差电效应”；电流产生温差的实例参见“实物演示：佩尔捷效应”。温差电效应是指当金属中温度不均匀时，会在金属两端形成电势差，这是因为金属中的自由电子像气体一样会发生热扩散，由温度高的地方向温度低的地方移动，从而在温度低的地方形成电子堆积，产生电势差。佩尔捷效应是指当两种不同导电材料接触时，在其中通入直流电流，则在材料接触点处会产生吸热放热的效应，这是因为不同材料中电子所处的能级不同，由高能级材料到低能级材料的时候电子损失能量以热的形式放出，反之吸收热量。

实物演示：
基尔霍夫定律

实物演示：
RC 电路

实物演示：
温差电效应

实物演示：
佩尔捷效应

2. 应用案例

（1）半导体的伏安特性

按照物质的导电难易程度，可以把物质分为绝缘体（几乎不导电）、半导体（在一定条件下导电）、导体（导电、电阻不为零）和超导体（导电、电阻等于零）几类。其中半导体是一类具有特殊导电特性的重要的电子材料。一般而言，含有半导体元件的电路中欧姆定律是不成立的。不过在讨论半导体的性质时，往往采用欧姆定律的变形形式来表示半导体元件的“电阻”。在不同时刻测量出加在半导体元件两端的电压及流经元件的电流，以电压为横坐标，电流为纵坐标，逐点记录各个电压所对应的电流，这样就可描绘出电流随电压变化的曲线来，称半导体元件的伏安特性曲线。曲线上每一点的切线斜率的倒数往往被当成元件在此时的“电阻”。显然，半导体元件的电阻是随电压变化的量。事实上，半导体的“电阻”不仅随外加电压变化，还和半导体所处环境的温度、湿度、光照都密切相关。半导体的这些特性使其在现代电子技术中具有极其广泛的应用，参见“实物演示：半导体制冷”。

实物演示：
半导体制冷

（2）超导体

1911 年荷兰物理学家昂内斯在实验中发现，当温度降低至 4.2 K 时，汞金属的电阻突然降为零。他指出汞进入了一个新的状态，并把这种物质状态命名为超导态，而把电阻发生突变的温度称为超导临界温度。此后科学家们又发现了锡、铅、铌等其他金属在临界温度下也转变为超导体。昂内斯还设计了著名的持久电流实验来演示超导现象的存在。他把铅制闭合线圈放进杜瓦瓶里，瓶外放一磁铁，然后把液氦倒入杜瓦瓶中使铅冷却成超导体，最后把瓶外的磁铁突然撤走，由于电磁感应原理，在铅线圈中产生了感生电流。如果是在正常金属中，这个感应电流很快就会衰减为零了。但是在超导线圈里的这个感应电流却在一年以上的时间里未见有衰减的迹象！这就是有名的持久电流实验。后来人们用更精确的方法测量并推算，只要维持线圈在超导态，超导电流的衰减时间将不少于十万年！参见“实物演示：磁悬浮”。

实物演示：
磁悬浮

超导现象如此神奇，人们自然想到它的很多应用。例如用超导线圈制成电磁铁，是否可以用很小的电势差产生极强大的电流，因而获得超强的磁力呢？事实上这种方法是行不通的。实验发现，若超导体处于磁场中，当磁场小于某一临界值时，超导体电阻为零；而当磁场增加至临界值以上时，超导体的电阻突然出现，超导态被破坏而转变为正常态。此临界值就是超导体的临界磁场，它是温度的函数。即使无外加磁场，用超导体制成闭合线圈，当线圈中有电流流过时，线圈自身仍会在周围产生磁场。当电流超过一定值后，电流产生的磁场达到临界磁场时，超导态便被破坏，称此时的电流为超导体的临界电流。可见，超导线圈中的电流是不会无限增大的。

参考文献

[1] 赵凯华，陈熙谋．电磁学．3 版．北京：高等教育出版社，2011.

[2] 梁灿彬．普通物理学教程：电磁学．3 版．北京：高等教育出版社，2012.

[3] 赵凯华，陈熙谋．新概念物理教程：电磁学 .2 版．北京：高等教育出版社，2006.

[4] 贾起民，郑永令，陈暨耀．电磁学．3 版．北京：高等教育出版社，2010.

[5] 贾瑞皋，薛庆忠．电磁学．2 版．北京：高等教育出版社，2011.

[6] 梁绍荣，刘昌年，盛正华．普通物理学：第三分册 电磁学．3 版．北京：高等教育出版社，2005.

[7] Pollack G L. Electromagnetism. 北京：高等教育出版社，2005.

[8] 郭硕鸿．电动力学．3 版．北京：高等教育出版社，2008.

[9] 蔡圣善，朱耘，徐建军．电动力学．2 版．北京：高等教育出版社，2002.

[10] 胡友秋，程福臻，叶邦角，等．电磁学与电动力学：上册．2 版．北京：科学出版社，2014.

[11] 胡友秋，程福臻．电磁学与电动力学：下册．2 版．北京：科学出版社，2014.

[12] Jackson J D. Classical Electrodynamics. 北京：高等教育出版社，2004.

[13] 钱临照，许良英．世界著名科学家传记　物理学家Ⅱ．北京：科学出版社，1992.

[14] 宋德生，李国栋．电磁学发展史．2 版．南宁：广西人民出版社，1996.

[15] 向义和．物理学基本概念和基本定律溯源．北京：高等教育出版社，1994.

[16] 秦克诚．方寸格致：《邮票上的物理学史》增订版．北京：高等教育出版社，2014.

[17] 贝尔．数学大师——从芝诺到庞加莱．徐源，译．上海：上海科技教育出版社，2004.

[18] 郭奕玲，沈慧君．物理学史．2 版．北京：清华大学出版社，2005.

[19] 申先甲．物理学史简编．济南：山东教育出版社，1985.

[20] 陈毓芳，邹延肃．物理学史简明教程．北京：北京师范大学出版社，2016.

[21] 弗・卡约里．物理学史．戴念祖，译．北京：中国人民大学出版社，2010.

[22] 梅森 S F. 自然科学史．周煦良，全增嘏，胡季重，等译．上海：上海译文出版社，1980.

[23] 吴国盛．科学的历程．2 版．北京：北京大学出版社，2002.

[24] 苏亚沃尔夫．十六、十七世纪科学技术和哲学史．周昌忠，苗以顺，译．北京：商务印书馆，1984.

[25] 魏凤文，申先甲．20 世纪物理学史．南昌：江西教育出版社，1994.

[26] 霍布森 A. 物理学的概念与文化素养．4 版．秦克诚，刘培森，周国荣，译．北京：高等教

育出版社，2011.

[27] 赵峥 . 物理学与人类文明十六讲 . 北京：高等教育出版社，2008.

[28] 厚宇德 . 物理文化与物理学史 . 成都：西南交通大学出版社，2004.

第四章　光　现　象

本章概述图 4.1 所示的光现象领域规律的逻辑关系及发展历程，精选典型案例，以 AR 演示及实物演示等方式展现相关的基本规律及其应用案例。

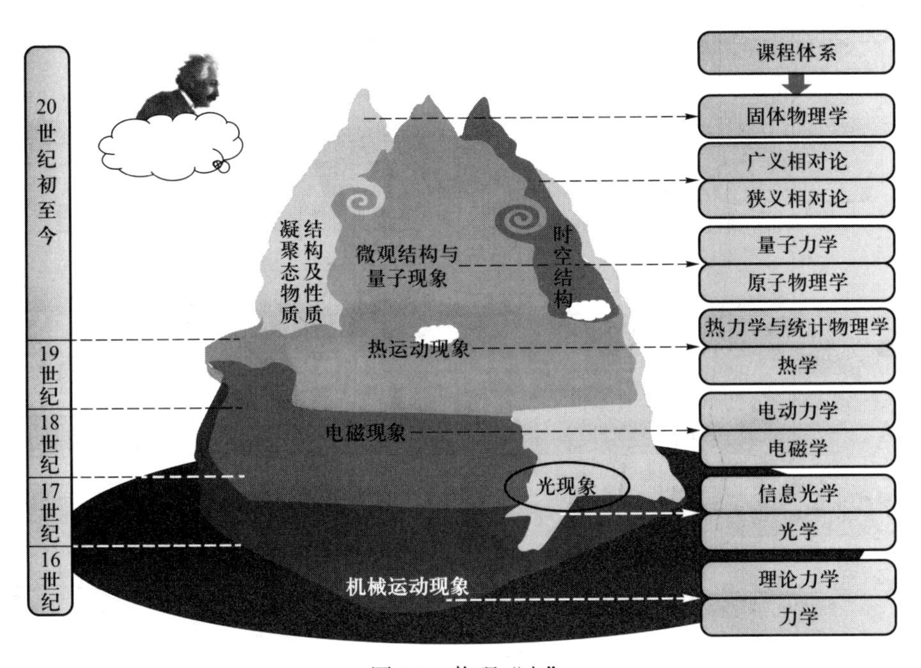

图 4.1　物理“山”

§4.1　光现象知识体系逻辑

光现象研究的是光的传播以及光与物质相互作用的基本规律，形成了光具有波动性和粒子性（波粒二象性）双重属性的理论。针对光的传播规律研究，所形成的基本课程体系分别为光学和信息光学。光学侧重的是以电磁理论为基础的唯象的研究方法，而信息光学则侧重利用电磁理论处理光现象的理论方法（主要是标量衍射理论）。针对光与物质相互作用的规律研究，所形成的课程体系包括唯象理论、非线性光学和量子光学等，其基本逻辑关系如图 4.2 所示。

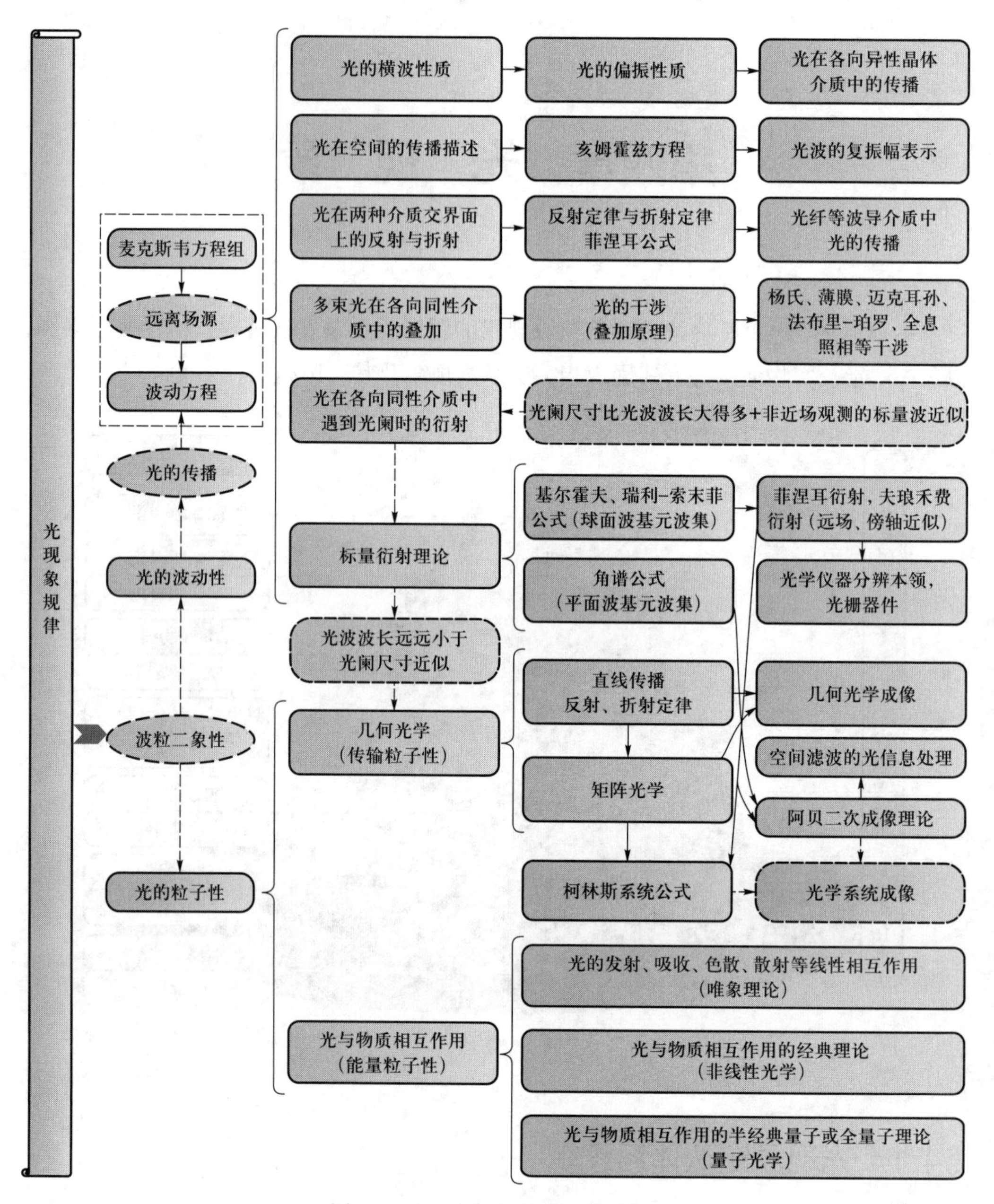

图 4.2　光现象逻辑关系思维导图

目前有关光学的课程名称较多，例如，光学、偏振光学、物理光学、应用光学、信息光学、傅里叶光学、全息光学、非线性光学、量子光学等。这些课程均是图 4.2 所示相关内容的深入理论分析和实际应用，从本科生学习角度而言，光学中需要学习和掌握的内容包括：光的偏振性质，光在各向异性晶体介质中的传播，光的干涉（杨氏干涉、薄膜干涉、迈克耳孙干涉仪、法布里-珀罗干涉仪、全息照相)，光的衍射(菲涅耳衍射、夫琅禾费衍射)，光学仪器分辨本领，光栅器件，光的发射、吸收、色散、散射等唯象理论。其他课程内容需要在研究生阶段或者更加专业的课程中学习。

4.1.1 光的波粒二象性逻辑关系概述

授课录像：光的波粒二象性逻辑关系概述

配音：光的波粒二象性逻辑关系概述

光具有波动性和粒子性的双重属性，简称波粒二象性。光的波动性体现在波的传播方面(波动光学)，光的粒子性体现在传输粒子性和能量粒子性两个方面。光的能量粒子性是光与物质相互作用时所体现的能量量子化的固有属性。从光的传播角度看，在不涉及光的偏振和能量量子化属性时，极限情况下光的波动行为过渡到光的传输粒子性行为(几何光学)。因此从独立性的角度看，光的波粒二象性原则上应是光的波动性与能量粒子性的总称。

光的波动性所涉及的基本光学问题包括：光的横波性质，光在空间的传播描述，光在两种介质交界面处的反射和折射，光在交叠区域的叠加，光遇到光阑时的衍射，光学系统成像与光信息处理等。光属于电磁波，其传播规律遵从麦克斯韦方程组。因此，麦克斯韦方程组及其线性叠加原理是解决光在传播方面的问题的理论基础。

光的能量量子化假说源于普朗克黑体辐射能量量子化的提出，爱因斯坦在此基础上提出了光的能量量子化假说。这个假说可以解释此前的光电效应实验，并被之后的密立根实验以及康普顿散射实验所证实。当光与物质相互作用时，需要考虑光的能量粒子性属性。从定性的角度看，光与物质相互作用所需要的理论基础是光的吸收、色散、散射等唯象理论。从定量的角度看，所需的理论基础是非线性光学和量子力学等理论。

*4.1.2 光的波粒二象性逻辑关系扩展

授课录像：光的波粒二象性逻辑关系扩展

配音：光的波粒二象性逻辑关系扩展

一、光的波动性

光的波动性所涉及的基本光学问题包括：光的横波性质，光在空间的传播描述，光在两种介质交界面处的反射和折射，光在交叠区域的叠加，光遇到光阑时的衍射，光学系统成像与光信息处理等。依次简介相关内容如下：

1. 光的横波性质

波动是振动的传播。从传播的机制角度，常见的有机械波和电磁波。机械波是振动在介质中的传播，需要介质作为媒介。而包括光波在内的电磁波不需要介质，它是电场与磁场在空间的交替耦合传播。无论是机械波还是电磁波，其在空间的传播规律满足各自的波动方程。机械波波动方程需要从力学规律中导出，电磁波的波动方程需要从麦克斯韦方程组中导出。波动有无限多种形式，例如，从振动的方向与传输方向的关系角度看，有横波和纵波之分；从波阵面的角度看，有平面波、球面波、柱面波等之分；从光的振动形式角度看，有简谐波（单频）波、脉冲波、锯齿波等多种函数形式。实际上存在的具体波动形式是由振源决定的。

以平面波为例，由麦克斯韦方程组可以直接导出光波的横波性质，即光是电场与磁场振动方向相互垂直，二者所构成的平面与光的传播方向垂直的横波。波阵面的传播规律与介质的极化性质有关。对于各向同性的均匀介质而言，其波阵面的传播方向与光线的传播方向是一致的，而对于各向异性的介质而言，二者并不是相同的。典型的例子是光在各向异性光学晶体中的传播。

光波所传播的能量用能流密度（也称坡印廷矢量）来表示，即单位时间内穿过垂直于电场强度和磁场强度所构成平面单位面积上的能量。由麦克斯韦方程组可以推知，坡印廷矢量等于电场强度与磁场强度的叉乘，其方向代表着光的传播方向（也就是光束的方向），其大小表示能流密度的瞬时值。能流密度瞬时值在时间上的平均值大小代表着光强，是光学中重要的物理量。对于具体形式的光波，由坡印廷矢量可以导出光强的具体表达式。

2. 光在空间的传播描述

光是一种电磁波，其传播规律可以通过麦克斯韦方程组获得。由于光和介质的相互作用，会导致光场中电（磁）场振动的各分量之间产生耦合。对于各向异性介质而言，这种耦合影响较大。此种情况下需要考虑电场与磁场的振动方向，依据麦克斯韦方程组来处理光波的传播规律，称为矢量波。而对于各向同性的介质而言，电（磁）场振动的各分量之间的耦合较小，可以忽略，此时仅考虑电场振动的一个分量的振幅，而不考虑振动方向，称为标量波近似。

为了定量描述光波在空间传播规律，需要由波动方程给出光波的空间信息和时间信息。但由于光波的振动频率很高，普通测量设备的时间响应无法体现光振动随时间的变化效应，因此对于光信息的描述，仅需考虑电场的空间分布信息，而不用再考虑时间变化信息。从光的振动形式角度看，有脉冲波、锯齿波等多种函数的波动形式。由傅里叶变换理论可知，时间上的任何一种波动形式均可以看成简谐波（单频）的线性权重叠加。因此，简谐波是研究波动的基础。鉴于上述情况，光学中经常以简谐波为例研究相关问题。

忽略光波场强度随时间的变化，光波的空间信息是由振幅和相对空间某点的相位变化两部分所组成。原则上，光波的空间信息是用实数来表述的。为了数学上处理问题的方便，经常将余弦函数表示的相位信息用 e 指数来表示。因此，光波的空间信息可以由振幅与 e 指数的乘积这样一个复数来表述，称为复振幅表述。数学上利用复振幅表述，将最后的结果再取实部就实现了对光波场的空间信息表述。这种数学上采用复振幅运算，再取实部的数学处理方法对于余弦函数的线性运算是有效的。但对于有余弦函数的乘积等非线性运算，光波的复振幅运算取实部与直接的实数运算的结果并不是对应的关系，需要借助相关的运算法则处理使二者得以一致。

由上述的光波复振幅表述方法可以看出，光波的空间复振幅信息是由光波场的振幅和相位所组成。在各向均匀的介质中，光波的复振幅遵从由波动方程所导出的亥姆霍兹方程。由此可以得出几种较为常见的光波复振幅规律，例如，对于平面简谐波，其振幅是常量；对于球面简谐波，其振幅随着距离的增加成反比减小。对于其他形式的标量简谐波，其复振幅所满足的规律需要由亥姆霍兹方程来求解。

3. 光在两种介质交界面的反射和折射

针对光在两种介质交界面的反射和折射的问题，由入射光波与反射光波和折射光波的电场量守恒关系可以导出光线传播的反射与折射定律。辅以麦克斯韦方程组，可以进一步获得反射光波和折射光波的电场分量与入射光波电场分量间的关系，称为菲涅耳公式。以光的反射与折射定律以及菲涅耳公式为基础，可以获知光在光纤等波导介质中传播的规律。

4. 光在交叠区域的叠加

针对各向同性介质中多光束交叠区域叠加的问题，所依据的理论基础是波动方程所遵循的叠加原理，即交叠区域某点光的复振幅（含有光的频率信息）是多个光在该点的复振幅叠加。该叠加复振幅模方对应该点的可观测量光强。由于叠加复振幅模方后存在交叉项，该交叉项会导致在某个接收屏上的光强分布呈现亮暗相间的条纹，称为光的干涉效应。因此，光的干涉效应源于复振幅叠加形式的存在，其光强亮暗程度的干涉效果取决于这个交叉项与空间参量的分布关系。例如，对于双缝干涉系统而言，当来自双缝的光波间满足频率相同、振动方向相同、具有稳定的相位条件时，交叉项随空间参量的变化显著，干涉效果就显著，否则就不显著。当交叉项与空间参量完全无关时，光在交叠区域就变成了光强的叠加，干涉现象也就消失了。利用光的干涉规律可以解释薄膜彩色条纹的形成等自然现象，制作用以实现高精密测量的迈克耳孙干涉仪、法布里－珀罗干涉仪等器件，实现全息照相等应用。

5. 光遇到光阑时的衍射

光在各向同性介质中遇到光阑时的非直线传播规律称为衍射。处理该类问题的核心思想是选择一组基元波系（也称完全波集），将光的复振幅信息以基元波的线性组合进行展开处理。球面波、平面波、柱面波分别可以作为一类完全波集，由此产生了球面波衍射理论、平面波衍射理论、柱面波衍射理论。由于这三种理论只是处理衍射问题的不同方法，所以，用这些理论处理同一问题其结果是等价的，而且三种理论方法是可以相互导出的。根据解决实际问题的需要，可以选择相应的衍射理论。其中的球面波衍射理论和平面波衍射理论是解决实际问题时用得较多的理论。

球面波衍射理论的核心思想是，将光阑处的各点光波视为球面波次波源，每个次波源以球面波的形式传播至观察点，并进行复振幅的叠加，最终获得观察点处光波的复振幅。以这一思想为出发点的早期理论是惠更斯-菲涅耳原理。但这个原理只是提出了一种唯象的处理方法，并没有理论依据。严格的理论需要从麦克斯韦方程组出发，并考虑光波场的矢量性质。由于其计算的复杂性，使得实际上无法求解。但在光阑尺寸远大于波长以及非近场观测的条件下，可以近似地用标量波来处理。依据简谐光波在各向同性介质中的复振幅表达式以及数学上的格林定理，最终获得的用以处理衍射问题的公式，统称为标量波衍射理论，具体包括基尔霍夫衍射公式、瑞利-索末菲公式。这也反过来证明惠更斯-菲涅耳原理的正确性。

平面波衍射理论的核心思想是，将光阑处的各点光波进行傅里叶变换，视为空间各个方向传播的平面波（空间频谱），观察点的光波复振幅是这些空间频谱的傅里叶逆变换。所对应的理论公式称为角谱公式。

针对不同的光学问题，可以采取上述相应的衍射公式。在利用惠更斯-菲涅耳公式、基尔霍夫衍射公式、瑞利-索末菲公式来处理接近光阑观察点的衍射问题时（菲涅耳深区），求解是较为复杂的。但在远离光阑观察点以及傍轴（光线在光阑中心轴附近）近似条件下，可以将上述的衍射公式予以简化，称为菲涅耳-基尔霍夫衍射积分公式，所处理的衍射现象称为菲涅耳衍射。对观察点再进一步作远离光阑的假设，利用菲涅耳-基尔霍夫衍射积分公式进一步处理的衍射现象称为夫琅禾费衍射。利用菲涅耳衍射、夫琅禾费衍射的规律，可以进一步分析光学仪器的分辨本领，制作高精度分光的光栅器件等，解决实际的光学问题。

6. 光学系统成像与光信息处理

上述衍射理论的重要应用之一是光学系统成像与光信息处理。当光波波长远小于光阑尺寸时，上述的衍射理论就过渡到几何光学的传播规律，即光的直线传播、反射与折射定律，体现了光传输的粒子性行为。依据光的反射与折射定律，可以利用透镜或者透镜的组合实现光学成像。为了方便地处理各种光学元器件的组合成像，进一步发展了一种矩阵光学的方法。但这种方法仍然是从几何的角度给出的成像规律。为了更加准确地描述光学成像系统的“物”与所成“像”之间的复振幅关系，需要进一步借助于前述的衍射理论。上述的菲涅耳衍射公式只适用于光遇到光阑时的空间衍射问题的处理，而无法处理衍射光遇到透镜等光学器件时的光折射问题。将菲涅耳衍射公式与矩阵光学结合，可以导出适用于光在空间的衍射与光学器件的折射所组成系统的总体衍射规律公式，即柯林斯系统公式。可以说，柯林斯系统公式是菲涅耳衍射公式的扩展形式。如果将光阑换成“物”（或者将“物”的光信息投射到光阑处），柯林斯系统公式就可以处理光学系统的成像问题。

处理光学系统成像的另一种方法是基于角谱理论的阿贝成像原理。具体是指，将一个光学系统的成像分成两步。第一步是将“物”的光信息成像在会聚式光学系统的焦平面上。由角谱公式分析表明，焦平面上各点光信息是“物”上空间各方向平面波的传播，或者说，焦平面各点光信息是“物”光波复振幅傅里叶变换后的空间频谱的传播。所以，有时也称透镜会聚系统为傅里叶空间频谱变换器。第二步，将焦平面上各点的空间频谱作为次波源，再次利用菲涅耳公式最终成像。由阿贝成像原理首先可以定性地解释“像”的清晰度问题。在“物”上所发出的空间各向平面波中，远离光学系统光轴的光线将不能被光学系统所会聚，即系统焦平面上的空间高次谐波会丢失，再次衍射所成“像”的信息较“物”的信息就会有所缺失，从而造成了像的清晰度下降。显然，成像系统的孔径越大，空间高次谐波丢失的就越少，所成的“像”也就越清晰。其次，阿贝成像理论启示人们，可以在成像的过程中对“物”所发出的空间频谱进行人为地干预，使其发生期望的变化，实现光信息处理。具体的办法就是在成像系统的焦平面上放置空间滤波器装置，使需要的空间频谱通过，不需要的滤掉，称为空间滤波技术。

二、光的能量粒子性

光的能量粒子性也称能量量子化，它源于普朗克黑体辐射能量量子化的提出。爱因斯坦在此基础上提出了光的能量量子化假说，以此可以解释此前的光电效应、并被之后的密立根实验以及康普顿散射等实验所证实。当光与物质相互作用时，光的能量量子化特征显示出来。利用这一特性可以唯象地解释光的吸收、色散、散射等现象。而定量地处理光与物质相互作用理论是非线性光学和量子光学理论。在非线性光学理论中，以麦克斯韦方程组为理论基础，处理光与光引起的介质极化的耦合规律。在量子光学中，一种方法是将光作为电磁波（遵从麦克斯韦方程组），而把物质量子化（遵从量子力学规律），二者联合处理光与物质的相互作用问题，称为半经典量子光学。另外一种方法是，依然将物质量子化，同时将光进行二次量子化，二者联合更加准确地处理光与物质的相互作用问题，称为全量子光学。

§4.2 光现象规律发展历程

光现象规律的系统研究始于 17 世纪的几何光学（光的传输粒子性）。随后几何光学与波动光学（光的波动性）的研究交织前行，直至 20 世纪初光的波粒二象性属性被确认，量子光学建立了，前后经历了 300 余年的时间。光现象规律的重要历史发展阶段如表 4.1 所示。在光现象领域作出重要贡献的科学家及其传记分别如图 4.3

所示和附录 4 所述。

表 4.1　光现象规律的重要历史发展阶段

分类	年代	分段历史	作出重要贡献的科学家
经典光学（近 300 年）	1621 年（斯涅耳折射定律）—1704 年（牛顿《几何光学》）	几何光学（光的传输粒子性）（83 年）	斯涅耳，笛卡儿，费马，牛顿
	1665 年（格里马尔迪衍射实验）—1905 年(爱因斯坦光量子假说)	波动光学（光的传输波动性）（240 年）	格里马尔迪，玻意耳，胡克，惠更斯，托马斯·杨，巴托林纳斯，马吕斯，布儒斯特，菲涅耳，夫琅禾费，麦克斯韦
量子光学（20 余年）	1905 年（爱因斯坦光量子假说）—1926 年(波恩物质波概率解释)	量子光学（光的波粒二象性）（21 年）	普朗克，爱因斯坦

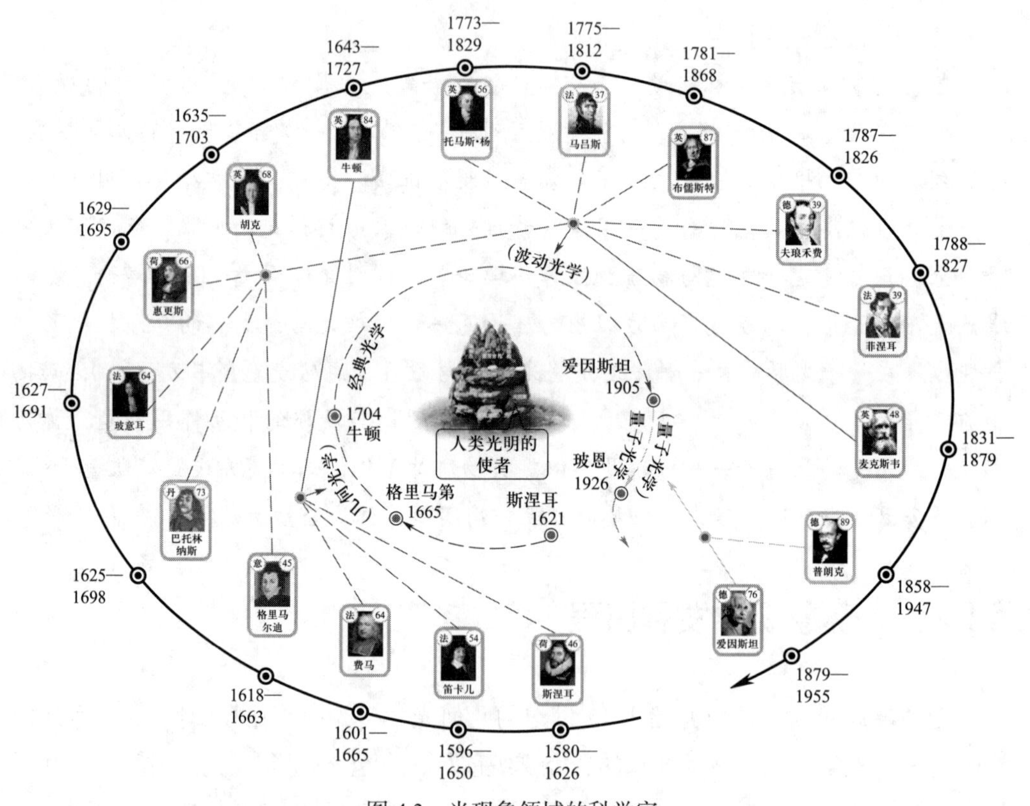

图 4.3　光现象领域的科学家

4.2.1 光现象规律发展历程概述

光的本质是什么？17 世纪以前，人们只能定性地总结光现象的规律。对光的系统研究始于 17 世纪。以笛卡儿、牛顿等为代表的科学家认为光是一种粒子，以胡克、惠更斯、菲涅耳等为代表的科学家认为光是一种波动。两种观点交织发展了约 300 年，最终由麦克斯韦的电磁理论和爱因斯坦的光量子理论给出了光的波粒二象性属性。

授课录像： 光现象规律发展历程概述

一、经典光学

1. 几何光学

配音： 光现象规律发展历程概述

以描述光的传输粒子性为主要内容的规律称为几何光学。几何光学的早期研究可以追溯到古代。我国战国时期墨翟及弟子所著《墨经》有对光的直线传播、反射等的描述记载。古希腊欧几里得著有《反射光学》，研究了光的反射及凹面镜的聚光作用。在此后的两千多年中，人们不断观察和总结光现象与规律。对光学的系统研究始于 17 世纪。1611 年德国物理学家开普勒发现了全反射现象。1621 年荷兰物理学家斯涅耳给出了折射定律的总结。1630 年法国笛卡儿给出了折射定律的现代表示。1657 年法国物理学家费马提出了光在均匀介质中传播的最短时间原理，从理论上证明了反射定律和折射定律。1676 年丹麦天文学家罗默根据木星卫星食的推迟得到光速有限的结论。1704 年牛顿总结出版了自己的光学研究著作《光学》。至此，以光的粒子性为基础的几何光学的基本知识体系建立了。

2. 波动光学

以描述光的偏振、干涉、衍射等为主要内容的规律称为波动光学。以笛卡儿、牛顿等为代表的科学家认为光是一种粒子，即光的微粒说。光的微粒说可以解释几何光学现象。自 17 世纪中叶以来，很多显示光的波动特性的实验报告出现了，例如，1665 年意大利物理学家格里马尔迪所做的首个演示光非直线传播的实验，1667 年英国物理学家玻意耳、胡克等发现的薄膜干涉彩色现象，1669 年丹麦巴托林纳斯发现光线通过冰洲石的双折射现象，1801 年英国托马斯・杨所做的著名光的杨氏干涉实验，1799 年英国布儒斯特发现的关于偏振规律的布儒斯特定律，1809 年法国马吕斯发现的关于偏振特性的马吕斯定律等。而光的干涉、衍射、偏振等现象是无法用光的传输粒子性来解释的。

如何解释光所呈现的波动实验现象？荷兰惠更斯于 1687 年提出了以他的名字命名的重要原理，即惠更斯原理。惠更斯原理虽然可以很好到地解释光的反射和折射现象，但是对于光沿直线传播的现象，波动说的解释不如牛顿所提出的微粒说令人信服。为了解释光能在真空中传播的事实，惠更斯假定真空中充满了介质“以太”。

同时，惠更斯认为光波是介质“以太”中传播的纵波，但不能解释光的偏振现象。法国菲涅耳于1815年发展了惠更斯的子波原理，并吸收了托马斯·杨的光是横波的观点，用数学分析的方法对衍射现象进行计算，于1818年进一步完善了光衍射的唯象理论，得到惠更斯-菲涅耳原理。该原理被后来的麦克斯韦电磁理论所证明。

1865年麦克斯韦方程组的建立又将光和电磁现象统一起来，使人们对光的本质的认识又向前迈出了一大步，即光也是一种电磁波，为光的波动性奠定了坚实的理论基础。1905年爱因斯坦提出相对性原理和光速不变原理，从根本上解决了自麦克斯韦方程组建立以来关于光传输所需要介质“以太”的问题，即光的传播不是像机械波那样依靠介质传播，而是靠着电场和磁场的耦合交替传播的，真空中的光速对任何参考系都不变，从而避开了“以太”在科学研究问题中所带来的羁绊。

二、量子光学

以描述光的能量量子化为主要内容的规律称为量子光学。19世纪末至20世纪初，当光学的研究深入到光与物质相互作用的微观机制中时，光的电磁学波动理论在解释新的实验现象时又遇到了困难，例如，1887年德国物理学家赫兹发现的光电效应问题。为此，人们继续深入研究光的属性。1900年德国物理学家普朗克提出辐射的能量量子化假说。这一假说圆满地解决了之前人们一直探讨的黑体辐射问题。1905年爱因斯坦依据能量量子化假说，提出了光能量的量子化假说，即光量子，简称光子。光量子假说成功地解释了1887年发现的光电效应问题，并被1916年的密立根实验以及1923年的康普顿效应实验所验证。

4.2.2 光现象规律发展历程扩展

授课录像：经典光学——几何光学

光具有波动性和粒子性的双重属性，简称波粒二象性。从光的传输粒子性、波动性，到波粒二象性，人们对光现象的认识逐步上升。

一、经典光学

1. 几何光学

光的粒子性体现的是传输粒子性和能量粒子性两个方面。早期研究涉及的是光的传输粒子性行为，即几何光学。几何光学的研究可以追溯到古代。我国战国时期墨翟及弟子所著的《墨经》中有对光的直线传播、反射等的记载。古希腊欧几里得著有《反射光学》，研究了光的反射及凹面镜的聚光作用。在此后的两千多年中，人们不断观察和总结光现象与规律。

配音：经典光学——几何光学

光学的系统研究始于17世纪。斯涅耳（1580—1626）是荷兰数学家和物理学家。1621年斯涅耳通过实验发现了光的折射定律。他把折射定律叙述为：在不同的入射与折射介质里，入射角和折射角的余割之比总是保持相同的值。他既没有推导、也没有公布过他的发现。惠更斯和伊萨克·沃斯两人声称曾在斯涅耳的手稿中看到了相关记载。

现代形式的折射定律是笛卡儿在他 1637 年发表的《折光学》论文中提出的。他将光在两种介质界面的折射现象类比于小球，用力学加几何方法推导出了光的折射定律。不过，他为了得出这个结论，需要假设光在折射率大的介质中传播速度大。这和一个真实的小球在空气和水中传播速度的规律正好相反。为了解决这一矛盾，笛卡儿设想光是在“以太”介质中的一种传播运动，与后来惠更斯提出的光的波动说是一致的。“以太”对光的限制作用要比一般介质的限制作用大。显然，笛卡儿提出的光的微粒说只是为了解释光传输遇到难解问题时而临时提出的一种假设模型，既使用了“以太”的概念，又使用了小球来比喻光现象，而无暇顾及“光是粒子还是波动”这样的问题。

费马（1601—1665）是法国数学家。1657 年费马从理论上总结了一个原理，即光在两点间所走的真实路径对应着光所需要的时间取最小值。后来费马又推广了这一原理，即光所走的真实路径对应着光程（介质的折射率与路径的积分）取极值的路径，称为费马原理。应用变分原理，费马原理也可表述为光程的变分等于零。由费马原理理论上可以导出光的直线传播、反射与折射定律以及傍轴条件下透镜的等光程性等，还可说明光路可逆性原理的正确性。显然，费马只是从数学上给出了光运行路径的原理，而并没有涉及光是粒子和是波动的物理问题。

牛顿（1643—1727）是英国数学家、物理学家和天文学家。牛顿除了是经典力学的创建者之外，在光学方面也颇有建树。1664 年学生时代的牛顿进行了日冕的观察实验。1666 年牛顿用三角玻璃棱镜实验了将白光分解为彩色光。牛顿又用第二块结构相同但放置方式倒转的棱镜使分开的彩色光又合成了白光。1672 年他提交给皇家学会第一篇题为《光和颜色的新理论》的论文。在这篇论文中，牛顿用微粒说阐述了光的颜色理论，即光是由不同颜色的微粒混合构成的，棱镜的作用是使其分开和复合。但这篇文章遭到了胡克、玻意耳等领导的英国皇家学会评议委员会的否定。因为，胡克、玻意耳等人此前通过肥皂泡和玻璃球中的彩色条纹等的实验研究，提出了光是在“以太”中传播的纵波假设，并据此认为光的颜色是由其频率决定的。由于观点不同，导致牛顿与当时享有盛誉的大科学家胡克之间有诸多不愉快的争论。

玻意耳、胡克分别于 1691 年、1703 年相继去世后，牛顿于 1704 年总结出版了自己的光学研究著作《光学》。该著作中包含“几何光学”“薄膜中的颜色”“衍射问题”三篇。在第一篇中，牛顿以定理的形式叙述了单色光和复合光的折射性质，并解释了彩虹的成因；在第二篇中，牛顿描述了“牛顿环”现象的发现和精确测量；在第三篇中，牛顿研究了由格里马尔迪发现的光的衍射现象。对第二篇、第三篇等光的衍射现象，牛顿发现自己不能给予合理的解释，也就不再进行解释，而是提出一系列问题，例如，如果光是波动，那么为什么没有观察到光像水波、声波那样弯曲等?

从牛顿提出的这些问题中可以看出，牛顿倾向于认为光是一种高速运动的微小粒子，但牛顿并没有明确地肯定这一观点，他的微粒说也不排斥波动，甚至提出了波动说和微粒说能否统一的思考。由于当时的牛顿在科学界的权威地位，牛顿的继承者们逐渐放弃了对牛顿所提的问题的思考，而是对牛顿的学说加以绝对化和简单化，把牛顿作为微粒说的代表。

2. 波动光学

授课录像：
经典光学——波动光学

配音：
经典光学——波动光学

以笛卡儿、牛顿等为代表的科学家认为光是一种粒子，所建立的几何光学可以很好地解释光的直线传播、反射与折射等光学现象。但自 17 世纪中叶以来，出现了很多显示光的波动特性的实验报告，光的微粒说面临了挑战。以格里马尔迪、玻意耳、胡克、托马斯·杨等为代表的在实验方面的工作以及以惠更斯-菲涅耳原理、麦克斯韦方程组为代表的在理论方面所取得的成果，都可以很好地解释光的干涉、衍射和偏振等现象，这确立了光的波动性说，使人们对光学的本质认识又向前迈了一大步。

格里马尔迪（1618—1663）是意大利物理学家、数学家，第一位精确地观察并描述光衍射现象的人，衍射现象被物理学家们认为是支持光波动说的主要证据。1655 年格里马尔迪通过实验证实了光穿过一个小孔后并非沿直线前进的，而是形成一个光锥。格里马尔迪总结道：光不仅会沿直线传播、折射和反射，还能够以第四种方式传播，即通过衍射的形式传播。“衍射”一词就是他首先开始使用的。格里马尔迪的工作在他去世后的 1665 年发表了。1663 年英国科学家玻意耳首次记载了肥皂泡和玻璃球中的彩色条纹，并提出，人们看到的物体的颜色并不是物体本身的性质，而是光照射在物体上产生的效果。不久后，英国物理学家胡克重复了格里马尔迪的实验，并根据对肥皂泡膜颜色的观察提出了光是在“以太”中传播的一种纵波的假说。胡克还进一步提出了光的颜色是由其频率决定的思想。

惠更斯（1629—1695）是荷兰数学家、物理学家、天文学家。惠更斯除了在力学上作出的贡献外，在光方面的重要贡献是奠定了光的波动理论基础。1687 年在法国科学院会议上，惠更斯提出了以他的名字命名的重要原理，即惠更斯原理。惠更斯原理是以“子波”的概念描述了波动传播的方式。惠更斯把光与当时已知的声波相类比，认为光是在介质中振动传播的纵波。惠更斯原理虽然可以很好地解释光的反射和折射现象，但是对于光沿直线传播，波动说的解释不如牛顿所提出的微粒说令人信服。为了解释光能在真空中传播的事实，惠更斯假定真空中充满了“以太”介质。同时，惠更斯原理也不能解释光的偏振现象。后来的菲涅耳发展了惠更斯原理，即惠更斯-菲涅耳原理，提出“子波干涉”的观点，并认为光波是横波而非纵波，进而解释了光的偏振现象。

托马斯·杨（1773—1829）是英国物理学家。1801 年托马斯·杨做了一个精彩的实验：他让一束狭窄的光束穿过两个十分靠近的细缝，透射到一块屏上，此时屏上显示出一系列明暗交替的条纹，这就是著名的杨氏干涉实验。同年，托马斯·杨在英国皇家学会的《哲学会刊》上发表论文，分别对“牛顿环”实验和自己的实验进行解释，首次提出了光的干涉的概念和光的干涉定律。虽然杨氏干涉实验是对光的波动性的强有力支持，但由于托马斯·杨与惠更斯一样，把光波看作一种纵波，导致用光的波动性解释光的偏振现象时发生了困难，使光的波动说陷入困境，甚至遭到反驳。针对波动说所面临的偏振困难，托马斯·杨再次进行了深入的研究。1817 年托马斯·杨放弃了惠更斯的光的纵波假说，提出了光是一种横波的假说，比较成功地化解了用波动说解释光偏振现象的困难。

巴托林纳斯（1625—1698）是丹麦医生、数学家、物理学家，也是丹麦物理学家罗默的老师。巴托林纳斯发展了笛卡儿的数学和光学，他最著名的工作是 1669 年发现光线通过冰洲石的双折射现象。惠更斯根据巴托林纳斯的论文进一步研究冰洲石的双折射现象，并发现了光的偏振现象。

马吕斯（1775—1812）是法国物理学家、数学家、军官，曾师从法国著名数学家、物理学家傅里叶。1809 年马吕斯发表了反射光呈现偏振特性的研究，并随后给出了马吕斯定律。1810 年他发表了晶体双折射现象的研究，同年当选为法国科学院院士，并因为反射光偏振研究获得英国皇家学会的拉姆福德奖章。

布儒斯特（1781—1868）是英国物理学家、数学家、发明家。布儒斯特于 1799 年开始研究光的衍射，并向英国皇家学会《哲学汇刊》及其他科学刊物投稿。布儒斯特在光学领域最著名的工作是发现了光在介质界面反射和折射时的偏振规律，即布儒斯特定律。布儒斯特定律在现代光学技术中有重要的意义。当入射角为布儒斯特角时，偏振状态的光能百分之百地进入折射方介质，利用这种特性可以制备无损耗的激光窗口，外腔式气体激光器中便利用了这一原理。此外，布儒斯特还研究了压力引起的双折射现象，发现了光弹性效应，促使光矿物学这一新领域的诞生。

菲涅耳（1788—1827）是法国数学家、物理学家、工程师。菲涅耳于 1814 年开始进行光学研究。1815 年菲涅耳向法国科学院提交了一篇关于衍射的重要论文，他采用和发展了惠更斯的子波原理，认为子波之间是相互作用的，并且用数学分析的方法对衍射现象进行计算。虽然科学院的数学家拉普拉斯、泊松等人对菲涅耳的论文提出了反对意见，但该论文得到法国科学院阿拉果的支持。阿拉果还向菲涅耳介绍了托马斯·杨的干涉理论。在阿拉果的支持下，菲涅耳继续进行研究，于 1818 年建立了完善的光衍射的唯象理论，即惠更斯-菲涅耳原理。此原理被后来的麦克斯韦电磁理论所导出。此后，菲涅耳又研究了偏振现象，论证了光波的横波性质，应用衍射理论确立了反射和折射的定量定律，建立了双折射理论和晶体光学。

夫琅禾费（1787—1826）是德国物理学家、光学镜片制造商。1814 年夫琅禾费用自己制造的棱镜分光仪发现了太阳的近 600 条光谱线，并发现其他恒星和太阳光谱的不同，后人把这些谱线统称为夫琅禾费谱线。夫琅禾费是第一个用光栅作为分光装置的人，并将其应用于光谱分析中。后人为了纪念夫琅禾费在光学领域的贡献，将远场衍射命名为夫琅禾费衍射。

1865 年麦克斯韦方程组的建立又将光和电磁现象统一起来，使人们对光的本质的认识又向前迈出了一大步，为光的波动性奠定了坚实的理论基础。虽然光的波动性有了理论基础，但从经典的角度理解光的传播和光速时又面临着宇宙中是否有特殊介质（即“以太”）的科学问题。寻找宇宙中的特殊介质“以太”成为 19 世纪末最大的科学问题之一。随着迈克耳孙-莫雷测量地球相对“以太”运动实验的零结果，宇宙中是否存在“以太”成为未解之谜。1905 年爱因斯坦提出相对性原理和光速不变原理，使科学家们逐渐意识到，经典物理中的绝对坐标系并非科学研究的必要条件，从根本上解决了光传输中所需要的介质问题，即光是靠着电场和磁场的耦合交替传播的，真空中的光速对任何参考系都不变，从而避开了“以太”在科学研究问题中所带来的羁绊。

二、量子光学

1. 光的能量粒子性

授课录像：
量子光学

配音：
量子光学

19 世纪末，无论几何光学还是波动光学的理论均无法解释 1887 年赫兹实验中所发现的光电效应。这个问题一直延续到 1905 年爱因斯坦提出光的能量也是量子化的观点（光子）之后才得以圆满解决。爱因斯坦光子概念的提出源于黑体辐射问题的解决。黑体辐射问题的研究是从 19 世纪末开始的。利用当时已有的理论无法解释黑体辐射的实验规律。最终德国理论物理学家普朗克于 1900 年通过半经验的方法给出了与实验结果完全相符合的公式，即普朗克公式。但是普朗克在得到这个公式的前提是需要一个假定，即黑体辐射中所包含的谐振子能量是不连续的，这就是能量子假说。这是量子化思想第一次被引入到物理学中来。在这一思想基础上，1905 年爱因斯坦提出了光的能量子，即光子概念，成功地解释了自 1887 年以来人们探讨的光电效应问题，并被 1916 年的密立根实验以及 1923 年的康普顿效应实验所证实。

2. 光的波粒二象性

综上所述，自 17 世纪以来，以笛卡儿、牛顿等为代表的科学家认为光是一种粒子，即光的微粒说，可以很好地解释光的直线传播、反射与折射现象，建立了几何光学。17 世纪中叶以后，以格里马尔迪、玻意耳、胡克、托马斯·杨等为代表的在实验方面的工作以及以惠更斯－菲涅耳原理、麦克斯韦方程组为代表的在理论方面的工作，确立了光的波动性地位，可以很好地解释光的干涉、衍射和偏振等现象，建立了波动光学。1905 年，爱因斯坦提出了光的能量子，即光子概念，解决了 1887 年以来悬而未决的光电效应问题。1909 年爱因斯坦指出光的本质应该是“波动论和发射论的综合”，这里的“发射论”指的是光的能量量子化特性。自 17 世纪至 20 世纪初，人们对光的本质从传输粒子性到波动性，再到能量量子化的认识，交织前行了 300 余年，最终确立了对光的“波粒二象性”属性的认识，建立了系统的波动光学和量子光学理论。

如何理解光的波粒二象性中的粒子性行为？可以理解其为两个层面，其一是当光与物质相互作用时体现的能量量子化行为，其二是传输的粒子性行为。从传输粒子性行为的表观规律角度，极限情况下的波动光学就体现为几何光学。如何从理论角度理解光的传输粒子性与波动性之间的关系呢？

19 世纪末，已建立的经典理论已无法解释黑体辐射、光电效应、原子中的电子等微观物理问题。自普朗克于 1900 年提出量子化思想之后，人们试图借助量子化的思想对原有的经典理论进行修补，也称旧量子论。旧量子论无论是在逻辑体系上，还是在处理实际问题时都显得不完善和缺欠。彻底解决量子体系问题需要新的物理学思想和新的方法。这个新思想就是要抛弃原有经典物理的决定论的思维，新方法就是建立一套有别于经典物理的量子力学理论。1924 年法国物理学家德布罗意在光的波粒二象性观点启发下，提出物质波假说，即每一物质的粒子都和一定的波相联系。1927 年美国物理学家戴维森以及英国物理学家小汤姆孙等各自独立地从电子的衍射实验证实了物质波真实存在。在德波罗意的物质波思想的基础上，奥地利物理学家薛定谔于 1926 年给出了物质波函数随时间演化的薛定谔方程，建立了波动量子力学。1926 年德国犹太裔物理学家玻恩赋予物质波的概率解释，即波函数的模方对应微观粒子出现在空间位置的概率，大量微观粒子空间分布的统计行为遵从波动规律，从而建立了有质量物质波粒二象性的物理图像。

从上述理论的发展过程可以看出，光的能量粒子性是光与物质相互作用时所呈现的一种固有属性。在不涉及光的偏振和能量量子化的属性时，光传输粒子性的统计行为遵从波动规律。因此，从波动角度所解释的光的传播、反射、折射、干涉、衍射等现象规律，从传输粒子性角度看，可以解释为大量微观粒子的空间分布统计行为。

3. 双缝干涉实验的进一步发展

基于托马斯·杨的双缝干涉的实验装置探讨光的波动性与传输粒子性的关系依然是近代物理探讨的话题。最简单的一个实验是将托马斯·杨双缝干涉实验装置中的一条狭缝遮挡，会发现干涉条纹将消失，留下的只是单缝的衍射条纹（以下忽略衍射效应的描述）。1974 年意大利的 Pier Giorgio Merli 以及 Giulio Pozzi 等将光源换成单电子源（控制电子一个一个地发射），用双棱镜代替狭缝，首次观察到了单电子积累的干涉现象。2012 年意大利的 Stefano Frabboni 等人按照费曼提出的原始方案，采用电子源和真实的双缝，也观察到了多电子的干涉现象。1978 年美国物理学家 John Wheeler 首次提出了延时选择量子擦除的概念。1998 年美国物理学家 Marlan O. Scully 等人在 PRL 上发表文章，实验上证明了 Wheeler 的猜想。延时量子擦除实验的大致原理是，以纠缠光子对作为光源，采用真实的双缝，利用光子的纠缠特性和实验装置的构造，可以实现两种实验过程的选择，即知晓到达接收屏的光子来自哪个狭缝和无法知晓光子来自哪个狭缝。实验结果表明，选择知晓到达接收屏的光子来自哪个狭缝的光路，就不会产生干涉条纹；选择无法知晓到达接收屏的光子来自哪个狭缝的光路，就会产生干涉条纹。

如何从理论上解释上述的各种双缝干涉实验现象？由于大量光子或电子等的微观粒子同时照射双缝和单个微观粒子一个一个照射双缝时所呈现的干涉规律是相同的，所以，我们从量子力学角度解释微观粒子的干涉现象的机制更具一般性。当微观粒子一个一个照射双缝时，量子力学的研究结果表明，无法判断单个微观粒子来自哪个狭缝，需要用两个狭缝后的各自波函数的叠加态来表示单个微观粒子出射双缝后的状态。该波函数叠加态传输到接收屏后的模方代表该微观粒子出现的概率。由于波函数叠加态模方后会出现交叉项，该交叉项会导致在接收屏上微观粒子出现的概率分布所呈现的周期性变化效果就是干涉效应。因此，微观粒子的干涉效应源于波函数叠加态的存在，其概率分布周期变化的效果程度取决于这个交叉项与空间参量的分布关系。例如，对于光的双缝干涉系统而言，当来自双缝的光波间满足频率相同、振动方向相同、具有稳定的相位差的条件时，交叉项随空间参量的变化显著，干涉效果就显著，否则就不显著。当交叉项与空间参量完全无关时，光在交叠区域就变成了光强的叠加，干涉现象也就消失了。当双缝之一不被遮挡，或者不试图监控微观粒子来自哪个狭缝，接收屏上微观粒子的波函数叠加态是存在的，就有了干涉现象。当双缝之一被遮挡，不存在叠加态时，干涉现象自然会消失。当试图监控某个微观粒子来自哪个狭缝时，由于量子力学的测量坍缩效应会破坏这种叠加态，干涉现象自然也就消失了。

在量子擦除实验中，判断到达接收屏上的光子（信号光子）来自哪个狭缝的路径信息是通过光路的设计选择来实现的，但只有纠缠光子对中的另一个光子（标记光子）被探测到时才能知晓是选择了哪个实验光路。当标记光子的探测时刻早于信号光子到达接收屏的时刻时，信号光子是否产生干涉条纹取决于实验上采取了哪个光路，结果是明确的，即如果是采用了能够区分路径信息的光路就没有干涉条纹，如果是采用了不能够区分路径信息的光路就有干涉条纹。但当标记光子的探测时刻晚于信号光子到达接收屏的时刻时，在标记光子被探测到之前，无论实验上采取了哪个光路，信号光子是否产生干涉条纹是未知的状态。因为，只有当标记光子被探测到后，信号光子才知晓实验上采取了哪种光路。这也就意味着，后面的操作决定了前面的结果。这个结论让人有些不可思议。似乎类似于薛定谔猫的叠加态解释，即当标记光子被探测到之前，接收屏上的光子处于干涉与非干涉的叠加态。只有标记光子被探测后，这种叠加态才坍缩到实验光路上所对应的有干涉条纹或者无干涉条纹的状态。如何深刻理解和解释延时量子擦除实验仍然是量子光学领域进一步探索的前沿科学问题。

§4.3 光学相关基本规律及应用案例

本节以表 4.2 所示的逻辑主线与演示资源，介绍相关光学基本规律及典型应用案例。

表 4.2 光现象规律及其应用案例

规律分类		演示资源	应用案例
4.3.1 几何光学	一、光的直线传播规律	小孔成像（动画） 小孔成像（实物） 物体的影子（动画） 太阳系（AR） 人造火焰（实物） 激光测距（实物）	光直线传播案例——小孔成像、形影相随的影子、金星凌日与火星冲日
	二、反射定律与折射定律	反射折射定律（动画） 窥视无穷（实物） 万花筒（实物） 光学分形（实物） 球面魔镜（实物） 大型幻影仪（实物） 全反射（实物） 光纤通信（AR） 光纤光路（动画） 模拟光纤通信（实物） 筷子弯折（实物） 霓虹（AR）	1. 光的反射案例——窥视无穷、万花筒、球面镜、光纤通信 2. 光折射自然现象案例——筷子弯折、霓虹景象、海市蜃楼

续表

规律分类		演示资源	应用案例
4.3.1 几何光学	二、反射定律与折射定律	海市蜃楼（AR） 放大镜（实物） 菲涅耳透镜（实物） 投影仪（动画） 照相机（动画） 显微镜（动画） 水柱面镜成像（实物） 人眼模型（实物） 旋转字幕球（实物） 消失的硬币（实物） 三原色（实物） 声波可见（实物） 笼中鸟（实物） 贾斯特罗错觉（实物） 透镜聚焦（实物） 眼镜原理（AR） 色散现象（实物） 棱镜光谱仪（动画）	3. 光折射应用案例——透镜系统成像、人眼成像与视觉、眼镜的功能 4. 多频率光折射案例——介质的色散
4.3.2 波动光学	一、干涉与衍射	杨氏双缝干涉原理（AR） 杨氏双缝干涉（实物） 惠更斯－菲涅耳原理（动画） θ 调制（实物） 单缝夫琅禾费衍射（实物） 单缝菲涅耳衍射（实物） 迈克耳孙干涉（实物） 法布里－珀罗干涉（实物） 肥皂膜干涉（实物） 散射光干涉（实物） 光学全息（实物） 波带片成像与透镜成像对比（实物） 闪耀光栅（动画） 光栅光谱仪（动画） 莫尔条纹（实物） 光学仪器的分辨本领（动画） 芯片（AR）	1. 干涉应用案例——迈克耳孙干涉仪、法布里－珀罗标准具、肥皂泡上的彩色条纹、散射光干涉、全息技术 2. 衍射应用案例——菲涅耳透镜、衍射光栅、莫尔条纹、望远镜的分辨本领

续表

规律分类		演示资源	应用案例
4.3.2 波动光学	二、偏振	电磁波的产生与传播（AR） 起偏与检偏（实物） 穿墙而过（实物） 动感画（实物） 双折射现象（实物） 偏振光干涉（实物） 光弹效应（实物） 光学全息（实物） 光栅立体画（实物） 红绿色立体画（实物） 3D 原理演示（AR） 电光调制与激光通信（实物）	1. 干涉与偏振应用案例——立体（3D）影像 2. 各向异性晶体应用案例——电光调制与光通信
4.3.3 量子光学	一、光子的纠缠特性	光的波粒二象性（AR）	1. 光的粒子性应用实例——量子保密通信 2. 光子纠缠应用案例——量子隐形传态
	二、光与物质相互作用	吸收光谱（实物） 光致发光光谱（实物） 丁铎尔现象（实物） 蓝天白云（AR） 太阳能电池（AR） 发光器件（AR） 飞秒激光（AR）	1. 光谱及特殊光产生案例——光谱、激光 2. 光与微粒物质间散射作用应用案例——旭日、夕阳、蓝天、白云与黑云、蓝色的海水

4.3.1 几何光学

一、光的直线传播规律

1. 规律描述

授课录像：光的直线传播规律

在没有引力的作用下，光在真空或者均匀介质里沿直线传播。广义相对论指出，引力会使光线弯曲。

2. 应用案例

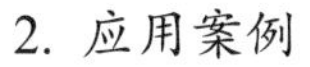

（1）小孔成像

用一个带有小孔的板遮挡在屏幕与物之间，屏幕上就会形成物的倒像，我们把这样的现象叫小孔成像，参见“动画演示：小孔成像”“实物演示：小孔成像”。

配音：光的直线传播规律

（2）形影相随的影子

不透明物体在阳光照射下都会有影子，这个影子就是物体遮挡了沿直线传播的光线之后在另一侧形成的较暗区域，参见“动画演示：物体的影子”。

（3）金星凌日与火星冲日

行星围绕太阳运动，从距离太阳由近至远的行星分布顺序是：水星、金星、地球、火星、木星、土星、天王星、海王星，参见“AR 演示：太阳系”。以地球轨道为界，可分为地内行星和地外行星，地内行星会出现凌日现象，地外行星会出现冲日现象。各个行星绕太阳运动的轨道平面并不在同一个平面上，有一定的夹角。当金星运行到地球和太阳的中间，并恰好连成一条直线时，金星就挡住了照射地球的部分太阳光。从地球的角度观察，就可以看到一个小黑点缓慢经过太阳表面，这个现象就叫金星凌日，这个现象每个世纪都发生约两次。

当地球运行到太阳与火星中间的时候，由于地球尺寸无法完全遮挡阳光，此时，火星接近地球并且正面被太阳完全照亮，火星会非常明亮，此现象被称为火星冲日，上次火星冲日的时间是 2021 年 10 月 14 日，火星冲日的周期约为 779 天。

为什么会发生日食、月食现象？林间美丽的光柱、形影相随的影子、井底之蛙、激光指示笔、皮影戏等现象的原理是什么？这些问题都与光的直线传播规律有关，具体解释参见《物理与人类生活》（张汉壮、王磊、倪牟翠主编，高等教育出版社出版）。与光的直线传播规律相关的其他案例参见“实物演示：人造火焰”“实物演示：激光测距”。

授课录像：
反射定律

二、反射定律与折射定律

1. 规律描述

当一束光入射到两种透明、均匀和各向同性的介质分界面上的时候，将有一部分光反射，称为反射光；另一部分光透射，称为折射光。光的反射和折射分别遵守反射定律和折射定律。反射定律指的是，入射光线、反射光线和分界面上入射点的法线三者在同一平面内，反射角等于入射角。折射定律指的是，入射光线、折射光线和分界面上入射点的法线三者在同一平面内，入射角的正弦和折射角的正弦的比

配音：
反射定律

值与两种介质的折射率有关，参见“动画演示：反射折射定律”。

2. 光反射应用案例——窥视无穷、万花筒、球面镜、光纤通信

（1）窥视无穷

通过两个平面镜叠放，将一立体图像反复反射成像，从而使人们直观感受到图像无穷无尽，参见“实物演示：窥视无穷”。

（2）万花筒

万花筒是一种光学玩具，只要往筒眼里一看，就会看到一朵美丽的“花”样。将万花筒稍微转一下，又会出现另一种花的图案。不断地转，图案也在不断变化，所以叫“万花筒”。万花筒的图案特点是具有对称性，图案的各部分具有相似性，这也是一种的光学分形现象。万花筒是由三面玻璃镜子镜面向内组成一个三棱镜，再在三棱镜里边放上一些各色碎片，这些碎片经过三面玻璃镜子的反射，就会形成五彩缤纷的对称图案，参见“实物演示：万花筒”“实物演示：光学分形”。

动画演示：
反射折射定律

实物演示：
窥视无穷

实物演示：
万花筒

实物演示：
光学分形

（3）球面镜

有时因为特殊需要人们会把镜子做成球面形状，镜面内凹的称为凹面镜，外凸的称为凸面镜。平行光线经过这种镜子反射会变为会聚光束或者发散光束。根据光的反射规律可以得出结论：物体在凹面镜一倍焦距以内会成正立放大的虚像，物和像在镜子的两侧，例如，双面化妆镜的一面是凹面镜正是利用这个原理对像进行放大，让人们可以更清楚看清脸部的细节；物体在凹面镜一倍与二倍焦距之间会成倒立放大实像，物和像在镜子的同侧；在二倍焦距以外会成倒立缩小的实像，物和像在镜子的同侧，参见“实物演示：球面魔镜”“实物演示：大型幻影仪”。由于凸面镜对入射光线的发散性，所以只能使实际物体呈正立缩小的虚像，物和像在镜子的两侧。在一些车道转角处会安放凸面镜，可以使周围景物在镜中呈缩小的虚像，扩大司机的视野。

实物演示：
球面魔镜

实物演示：
大型幻影仪

（4）光纤通信

当光入射到介质交界面时，一般情况会有反射光和透射光，分别满足反射定律和折射定律。但当光从折射率较大的介质射入折射率较小的介质，且入射角满足一定的条件时，可以仅产生反射光，而无透射光，这称为全反射，参见“实物演示：全反射”。光纤通信以光纤为传输介质，利用全反射原理，从而达到长距离光信息传输的目的，参见“AR 演示：光纤通信”“动画演示：光纤光路”“实物演示：模拟光纤通信”。

实物演示：
全反射

AR 演示：
光纤通信

动画演示：
光纤光路

实物演示：
模拟光纤通信

3. 光折射自然现象案例——筷子弯折、霓虹景象、海市蜃楼

（1）筷子弯折

授课录像：
折射定律

当一根筷子插到水里时，我们会看到这根筷子变弯了，这是光的折射现象加上人们的视觉习惯造成的。如果我们考察放到碗里这根筷子的底端发出的光线，从水到空气的时候发生折射，方向向下偏折，而人看到的景物完全是顺着光线看的，不会随着光线弯折而弯折的，所以我们逆着折射光线方向去观察的话，看到的筷子底端是在实际位置的上面，参见“实物演示：筷子弯折”。

（2）霓虹景象

配音：
折射定律

在通常情况下，光在介质交界面处的折射和反射角度与介质的折射率和光的波长有关。阳光是由红橙黄绿青蓝紫等多种颜色的光合成的，当它入射到液滴球表面，经过折射、反射之后，就会把白色的阳光分解成红橙黄绿青蓝紫等多种颜色。经过天空中液滴球折射、反射后的阳光会有多个角度的出射方向。从地面方向观测的是经过液滴球的反射光。由于人眼所看到的景象是射入人眼的光的反向延长线会聚的结果，由光路的进一步分析可知：如果经过液滴反射而射入人眼的光的红色部分在天空“下”方的话，则人眼所观测到红色部分将会出现在天空的“上”部分。人们在雨后所看到的“虹”是阳光经过雨滴的两次折射、一次反射后的反射光，进入人眼的红色部分在天空的“下”方。依据上述理由，人眼所观测景象的红色部分将分布在天空的“上”方。“霓”是阳光经过雨滴的两次折射、两次反射的反射光，进入人眼的红色部分在天空的“上”方。依据上述理由，人眼所观测景象的红色部分将分布在天空的“下”方。因此，虹和霓可以由颜色的排列顺序来分辨。另外，由于

虹比霓在液体中少了一次反射，因此，虹比霓更亮，参见“AR 演示：霓虹”。

实物演示：
筷子弯折

AR 演示：
霓虹

AR 演示：
海市蜃楼

（3）海市蜃楼

有时候在海面上会看到类似建筑物的景象，在沙漠中会看到类似海的景象（魔鬼的海，是蓝色天空的影像），这种景象并不代表真实的物体，我们把它称为海市蜃楼。海市蜃楼是由于光的折射造成的。在海面上，由于上面的温度高，下面的温度低，所以会导致海平面上方的空气的扩散比较快，而下面的空气的扩散比较慢，即折射率上面小，下面大，会产生一个折射率梯度。假如在海面附近有一个景物，如果折射率均匀的话，它发出的光线将沿直线传播，但是在有梯度的介质里面，它所发出的光线传播方向会发生弯折。由折射定律可知，光会向着折射率较大的一侧方向偏转。由于人眼所看到的景象是射入人眼的光的反向延长线会聚的结果，因此，观察者顺着光线观察的时候，看到的景物就会在实际景物的上方，这就是海市蜃楼景象。由于这个景象在实物的上方，所以称为上蜃景。

在沙漠上越靠近沙漠表面，它的温度越高，而上面的温度低，会导致沙漠上方的折射率大，下方的折射率小，亦即沙漠上的空气的折射率梯度，和海面上的正好是相反的，同样的道理，当沙漠中有个景物，它发出一束光，由于折射率存在梯度，导致光线也是弯曲的，同样是向着折射率较大的方向弯曲，那么观察者在观察这个景物的时候，他就会看到这个景物在实际景物的下方，称为下蜃景。魔鬼的海实际上就是蓝天形成的下蜃景，而在平直的马路上，可以看到远处的路面形成类似镜面的反射也是这种原理，参见“AR 演示：海市蜃楼”。

4. 光折射应用案例——透镜系统成像、人眼成像与视觉、眼镜的功能、介质的色散

（1）透镜系统成像

透镜是光学系统中最常用的光学元件，它是由两个折射面包围一种透明介质（如玻璃）所形成的光学器件。所谓透镜成像，就是物体发出的光经透镜两曲面折射后，依据折射规律形成的像，所成的像有实像也有虚像。凸透镜对实际物体的成像规律是：当物体在一倍焦距以内时，会成正立放大的虚像，物和像在透镜的同侧，参见“实物演示：放大镜”“实物演示：菲涅耳透镜”；在一倍与两倍焦距之间会成倒立放大的实像，物和像在透镜的两侧，参见“动画演示：投影仪”；在两倍焦距以

外，会成倒立缩小的实像，物和像在透镜的两侧，参见“动画演示：照相机”。凹透镜对实际物体只能成正立缩小的虚像，物和像在透镜的同侧。

大部分光学仪器都不是靠单一透镜成像的，如显微镜和望远镜。显微镜和望远镜主要不同之处有两点：第一，显微镜的透镜组焦距不重合，而望远镜的透镜组焦距接近重合，显微镜的放大倍率和两个透镜焦距乘积的倒数成正比，而望远镜的放大倍率为两个透镜焦距的比值；第二，使用显微镜时，物体必须放在物镜焦距附近，而望远镜物距远远大于物镜焦距，所以显微镜适合观察近处物体，可以达到很高的放大倍率，而望远镜适合观察远处物体，放大倍率较小，参见“动画演示：显微镜”。

除了圆形透镜之外还有一些特殊类型的透镜，如柱面透镜，参见“实物演示：水柱面透镜成像”，它能实现物体某一维度的放大缩小。

（2）人眼成像与视觉

人眼的晶状体相当于一个凸透镜。按照凸透镜成像原理，从物体散射的光线进入人眼后，应该在人眼底的视网膜上形成倒立的实像，参见“实物演示：人眼模型”。但人们为什么仍然看到的是正立的实像呢？这是因为，人眼识别的物体并不是直接从视网膜上所成的像直接获取的，而是由人的视神经系统将刺激信号传入大脑后所形成的视感觉。人在出生以后，对周围的物体的认识是通过眼看手摸等无数次的手眼并用，反复把视觉与触觉统一在一起，最终才得到“视网膜上的倒像是正立物体”的正确认识。换言之，人眼中的物体的倒立、正立纯粹是由人们的生理机制和适应性逐渐形成的，是可以转化的。

由于视神经的反应速度，还会出现视觉暂留现象，即产生视觉的光线消失的时候，其所产生的图像并不会立刻消失，而会暂留一会，时间为 0.1～0.4 s，这种现象可以解释电影、动画、走马灯等现象。牛顿利用视觉暂留现象很好地解释了太阳光谱的构成。利用这种原理还可以制作字幕显示装置，参见“实物演示：旋转字幕球”。

由于生理、心理经验和认知等多种因素的影响，人还会产生视错觉现象，如颜色就可以让人产生对大小的错误判断，《列子·汤问》中记载的“两小儿辩日”，关于为何早晨的太阳看起来比较大，颜色错觉就是成因之一，早晨的阳光需要穿透更厚的大气层，导致短波长光散射严重，所以早晨阳光呈现红色，而红光折射率相对较小，在人眼中成像点靠后，人眼对长波长光聚焦不是很灵敏，所以会成像在视网膜后方，这样就形成了一个较大的不清晰的像，显得红色物体比较大，法国的国旗红白蓝三色的宽度比例是 37：33：30，但视觉上看起来是等宽的，也是这个原因。怪坡现象也可以用视错觉现象解释，在怪坡上，人们会看到水往坡上流的奇怪现象，其实怪坡一般都是比较缓的坡，在这些坡上因为自然或者人为原因，加上了误导高低的参照物，使人们误认为下坡为上坡，产生怪坡的奇怪错觉。相关现象的其他案例参见“实物演示：消失的硬币”“实物演示：三原色”“实物演示：声波可见”“实物演示：笼中鸟”“实物演示：贾斯特罗错觉”。

实物演示：
人眼模型

实物演示：
旋转字幕球

实物演示：
消失的硬币

实物演示：
三原色

实物演示：
声波可见

实物演示：
笼中鸟

实物演示：
贾斯特罗错觉

（3）眼镜的功能

人眼正常状态下的晶状体会使进入眼球的光会聚到人眼底的视网膜上，经过大脑神经使人们能够清楚地分辨进入眼底物体所成的像。当人眼的晶状体由于各种因素导致非正常状态时，通过晶状体光线的会聚点就会偏离视网膜。会聚在视网膜前面的是近视，通过戴凹透镜眼镜来矫正；会聚在视网膜后面的是远视，通过戴凸透镜眼镜来矫正；会聚在视网膜附近而不能形成聚焦点的是散光，需要通过柱面透镜加以调整。将眼镜镜片加工成只有一个聚焦点的称为单焦点眼镜；加工成多个聚焦点的为渐进多焦点眼镜，其优点是，可以用不同部位观看远近不同的物体，参见“实物演示：透镜聚焦”“AR 演示：眼镜原理”。

人眼之所以能够看清物体，是物体的散射光进入人眼的缘故。一般来说，物体散射到人眼的光的波长是不同的。例如，如果物体能够散射各个可见光的波长，人眼看到的就是白色；如果光都被物体所吸收而无散射，人眼看到的就是黑色；如果物体仅散射红光波长的光，人眼看到的就是红色等。眼镜除了具有视力矫正的功能外，还可以实现调节进入人眼光的强度的功能，比如各种类型的墨镜。最普通的墨镜就是在眼镜片中均匀地掺杂能够吸收光的颗粒物质。当光照射到这样的眼镜片时，只有颗粒间缝处的光线才能够进入人的视网膜，而其他光均被颗粒所吸收，因此，从外部看，这样的眼镜颜色就是黑色的，进入人眼光的强度自然会减少。另外一种变色的墨镜是通过化学反应来实现的。例如，在眼镜的镜片中掺杂无色的卤化银和氧化铜微粒，当卤化银受到紫外线照射时，会分解成深色的银，眼镜由透明变深色，当光强变弱时，银和卤素在氧化铜催化下又会合成无色的卤化银，眼镜由深色变成无色，这样既可以保持眼镜在室内的通光性，又可以实现室外消光性，但是此类眼镜并不适合开车时作为墨镜，因为汽车玻璃对紫外线具有强烈的吸收，所以变色眼镜在车内并不会变色。还有一种墨镜是靠镀膜来实现的。例如，在眼镜上镀上金属膜，形成入射光和反射光的干涉，就可以实现对不同波长光的增透或者增反。因此，从外部看，就会有不同颜色的墨镜。这些技术也被应用到视力矫正功能的眼镜上。在上述各种墨镜的基础上，镜片中还可以加入偏振片，进一步阻挡透过眼镜的光的强度，称其为偏振眼镜。其原理为，太阳光含有各个方向的光振动，根据菲涅耳反射公式，经柏油路面或其他反光物体反射后成为部分偏振的光，即沿某一特定方向振动的光最强。如果适当设计太阳镜的偏振化方向，使其仅允许与上述偏振相垂直的光通过，则大部分强烈的反光将不能通过镜片进入人眼，入射到人眼的光强变弱，从而达到遮光的目的。如果在汽车的前灯玻璃罩和前挡风玻璃上分别安装具有偏振透光性能的薄膜，可以使司机既能看清自己车灯发出的光，又不被对面来车的灯光炫目，这也是利用了偏振的原理。

实物演示：
透镜聚焦

AR 演示：
眼镜原理

（4）介质的色散

在通常情况下，光在介质交界面处的折射角度与介质的折射率和光的波长有关，不同波长的光同时经过介质时，由于折射率不同会发生光路偏离现象，称为色散，参见“实物演示：色散现象”。利用色散现象可以制作具有频率分辨能力的光学仪器，参见“动画演示：棱镜光谱仪”。

阳燧为什么可以取火？哈哈镜为何会使人的影像变形？为什么会有潭清疑水浅的视觉？这些问题都与光的反射与折射规律有关，具体解释参见《物理与人类生活》（张汉壮、王磊、倪牟翠主编，高等教育出版社出版）。

实物演示：色散现象

动画演示：棱镜光谱仪

4.3.2　波动光学

一、干涉与衍射

1. 规律描述

同一波源的光波在空间被分开后，在某个空间区域内再次叠加所发生的光强呈现空间不均匀分布的现象，称为干涉现象。其物理本质是光波在空间交叠位置的复振幅（含有振幅和相位的信息）叠加原理所致。物理上最著名的干涉实验就是杨氏干涉实验，参见“AR 演示：杨氏双缝干涉原理”“实物演示：杨氏双缝干涉”。

授课录像：干涉与衍射

当光波在传播过程中遇到与波长相接近尺寸的障碍物时，光偏离直线传播，并且光强空间分布不均匀的现象，称为衍射现象。衍射的定性解释是惠更斯-菲涅耳原理，参见“动画演示：惠更斯-菲涅耳原理”。而定量的衍射计算可由基尔霍夫公式、瑞利-索末菲公式、角谱衍射公式等其中的一种方式来实现。其中的角谱衍射公式中需要引入空间频谱的傅里叶变换。透镜系统是一种最常见的傅里叶变换系统。对该系统所产生的空间频谱成分可以实施操控，称为空间频谱滤波器。经过滤波的空间频谱再次成像时，就会和原来的物像有所区别，参见“实物演示：θ 调制”。

配音：干涉与衍射

光源和接收屏距离衍射屏均处于无限远的衍射，称为夫琅禾费衍射，参见“实物演示：单缝夫琅禾费衍射”，光源和接收屏（或者两者之一）距离衍射屏处于有限远的衍射，称为菲涅耳衍射，参见“实物演示：单缝菲涅耳衍射”。

AR 演示：杨氏双缝干涉原理

实物演示：杨氏双缝干涉

动画演示：惠更斯-菲涅耳原理

实物演示：
θ 调制

实物演示：
单缝夫琅禾费衍射

实物演示：
单缝菲涅耳衍射

2. 干涉应用案例——迈克耳孙干涉仪、法布里－珀罗标准具、肥皂泡上的彩色条纹、散射光干涉、全息技术

（1）迈克耳孙干涉仪

迈克耳孙干涉仪是利用光的干涉现象进行精密光学测量的仪器。它的主要结构包含光源、相互垂直的两臂。光源发出的光经过分光元件形成相互垂直的两束，分别沿干涉仪的两臂传播，并被安装在臂端的精密反射镜反射，最后到达接收端并发生干涉。迈克耳孙干涉仪的主要特点是两相干光束在空间上是完全分开传播的，并且可通过移动反射镜或在光路中加入另外元件的方法改变两束光的干涉行为。由于这些精巧的设计，使迈克耳孙干涉仪具有广泛的用途，如精密测量光波长、薄膜介质的厚度和折射率，或测量微小的光程变化。在 19 世纪末迈克耳孙及其合作者莫雷曾用他们的干涉仪做了著名的迈克耳孙－莫雷实验，该实验的否定结果是相对论的实验基础之一，参见“实物演示：迈克耳孙干涉仪”。

（2）法布里－珀罗标准具

法布里－珀罗标准具（F－P 标准具）是利用多光束干涉原理制作的高精密光学仪器，在光谱技术和激光技术中都有重要的应用。它主要由两块向内高反射的平行玻璃板构成，其干涉条纹比迈克耳孙干涉条纹细锐得多。利用干涉效应，F－P 标准具可作为超精细结构光谱观测的工具，F－P 标准具的结构也可以用来作为激光产生的谐振腔，参见“实物演示：法布里－珀罗干涉仪”。

（3）肥皂泡上的彩色条纹

肥皂泡是一层薄薄的水膜，当阳光照射在上面时，分别由上表面和下表面反射的光在上表面相遇后会发生干涉。由于太阳光含有从紫光到红光等多种波长的光，且薄膜厚度不均匀，不同颜色的光干涉加强的位置不同，因此，我们会看到肥皂泡上的彩色图案，参见“实物演示：肥皂膜干涉”。柏油路上的油膜表面呈现彩色图案也是同样的道理。

（4）散射光干涉

在黑暗的夜里，如果拿手电等较小的光源照射镜子，有时会看到镜子上出现弧形的干涉条纹，这是由散射光干涉造成的。以聚酯－铝薄膜的凹球面镜为例，聚酯膜表面被抛光处理后会形成均匀的散射颗粒。当来自球面镜球心处的点光源的白光照射到聚酯-铝薄膜时所形成的彩色光环，并不是聚酯-铝薄膜的前后表面干涉形成的。这种彩色光环是由散射光干涉形成的。其原理为，点光源发出的白光，一部分先被聚酯表面的颗粒散射后，再被铝薄膜反射，另一部分先经过铝薄膜反射后，再被聚酯表面的颗粒散射，这两种散射光在空间干涉会形成彩色的光环，参见“实物演示：散射光干涉”。

（5）全息技术

普通的光学摄像只能记录物体影像振幅信息，无法记录相位信息，因此所呈现的相是二维的。全息技术可以同时记录物体影像的振幅和相位信息，达到影像的立体（全息）记录效果。全息技术基于光学干涉的原理，主要分为记录和重现两个过程。记录过程利用物光和参考光的干涉，在胶片上记录干涉条纹，这些干涉条纹包含了物体的相位信息。因此，全息照相和普通照相的重要区别在于参考光的引入。重现过程利用参考光照射胶片，就可以形成全息影像，参见“实物演示：光学全息”。光学全息技术被广泛应用于三维立体显示、防伪、光学存储等领域。

实物演示：
迈克耳孙干涉仪

实物演示：
法布里-珀罗干涉仪

实物演示：
肥皂膜干涉

实物演示：
散射光干涉

实物演示：
光学全息

3. 衍射应用案例——菲涅耳波带片、衍射光栅、莫尔条纹、望远镜的分辨本领

（1）菲涅耳波带片

将一透明板按一定比例进行同心圆环状分割，对奇数或者偶数分割区域进行遮光处理，当光照射透明板时，就会产生类似透镜聚光的效果。这是因为，板上的每个透明区域会发生衍射，不同透明区域产生干涉，衍射与干涉的综合结果使得光在同心轴上产生极亮点，称为主焦点。由于不同透明区域的干涉作用，除了主焦点外，还会有一系列的次焦点。正是因为菲涅耳波带片所具有的聚光作用，可使物体成像。但是由于衍射过程不只存在会聚光，还有发散光和平行光，且波带片有多焦点等问题，所以波带片成像质量不如普通透镜，参见“实物演示：波带片成像与透镜成像

对比”。

实物演示：
波带片成像与透镜成像对比

动画演示：
闪耀光栅

动画演示：
光栅光谱仪

（2）衍射光栅

光通过狭窄的透光缝或不透光的细丝照射到屏幕上时，会由于衍射现象而在屏幕上形成平行于狭缝或细丝的若干明暗相间条纹。许多等宽的狭缝等间距地排列起来构成的光学元件叫光栅。每一个狭缝的宽度与相邻狭缝间距之和称为光栅常量，它代表了光栅在空间上的周期性。常见光栅的光栅常量在微米数量级，与可见光波长相近。光栅按结构分，可分为透射式和反射式，而反射式光栅又可以在结构上特殊加工，将凹槽做成锯齿状，槽面与反射面有一定夹角，这样就能形成对特定衍射极进行加强，形成狭窄的衍射条纹，这种光栅被称为闪耀光栅，参见“动画演示：闪耀光栅”。单色光通过光栅衍射后，在屏幕上产生细窄明亮的条纹，条纹间距与光波长成正比，与光栅常量成反比，因而光栅可用于测量光波长。如果入射光是含多种波长成分的复色光，则通过光栅后条纹将按波长顺序排列成光栅光谱，参见“动画演示：光栅光谱仪”。光谱可用于研究物质结构，是实验与技术中常用的分析手段。光栅是近代物理学中常用的一种重要光学器件。

普通光栅适合于观察可见光的衍射现象。如果要观察波长更短的电磁波，例如X射线的衍射，则需要光栅常量与X射线的波长相当，即纳米数量级。用机械方法很难制造出这样的光栅。人们发现，晶体中整齐排列的原子晶格的间距恰好处于纳米量级，因而可用来作为天然光栅，使X射线产生明显的衍射现象。如果已知晶体的晶格常量，则可利用衍射图样测量X射线的波长；反之，利用已知波长的X射线的衍射图样，又可测得未知晶体的原子排列结构。

除了空间周期固定的普通光栅外，还有周期可调的动态光栅，例如超声光栅，其原理是利用声波在介质中传播时产生弹性形变，从而形成疏密变化，介质的折射率也出现周期性调制，从而形成光栅，称为超声光栅。

（3）莫尔条纹

当两个空间频率相近、条纹间距较小的透射光栅以小角度重叠在一起时，会形成较粗条纹的空间结构光栅，这种空间结构条纹称为莫尔条纹，参见“实物演示：莫尔条纹”。莫尔条纹的放大作用可以用于精密测量领域。当某人穿着非常细密横纵条纹的衣物时，常常让观察者感到不适，这是因为由于视觉暂留现象，当条纹衣物移动或观察者眼镜轻微移动时，就会在观察者眼里形成莫尔条纹，造成衣物表面快速抖动的现象，从而可能引起观察者眩晕。

（4）望远镜的分辨本领

望远镜是根据透镜成像的原理，将远处物体成像在人的视觉范围以内的仪器。因此，像的位置、大小、正像还是倒像都可根据透镜的成像原理分析。但是像的细节是否能够分辨出来，却与望远镜物镜的尺寸密切相关。通过望远镜观察的物体离我们很远，来自物体的每一点所发出的光达到物镜表面时，物镜上的每一面元都可以看成是新的振动中心，它们发出次波，在空间某一点的振动是所有次波在该点的相干叠加，即发生衍射。因此，物点的像是有一定尺寸的圆斑的，即衍射斑。当两个圆斑靠得很近时就无法分辨出来。望远镜能够把相邻两个物点的像（即圆斑）分开的程度，称望远镜的分辨本领。对于任意波长的光，望远镜物镜的孔径越大，分辨本领也越强，参见“动画演示：光学仪器的分辨本领”“AR 演示：芯片”。

双光照射时一定会更亮吗？有时为什么会闻其声而不见其人？佛光是如何产生的？这些问题均与光的干涉与衍射规律有关，具体解释参见《物理与人类生活》（张汉壮、王磊、倪牟翠主编，高等教育出版社出版）。

实物演示：
莫尔条纹

动画演示：
光学仪器的分辨本领

AR 演示：
芯片

二、偏振

1. 规律描述

光波和机械波的传播机制是不同的，前者不需要介质，而后者需要介质。由麦克斯韦方程组可以解出光在自由空间的传播规律：光是由电场和磁场的交替耦合、电场和磁场相互垂直、均与传播方向垂直的横波，参见“AR 演示：电磁波的产生与传播”。

授课录像：
偏振

对于太阳光或普通光源发出的光，由于光在各个方向等概率传播，使得沿着垂直于传播方向的各个方向的电场或磁场的偏振成分也会等概率地存在，称其为圆偏振光。当光经历了反射、折射或通过偏振片时，各个方向电场或磁场的振动不再是均匀的，而是在某一方向的振动最强，在与此垂直的方向的振动最弱，甚至可能为零。根据电场或磁场的偏振成分多少，可以把光区分为自然光、部分偏振光、椭圆

配音：
偏振

偏振光、圆偏振光、线偏振光等类型。

光线在介质表面发生反射和折射时，会出现偏振分量强度改变的现象，菲涅耳对这种现象进行了总结，提出了菲涅耳反射折射公式，通过公式可以确定各个偏振方向复振幅之间的对应关系。当光以某一特殊角度在介质表面发生反射时，无论入射光线的偏振方向如何，反射光都将是线偏振光，这个角度称为布鲁斯特角。

偏振片是可以产生偏振光的光学元件，其原理是只允许电场沿某个振动方向的光通过，而与此方向垂直的振动分量不能通过。利用这一原理可以控制光强的大小、改变光的偏振性质或者检验光的偏振方向，参见“实物演示：起偏与检偏”。利用偏振片可以演示一些有趣的现象，参见“实物演示：穿墙而过”“实物演示：动感画”。

对于一些晶体来说，特定偏振方向的光入射晶体时会出现两路光传播的现象，称为双折射现象。将遵守折射定律的光称为寻常光（o 光），而将违背折射定律的光称为非常光（e 光），参见“实物演示：双折射现象”。晶体内存在着特殊的光线传播方向，在此方向上寻常光和非常光不再分开且折射率相等，称为晶体的光轴。按光轴数量分，晶体可分为单轴晶体和双轴晶体。有双折射效应的晶体又被称为光学各向异性晶体。发生双折射现象的根本原因在于，光入射到介质时，其发生折射的角度与介质的折射率有关。根据电磁场理论，入射到介质表面折射后的光可以分解为两个电场互相垂直的振动叠加。对于各向同性的介质，两个分振动的折射率相同。而对于各向异性介质，两个分振动的折射率不同，所以导致了双折射现象的发生。

线偏振光在垂直光轴方向入射到各向异性晶体时，由于 o 光和 e 光的折射率不同会产生相位差，在偏振片的作用下就会产生偏振光干涉，参见“实物演示：偏振光干涉”。

各向同性的介质，在应力的作用下会变成各向异性，介质内应力越集中的地方，各向异性越强，从而导致入射光相位变化越明显，此处的干涉条纹也就越密集，这种效应被称为“光弹效应”，参见“实物演示：光弹效应”。利用这种效应可以模拟工件、建筑等机械结构内部的应力情况，将需要检测的机械结构做成塑料模型，在模型上外加应力，利用光弹效应就可以获得机械结构内部应力的分布情况。

AR 演示：
电磁波的产生与传播

实物演示：
起偏与检偏

实物演示：
穿墙而过

实物演示：
动感画

实物演示：
双折射现象

实物演示：
偏振光干涉

实物演示：
光弹效应

2. 应用案例

（1）干涉与偏振应用案例——立体（3D）影像

立体视觉效果主要是源于人的双眼效应，即左右双眼所见物体的角度不同，在视网膜上会形成两幅不尽相同的图像，经过大脑综合后，就能分辨物体的前后位置，从而产生立体视觉。对于单一镜头拍照或者拍摄的设备，由于只能将物体的前后位置记录在一个平面上，因此无法还原其立体的视觉效果。如果用两个或者多个镜头，以模拟人眼的视觉方式拍照或拍摄物体，设法使不同镜头所记录的物体影像分别进入的双眼，就会形成立体的影像。因此，如何使两个以上的拍摄镜头所记录的信号，在放映时分别进入人的左右眼是技术的关键。对于立体画，可以采用参考光与物光相干涉的方式，参见“实物演示：光学全息”；可以利用柱面光栅结构分光的方式，参见“实物演示：光栅立体画”；可以利用红绿色分光的方式，参见“实物演示：红绿色立体画”。对于影像，常见的是利用偏振光的方式，参见“AR 演示：3D 原理演示”。

（2）各向异性晶体应用案例——电光调制与光通信

当一束线偏振光沿着各向异性晶体的晶轴方向入射时，o 光和 e 光的折射率是相同的，并不发生双折射现象。如果在晶体上加上交变的电信号，电信号会引起晶体折射率的改变。而折射率的改变会引起入射光偏振状态的改变。利用这一特性，可以进行激光通信，参见“实物演示：电光调制与激光通信”。

昆虫是如何定位的？观看 3D 电影为什么要戴特殊的眼镜？这些问题都与光偏振规律有关，具体解释参见《物理与人类生活》（张汉壮、王磊、倪牟翠主编，高等教育出版社出版）。

实物演示：
光学全息

实物演示：
光栅立体画

实物演示：
红绿色立体画

AR 演示：
3D 原理演示

实物演示：
电光调制与激光通信

4.3.3 量子光学

一、光子的纠缠特性

1. 规律解释

授课录像：
光子的纠缠特性

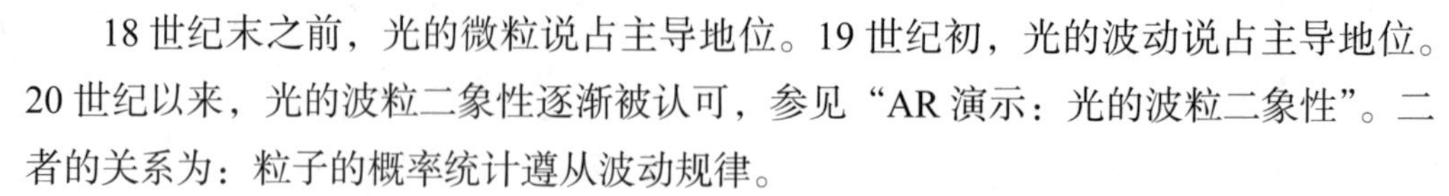

18 世纪末之前，光的微粒说占主导地位。19 世纪初，光的波动说占主导地位。20 世纪以来，光的波粒二象性逐渐被认可，参见“AR 演示：光的波粒二象性”。二者的关系为：粒子的概率统计遵从波动规律。

18 世纪末之前的光的粒子性和 20 世纪以来的粒子性，从物理的本质上而言是有区别的，前者仅是指光在传播过程中的粒子性行为，即几何光学的传播解释，而后者是指光具有分立、量子化能量的行为。

配音：
光子的纠缠特性

利用光的量子性，可以实现粒子与粒子之间量子关联，即量子纠缠。在量子力学建立的过程中，人们认识到了微观粒子会存在纠缠现象，纠缠现象可以存在于两个或多个粒子之间。当两个微观粒子处于纠缠状态时，将其在空间上分开，对其中一个粒子做测量时就会立刻影响另一粒子的状态，这种作用是瞬时的，爱因斯坦把其称为幽灵般的超距作用，但是目前主流观点认为处于纠缠的两个粒子的状态应该作为一个整体看待，对任何粒子的操作其实是对整体状态的改变。同样，光子也具有这样的纠缠属性。

AR 演示：
光的波粒二象性

2. 应用案例

（1）光的粒子性应用实例——量子保密通信

1984 年研究者们提出了一种基于单光子的无条件保密密钥分发的方案，称为 BB84 协议。该方案将分发密钥编码在两种线偏振正交基矢下，两种基矢具有 45°夹角。基于测不准原理和量子不可克隆原理，当存在窃听者时，由于窃听者不知道发布者采用的是哪种正交基矢，只能做随机测量，当选择错误基矢时，就会概率性地得到错误结果并且破坏原来的编码状态，错误概率随着发射光子数的增多而迅速增加，此时发布者和接收者可以通过经典信道通信，判断通信过程中是否存在窃听者，从而保证了分发密钥的绝对安全性。

（2）光子纠缠应用案例——量子隐形传态

在科幻世界里经常会出现这一情节，一个物体在一处消失了，而在另一个地方出现，人们把这一现象称为“超时空传送”。量子力学原理告诉我们真实世界里也存在类似的现象，即量子隐形传态。但是这个传递的不是物质，也不是能量，而是微观粒子所处的状态。目前，量子隐形传态实验主要是在光子上完成的。在 A 处制备一对纠缠的光子，将其分别传送至 B、C 两处的观察者（依然保持纠缠状态）。B 处观察者将接收到的纠缠光子和待传送的光子在贝尔（Bell）基下做测量（测量后原来的纠缠光子对不再纠缠）。之后将其测量结果告知 C 处观察者，C 处观察者根据 B 的测量结果，对原有的另外纠缠光子做幺正变换，就可使该纠缠光子的状态变得和 B 处待传送的光子一样的状态。这也就意味着，B 处的光子状态不经过传递，就在 C 处获得了重现，即量子态隐形传递。由于 B、C 两处观察者需要测量结果的经典通信信息，所以量子态隐形传态的速度不能超过光速。

二、光与物质相互作用

1. 规律解释

当光与其经过的介质没有发生能量交换作用时，所发生的反射、折射、干涉、衍射现象可以用波动光学、几何光学的规律给予很好的解释。当光与介质有能量交换作用时，光的能量粒子性就会显示出来，所发生的光吸收、散射等现象需要用量子理论来处理和解释。

授课录像：
光与物质相互作用

2. 特殊光的产生及光谱案例——光谱、激光

牛顿发现了用三棱镜可以把白光分解成不同的色光，不同色光代表着不同的波长，对物质吸收、发射或散射的光波长进行测定，就可以有效地确定物质的构成与结构，而这些技术手段汇总成了现代的光谱学。光谱的本质是构成物质的原子或分子的不同能级之间电子跃迁时，产生能量吸收或者辐射的过程，不同物质由于能级结构不同会有不同的光谱。

配音：
光与物质相互作用

组成物质的原子或分子等微观粒子，在正常状态下处于低能态。当外界条件改变时，如温度升高、其他光的照射、电的作用等，微观粒子吸收外界能量就会从低能态跃迁至高能态。由于高能态不稳定，所以处于高能态的微观粒子就会从高能态向低能态回落，并伴随光子的产生，这是物质发光的主要机理。一般情况下，不同的粒子从高能态回落低能态的行为是彼此无关的，所以大量微观粒子所发出的光是空间等概率传播的，发光的强度也较弱。但如果设法让发光的粒子在偏振方向及传播方向上彼此同步发光，即可使发光强度相干叠加，大大地增强了发光的强度，这就是激光产生的原理，参见“实物演示：吸收光谱”“实物演示：光致发光光谱”。

实物演示：
吸收光谱

实物演示：
光致发光光谱

实物演示：
丁铎尔现象

3. 光与微粒物质间散射作用应用案例——旭日、夕阳、蓝天、白云与黑云、蓝色海水

人眼所看到的光是光经过物质的直射、反射或折射后，在人眼观测方向所余留

的光波成分。太阳光含有从红色至紫色多种光谱成分，经过物质的各种散射之后，在人眼的观测方向所余留的光谱成分就不尽相同了，因此会观测到变色的光。

物质对光的散射有多种形式，有的散射会改变入射光的波长，而有些散射不会改变入射光的波长。在不改变波长的散射中，有瑞利散射和米氏散射两种典型的散射：瑞利散射发生在粒子的尺寸小于光波长的情况下，所散射的光强与入射光波长的四次方成反比，亦即波长越短（对应蓝、紫色的光），散射强度越大；米氏散射发生在粒子的尺寸大于光波长的情况下，所散射的光强度与入射波长无关，亦即各种波长的光等概率散射。在幽暗的环境里，人们有时会看到光线就因为存在米氏散射，参见“实物演示：丁铎尔现象”。光的散射强度和微粒尺寸成正比，所以丁铎尔现象常见于悬浊液和气溶胶中。

在天气晴朗的时候，天空中以组成大气的分子居多。对于光的散射来说，大气分子属于小颗粒物质，因此，阳光经过大气分子后，主要发生的是瑞利散射，蓝色光谱成分被散射掉了，透射光以红色光谱成分居多。

（1）旭日、夕阳、蓝天

旭日（早晨的太阳）和夕阳（傍晚的太阳）是人眼沿着直视太阳的方向观测，以透射光为主，因此呈现红色。而蓝天属于非直视太阳方向的散射光观测，所以蓝色成分居多。刚下过雨后的大气中的大颗粒物质被雨水冲刷减少，分子的瑞利散射效果增强，所以雨后人们看到的天空更蓝。人们观测中午的太阳虽然也以透射光为主，但太阳所呈现的颜色却与旭日和夕阳有所不同。这是因为太阳光在早晚和中午穿过大气层的厚度、空气浓度不同，导致的散射光强度不同而造成的。在空气条件相同的条件下，太阳光在早晚穿过的大气层更长，导致的散射光成分更多，参见“AR 演示：蓝天白云”。

（2）白云与黑云

水蒸气在天空凝结，形成较大颗粒的稀疏聚集体，即产生云。当阳光照射这些较大颗粒云时，发生的是米氏散射，而米氏散射的规律是各种波长的等强度散射，因此人们看到的云朵的颜色与阳光的颜色一样，即白色。如果水蒸气颗粒聚集体的密度进一步增加，就会形成类致密物质，太阳光会被直接反射，而没有了与粒子的散射作用，形成的就是黑云，这也就是下雨的前兆了。

（3）蓝色海水

太阳光与纯净的海水相互作用时，是以瑞利散射为主，因此我们看到的海水的反射光以蓝波长成分居多，因此是蓝色的。世界上有的地方呈现的红海和黑海等是海水中所掺杂不同的杂质所导致的。

光与物质相互作用的其他案例参见“AR 演示：太阳能电池”“AR 演示：发光

器件”“AR 演示：飞秒激光”。

AR 演示：
蓝天白云

AR 演示：
太阳能电池

AR 演示：
发光器件

AR 演示：
飞秒激光

参考文献

[1] 姚启钧 . 光学教程 .5 版 . 北京：高等教育出版社，2014.

[2] 母国光，战元龄 . 光学 .2 版 . 北京：高等教育出版社，2009.

[3] 赵凯华 . 新概念物理教程：光学 . 北京：高等教育出版社，2004.

[4] 郭永康 . 光学 .2 版 . 北京：高等教育出版社，2012.

[5] 章志鸣，沈元华，陈惠芬 . 光学 . 3 版 . 北京：高等教育出版社，2010.

[6] 梁绍荣，刘昌年，盛正华 . 普通物理学：第四分册　光学 . 3 版 . 北京：高等教育出版社，2005.

[7] 张存林 . 光学 .4 版 . 北京：高等教育出版社，2005.

[8] 梅森 S F. 自然科学史 . 周煦良，全增嘏，傅季重，等，译 . 上海：上海译文出版社，1980.

[9] 郭奕玲，沈慧君 . 物理学史 . 2 版 . 北京：清华大学出版社，2005.

[10] 甲先申 . 物理学史教程 . 长沙：湖南教育出版社，1987.

[11] 宣焕灿 . 天文学史 . 北京：高等教育出版社，1992.

[12] 秦克诚 . 方寸格致：《邮票上的物理学史》增订版 . 北京：高等教育出版社，2014.

[13] 玻恩 M，沃耳夫 E. 光学原理 . 杨葭荪，译 . 北京：电子工业出版社，2009.

[14] 季家镕 . 高等光学教程 . 北京：科学出版社，2007.

[15] 李俊昌，熊秉衡 . 信息光学理论与计算 . 北京：科学出版社，2009.

[16] 申先甲 . 物理学史简编 . 济南：山东教育出版社，1985.

[17] 陈毓芳，邹延肃 . 物理学史简明教程 . 北京：北京师范大学出版社，2016.

[18] 弗・卡约里 . 物理学史 . 戴念祖，译 . 北京：中国人民大学出版社，2010.

[19] 吴国盛 . 科学的历程 . 2 版 . 北京：北京大学出版社，2002.

[20] 苏亚沃尔夫 . 十六、十七世纪科学技术和哲学史 . 周昌忠，苗以顺，译 . 北京：商务印书馆，1984.

[21] 魏凤文，申先甲 . 20 世纪物理学史 . 南昌：江西教育出版社，1994.

[22] 向义和. 物理学基本概念和基本定律溯源. 北京：高等教育出版社，1994.
[23] 霍布森 A. 物理学的概念与文化素养. 4版. 秦克诚，刘培森，周国荣，译. 北京：高等教育出版社，2011.
[24] 赵峥. 物理学与人类文明十六讲. 北京：高等教育出版社，2008.
[25] 厚宇德. 物理文化与物理学史. 成都：西南交通大学出版社，2004.
[26] 贝尔 E T. 数学大师——从芝诺到庞加莱. 徐源，译. 上海：上海科技教育出版社，2004.

第五章　微观世界

本章概述图5.1所示的微观领域规律的逻辑关系及发展历程，精选典型案例，以AR演示及实物演示等方式展现相关的基本规律及其应用案例。

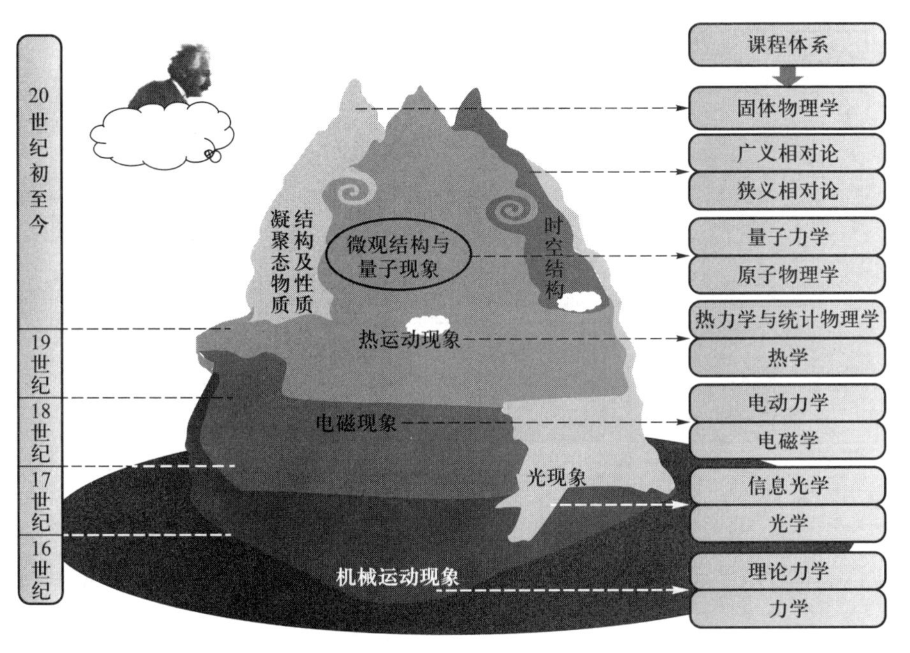

图5.1　物理“山”

§5.1　微观领域知识体系逻辑

微观世界是指针对微观物理问题的研究所形成的理论，包括半经典量子物理和量子物理理论，对应的基本课程体系分别是原子物理学和量子力学。原子物理学是基于经典物理理论对微观现象的半量子化的描述，而量子力学则是准确地描述微观世界的基础理论。在量子力学和相对论基础上，人们进一步发展建立了相对论量子力学、量子场论、量子统计、量子光学等现代物理理论，用以处理相应量子体系的问题，其逻辑关系如图 5.2 所示。图 5.2 中所示的原子物理学、原子核物理学、量子力学需要在本科生的课程中学习，其他理论内容需要在研究生的课程中学习。

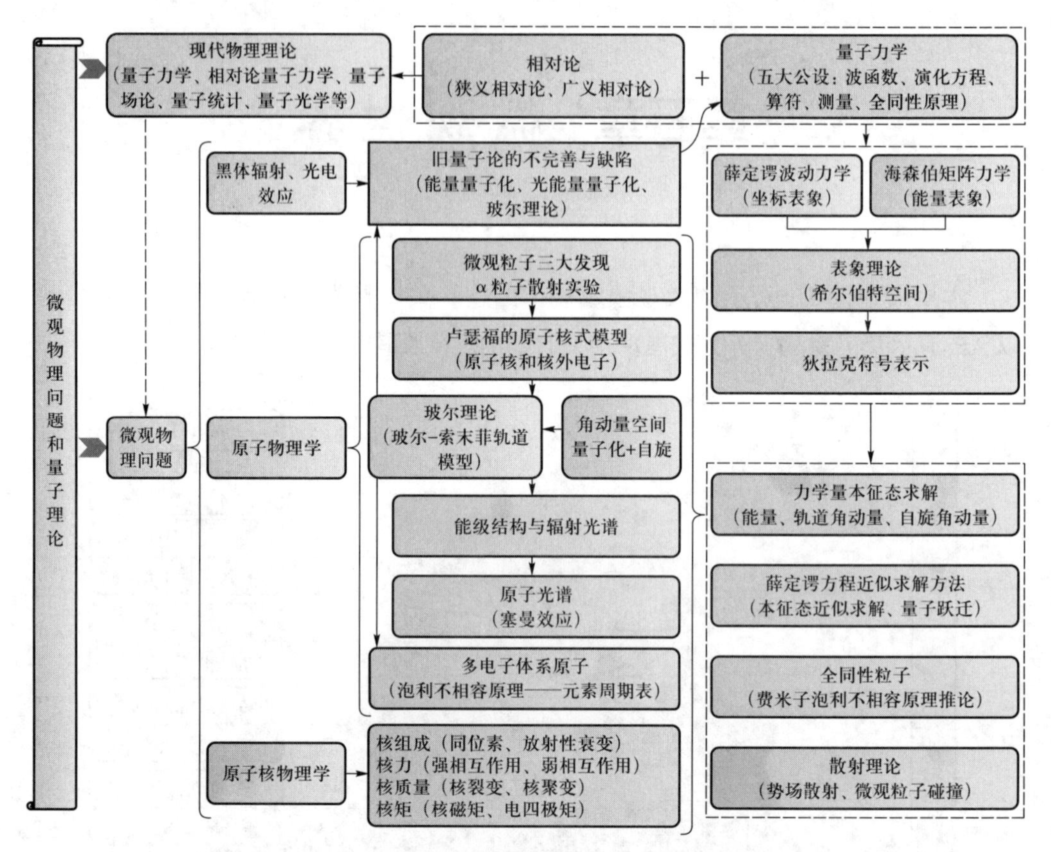

图 5.2　微观领域规律逻辑关系思维导图

授课录像：
微观物理问题与量子理论逻辑关系概述

5.1.1　微观物理问题与量子理论逻辑关系概述

量子物理理论的建立源于微观物理问题的研究。典型的微观物理问题包括黑体辐射、光电效应、原子物理学（原子中的核外电子）、原子核物理学（原子核）等方面。其中黑体辐射、光电效应、原子物理等微观物理问题研究始于量子力学建立之前，所采取的研究方法是经典物理原理加上量子化的修正，是一种不完善的理论。当量子理论建立之后，可以用量子理论准确地处理这些微观物理问题以及逐渐发展的原子核物理等方面的问题。

配音：
微观物理问题与量子理论逻辑关系概述

图 5.2 中所示的原子物理学中的微观粒子发现、原子光谱等是一种实验观测事实。原子的核式结构模型是根据实验事实推理所构建的，其正确性被实验所验证。在量子力学建立之前，原子中核外电子的运动规律并没有完善的理论予以解释。玻尔依据经典物理学原理，辅以量子化修正，建立了玻尔轨道模型，称为玻尔理论。

索末菲在此基础上又进行了修正，建立了玻尔-索末菲轨道模型。辅以后来引入的电子轨道角动量空间量子化以及电子自旋，可以给出电子的能级结构、辐射跃迁规律，以此解释类氢原子等的观测谱线。辅以泡利不相容原理，可以进一步处理多电子体系的问题，对元素周期表予以理论上的解释。

玻尔的伟大成就在于首次把量子概念引入原子领域，提出了量子态的概念，并得到了实验的有力支持。人们常把处理黑体辐射的普朗克能量量子化假说、解释光电效应的爱因斯坦光能量量子化假说以及描述原子中核外电子的玻尔理论称为半经典量子理论，也称旧量子理论。之所以称为“旧”，是因为它们是在经典物理学原理基础上，十分牵强地借助了量子的修正而得到的，因此旧量子论无论是在逻辑体系上，还是在处理实际问题时都显得不完善和有所缺欠。彻底解决微观物理问题需要新的物理学思想和切实可行的新方法，需要建立一套有别于经典物理的量子力学理论。

量子力学是基于五大公设而建立的。从历史的角度看，人们先后建立了海森伯矩阵力学、薛定谔波动力学两种互为导出的等价形式。这种互为导出的根本在于希尔伯特空间下的表象理论。狄拉克给量子力学以更具一般意义的狄拉克符号表示，从物理本质上给予了海森伯矩阵力学和薛定谔波动力学的等价性更进一步的解释。这些构成了量子力学的理论基础，以此可以进一步处理包括哈密顿量、轨道角动量、自旋角动量等在内的力学量的本征态求解问题，进一步发展求解哈密顿本征方程的多种近似方法，处理量子跃迁，多粒子体系，粒子的势场散射以及粒子间相互碰撞等实际物理问题。

量子力学的建立，一方面可以准确地处理此前原子物理学的所有量子体系问题，并进一步处理原子核问题，另一方面，辅以相对论进一步发展建立了相对论量子力学、量子场论、量子统计、量子光学等现代物理理论，用以准确处理任何量子体系的问题。

在海森伯矩阵力学、薛定谔波动力学、狄拉克符号表述的量子力学中，由于波动力学给出的薛定谔方程表示形式简单，物理图像清晰，容易被人们接受。因此，在大部分的量子力学教材中是以薛定谔波动力学表述形式介绍量子力学原理的。

*5.1.2 微观物理问题与量子理论逻辑关系扩展

授课录像：微观物理问题与量子理论逻辑关系扩展

原子是物质的一个重要组成层次。原子核和核外电子构成了几乎泾渭分明的两个量子体系。量子力学是解决这两个量子体系的理论基础。

一、原子物理

原子的结构是什么样的？原子中的电子运动有什么规律？这是原子物理学需要解决的两大问题，所形成理论的正确与否由实验及所观测的原子谱线事实所检验。

配音：
微观物理问题与量子理论逻辑关系扩展

1. 原子的核式结构模型

19 世纪末，X 射线、放射性元素和电子三大发现拉开了微观物质世界发展的帷幕。这三大发现分别由德国的伦琴，法国的贝可勒尔及居里夫妇，英国的汤姆孙等物理学家完成。汤姆孙发现电子之后，人们迫切希望了解原子的结构问题。其中，比较引起关注的是汤姆孙本人提出的电子均匀镶嵌在原子球体内的模型。但这个模型被盖革－马斯登的 α 粒子散射实验所否定。卢瑟福基于 α 粒子散射实验事实，经过理论推理提出了原子的核式结构模型，即原子是由带正电的原子核和核外带等量负电荷的电子所组成的，核外电子绕着原子核做圆周运动。原子核质量占原子总质量 99.9%，半径占原子总半径（不到 1 nm）的千分或者万分之一。

2. 原子中核外电子的运动模型

原子核式结构模型虽然被盖革－马斯登的 α 粒子散射实验所证实，但所面临的一个困难就是电子的运动问题，即根据经典电磁学理论，电子的圆周运动会不断辐射能量，最终会因为不断失去能量而掉进原子核中，与原子核中的正电荷中和而使原子坍缩。而实际上，原子并没有出现这样的情况。经典理论无法解释这一问题。丹麦科学家玻尔深入研究卢瑟福的模型，将普朗克的能量量子化的思想应用到电子的运动轨道问题中，提出了量子化的玻尔圆轨道模型，称为玻尔理论。

玻尔理论的核心思想是：其一，电子受原子核的电场作用围绕原子核运动，运动的轨道是分立的，稳定的运动只能存在于某些分立的轨道上，且不产生辐射，即定态条件；其二，电子在不同的定态轨道间跃迁时会产生辐射，形成光谱，即频率条件；其三，基于频率条件和里德伯方程导出的电子轨道角动量是量子化的，即角动量量子化条件。由这些条件可以得出电子分立能级结构和对应的跃迁谱线规律。由此可以很好地解释此前氢原子的巴耳末谱线系以及里德伯方程所预言的各种谱线系，并被独立于光谱测量的弗兰克－赫兹实验所证实。在玻尔的轨道模型基础上，德国物理学家索末菲将玻尔的圆轨道推广为椭圆轨道，并引入相对论修正，建立了玻尔－索末菲轨道模型，进一步完善了玻尔理论。索末菲的椭圆轨道和相对论效应修正引起的效果是使电子的能级结构不仅与轨道量子数有关，还和角动量量子数有关，以此进一步很好地解释了氢和类氢原子的光谱结构。

玻尔－索末菲理论考虑的仅是原子中的原子核与核外电子的静电相互作用，所得出的量子化能量仅与轨道量子数和角动量量子数有关，对应的跃迁规律可以很好地解释所观测光谱的总体分布规律，但无法进一步解释光谱的更加详细的信息。随着研究的深入，索末菲引入了电子每个量子化角动量在任意空间取向上也是量子化的设想。这种角动量空间量子化对能级结构的影响只有在外加磁场的作用下才能够得以体现。这一性质，一方面从电子在磁场中的运行轨迹角度，被施特恩－格拉赫实验所证实，另一方面被磁场中原子的塞曼光谱实验所证实。

在施特恩–格拉赫实验和塞曼光谱实验中，仍然有一些现象是无法从原理上给出圆满解释的。例如，在塞曼光谱实验中，当磁场较强时所能解释的称为正常塞曼效应，而磁强较弱时无法解释的称为反常塞曼效应。荷兰的两位学生乌伦贝克和古兹密特根据一系列的实验事实提出了一个大胆的假设，即电子除了有轨道角动量外，其本身还有固有的自旋角动量，在任意空间方向上的取值仅有两个，且大小相等，方向相反。把电子的自旋角动量考虑进去，电子轨道角动量和自旋角动量相互耦合（简称自旋–轨道耦合）使得电子的能级发生劈裂，由此产生了电子能级的精细结构。以此为理论依据，施特恩–格拉赫实验和塞曼光谱实验中尚未能解释的现象就都迎刃而解了。由后来发展的相对论量子力学可以证明，引入电子自旋是系统角动量守恒要求的必然推论。

原子核本身不能看成质点，其本身也有量子化角动量和对应的磁矩。原子核的角动量和核外电子总角动量的耦合，会使得电子的精细能级结构产生进一步的劈裂，称为超精细结构。

3. 多电子原子——元素周期表

玻尔理论在解释像类氢原子这样的单电子运动规律时取得了不小的成功。但对于多电子组成的原子，玻尔理论是无法解释其多电子的运行规律的，例如，为什么电子不“挤”在一个轨道上，而是有规则地排序分布？玻尔的猜测解释是“只有当电子相互和谐时，才可能接受具有相同量子数的电子，否则，厌恶接受”。这种所谓的“相互和谐”最终由泡利不相容原理给予了解释。泡利不相容原理实际是量子力学公设之一的全同性原理的必然结果。

对于多电子组成的原子，由于每个电子都有轨道角动量和自旋角动量，因此，满足泡利不相容原理的电子之间会产生角动量的耦合，形成电子组态。由这些电子组态就构成了原子状态，即原子态。不同的原子系统依据自身的性质，电子间的角动量有不同的耦合机制，例如，有的是电子本身的轨道角动量和自旋角动量先耦合形成单电子的总角动量，各个电子的总角动量再耦合成体系的总角动量；有的是电子间的轨道角动量和自旋角动量先分别耦合，最终的总轨道角动量和总自旋再耦合成总角动量。因此，电子组态耦合机制不同，其原子态的能级结构是不同的。由如上的泡利不相容原理和原子态能量的最低分布原理可以解释元素周期表。

二、原子核物理

原子核位于原子的中心位置，其质量占原子总质量99.9%，半径占原子总半径千分之一或者万分之一。由此可以看出，电子是原子内运动的主要承载者。对物质的某方面性质而言，或主要归因于组成其原子的核外电子，或主要归因于原子核，但很少归因于二者共同作用。例如，元素的化学、物理、光谱等方面的性质基本都与电子有关，而放射性、聚变、裂变等性质基本都与原子核有关。因此，原子核和核外电子的相互影响极其小，不同于分子和原子间的关系，也不同于原子核内的粒子与粒子间的关系，几乎是泾渭分明的两个量子体系。

在原子物理学中，不但要明确原子的结构，还要明确电子的运动规律。而在原子核物理学中，除了如下给出的原子核的组成和相关性质，要想进一步确定原子核的结构以及核内的质子和中子等核子的运动规律是一个很难的问题，至今没有完善的理论。目前只有各种近似的、唯象的模型描述，而且每种模型也只是反映了原子核某一方面的性质而已。

1. 核组成

原子核是由质子和中子组成的，质子和中子又是由夸克组成的。质子带有与电子等量的正电荷，中子不带电。原子核的稳定性是靠核内的质子和中子之间的相互作用来维系的，因此，质子数和中子数需要有一定的配比关系，亦即质子数和中子数可以是不同的。核内的质子数决定了元素种类。质子数相同而中子数不同的同种元素称为同位素。当原子核内质子数与中子数配比协调时，原子核处于稳定的状态。而当它们的比例不协调时，原子核容易衰变，并且通常比例失调越严重，衰变的半衰期越短。考古断代就是利用了长半衰期的不稳定原子核的衰变特性。原子核在衰变的过程中会产生α，β，γ等射线。这种射线被称为隐形杀手，因为人们看不见它，但它会对人体产生严重的伤害。但如果科学、合理地控制放射性元素的剂量，也可以达到医学治疗的目的。

2. 核力

原子核的稳定性是靠核内的质子和中子之间的相互作用来维系的。那么这种维系的力是什么？这种力是有别于万有引力和电磁力的另外作用力，即核力，是一种强相互作用。当原子核进行放射性衰变时，起作用的又是另外一种作用力，即弱相互作用。强相互作用和弱相互作用均是短程力。

3. 核质量

虽然原子核是由质子和中子组成的，但原子核的质量不等于所有质子质量与中子质量之和，而需要考虑结合能。如果将原子核按照核质量从小到大分成轻核、中核、重核三个类别的话，研究表明，中核的结合能最大。根据这一性质，当重核在外界的作用下分裂成中核时，会产生质量亏损并以能量形式释放出来。这一过程称为原子核的裂变，是原子弹的爆炸原理。反之，在一定的条件下，让两个轻核聚集成中核时，也会产生质量亏损并释放能量，这一过程称为原子核的聚变，是氢弹的爆炸原理。

4. 核矩

虽然组成原子核的质子和中子的轨道角动量并不清楚，但质子和中子却像电子一样有明确的自旋角动量。所有角动量的相互耦合就构成原子核的总角动量，其在任意空间方向上取值同样是量子化的。与电子的塞曼效应原理相同，在外磁场的作用下，核的能级结构也会产生劈裂，体现其核磁矩的性质。依据这一原理进一步发展了核磁共振技术，用于医学诊断等多种领域。由于原子核也有角动量，原子核的角动量与核外电子总角动量的相互耦合，导致电子的能级结构进一步劈裂，称为超精细结构。该超精细结构在有外部磁场的情况下得以体现，这也体现了前述所述的“原子的核外电子和原子核几乎是泾渭分明的两个量子体系”中的“几乎”的例子。

原子核的总体形状如何？这一点可以通过原子核所产生的电场特性予以判断。电磁学规律指出，带电体系的电场性质可以用电势来表示。任意形状带电体所产生的电势可以展开成点电荷、电偶极矩、电四极矩等的多项表达式。带电体的形状决定着各项的展开系数。例如，对于球状带电球体，只有点电荷项存在，其他高级项都不存在；对于旋转对称的椭球体，电偶极矩项不存在，而电四极矩项不为零等。因此，可以通过分析带电体所产生的电势性质，分析带电体的形状。针对原子核的理论和实验表明，其电偶极矩恒等于零，而电四极矩并不恒等于零。说明，有的原子核并非球体，而是对称的椭球体。

三、量子力学

量子理论是处理上述原子物理学与原子核物理学两个微观物理问题的准确而普适的理论，是由量子力学逐步发展而来的。处理黑体辐射的普朗克能量量子化假说，解释光电效应的爱因斯坦光能量量子化假说以及描述原子中核外电子的玻尔假说等的旧量子理论是在经典物理学原理基础上，借助量子修正而形成的，无论是在逻辑体系上，还是在处理实际问题时，都显得不完善和有所缺欠。彻底解决微观物理问题需要新的物理学思想和切实可行的新方法。这个新思想就是要抛弃原有经典物理的决定论的思维，新方法就是建立一套有别于经典物理的量子力学理论。

1. 量子力学的五大公设

量子力学的建立基于五大公设，具体包括：波函数公设——微观体系的运动状态由相应的归一化波函数描述；微观体系动力学演化公设——量子系统的状态随时间的演化满足薛定谔方程；算符公设——任何可观测物理量可以用相应的线性厄米算符来描述；测量公设—— 一个微观粒子系统处于某一波函数状态，对其某一可观测力学量进行测量，每次测量值是不确切的，但其必定是该力学量的本征值之一，测量的期望值（即多次测量的平均值）为力学量本征值的加权平均；全同性原理公设——内禀属性完全相同的粒子称为全同性粒子，交换全同性粒子体系中的任意两个粒子不影响可测量的测量结果。由公设中的波函数公设和测量公设可以推出不确定性关系。这个关系是物质波粒二象性的体现，和是否参与了测量无关。由全同性原理公设可以推出泡利不相容原理。

2. 量子力学的理论基础

海森伯从微观粒子的能量量子化以及概率性测量角度形成了矩阵力学的表述形式。薛定谔的波动力学是基于德布罗意物质波假说建立的。狄拉克从表象的角度给薛定谔方程以更具一般意义的狄拉克符号表示，从物理本质上给予了海森伯矩阵力学和薛定谔波动力学的等价性解释。这些构成了量子力学基本理论的不同表述形式。由于薛定谔波动力学表示形式简单，物理图像清晰，容易被人们接受，因此薛定谔波动力学更广为人知，成为量子力学原理介绍的主要内容。

一个宏观系统的空间运动规律遵循经典力学理论。当人们把这种理论用于微观粒子时，发现经典力学已失效，为了解决这一理论困难需要另辟蹊径。德布罗意受光的波粒二象性启示，提出了物质波假设，即每个微观粒子都对应一个波。既然从粒子的角度无法处理微观粒子的运动规律，就从波动的角度入手，因此就有了用波函数来描述微观粒子运动规律的途径（公设一）。不同系统微观粒子的波函数随着时间的演化是由该系统的哈密顿量所决定的。薛定谔建立了微观粒子波函数与哈密顿量之间的关系方程，即薛定谔方程（公设二）。这个波函数和经典概念下的粒子空间运动轨道有什么关系？波函数的模方对应微观粒子在空间出现的概率，这就是玻恩对物质波和粒子之间关系的概率统计解释。显然，量子力学从起始就打破了经典力学中粒子具有确定轨迹的决定论思维。波函数不但可以用来描述微观粒子的空间运动，还可以给出可观测物理量的理论处理方法，即把可观测的物理量用算符来表示（公设三），对其测量的期望值为力学量本征值的加权平均（公设四）。

数学上的希尔伯特空间为薛定谔波动力学的进一步处理提供了方便。将某个力学量算符的本征态作为希尔伯特空间的一组基底，描述微观粒子的态可以在该基底中进行展开，展开系数可写成一个列矩阵，同时力学量可以写成一个方矩阵形式。不同基底中的态和力学量的表示可以进行相应的变换，这种处理问题的方法称为表象理论。如果不选取具体的基底表象，而只是用符号来表示态和力学量，这就是狄拉克符号表示的含义。显然，这种方法和具体表象无关，不但表示形式简单，而且更能体现量子力学的核心思想。由此可以证明，薛定谔的波动力学实际上是在坐标表象中的表示，海森伯的矩阵力学是在能量表象中的表示，二者是等价的。

量子力学所引入的波函数和力学量算符仅是一种数学手段，他们本身并不是可观测的物理量。具有实际意义的是通过波函数和力学量算符相结合给出可观测物理量的表示。因此，在理论处理上，可以设计波函数和力学量是否随时间变化，这一处理问题的方法称为图像。使波函数随时间变化，力学量算符不随时间变化称为薛定谔图像；使波函数不随时间变化，力学量算符随时间变化称为海森伯图像；使波函数和力学量算符均随时间变化称为相互作用图像等。

以上构成了量子力学的理论基础框架，以此处理量子体系的实际问题。

3. 量子力学基本理论的应用

薛定谔方程是关于波函数和体系哈密顿量（算符）的关系方程。体系的哈密顿量是由动能和势能组成的。对于一个实际的量子系统，只要分析给出了哈密顿量，就可以利用量子力学方程处理该体系的一切问题。对于原子系统，分析电子的哈密顿量，就可以从根本上解决氢原子的稳定性问题，而不需要像玻尔理论那样进行人为的假设。

对于给定的量子体系，首先需要分析给出哈密顿量，接下来就是求解薛定谔方程。如果哈密顿量中不显含时间，薛定谔方程有分离变量解，其含时部分很容易求解。而空间波函数满足哈密顿的本征方程，也称不含时薛定谔方程，或称定态方程。因此，求解定态问题也是能量本征态和本征能量的求解问题。以氢原子系统为例，电子的主能量、轨道角动量、轨道角动量空间分量等的量子化是求解方程过程中有限条件要求的自然结果。在薛定谔方程中，并不能自动地给出电子具有自旋的性质，而是人为地把电子自旋作为一种角动量加入进来，再讨论电子的轨道角动量与自旋角动量的耦合问题。在狄拉克建立的相对论量子力学中，除了电子的轨道角动量之外，需要电子具有另外一个维度的角动量，以保证总角动量守恒，这个维度的角动量就是电子的自旋。因此，电子具有自旋的属性是相对论量子力学的一个自然推论。有了电子自旋的属性，电子所处的状态可以用一组量子数来表示。在角动量非耦合的表象中，用能量主量子数、轨道角动量量子数、轨道角动量空间取向量子数、自旋量子数来表述；在角动量耦合表象中，用能量主量子数、轨道量子数、总角动量量子数、总角动量空间取向量子数来表述。两种表象对应的波函数不同，但对应的本征能量是相同的。

对于一般的量子体系而言，体系的哈密顿量往往是比较复杂的，也就无法严格求解薛定谔方程。因此，人们就引入了各种近似方法求解薛定谔方程，例如微扰理论、变分法、半经典近似、绝热近似等方法。其中的微扰理论是常用的方法，用以处理体系的定态问题以及哈密顿量显含时间的辐射跃迁问题。

自然界实际存在的体系大都是多粒子体系，依据量子力学原理处理多粒子体系是更具有实际意义的。内禀属性完全相同的微观粒子称为全同性粒子。交换全同性粒子体系中的任意两个粒子不影响可测量的测量结果，称为全同性原理（公设五）。从波函数的角度看，全同性原理也就意味着，描述全同性粒子的波函数必然是交换对称或反对称的。全同性粒子体系波函数的进一步分析表明，对于具有交换对称性的全同性粒子体系，可以有多个粒子处于同一微观状态，而对于具有交换反对称性的全同性量子体系，一个微观状态上只能对应一个微观粒子。目前的全同性粒子分成两类，像电子那样的自旋为半整数的称为费米子，像光子那样的自旋为整数的称为玻色子。迄今的研究结果表明，描述全同玻色子的波函数具有粒子交换对称性，而描述全同费米子的波函数具有粒子交换反对称性。由此可以推知，不能有两个以及两个以上的费米子处于同一微观状态上，这就是泡利早期针对电子提出的不相容原理。

对于非束缚态的微观粒子，由于受势场作用以及粒子间的碰撞而发生散射是微观粒子的另外一类物理问题。以量子力学基本理论为基础，形成了另外一种处理粒子受势场散射或者相互碰撞的理论，即散射理论。

§5.2 微观领域基本规律发展历程

微观领域规律体系的建立是于 20 世纪初开始的。从 1859 年基尔霍夫电磁辐射定律的提出到 1964 年贝尔不等式的提出，前后经历了百余年的时间。微观领域的重要历史发展阶段如表 5.1 所示。在微观领域作出重要贡献的科学家及其传记分别如图 5.3 所示和附录 5 所述。

表 5.1　微观领域基本规律的重要历史发展阶段

<table>
<tr><th>分类</th><th>年代</th><th>分段历史</th><th>做出重要贡献的科学家</th></tr>
<tr><td rowspan="2">量子化思想与半经典量子物理（60 余年）</td><td>1859 年（基尔霍夫定律）—1900 年（普朗克量子化）</td><td>量子化思想的产生（41 年）</td><td>基尔霍夫、维恩、瑞利、金斯、普朗克</td></tr>
<tr><td>1900 年（普朗克量子化）—1925 年（海森伯矩阵力学）</td><td>半经典量子理论（25 年）</td><td>伦琴、贝可勒尔、居里夫妇、汤姆孙、里德伯、卢瑟福、爱因斯坦、玻尔、索末菲、泡利</td></tr>
<tr><td rowspan="2">量子物理（30 余年）</td><td>1925 年（海森伯矩阵力学）—1928 年（狄拉克方程提出）</td><td>量子力学（3 年）</td><td>德布罗意、海森伯、薛定谔、玻恩、狄拉克、戴维森、革末、汤姆孙</td></tr>
<tr><td>1928 年（狄拉克方程提出）—1964 年（贝尔不等式）</td><td>量子力学完善发展（36 年）</td><td>爱因斯坦、玻尔、狄拉克、费曼、贝尔</td></tr>
</table>

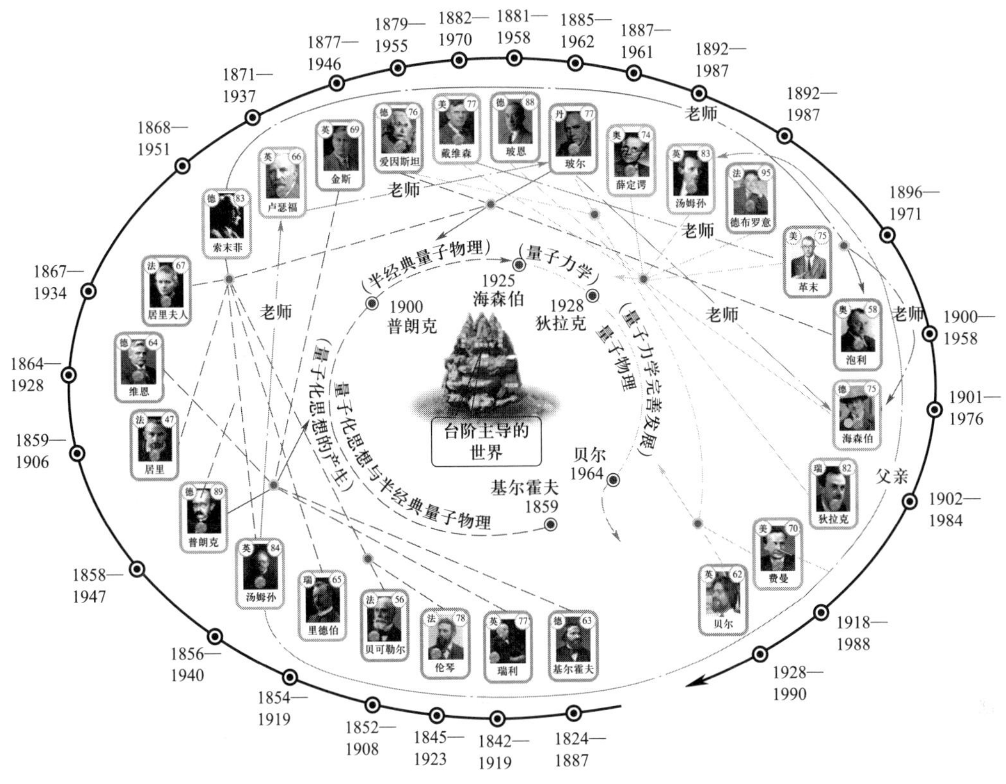

图 5.3　微观世界领域的科学家

5.2.1　微观领域基本规律发展历程概述

授课录像：微观领域基本规律发展历程概述

配音：微观领域基本规律发展历程概述

伽利略和牛顿等人于 17 世纪创立了经典力学，到 19 世纪末，物理学的三大支柱——经典力学、经典电磁场理论、经典热力学和统计力学已日臻完善，形成一座宏伟的经典物理学大厦。当时的多数物理学家们认为物理学的基本规律都已经被发现了，剩下的只是对物理学规律的完善而已。然而事实上是，随着实验技术的发展，物理学的研究深入高速和微观领域，理论与实验的矛盾逐渐显现。最为突出的两个矛盾是，一是经典时空观与寻找“以太”的迈克耳孙-莫雷实验结果的不一致；二是经典理论解释黑体辐射规律的不一致。英国著名物理学家开尔文勋爵于 1900 年在皇家学会所作的演讲中将这两个矛盾称为“物理学晴朗天空漂浮着的两朵乌云。”随着经典时空观与迈克耳孙-莫雷实验寻找“以太”矛盾的解决诞生了相对论。随着经典理论解释黑体辐射规律不一致问题的解决诞生了量子力学。

从 1859 年德国物理学家提出的基尔霍夫定律至 1900 年德国物理学家普朗克提出能量子概念，量子化思想的诞生经历了 40 余年。从 1900 年至 1925 年德国物理学家海森伯建立矩阵力学，旧量子论经历了 20 余年的建立过程。从 1925 年至 1928 年狄拉克相对论量子力学的建立，量子力学的诞生经历了3年的时间。从1928年到1964年英国物理学家贝尔提出的不等式，量子力学完善与发展经历了30余年的时间。量子理论是近代物理学的理论基础，至今仍在完善和发展中。

一、量子化思想与半经典量子物理的发展历程

1. 量子化思想的产生

早在19世纪初，人们就开始了对热辐射现象的研究，到19世纪末逐步认识到热辐射和光辐射都是电磁波。为了研究电磁辐射规律，1859年德国物理学家基尔霍夫提出黑体的概念，用以研究黑体辐射规律。科学家们针对黑体辐射功率密度与频率关系的实验曲线，试图从已有的经典理论给予解释。1896年德国物理学家维恩由热力学出发推导出的公式称为维恩公式；1900年英国物理学家瑞利和金斯根据经典电动力学和统计物理学导出的公式称为瑞利-金斯公式。维恩公式在高频率波段与实验符合得很好，但在低频率波段与实验有偏离；瑞利-金斯公式在较低频率波段与实验相吻合，而在高频率波段上与实验结果大相径庭。按照瑞利-金斯公式的预言，黑体辐射的功率密度与辐射波频率平方成线性关系，意味着自然界会充满着大量的紫外线，称为黑体辐射实验的“紫外灾难”。

在此背景下，1900年德国理论物理学家普朗克依据实验结果，给出了高、低频率波段都与实验曲线十分吻合的公式，称为普朗克辐射公式。但是普朗克在得到这个公式的前提是需要一个假定，即黑体辐射中所包含的谐振子能量是不连续的，也就是能量子假说。这是量子化思想第一次被引入物理学中。在这一思想基础上，1905年德国物理学家爱因斯坦提出了光的能量子（光子）概念，给出光电效应方程，成功地解释了自1888年以来人们探讨的光电效应问题。1916年，密立根通过光电效应实验验证了方程的正确性（密立根在1909年通过油滴实验首次给出了电子电荷量，并因光电效应实验和油滴实验获1923年诺贝尔物理学奖），1923年的康普顿效应实验进一步证实了光量子说的正确性。

2. 半经典量子理论建立过程

19世纪末，X射线（1895年）、放射性元素（1896—1899年）以及电子（1897年）的三大发现拉开了微观物质世界发展的帷幕，这三大发现分别由德国的伦琴，法国的居里夫妇及贝可勒尔，英国的汤姆孙等物理学家完成。针对原子结构的研究，1890年瑞典物理学家里德伯总结了原子光谱线频率的规律。卢瑟福基于德国两位物理学家盖革和马斯登所做的α粒子散射实验事实，经过理论推理于1911年提出了原子的核式模型。而针对原子中核外电子的研究需要借助于量子化的思想。

在普朗克、爱因斯坦、卢瑟福以及里德伯等的工作基础上，1913年丹麦物理学家玻尔针对电子轨道问题提出了氢原子电子的行星轨道模型。1916年德国物理学家

索末菲发展了玻尔的理论，将电子运动轨道由圆形轨道推广到椭圆轨道并引入相对论效应，成功地解释了氢原子的精细光谱结构。辅以索末菲于 1916 年提出的电子轨道角动量在空间取向也是量子化的设想以及 1925 年荷兰乌伦贝克和古兹密特两位研究生提出的电子具有自旋的猜想，光谱的精细结构现象得到进一步解释。1925 年德国科学家泡利为了解决实验和正在发展的量子理论不自洽的问题，提出了关于多电子的泡利不相容原理。1925 年德国物理学家海森伯建立了量子矩阵力学，至此结束了半经典量子理论（也称旧量子论）时代。

二、量子物理的发展历程

1. 量子力学的建立过程

玻尔–索末菲理论虽然继承了能量量子化的思想，但仍然是对经典理论的修补，属于旧的量子理论。1925 年德国物理学家海森伯从微观粒子的能量量子化以及概率性测量角度建立了量子矩阵力学。1924 年法国物理学家德布罗意受光的波粒二象性的启发，提出适用于有质量粒子的“物质波”的概念。1927 年美国物理学家戴维森和革末以及英国物理学家小汤姆孙等各自独立地从电子的衍射性质实验证实了德布罗意所提出的物质波的真实存在。在德波罗意的物质波思想的基础上，奥地利物理学家薛定谔于 1926 年给出了波函数随时间演化的薛定谔方程，建立了波动力学。随后，薛定谔证明他本人提出的波动力学和海森伯的矩阵力学在数学上是等价的。同年，德国犹太裔物理学家玻恩提出物质波概率诠释，即波函数的模方对应微观粒子出现在空间位置的概率，大量微观粒子空间分布的统计行为遵从波动规律，从而建立了粒子的波粒二象性的物理图像。

如何理解海森伯和薛定谔所表述的量子力学的不同表示形式？1927—1928 年间，英国物理学家狄拉克综合了量子力学在当时已有的研究成果，阐述了量子力学不同表述的数学本质，并于 1928 年提出了电子的相对论性波动方程，用以描述高速运动的电子体系。从狄拉克方程的解中可以导出电子具有自旋、负能量等重要结果。狄拉克还以他非凡的科学创见，预言了正电子的存在。1932 年美国物理学家安德森在宇宙射线中发现了正电子。1939 年 4 月，狄拉克发表论文《量子力学的新符号》，提出了一种全新的表示量子态的符号系统，即狄拉克符号。1948 年美国物理学家费曼等人发展了狄拉克的思想，建立了量子电动力学。

2. 量子力学的完善与发展

量子力学从诞生之日起，就备受争议。以玻尔为代表的哥本哈根学派坚持微观世界的量子统计观点，坚信量子力学是正确的。而以爱因斯坦为代表的反对派则不相信这种统计解释。爱因斯坦则是公开声明，“我不相信上帝掷骰子”。

玻尔与爱因斯坦在历史上最著名的争论莫过于 1927 年在比利时布鲁塞尔召开第

五届索尔维会议上的争论。此次会议中，一张会聚了物理学界最智慧的大脑的 29 人“明星照”享誉世界。三年后的 1930 年秋天，第六届索尔维会议再次在布鲁塞尔召开。两次的会议均以玻尔为代表的哥本哈根学派取得胜利而结束。但留下了爱因斯坦提出的“量子力学是完备的吗”的疑问。

对量子力学完备性的典型质疑来自爱因斯坦和他的合作者潘多尔斯基、罗森于 1935 年共同发表的论文《能认为量子力学对物理实在的描述是完备的吗》。论文中经过推理，认为量子力学是不完备的，即存在以他们三个人名字命名的 EPR 佯谬。玻尔等人则针对 EPR 佯谬进行了反驳，认为 EPR 佯谬本身就存在漏洞。即使在今天，如何在物理上真正理解 EPR 佯谬，给出令人信服的解释，仍然是有待深入研究的。

理论上，量子力学是否完备意味着是否存在着隐变量，因此，隐变量理论的研究又开辟了一个新的领域。1964 年英国物理学家贝尔根据一个隐变量理论推导出了一个不等式，称为贝尔不等式。实验上检验贝尔不等式成为检验量子力学是否完备的一个实验标准。自 1972 年以来，已有针对贝尔不等式的一系列实验，绝大多数都证实贝尔不等式是不成立的，说明了量子力学的完备性。量子力学的完备性问题仍然是当今科学家们深入探讨的问题。

授课录像：
量子化思想与半经典量子物理的发展历程——量子化思想的产生背景

5.2.2 微观领域基本规律发展历程扩展

一、量子化思想与半经典量子物理的发展历程

1. 量子化思想的产生背景

19 世纪末，科学家们逐步认识到热辐射和光辐射都是电磁波。1859 年德国物理学家基尔霍夫提出：物体的辐射本领与吸收本领之比只是波长和温度的普适函数，与物体的具体材料性质无关，称为基尔霍夫定律。1860 年基尔霍夫把吸收系数为 100% 的物体称为绝对黑体。根据基尔霍夫定律，绝对黑体可以消除吸收因素的影响，可以专门用来研究物体的热辐射规律。因此，寻找绝对黑体模型是实验上研究热辐射规律的基础。1861 年基尔霍夫进一步提出由一个绝热壁围成的开有小孔的空腔可以视为黑体，这是最早的黑体腔模型。1864 年英国物理学家丁铎尔通过实验发现，黑体的辐射总能量与黑体的温度有关。1879 年奥地利物理学家斯特藩分析丁铎尔以及其他人的实验结果，给出了黑体辐射总能量与黑体热力学温度的 4 次方成正比的结论。1884 年斯特藩的学生玻耳兹曼从统计力学原理角度，在理论上给出了严格的证明，称为斯特藩-玻耳兹曼定律，参见“实物演示：热辐射与吸收”。

配音：
量子化思想与半经典量子物理的发展历程——量子化思想的产生背景

斯特藩-玻耳兹曼定律只是给出了黑体辐射的总辐射能量与温度的关系，而没有给出辐射能量与波长或者频率的分布关系。1884 年美国物理学家兰利给出了热辐

射强度与波长关系的最早实验测量曲线，并发现曲线关于波长是不对称的。1893 年德国实验物理学家维恩从理论上得出，黑体的最大辐射能量与波长的乘积是个常量，称为维恩位移定律。由维恩位移定律可以得出，随着温度的升高，热辐射强度的最大值向着短波长方向移动，理论上解释了兰利的实验曲线峰值问题。1895 年维恩进一步提出将空腔作为电磁辐射研究对象，并进行了辐射能量与波长关系的分布测量，进一步验证了斯特藩–玻耳兹曼定律和维恩位移定律。

如何从经典理论的角度解释黑体辐射能量与辐射波长间的关系是 19 世纪末关于黑体辐射的最大理论问题。1896 年维恩由热力学出发推导出的公式称为维恩公式。1900 年英国物理学家瑞利根据经典电动力学和统计物理学导出了一个公式，因后来由金斯和瑞利共同完善，称为瑞利–金斯公式。维恩公式在高频率波段与实验符合得很好，但在低频率波段与实验有偏离。瑞利–金斯公式在较低频率波段与实验相吻合，而在高频率波段上与实验结果大相径庭。按照瑞利–金斯公式的预言，黑体辐射的能量密度将与辐射波频率的平方成线性关系，意味着自然界会充满着大量的紫外线，称为黑体紫外辐射灾难。如何获得与实验相符合的黑体辐射公式成为困扰科学家们的难题。

普朗克（1858—1947）是德国物理学家。普朗克对物理学最大的贡献是 1900 年提出的黑体辐射能量量子化假说，并因此获得 1918 年诺贝尔物理学奖。1900 年普朗克根据实验结果，通过半经验的方法给出了与实验结果完全相符合的公式，即普朗克公式。为了从理论上推导出这一公式，普朗克不得不提出这样的假说：物质辐射的能量是不连续的，只能是某个最小能量单位的整数倍。能量子假说的提出，不仅解决了黑体辐射理论中存在的困难，更为重要的是开启了量子物理的新时代。

授课录像：量子化思想与半经典量子物理的发展历程——半经典量子理论的建立过程

实物演示：热辐射与吸收

2. 半经典量子理论的建立过程

人们常把处理黑体辐射的普朗克能量量子化假说，解释光电效应的爱因斯坦光能量量子化假说以及描述原子中核外电子的玻尔理论称为半经典量子理论，也称旧量子理论。有关黑体辐射如前所述。光电效应是由赫兹首先从实验上发现的，最终由爱因斯坦给出了理论解释。原子是物质的一个重要组成层次。原子核和核外电子构成了几乎泾渭分明的两个量子体系。针对原子的结构问题，卢瑟福建立了原子的核式模型。针对核外电子的运动规律问题，玻尔建立了轨道模型，这也是玻尔理论的核心思想。

配音：量子化思想与半经典量子物理的发展历程——半经典量子理论的建立过程

（1）光电效应

赫兹（1857—1894）是德国物理学家，亥姆霍兹的学生，首次实验证实了电磁波的存在。1887 年赫兹在电磁波实验中发现了光电效应现象，即紫外线的照射会从负极激发出带负电的粒子，他将此现象写成论文发表，但没有做进一步的研究。如何从经典理论角度解释光电效应一直是困扰着科学家的难题。

犹太裔物理学家爱因斯坦（1879—1955）是相对论的奠基者，在统计物理学等多个领域也作出了杰出的贡献，因提出了光的能量子概念而获得了1921年的诺贝尔物理学奖。爱因斯坦受普朗克提出的能量量子化的启示，在1905年发表的《关于光的产生和转化的一个启发性观点》论文中，提出了光的能量也是量子化的，即光子的概念。光子的概念不但很好地解决了1887年德国物理学家赫兹在电磁波实验中发现的光电效应这个一直困扰科学家的难题，而且分别被1916年美国物理学家密立根所做的光电效应实验和1923年美国物理学家康普顿所做的康普顿散射实验所证实，从而确立了光子概念的正确性。1909年爱因斯坦在德国作题为《论我们关于辐射的本质和组成的观点的发展》的报告中，更加明确地指出光的本质应该是“波动论和发射论的综合”，被后人称之为波粒二象性。

（2）玻尔理论

德国的伦琴于1895年发现了X射线，法国的居里夫妇及贝可勒尔于1896年发现了放射性元素，英国的汤姆孙于1897年发现了电子。这三大发现拉开了微观物质世界发展的帷幕。此后有关微观粒子的研究一直在进行着，例如，1919年至1925年，卢瑟福通过实验证实质子的存在；1930年英国物理学家查德威克实验发现了卢瑟福曾预言的中性粒子，即中子等。汤姆孙发现电子之后，人们迫切希望了解原子的结构问题。其中，比较引起关注的是汤姆孙本人于1898年提出，后来进一步完善的电子均匀镶嵌在原子球体内的模型。1909年曼彻斯顿大学的盖革和卢瑟福的研究生马斯登第一次观测到α粒子束透过金属薄膜后在各方向上散射分布的情况，并且出现少数意料不到的大角度散射。卢瑟福对这一结果十分惊奇，与汤姆孙提出的原子模型相对照感觉十分不能理解。如他所言：“就像一枚15英寸（38.1厘米）的炮弹打在一张纸上又被反射回来一样”。卢瑟福在尊重实验事实的基础上，经过严谨的理论推理，于1911年提出有核的原子结构模型，即原子的核式结构模型。

卢瑟福的原子核式结构模型虽然被盖革-马斯登的α粒子散射实验所证实，但面临的一个困难就是电子的运动问题，即根据经典电磁学理论，电子做圆周运动会不断辐射能量，最终会因为不断失去能量而掉进原子核中，与原子核中的正电荷中和而使原子坍缩。但实际上原子中并没有出现这样的情况。经典理论无法解释这一问题。

玻尔（1885—1962）是丹麦物理学家，由于对原子的结构以及核外电子运动规律研究而获1922年诺贝尔物理学奖。玻尔一直把卢瑟福当成自己的老师，非常赞赏卢瑟福的学问和为人。1913年玻尔发表了《论原子构造和分子构造》的长篇论文，提出了关于原子核式模型的三个基本假说。玻尔根据这三个假说计算了氢原子核外电子的量子化轨道半径和能级以及跃迁发出的光谱频率，所得结果与1885年瑞士数学教师巴耳末所总结的光谱经验公式（巴耳末系）以及1890年瑞典物理学家里德伯所给出的原子光谱线规律（里德伯方程）十分符合。1917年玻尔发表论文《论线光谱的量子论》，指出在大量子数条件下，量子理论得出的物理规律与经典理论相一致，他把此种对应关系称为“对应原理”。玻尔的理论成功地说明了原子的结构和稳定性问题。1921年哥本哈根大学根据玻尔的倡议成立了理论物理研究所，玻尔担任所长，许多年轻有为的理论物理学家，如海森伯、泡利、狄拉克等都曾到这里学习或工作，他们自由讨论、不断创新，最后发展成了著名的“哥本哈根学派”，这也是量子力学的主流学派。

索末菲（1868—1951）是德国理论物理学家。1913年玻尔提出了关于氢原子结构的量子化模型后，索末菲深入研究了玻尔的理论，于1915年提出用椭圆轨道修正玻尔的圆形轨道。1915年他把爱因斯坦的相对论理论用于修正原子中电子的运动方程，解释了氢原子光谱的精细结构，并预言氦的光谱精细结构更易于观察到。1916年德国物理学家帕邢通实验证实了索末菲的预言。人们把索末菲所推广的玻尔模型称为玻尔-索末菲原子模型。索末菲于1916年还提出了电子轨道角动量在空间取向也是量子化的设想。再加上1925年荷兰乌伦贝克和古兹密特两位研究生提出的电子具有自旋的猜想，可以很好地解释原子光谱的精细结构现象。索末菲是一位卓越的导师和学术带头人，在他的带领下慕尼黑大学成为世界知名的理论物理中心之一。他鼓励学生用数学方法解决物理问题，培养出许多优秀的学生，仅诺贝尔奖得主就有四人：德拜、泡利、海森伯、贝特。

前述为原子中的单电子运动规律。多电子如何和谐相处？泡利提出的泡利不相容原理回答了这一问题，并解释了元素周期表的排列规律。泡利（1900—1958）是奥地利物理学家，因发现泡利不相容原理而获得1945年诺贝尔物理学奖。泡利于1922年到哥廷根大学当玻恩的助教，不久后到玻尔主持的哥本哈根大学理论物理研究所从事研究工作，提出了反常塞曼效应的朗德因子。1923年泡利到汉堡大学任讲师，1925年提出泡利不相容原理。泡利的另一个重要的贡献是提出了中微子的概念。1921年索末菲推荐泡利为《数学科学百科全书》撰写了关于相对论的长篇综述文章，这一作品得到了爱因斯坦本人的高度赞赏，并很快成为相对论的普及读物，至今仍是相对论的经典著作之一。泡利为创立量子力学作出过许多重要贡献，尤其是提出了很多有建设性的批评，他的见解对于海森伯等人创立量子力学起着极其重要的作用。

授课录像：
量子物理的发展历程——量子力学的建立过程

二、量子物理的发展历程

1. 量子力学的建立过程

前述的辐射能量量子化、光的能量量子化、玻尔理论等的早期理论之所以称为旧的量子理论，是因为他们均是在经典物理学原理基础上，借助量子修正而形成的，无论是在逻辑体系上，还是在处理实际问题都显得不完善和有所缺欠。彻底解决量子体系问题需要新的物理学思想和切实可行的新方法。这个新思想就是要抛弃原有经典物理的决定论的思维，新方法就是建立一套有别于经典物理的量子力学理论。

（1）海森伯矩阵力学

配音：
量子物理的发展历程——量子力学的建立过程

海森伯（1901—1976）是德国物理学家。因创立矩阵力学而获1932年诺贝尔物理学奖。海森伯矩阵力学是基于可测量物理量的数学表示而建立的。1925年海森伯开始放弃玻尔的电子轨道概念，而把可以直接观察到的量，诸如光谱线的频率和强度，都直接安排在数学方程里。根据这种方法，海森伯能说明早期的玻尔理论所不能解决的问题，例如塞曼效应。海森伯把玻尔的对应原理加以发展，于1925年7月提交《关于运动学和力学关系的量子论的重新解释》一文（12月份发表），为矩阵力学的建立奠定了基础。玻恩在审查该论文时认为可用矩阵形式来描述海森伯的理论，并在约旦的协助下，于同年9月提交《论量子力学》一文（12月份发表），完善了矩阵力学的公式形式。同年11月份，玻恩、海森伯和约旦又联合提交《论量子力学 II》（1926年8月发表），进一步完善了矩阵力学的形式和理论。1927年3月，海森伯发表《关于量子理论运动学和力学的描述性内容》论文，提出了著名的“不确定关系”，即微观粒子的坐标与动量的测量不确定度的乘积不可能等于零，而是有一个最小值。量子力学建立之后发现，海森伯提出的这种“不确定关系”是量子理论的自然推论，也是微观量子规律的固有属性，而非由于测量而引起的效应。

（2）薛定谔波动力学

薛定谔波动力学的建立源于德波罗意物质波概念的提出。德布罗意（1892—1987）是法国物理学家，因提出电子的波动性而获1929年诺贝尔物理学奖。1922年德布罗意在一篇关于黑体辐射的文章中，成功地运用光量子假说和光子气假设，导出了普朗克的能量辐射定律，这篇文章可以看作玻色-爱因斯坦统计的先声。1924年德布罗意受光的波粒二象性启发，在他的博士毕业论文《量子理论研究》中提出了适用于有质量粒子的“物质波”的概念，给出了物质波波长公式。他的导师朗之万把德布罗意的论文介绍给了爱因斯坦，爱因斯坦对论文作出了很高的评价，使德布罗意的发现引起物理学界的注意。德布罗意的物质波思想分别被美国戴维森于1927年4月以及英国的G.P. 汤姆孙于1927年6月在《自然》上发表的实验论文所证实。更为重要的是，在德布罗意物质波思想的启发下，奥地利薛定谔于1926年1月发表论文，给出了物质波所满足的方程，即薛定谔方程，建立了波动力学形式的量子力学。

戴维森（1881—1958）是美国物理学家，因实验发现晶体对电子的衍射而与G.P 汤姆孙分享1937年诺贝尔物理学奖。戴维森主要研究热电子发射和二次电子发射。1921 年他和助手革末在用电子束轰击镍靶的实验中，注意到二次电子的角度分布不是预期的平滑曲线，而是出现几个极大值。在 1925 年的进一步实验中，由于设备故障，使本来为多晶态的镍靶转变为单晶，分布曲线出现了更加尖锐的峰值。戴维森意识到原子的重新排列在其中起到的关键作用，人为制作了更大的单晶镍，并取特定的方向进行实验。由于他当时还不知道德布罗意波理论，因此未获得明确的结果。1926 年戴维森有机会和著名物理学家理查森、玻恩等人讨论了自己的实验结果，并阅读了薛定谔的著作，开始有意识地寻找电子衍射的现象。经过两三个月的紧张实验，他全面证实了电子波的存在。1927 年 4 月，戴维森和助手革末在《自然》上发表《镍单晶对电子散射》一文，展示了他们的实验结果，率先找到了电子衍射的实验证据。

G.P. 汤姆孙（1892—1975）是英国物理学家 J.J. 汤姆孙之子，因实验发现晶体对电子的衍射而与戴维森分享 1937 年诺贝尔物理学奖。1927 年 6 月，G.P. 汤姆孙和他的研究生雷德在《自然》上发表了他们的关于电子衍射的实验结果，比戴维森仅晚了两个月。G.P. 汤姆孙很早就了解了德布罗意的工作，因而是主动寻找关于电子波动性的证据的。他们使电子束经高达上万伏的电压加速，穿透不同材料制成的固体薄膜，直接产生了衍射花纹，比戴维森的结果更加清晰。

德布罗意所提出的物质波应该满足什么样的方程？薛定谔（1887—1961）回答了这个问题，薛定谔是奥地利物理学家，因提出薛定谔方程而与狄拉克共获 1933 年诺贝尔物理学奖。1925 年底到 1926 年初，薛定谔在爱因斯坦关于单原子理想气体的量子理论和德布罗意的物质波假说的启发下，借助光学与力学的相似性，把经典力学处理原子现象时遇到的困难，理解为类似几何光学面对波动现象的图，并于 1926 年 1 月，发表论文《以本征值问题处理量子化理论》来处理波动力学，确立了德布罗意所提出的物质波应该满足的方程，即薛定谔方程。薛定谔的波动力学方法由于物理图像清晰、数学形式自然，并能普遍解释多种原子物理学现象，很快受到物理学家们的欢迎。

薛定谔方程中所引入的波函数具有什么样的物理意义？德国物理学家玻恩于 1926 年发表论文，提出了波函数的概率解释。玻恩（1882—1970）是德国物理学家。因对波函数的统计学诠释而获 1954 年诺贝尔物理学奖。1921 年玻恩到哥廷根大学任教授。他的许多学生和助手来自世界各地，形成了一个人数众多的理论原子物理学学派——哥廷根学派。费米、狄拉克、泡利、海森伯等著名科学家都曾在这里学习或工作。1924 年玻恩首先在一篇论文中采用了“量子力学”这个用语。1925 年玻恩和约旦协助海森伯创立了矩阵力学。1926 年 1 月，薛定谔的关于波动力学的论文发表后，玻恩随后于同年 12 月发表《论碰撞过程中的量子力学》一文，从具体的碰撞问题分析提出了波函数的概率解释，即波函数的模方对应微观粒子出现在空间位置的概率，大量微观粒子空间分布的统计行为遵从波动规律，从而建立了实物粒子波粒二象性的物理图像。

（3）狄拉克方程

如何理解上述海森伯和薛定谔关于量子力学不同表述形式？狄拉克从物理本质上总结回答了这一问题。狄拉克（1902—1984）是英国物理学家，因提出狄拉克方程而与薛定谔共获 1933 年诺贝尔物理学奖。1926 年狄拉克撰写了以《量子力学》为题的博士论文，得到了学术界的普遍重视。不到 25 岁的狄拉克被聘为剑桥大学圣约翰学院的研究员。1928 年 2 月，狄拉克综合当时量子力学已有的研究成果，发表《电子的量子理论》一文，阐述了量子力学不同表述的数学本质，并进一步提出了电子的相对论性方程——狄拉克方程，用以描述高速运动的电子体系。从狄拉克方程的解中可以导出 1925 年荷兰乌伦贝克和古兹密特两位研究生提出的电子具有自旋的猜想以及负能量等重要结果。狄拉克还以他非凡的科学创见，预言了正电子的存在。1932 年美国物理学家安德森在宇宙射线中发现了正电子。1939 年 4 月，狄拉克发表《量子力学的新符号》一文，提出了一种全新的表示量子态的符号系统，即狄拉克符号。

2. 量子力学的完善与发展

授课录像：量子物理的发展历程——量子力学的完善与发展

费曼（1918—1988）是美国物理学家，在量子力学基础上于 1948 年建立了量子电动力学。费曼因在量子电动力学中所做的基础工作而与朝永振一郎、施温格共获 1965 年诺贝尔物理学奖。费曼的重要著作有《量子电动力学》《量子力学和路径积分》等，他的三卷《费曼物理学讲义》是美国 20 世纪 60 年代科学教育改革的重要尝试，影响了全世界大批的理工科学生和教师。为了能够以量子力学为基础进一步描述有限温度下的凝聚态物性等物理问题，经过后续许多杰出物理学家的不懈努力，在量子力学和相对论的基础之上又相继建立了量子统计及多体量子论等理论体系。至此，以相对论和量子理论为核心的现代物理理论体系基本形成。

配音：量子物理的发展历程——量子力学的完善与发展

量子力学从 20 世纪 20 年代诞生之日起，各个学派的争论就一直未曾间断过。以玻尔为代表的哥本哈根学派是波动力学的主流学派，坚持微观世界的量子统计观点。而以爱因斯坦为代表的反对派则不相信这种统计解释。爱因斯坦则是公开声明，“我不相信上帝会掷骰子”。

玻尔与爱因斯坦在历史上最著名的争论莫过于在第五届索尔维会议上的争论。索尔维会议是 20 世纪初一位比利时的实业家欧内斯特·索尔维出资创立的关于物理和化学领域讨论的会议。第一届索尔维会议于 1911 年在布鲁塞尔召开，第五届索尔维会议于 1927 年在布鲁塞尔召开，此次会议主题是“电子与光子”。会议会聚了以布拉格、康普顿为代表的实验学者，以玻尔、玻恩、海森伯为代表的量子统计的哥本哈根学派，以爱因斯坦、德布罗意、薛定谔等为代表的反对量子统计的科学家。在此次索维尔会议中，一张会聚了物理学界最智慧的大脑，加速人类文明进步进程的29人“明星照”成为世界上最亮丽的风景。会议就电子的波动性展开激烈的交锋，最终以玻尔为代表的哥本哈根学派的胜利而结束。三年后的1930年秋天，第六届索尔维会议再次在布鲁塞尔召开，会议主题是“磁”。爱因斯坦针对海森伯的不确定关系再次与哥本哈根学派展开交锋。辩论的结果是，爱因斯坦不得不承认哥本哈根学派依靠概率论解释量子学是没有矛盾的，但他认为这种统计描述并不是完备的。由于德国纳粹的迫害使爱因斯坦背井离乡而没有出席1933年的第七届索尔维会议。此次会议的主题是“原子核的结构及特性”。至此，量子力学的索尔维会议宣告结束。1935年薛定谔发表论文《量子力学的现状》，提出了半死不活的薛定谔的猫，成为至今都很热门的量子力学的话题。

自20世纪30年代以来，在量子力学根本问题上的讨论聚焦在爱因斯坦提出的问题，即量子力学的描述是完备的吗？按照哥本哈根学派的观点，波函数已经完备地描述了微观客体的运动状态。但反对派认为，统计只能解决微观体系的宏观运动状态，而不能解决每个粒子的微观运动状态。从这个角度，量子统计不是完备的。对量子力学完备性一个深远的质疑来自于爱因斯坦和他的合作者潘多尔斯基、罗森于1935年共同发表的《能认为量子力学对物理实在的描述是完备的吗》一文。论文中爱因斯坦等人经过推理，认为量子力学是不完备的，即提出了以他们三个人名字命名的EPR佯谬。玻尔等人则针对EPR佯谬进行反驳，认为EPR佯谬本身就存在漏洞。即使在今天，如何在物理上真正理解EPR佯谬，给出令人信服的解释，仍然是有待深入研究的。

理论上，量子力学是否完备意味着是否存在着隐变量，因此，隐变量理论的研究又开辟了一个新的领域。在目前的多种隐变量理论中，有一个是决定论的定域的隐变量理论。1964年根据美国科学家玻姆提出的假想实验，爱尔兰物理学家贝尔从决定论的定域的隐变量理论推导出了一个不等式，称为贝尔不等式。根据贝尔不等式，如果量子力学存在隐变量，则贝尔不等式成立，即量子力学是不完备的；如果量子力学不存在隐变量，则贝尔不等式不成立，即量子力学是完备的。因此，实验上检验贝尔不等式成立与否成为检验量子力学是否完备的一个实验标准。自1972年以来，已有针对贝尔不等式的一系列实验，绝大多数都证实贝尔不等式是不成立的，证明了量子力学的完备性。

量子力学的奠基人之一，狄拉克在1927年曾提出一个观点，大致的意思是，人们还没有找到量子力学的基本定律，就像玻尔轨道理论发展到目前的量子力学修正，将来用统计理论所作的物理解释的观念可能会被彻底地改变，这或许代表了物理学家们对量子力学的一种态度。

§5.3 微观领域相关基本规律及应用案例

本节以表 5.2 所示的逻辑主线与演示手段，介绍微观领域相关基本规律及典型应用案例。

表 5.2 微观领域相关基本规律及其应用案例

规律分类		演示资源	应用案例
微观领域规律发展历程		热辐射与吸收（实物）	黑体辐射
5.3.1 原子物理	一、原子结构	原子的核式结构模型（AR） 电子轨道（AR） 电子排布（AR）	电子与原子质量的测量
	二、原子能级结构	能级图（AR） 弗兰克－赫兹实验（实物） 能量跃迁（AR） 物质发光（AR）	物质发光应用案例——X射线透视、X射线断层扫描技术（CT）、造影技术
	三、电子的波动性	光的波粒二象性（AR） 电子的波动性与隧道效应（AR） 不确定关系（AR） 电子衍射（实物） 扫描隧穿显微镜（实物）	电子波动性应用案例——扫描隧穿显微镜
	四、电子自旋	电子自旋（AR） 塞曼效应（AR） 塞曼效应（实物）	电子自旋的应用——塞曼效应、巨磁阻效应
5.3.2 原子核物理	一、原子核结构	原子核的结构（AR） 同位素（AR）	同位素应用案例——测定年代
	二、原子核磁矩	核磁共振（AR） 核磁共振（实物）	原子核磁矩应用案例——核磁共振成像（MRI）、磁共振血管成像（MRA）
	三、原子核衰变、裂变与聚变	原子核衰变（AR） 原子弹（AR） 核能发电（AR）	原子核衰变案例——放射性治疗 原子核裂变应用案例——原子弹与核能利用 原子核聚变应用案例——氢弹

续表

规律分类		演示资源	应用案例
5.3.3 分子物理	一、分子结构	手性分子结构（AR）	分子结构案例——手性分子
	二、分子能级结构	分子能级结构（AR）	测量分子能级结构——拉曼光谱

5.3.1 原子物理

一、原子结构

1. 规律解释

（1）原子的核式结构

实验表明原子具有内部结构，即原子是由一个极小的原子核和分布在原子核周围的电子所组成。原子核是由带正电的质子和不带电的中子所组成，电子带负电，质子所带的正电荷与电子所带的负电荷总量相等，因此正常情况下原子是电中性的。原子的空间尺度大小集中在 0.06～0.5 nm 范围内，原子核的质量占原子总质量的 99.9%（一个质子的质量是电子质量的 1 836 倍），体积占原子总体积的 0.001%～0.01%，因此，原子核集中了原子的全部正电荷和几乎所有的质量（大约在 10^{-26} kg 的量级），参见“AR 演示：原子的核式结构模型”。

授课录像：
原子结构

配音：
原子结构

（2）电子轨道

轨道是一种经典的概念。在微观世界，粒子是没有确定的轨道的，取而代之的是粒子在空间出现的概率。但可以把粒子在空间位置概率的最概然位置对应为经典的轨道，参见“AR 演示：电子轨道”。

（3）电子排布

原子中电子的能量是量子化的，不同的量子化能量对应着不同的经典意义上的轨道概念。从原子的内层至外层依次对应着低能量至高能量轨道，即“壳层”，每个轨道对应一个“壳层”。按照泡利不相容原理，每个单电子态只能占据一个电子，每个轨道中最多能容纳的电子数量是不同的。电子按照能量最小原理，从能量的最低轨道向高轨道依次分配。按此原则计算，结果表明，电子从内层到外层的填充数量分别是 2、8、18、32 等，按照这种规律所排列的原子表称为元素周期表，是由门捷列夫发现的，也称门捷列夫元素周期表，参见“AR 演示：电子排布”。

AR 演示：
原子的核式结构模型

AR 演示：
电子轨道

AR 演示：
电子排布

2. 电子与原子质量的测量

测量如此之小的电子以及原子的质量需要利用电磁学原理。首先将电子在电场中加速，然后再进入和运动方向垂直的磁场中，运动的电子在磁场的作用下将做圆周运动，通过测量电子的加速电压、磁场强度以及电子在磁场中的运行半径，可以计算出电子的荷质比（电荷量与质量的比值）。再利用电子的已知电荷的大小，可以计算出电子的质量。对于中性的原子，采取轰击的方式使原子电离，获得带正电的离子。对该离子采取与上述测量电子质量相同的方法即可实现对原子质量的测量。这种方法也是基于质谱仪的基本工作原理。

二、原子能级结构

1. 规律解释

（1）能级图

授课录像：原子能级结构

配音：原子能级结构

从半经典的角度看，在没有外磁场的作用下，单电子的主要能量来源于电子绕原子核运动的动能和库仑势能，用主量子数表征不同的轨道能量，每个电子轨道还对应相关数目的量子化轨道角动量。对单电子而言，轨道角动量几乎对电子的能量没有影响。但由于电子本身有自旋，电子的轨道角动量与自旋角动量的耦合，会使电子的能级发生劈裂，称为精细结构。当进一步考虑电子的轨道角动量与自旋角动量耦合的总角动量与原子核自旋角动量耦合作用时，电子的精细能级就进一步劈裂，称为超精细结构。把由这些因素决定的电子能级用图来表示，称为能级图。各种物质的能级图总体规律是，单电子的能级图是分立的，分子的能级图是分立的带结构，晶体或纳米粒子的能级图具有能带结构，而一个宏观物质的能级图则是接近连续的，参见“AR 演示：能级图”“实物演示：弗兰克-赫兹实验”。

（2）能量跃迁

电子从一个轨道到另外一轨道的变化，对应着能量高低的改变，称为跃迁。跃迁过程满足能量守恒定律，因此当电子从高能量轨道跃迁至低能量轨道时，会以发光或者发热的方式释放能量，分别称为辐射跃迁和无辐射跃迁。辐射跃迁过程中所发射的光的谱线成分称为发射谱。反之，当电子吸收光子时，会从低能量轨道跃迁至高能量轨道，所吸收的光的谱线成分称为吸收谱，参见“AR 演示：能量跃迁”。

（3）物质发光

组成物质的微观粒子一般是处于基态的，此时的微观粒子系统是不会辐射光的。但如果处于基态的粒子受到外界的扰动，例如电、光、热等的扰动作用，处于基态的粒子就会吸收能量，从基态跃迁到更高的能量状态，即激发态。激发态是不稳定的状态，因此处于激发态的粒子就会自发地向更低能量状态转移，称为跃迁。能量守恒定律导致这种跃迁会伴随电磁波的产生。波长分布在 400～780 nm 的电磁波是人眼能分辨的可见光。比可见光波长长的电磁波为近红外线、中红外线、远红外线、无线电波等，比可见光波长短的为紫外线、X 射线等。物质所发射的电磁波波段取决于微观粒子在初末轨道的能量差。人们所能看到的五彩缤纷的颜色通常就是电子从高能量轨道向不同低能量轨道跃迁时发射出不同波长的光所造成的，参见“AR 演示：物质发光”。

AR 演示：
能级图

实物演示：
弗兰克-赫兹实验

AR 演示：
能量跃迁

AR 演示：
物质发光

2. 物质发光应用案例——X 射线透视、X 射线断层扫描技术（CT）、造影技术

原子中发出的 X 射线可通过原子外层电子向内层低能级跃迁或者高能电子轰击金属板发生韧致辐射等方式产生，其波长比可见光短得多。由于人体的组织密度不同，X 射线经过人体之后会产生不同程度的吸收和衰减，于是在透过人体后的一侧，用荧光纸检测透过的 X 射线时，人体组织密度大的部分呈暗色，密度小的部分呈亮色，就得到了人体的组织图像，此即 X 射线透视原理。大剂量的 X 射线会对人体产生伤害作用。

X 射线经过人体衰减之后落在探测器上的影像是一平面图像。如果将 X 射线对人体的某个部位在多个面上进行 360° 扫描，就会得到人体该部位 X 射线的三维立体影像，此即为 X 射线断层扫描技术，简称 CT。

对于在 X 射线下对比度低的无法观察的器官，例如血液，可以利用造影技术进行显影。具体做法是让人体摄入造影剂，造影剂的密度高于或低于要观测的器官，这时在 X 射线下就能呈现对比度明显的图像，所以针对不同器官的检测，需要使用不同的造影剂。

三、电子的波动性

1. 规律解释

（1）电子的波动性与隧道效应

由光的波粒二象性出发，人们推想微观粒子是否也具有波粒二象性，德布罗意最早提出了这种假设，后经实验证实电子及其他微观粒子，如中子、质子等都具有波粒二象性。量子力学中用波函数描写微观粒子的波动特性，波函数具有概率幅的意义，满足薛定谔方程，参见“AR 演示：光的波粒二象性”。

授课录像：
电子的波动性

当微观粒子运动遇到一个高于粒子能量的势垒时，按照经典力学，粒子不能越

配音：
电子的波动性

过势垒。但是按照量子力学，粒子的波函数在势垒另一侧可以不等于零，即粒子有一定概率穿过势垒，称为势垒贯穿效应或隧道效应。粒子穿过势垒的概率由势垒宽度、势垒与粒子的能量差等因素决定。可以形象地比喻为，一个跳跃的小球遇到一面墙，当小球的动能低于其在墙顶处的势能时，按照经典力学计算，小球不能越过墙；但按照量子力学计算，小球有可能到达墙的另一侧，就好像在墙中存在一个“隧道”使小球穿过了。墙壁越薄，小球穿越的可能性就越大。隧道效应是微观粒子具有波动性的体现，是量子力学的特有结论，已经由 α 粒子散射等实验验证。隧道二极管、扫描隧穿显微镜等实验仪器设备均是依据电子的隧道效应原理而制作的，参见“AR 演示：电子的波动性与隧道效应”。

（2）不确定关系

经典物理中粒子的位置和动量是可以同时精确测定的，但是在量子理论中，粒子的坐标与动量、能量与时间等是不能同时测量的。每对物理量不确定范围的乘积总是大于一定的数值，称为不确定关系。例如，对于能量和时间这样一对不能同时测量的物理量，如果粒子在某个能级停留的时间长，对应的能级能量宽度就窄，粒子在某个能级停留的时间短，对应的能级能量宽度就宽。量子理论表明，非对易的物理量都是无法同时测准的，参见“AR 演示：不确定关系”。

AR 演示：
光的波粒二象性

AR 演示：
电子的波动性与隧道效应

AR 演示：
不确定关系

2. 电子波动性应用实例——扫描隧穿显微镜

扫描隧穿显微镜是利用量子力学隧道效应来探测物质表面结构的仪器，它具有相对原子量级的分辨率，使科学家能够“看”到单个原子在物质表面的排列状态。利用扫描隧穿显微镜观测样品的基本方法是使用一个极其尖锐的金属探针在样品上方逐行地扫描，探针与表面之间留有微小的空隙。由于隧道效应，探针针尖上的电子会有一定概率越过不导电的空气隙而到达样品，形成的电流称隧穿电流。隧穿电流的大小依赖于针尖和样品之间的距离。因此，根据隧穿电流的变化可以得到样品表面微小的高低起伏变化的信息，再经过计算机处理形成图像，就显示出表面原子的排列状态了，参见“实物演示：电子衍射”“实物演示：扫描隧穿显微镜”。

实物演示：
电子衍射

实物演示：
扫描隧穿显微镜

四、电子自旋

1. 规律解释

授课录像：
电子自旋

电子具有自旋，这是量子力学的重要概念之一。从磁矩的角度，可认为电子的自旋具有两种相反的状态，一般称为自旋向上和自旋向下，参见“AR 演示：电子自旋”。

2. 应用案例——塞曼效应、巨磁阻效应

（1）塞曼效应

配音：
电子自旋

电子的能级结构是经历了历史的积淀而逐渐发现的。历史上，荷兰科学家塞曼于 1896 年观察到光谱线在磁场中的劈裂，当时将理论上可以解释的光谱劈裂现象称为塞曼效应，而理论上无法解释的称为反常塞曼效应；丹麦科学家玻尔于 1913 年提出了经典轨道的定态条件、频率条件、角动量量子化等的玻尔理论模型；德国物理学家索末菲于 1916 年提出了轨道角动量在磁场中的量子化取向理论模型；为了验证这一理论结果，施特恩-格拉赫于 1921 年完成了原子束在非均匀磁场中空间劈裂的实验，称为施特恩-格拉赫实验。由于当时的理论不完善，因此，对塞曼效应以及施特恩-格拉赫实验现象的理论解释也都是不完善的。直至 1925 年两位荷兰学生乌伦贝克、古兹密特提出电子自旋的概念后，理论才给出了塞曼效应以及施特恩-格拉赫实验现象的圆满解释。目前，人们将原子光谱在磁场中劈裂的现象统称为塞曼效应。塞曼效应在核磁共振等领域有着广泛的应用，参见“AR 演示：塞曼效应”“实物演示：塞曼效应”。

AR 演示：
电子自旋

AR 演示：
塞曼效应

实物演示：
塞曼效应

（2）巨磁电阻效应

磁铁等物质所产生的磁场以及磁场对物质的磁性作用源于物质内部电子的轨道、自旋、相互作用等多种因素组成的内部磁矩。不同的组成物质，其内部磁矩是不同的。内部分子不存在固有磁矩，但在外磁场的作用下，会感应出与外磁场方向相反的微弱磁矩的称为抗磁性物质；内部分子具有固有磁矩，但空间取向是随机的，在没有外磁场的作用下整体不显示磁性，在外磁场作用下，会产生微弱的和外磁场同向的磁场，称为顺磁性物质；内部有自发磁化的小区域（磁畴），一般磁畴取向是随机的，不表现出磁性，在外磁场作用下，会表现出很大的磁性，此种介质称为铁磁性物质；同一种晶格的内部某个局域部分的磁矩处于有序，但不同区域的磁矩处于反平行状态，不同局部区域的磁矩大小接近，在不受外磁场作用时并不表现为磁性的称为反铁磁性物质。反铁磁性主要发生在过渡金属或稀土金属化合物等物质中。不同晶格组成的物质，每个晶格内部局域部分的磁矩处于有序，不同晶格区域的磁矩处于反平行状态，但不同晶格局部区域的磁矩大小不同，在不受外磁场作用时总体表现为磁性的称为亚铁磁性物质。

人们可以人工制备反铁磁性物质，例如，利用分子束外延等技术所制备的铁-钴-铁三明治薄膜结构，在较强磁场的作用下，两层铁薄膜的内部磁矩是平行的，而在弱磁场的作用下，是反平行的。理论与实验表明，当电子通过该三明治结构过程中，铁的磁矩平行状态对应电子的低阻抗，而反平行状态对应着高阻抗，称为巨磁电阻效应。巨磁电阻效应是由电子的自旋引起的。理论分析表明，当电子通过磁矩有序排列的磁性物质时，由于芯电子的交换耦合、泡利不相容原理等因素的作用，自旋磁矩与物质磁矩方向平行成分的电子仍然可以自由流动，而自旋磁矩与物质磁矩方向反平行成分的电子被内壳层能级轨道所束缚。因此，当自由电子通过铁-钴-铁三明治薄膜结构的过程中，自旋磁矩与薄膜磁矩方向反平行的电子会因内层能级轨道束缚以及自由电子磁矩被外磁场交替散射（转为与物质磁矩相同方向的过程）等原因而呈现巨磁电阻效应。

巨磁电阻效应可以应用到计算机硬盘的读取。当前计算机使用的硬盘主要有两种：固态硬盘和机械硬盘。固态硬盘采用闪存芯片来存储信息，机械硬盘采用磁性碟片来存储信息。固态硬盘使用的闪存芯片，里面包含若干个存储单元，每个存储单元与标准 MOSFET 晶体管类似，不同的是闪存的晶体管有两个而并非一个栅极。新增的栅极是受绝缘层独立的，进入的电子会被困在里面。在一般的条件下电荷经过多年都不会逸散。“被困”电子数的多少，影响了晶体管的开启电压，这个特点可以用来记录和读取数据。机械硬盘的物理结构一般由磁头与碟片等部件组成。传统的硬盘是使用电磁感应原理实现数据的写入和读取的。由于磁性材料表面的磁场很小，为了可靠地读取数据，不得不使用多匝线圈来工作，这就限制了磁头体积无法太小，也就限制了数据的存储密度。以巨磁电阻物质替代读取线圈，利用巨磁电阻效应可以有效地克服这一缺点。信号的存储依然利用电磁感应原理，当巨磁电阻物质磁头扫过磁存储介质时，微小的磁场变化使巨磁电阻磁头电阻产生极大变化，对应着足够电流的变化，达到识别数据、从而大幅度提高数据存储密度的目的。

固态硬盘与机械硬盘相比，具有低功耗、无噪声、抗震动、低热量的特点，读写速度也远高于传统硬盘。但是目前固态硬盘也存在着高成本、低写入次数、读取干扰、损坏时的不可挽救性等缺点。因此，固态硬盘和机械硬盘是目前计算机硬盘并存的两种类型。

5.3.2 原子核物理

一、原子核结构

1. 规律解释

物质的基本组成单位是原子，原子是由原子核和核外电子组成的，而原子核是由质子和中子组成的。质子带正电，电子带等量的负电，中子不带电，即呈电中性。一般情况下，原子核内的质子数和核外电子数是相同的，所以物质呈电中性，参见“AR演示：原子核的结构”。

授课录像：
原子核结构

原子核的稳定性是靠核内的质子和中子之间的相互作用来维系的，因此质子数和中子数需要有一定的配比关系，亦即质子数和中子数是可以不同的。核内的质子数决定了元素种类，质子数相同而中子数不同的同种元素称为同位素，参见“AR演示：同位素”。

配音：
原子核结构

AR演示：
原子核的结构

AR演示：
同位素

2. 同位素应用案例——测定年代

由于原子核的稳定性是靠核内的质子和中子之间的相互作用来维系的，因此质子数和中子数的配比决定了原子核的稳定程度。当原子核内质子数与中子数配比协调时，原子核处于稳定的状态。而当它们的比例不协调时，原子核容易衰变，并且通常比例失调越严重，半衰期就越短。考古断代以及放射医学等就是利用了长半衰期的不稳定原子核的衰变特性。

在自然界中碳（C）元素有三种丰度（即比例）相对较高的同位素存在，即中子数分别为6、7、8的^{12}C、^{13}C、^{14}C。其中^{12}C是稳定的，而^{14}C是放射性同位素，其半衰期为5 730a（年）。C是有机物的元素之一，生物在生存的时候，由于需要呼吸，其体内的^{14}C含量大致不变。生物死去后会停止呼吸，^{14}C含量得不到补充，此

时体内的 ^{14}C 含量就按放射性衰变规律减少，经过 5730a 减少为原来的一半。因此，人们可通过测量一件古物中 ^{14}C 的相对含量，再与大气中的情况相对比，来估计它的大概年龄。

磷−32（^{32}P）是自然界中常见磷元素的一种放射性同位素，它衰变时释放出纯 β 射线，其能量强，但穿透力小，作用深度浅，对深部组织几乎不产生损伤。通过 β 射线的电离辐射生物效应，可使病变局部细胞出现形态和功能的改变，从而达到治疗的目的。对瘢痕疙瘩、增生性瘢痕痕应用 β 射线敷贴治疗是目前较为成熟、理想的治疗方法。

二、原子核磁矩

1. 规律解释

授课录像：
原子核磁矩

原子核是由质子和中子所组成的，二者本身具有自旋磁矩。带电的质子在核内运动会产生轨道磁矩。轨道磁矩与自旋磁矩的耦合最终构成了原子核的总磁矩，而且也是空间取向量子化的。

2. 应用案例——核磁共振成像（MRI）、磁共振血管成像（MRA）

（1）核磁共振成像（MRI）

配音：
原子核磁矩

当有外磁场作用时，由于原子核磁矩的空间量子化，原子核的能级结构会进一步发生劈裂。劈裂的能级能够共振吸收或发射对应能量的电磁波，称为核磁共振。利用这一原理发展的核磁共振成像技术可以诊断人体的健康状况。氢原子是人体组织器官的重要组成成分，探测人体内氢原子的密度分布可以间接地诊断疾病。具体的方式是将人体置于特殊的磁场中，用特定频率的无线电射频信号激发人体内氢原子核，引起氢原子核塞曼能级间的共振能量吸收，可以通过扫描磁场的方式直接测量吸收信号的变化，或者在射频信号停止后，测量吸收射频能量的氢原子核释放出的信号，最后用电子计算机将信号处理成像，由此分析人体的健康状况。医学上称这种技术手段为核磁共振成像，简称 MRI，参见“AR 演示：核磁共振”“实物演示：核磁共振”。

AR 演示：
核磁共振

实物演示：
核磁共振

（2）磁共振血管成像（MRA）

医学上为了检查血管的堵塞情况，常用的是造影技术，即血管内注入造影剂，由于造影剂的密度与血管的密度不同，在 X 射线下就能呈现对比度明显的图像。这种方法需要在人体的血管内注入造影剂。基于核磁共振成像原理，在技术上做进一步的改造，在不需要注入造影剂的情况下，也可以区分出流动的血液和静止的血管的不同磁共振信号，从而也可以诊断血管的堵塞情况，这一技术称为磁共振血管成像，简称 MRA。如果在血管中再进一步注入造影剂，利用 MRA 技术可以获得更为精确的血管堵塞信息，称为增强磁共振血管成像，简称 CE-MRA。

三、原子核衰变、裂变与聚变

1. 规律解释

授课录像：原子核衰变、裂变与聚变

组成物质的原子核有的是稳定的，有的是不稳定的，不稳定的原子核自发地放出某种粒子而转变为新核的变化叫原子核的衰变。

质量大的原子核在外界的作用下，会分裂成质量小的原子核，称为裂变，例如铀核或钚核等重原子核，在中子的轰击下，会分裂成两个或多个质量较小的原子核。

质量小的原子，主要是指氘或氚，在超高温和高压的条件下，相互之间会发生原子核互相聚合的作用，生成新的质量较重的原子核，此过程称为聚变。

2. 应用案例

配音：原子核衰变、裂变与聚变

（1）原子核衰变案例——放射性治疗

原子核在衰变的过程中会产生放射性物质，如 α、β、γ、X 等射线。如果存在大剂量的放射性物质，它的照射会杀死细胞、致人死亡，少量照射会引起基因突变和染色体畸变，使一代甚至几代受害，这种看不见摸不到的放射性物质是危害人类健康的隐形杀手。虽然放射性物质有很高的危险性，但是如果能够合理利用，也可以治病救人，放射治疗就是通过放射性物质发出的射线杀死肿瘤细胞，来达到治疗癌症的目的的，参见“AR 演示：原子核衰变”。

（2）原子核裂变应用案例——原子弹与核能利用

原子核在裂变的过程中会产生质量亏损，由爱因斯坦的质能方程可知，质量的微小变化会释放巨大的能量。

制作原子弹的原材料是铀（U）等重核物质。用一个中子去轰击 U235，轰击之后会产生 U236，而 U236 极其不稳定容易发生裂变，裂变的产物有钡、氪和中子，同时释放能量。产生的中子，一部分逃掉，一部分返回来再继续轰击铀，这样就形成一个链式反应，链式反应使能量不断地释放出来最后爆炸，这就是原子弹爆炸的原理，参见“AR 演示：原子弹”。

核发电和原子弹的机制是相同的，区别在于上述链式反应的速率是否受到控制。原子弹的爆炸不需要控制链式反应的过程，而核发电需要控制反应堆链式反应的速率，即控制链式反应的速率使之达不到爆炸的临界点。核电站将链式反应产生的热量转化为蒸汽，再经过汽轮发电机发电，参见“AR 演示：核能发电”。

（3）原子核聚变应用案例——氢弹

原子核在聚变的过程中，也会产生质量亏损，由爱因斯坦的质能方程可知，质量的微小变化会释放巨大的能量。

制作氢弹的原材料是氘或氚等轻核物质，而能够实现其聚变的超高温和高压的条件只有在原子弹爆炸时才能实现，因此氢弹爆炸是在原子弹爆炸的基础上实现的。利用原子弹爆炸时产生的高温使氢的同位素氘（D）、氚（T）等质量较轻的原子发生聚合，释放出巨大的能量。由于氢弹是在原子弹基础上实现的，因此氢弹的爆炸威力会比原子弹的更大。

AR 演示：
原子核衰变

AR 演示：
原子弹

AR 演示：
核能发电

5.3.3 分子物理

一、分子结构

1. 规律解释

授课录像：
分子结构

原子在自然界中很少孤立存在，原子一般会结合成为分子、分子团或者晶体。原子之间靠化学键结合为分子，化学键分为离子键、共价键、金属键等几种类型。离子键分子中，电子由一个原子转移到另一个原子，形成电性相反的离子，离子之间相互吸引结合成分子。共价键分子通过共用电子形成相互作用，共用电子后会使分子体系的总能量比单独的原子低。金属键一般存在于金属晶体中，靠自由电子和金属离子之间的作用力构成相互作用。

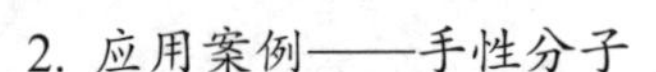
2. 应用案例——手性分子

配音：
分子结构

组成物质的最基本分子单元如果是关于空间的某一点或者某一平面对称的，则这种分子定义为没有手性的，也称中性分子。例如二氧化碳分子，是氧-碳-氧构成的直线结构，两个氧原子对碳原子这个中心是对称的，水分子的两个氢原子与氧原子构成一个120°的夹角结构，两个氢原子可对过氧原子的平面互为镜像，所以二氧化碳分子和水分子是没有手性的。同样的原子也可以组成另外一种形式的分子结构单元，即分子单元关于空间的某一点或者某一平面是非对称的，类似人的左手或者右手没有任何对称性一样，这种结构的分子定义为手性分子。手性分子分为左手性和右手性，二者称为对映异构体。手性分子具有改变光的偏振方向的作用，即旋光功能。利用这一方法可以判断手性分子的左手性还是右手性，即用一束偏振光照射手性分子物质，如果光的偏振方向是向左旋方向改变的，则对应的手性分子是左手性的，反之则是右手性的，参见“AR 演示：手性分子结构”。

研究表明，作为生命基本结构的氨基酸大都是左手性分子。由于左手性的氨基酸不能很好地代谢右手性的药物分子，所以食用右手性的药物会给人的身体带来伤害。

AR 演示：
手性分子结构

AR 演示：
分子能级结构

二、分子能级结构

1. 规律解释

授课录像：
分子能级结构

分子的能级构成要比原子复杂得多，其主要由三部分构成。首先是分子中的电子能级，和原子能级结构类似，分子中的电子能级也是分立结构，能级间隔较大；其次是分子内原子之间的振动能级，这种振动的能量也是量子化的，能级间隔较小；最后是分子的转动能级，这是分子整体转动产生的，同样能量也是量子化的，能级间隔比前两种小得多。分子的能量是三种能量的加和，所以分子能级结构是在间隔较大的电子能级上，劈裂为间隔较小的振动能级，在振动能级基础上又劈裂成能级间隔更小的转动能级，参见“AR 演示：分子能级结构”。

配音：
分子能级结构

2. 测量分子结构——拉曼光谱

电子在多能级间跃迁时，如果以光的形式释放能量，就构成了光谱。因此，光谱是由组成物质的原子或分子能级结构所决定的。不同物质由于能级结构的不同会有不同的光谱。原子中电子能级间的跃迁对应的一般是从紫外区到红外区的光谱。而分子的振转能量差比较接近，所以吸收和发射光谱一般在远红外区。如何从实验的角度获得对应的光谱，并进一步获得物质的能级结构信息？采用光子的能量与物质的能级能量差相共振，并进行频率扫描的方式可获得电子光谱，进而可以获得电子的能级结构。当分子的振转能级间距较小时，由于无法找到合适的激发光，则无法采用这一方式，而是利用拉曼光谱技术来实现的。拉曼光谱的技术原理是，利用单频光将物质的基态的粒子激发至高的虚能态，由虚能态的粒子返回各个振转能级的过程中会辐射不同波长的光，通过比较辐射光与激发光的波长可以确定振转能级的结构。

参考文献

［1］ 杨福家 . 原子物理学 .4 版 . 北京：高等教育出版社，2008.

［2］ 褚圣麟 . 原子物理学 . 北京：高等教育出版社，1979.

［3］ 赵凯华，罗蔚茵 . 新概念物理教程：量子物理 .2 版 . 北京：高等教育出版社，2008.

［4］ 王永昌 . 近代物理学 . 北京：高等教育出版社，2006.

［5］ 梁绍荣，刘昌年，盛正华 . 普通物理学：第五分册　量子物理学基础 .3 版 . 北京：高等教育出版社，2008.

［6］ Bernstein J.Modern Physics. 史斌星，改编 . 北京：高等教育出版社，2005.

［7］ 周世勋 . 量子力学教程 .2 版 . 北京：高等教育出版社，2009.

［8］ 钱伯初 . 量子力学 . 北京：高等教育出版社，2006.

［9］ 裴寿镛 . 量子力学 . 北京：高等教育出版社，2009.

［10］ 苏汝铿 . 量子力学 .2 版 . 北京：高等教育出版社，2002.

［11］ 刘觉平 . 量子力学 . 北京：高等教育出版社，2012.

［12］ 姚玉洁 . 量子力学 . 北京：高等教育出版社，2014.

［13］ 曾谨言 . 量子力学：卷Ⅰ.5 版 . 北京：科学出版社，2014.

［14］ 曾谨言 . 量子力学：卷Ⅱ.5 版 . 北京：科学出版社，2015.

［15］ 陈植芸 . 量子物理：学习现代物理的基本方法 . 北京：高等教育出版社，2015.

［16］ Gasiorowicz. Quantum Physics. 北京：高等教育出版社，2006.

［17］ 钱临照，许良英 . 世界著名科学家传记物理学家Ⅰ、Ⅱ、Ⅲ、Ⅳ . 北京：科学出版社，1995.

［18］ 秦克诚 . 方寸格致：《邮票上的物理学史》增订版 . 北京：高等教育出版社，2014.

［19］ 郭奕玲，沈慧君 . 诺贝尔物理学奖 1901—2010. 北京：清华大学出版社，2012.

［20］ Martinson I，Curtis L J. Janne Rydberg：his life and work.Nucl.Instr.and Meth.in Phys.Res.B，2005（235）：17–22.

［21］ Eckert M.Arnold Sommerfeld：Science，Life and Turbulent Times 1868—1951. NewYork：Springer，2013.

［22］ 张永德，量子力学 .2 版 . 北京 . 科学出版社，2008.

［23］ Alfred U.Mac Rae.Lester H.，Germer. Physics Today，25（1）：93，1972.

［24］ 郭奕玲，沈慧君 . 物理学史 . 2 版 . 北京：清华大学出版社，2005.

［25］ 申先甲 . 物理学史简编 . 济南：山东教育出版社，1985.

［26］ 陈毓芳，邹延肃 . 物理学史简明教程 . 北京：北京师范大学出版社，2016.

［27］ 弗・卡约里 . 物理学史 . 戴念祖，译 . 北京：中国人民大学出版社，2010.

[28] 梅森 S F. 自然科学史 . 周煦良，全增嘏，傅季重，等译 . 上海：上海译文出版社，1980.

[29] 吴国盛 . 科学的历程 . 2 版 . 北京：北京大学出版社，2002.

[30] 苏亚沃尔夫 . 十六、十七世纪科学技术和哲学史 . 周昌忠，苗以顺，译 . 北京：商务印书馆，1984.

[31] 魏凤文，申先甲 . 20 世纪物理学史 . 南昌：江西教育出版社，1994.

[32] 向义和 . 物理学基本概念和基本定律溯源 . 北京：高等教育出版社，1994.

[33] 霍布森 A. 物理学的概念与文化素养 . 4 版 . 秦克诚，刘培森，周国荣，译 . 北京：高等教育出版社，2011.

[34] 赵峥 . 物理学与人类文明十六讲 . 北京：高等教育出版社，2008.

[35] 厚宇德 . 物理文化与物理学史 . 成都：西南交通大学出版社，2004.

[36] 赛格雷 . 从 X 射线到夸克：近代物理学家和他们的发现 . 夏孝勇，译 . 上海：上海科学技术文献出版社，1984.

第六章　时空结构

本章概述图 6.1 所示的时空结构领域规律的逻辑关系及发展历程，以 AR 演示的方式展现时空结构领域规律所预言的现象与证实。

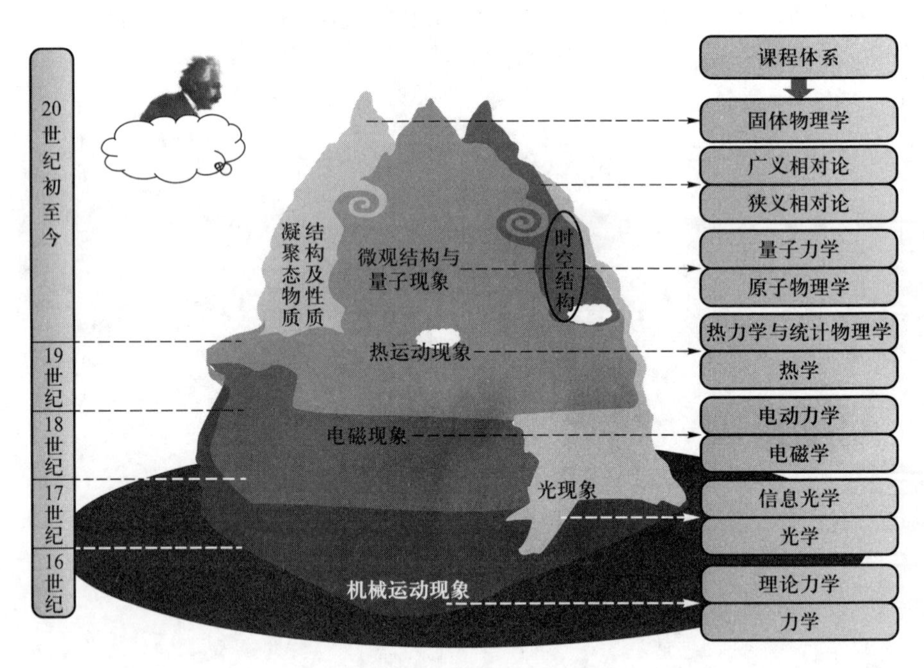

图 6.1　物理“山”

§6.1　时空结构领域知识体系逻辑

时空结构的基本规律包括狭义相对论和广义相对论，分别研究的是无引力场时的两个惯性参考系之间的时空以及物理规律的变换关系以及引力场对时空和物理规律的影响，其逻辑知识体系关系如图 6.2 所示。狭义相对论的运动学部分需要在力学课程中学习，动力学部分需要在电动力学课程中学习。广义相对论部分可以在力学课程中有所了解，详细内容需要在专业课程中学习。

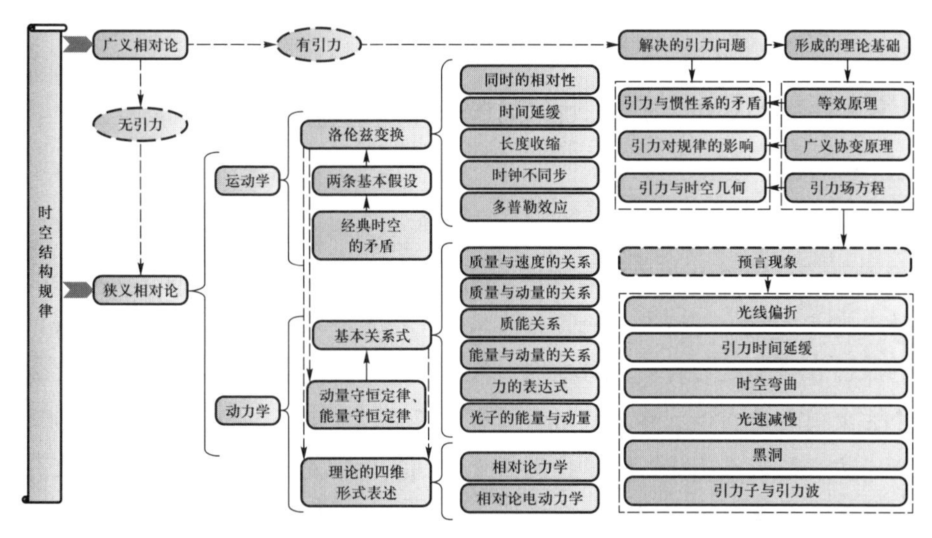

图 6.2　时空结构规律知识体系逻辑思维导图

6.1.1　狭义相对论与广义相对论逻辑关系概述

授课录像：狭义相对论与广义相对论逻辑关系概述

狭义相对论所形成的理论体系可以分为运动学和动力学。运动学的内容包括，由经典时空观遇到的矛盾引入两条基本假设，由这两条假设可以导出替代伽利略变换的新时空变换关系，即洛伦兹变换。由洛伦兹变换可以推知狭义相对论所预言的运动学现象，包括同时的相对性、时间延缓、长度收缩、时钟的不同步、多普勒效应等。动力学内容可以分为经典物理学量的变化关系式以及物理规律的四维表述形式。以动量守恒定律、能量守恒定律以及洛伦兹变换为基础可以导出的基本关系式包括，质量与速度的关系、质量与动量的关系、质能关系、能量和动量的关系、力的表达式、静质量为零的粒子（即光子）的动量与能量等。进一步以洛伦兹变换和基本关系式为基础，可以得出相对论力学及相对论电动力学的四维表述形式。

配音：狭义相对论与广义相对论逻辑关系概述

广义相对论的宗旨是把狭义相对论的匀速运动理论推广到引力场中。需要解决的两个根本问题是，一是引力如何影响时空结构和物理规律，二是引力所遵从的普适性方程。在解决这两个问题之前，首先要解决狭义相对论的一个遗留问题，即真正的惯性参考系在哪里？针对引力与惯性系的矛盾、引力如何影响时空结构和物理规律、引力所遵从的普适性方程等问题的研究，分别建立了等效原理、广义协变原理、引力场方程等广义相对论的理论基础。有了广义协变原理、引力场方程等理论之后，等效原理就变成了完成搭建任务的脚手架，不再需要这个原理了。在引力场趋向零时，广义相对论的理论自然过渡到了狭义相对论的理论。由广义相对论所预言的现象包括：弯曲的时空、光线偏折、引力时间延缓、光速变慢、黑洞与引力波。这些预言现象分别被水星轨道进动、星体观测位置的变换、光谱红移、雷达回波延迟、引力波等事实所证实。

*6.1.2 狭义相对论与广义相对论逻辑关系扩展

一、狭义相对论

授课录像：狭义相对论与广义相对论逻辑关系扩展

配音：狭义相对论与广义相对论逻辑关系扩展

1865年，麦克斯韦成功地建立了麦克斯韦方程组，预言了电磁波的存在，并在1888年被德国科学家赫兹的实验所证实。由麦克斯韦方程组可求得电磁波在真空中的传播速度与光的传播速度相同，由此认定光也是一定频率范围内的电磁波。麦克斯韦方程组在建立之后的一段时期内，虽然可以很好地解释很多电磁现象，但存在的一个主要问题是在伽利略变换下不具有协变性，或者说，如果保持伽利略变换下麦克斯韦方程的形式不变，光速将发生变化。基于对麦克斯韦方程组的认可，众多科学家试图从经典角度去理解和解决这一问题。解决的思路就是设想宇宙中广泛存在着一种假想的介质，称为“以太”。将“以太”作为一种绝对静止的空间，麦克斯韦方程组所包含的光速是相对该绝对参考系的。因此寻找“以太”成为19世纪末的一个最大的物理问题。最为著名的就是1881年至1887年间，迈克耳孙和合作者莫雷的“零结果”实验，即无法验证以太的存在。

上述试图理解和解决麦克斯韦方程组所面临的协变性问题的根本原因是在承认麦克斯韦方程组和伽利略变换的前提下，把寻找绝对惯性系当成了问题的根本。而爱因斯坦独辟蹊径，以放弃绝对的参考系为解决问题的出发点。爱因斯坦提出，自然界并不存在什么绝对的空间，反倒应该把引起客观事物发生的规律提升为一种公设，即相对性原理。同时，引入另外一条假设——光速不变原理。从这两条原理出发就可以获得新的时空变换关系，即洛伦兹变换。由此建立了狭义相对论的主要内容。

早在爱因斯坦提出狭义相对论之前，荷兰物理学家洛伦兹就发现了这一变换公式，这也是“洛伦兹变换”这一名称的由来。然而，由于当时洛伦兹是基于以太的观点，附加了多个假设给出的这个变换，使得人们无法理解和接受这组变换公式。将洛伦兹变换应用到电磁感应过程中，以前电磁感应现象所遇到的不自洽问题都迎刃而解。洛伦兹变换的物理本质是从根本上超越了伽利略变换所蕴含的时间、空间观念，时空既不绝对、也不相互独立了。

由洛伦兹变换可以推知狭义相对论所预言的运动学现象，包括同时的相对性、时间延缓、长度收缩、时钟的不同步、多普勒效应等。以动量守恒定律、能量守恒定律以及洛伦兹变换为基础可以导出质量与速度的关系、质量与动量的关系、质能关系、能量和动量的关系、力的表达式、静质量为零的粒子（即光子）的动量与能量等基本关系式。以洛伦兹变换和基本关系式为基础，可以得出相对论力学及相对论电动力学的四维表述形式。

二、广义相对论

19 世纪末以前的物理学规律仅限于经典时空观的框架内，即在伽利略变换下，力学规律在任何惯性参考系下等价。1905 年随着狭义相对论的建立，人们对时空及物理规律的理解上升到了一个新的高度，即时空是一个整体，物理规律在洛伦兹变换下在任何惯性参考系中等价。1907 年爱因斯坦提出，有必要把狭义相对性理论从匀速运动推广到加速运动，需要解决的两个根本性问题，一是引力如何影响物理体系（引力效应），二是引力所满足的普适性方程（引力场方程）。可以说，后者告知我们物质如何影响时空结构，前者告知我们物质如何在时空结构中运动。在解决广义相对论的两个根本性问题之前，首先需要解决狭义相对论所遗留的两个问题，一是自然界引力与惯性参考系矛盾的问题，二是万有引力定律本身与狭义相对论不相容的问题。

关于自然界引力与惯性参考系矛盾的问题：牛顿第二定律以及狭义相对论建立的前提是依靠惯性参考系。自然界广泛存在着引力，有引力就不会有不受作用的参考系，真正的惯性系在哪里？牛顿认为，自然界中存在一个绝对静止的空间，这个空间就是真正的惯性系。但是一百多年后的奥地利物理学家马赫认为，自然界中并不存在独立的绝对静止空间，任一物体保持原来状态不变的惯性属性是受宇宙中所有其他物体作用的结果，这一思想也称马赫原理。爱因斯坦沿袭了马赫原理的思想，提出了等效原理，解决了引力与惯性参考系的矛盾问题。

关于万有引力定律与狭义相对论不相容问题：在经典的力学体系中，万有引力的正确性被广泛地应用在各个领域中，万有引力的经典表述似乎是自然界的一种普适规律。但是，仔细分析发现，万有引力的表述与狭义相对论是不相容的，具体表现为，一是引力的超距作用与光速极限不相容，二是引力在洛伦兹变换下的非协变性与相对性原理不相容。这说明，万有引力定律的表达式并不是普适的表示形式。直至广义相对论给出了引力场方程，才赋予了万有引力定律以新的认识，解决了万有引力与狭义相对论不相容的问题。

为了解决广义相对论的引力效应和引力场方程两个核心问题，首先需要了解判断物理规律的普适性问题。一个物理规律的普适程度需要由相对性原理来判别，普适程度由低到高的是，力学的相对性原理（伽利略最早揭示出的力学规律在所有惯性参考系下等价）、相对性原理（爱因斯坦推广的，即任何领域的规律在所有惯性系下等价）、广义协变性原理（爱因斯坦在建立广义相对论时提出的，任何领域规律在任何坐标系下等价）。这些原理是物理层面上对所建立规律应具有的普适性要求。如何从数学角度来判断所建立的物理规律是否满足相应的原理？物理规律是用数学公式表达的，如在任何惯性参考系下物理规律的数学表示形式不变，且惯性参考系间的物理规律表达式分别满足伽利略变换或洛伦兹变换，则分别满足力学相对性原理或相对性原理。如物理规律的数学表达式在任意坐标变换下形式不变，则满足广义协变性原理。物理规律是否满足力学相对性原理或者相对性原理可由是否满足伽利略变换或洛伦兹变换来判别。但是否满足广义协变性原理是不好从闵可夫斯基空间（三维几何空间与时间构成的四维空间）角度来判别的，而只能从黎曼几何的角度来判别。黎曼几何的研究结果表明，只要数学上能够将物理规律表达成张量等式的形式，则必定满足广义协变性原理。

建立广义相对论最终需要解决的是引力效应（引力如何影响时空以及物理规律）和引力场（万有引力的普适表达式）两个核心问题。爱因斯坦研究发现，如果按照狭义相对论的时空变换思路进行下去，如对于电磁场一类的方程，会使计算陷入极其复杂和冗长当中。随着黎曼几何的引入，爱因斯坦发现，黎曼几何是解决广义相对论两个问题的有效途径。

具体解决引力效应的思路做法是，将惯性系下已建立的规律进行张量形式改造，如果方程能够表达成以“度规”及其派生量为基础的张量等式形式，则该物理规律就具有广义协变性，即在任意坐标变换下形式不变，亦即该物理规律具有更为广泛的普适性，否则不具备普适性。在对原有方程进行张量改造过程中所引入的“度规”张量体现的是时空效应，亦即对应着引力效应的引入，有着深刻的物理内涵。“度规”张量是常量时，对应的是无引力情况，非常量则对应着引力情况。因此，分析“度规”张量对方程的影响也就解决了引力效应问题。

上述的“度规”张量对应着引力效应，但“度规”张量的具体表达式并未给出。如何获得“度规”张量所满足的方程，即引力场方程，是广义相对论的另外一个方面问题。爱因斯坦经过尝试，最终利用黎曼张量的构造法则给出了无物质存在时的“度规”张量所满足的方程，即引力场方程。为了将引力场与物质联系起来，爱因斯坦依据泊松形式的万用引力定律表达式，人为地引入了体现物质的能量动量张量，简称能动张量，用以替代无物质存在时引力场方程中所对应的引力场参量，就得到了有物质存在时的引力场方程，也就是引力场方程的常用表达式。

总结上述，等效原理是基于惯性质量与引力质量相等而引入的，它解决了狭义相对论中的引力与惯性系的矛盾问题。将闵可夫斯基空间下的已有规律进行张量形式改造，不但可以判断已有规律是否满足广义协变性原理，而且所引入的“度规”张量也解决了引力效应的问题。由黎曼张量的构造法则和万有引力定律的泊松表述形式给出了“度规”张量所满足的方程，即引力场方程，解决了万有引力定律的普适性问题。广义相对论所形成的最终理论基础就是引力场方程和广义协变性原理，前者告知物质如何影响时空结构，后者告知其他物质如何在时空结构中运动。从广义相对论最终的理论角度，引力质量以及与其相关的等效原理已失去了任何的意义，可以说，他们只是为了建立广义相对论的最终理论而提供的“脚手架”而已。

§6.2 时空结构领域基本规律发展历程

时空领域规律体系的建立是于 20 世纪初逐步开始的。从历史的发展角度，爱因斯坦于 1905 年建立了狭义相对论，于 1915 年建立了广义相对论。时空结构领域规律的重要历史发展阶段如表 6.1 所示。在时空结构微观领域作出重要贡献的科学家及其传记分别如图 6.3 所示和附录 6 所述。

表 6.1 时空结构领域的重要历史发展阶段

分类	年代	分段历史	相关科学家
狭义相对论（40 余年）	1865 年（麦克斯韦方程组）—1887 年（迈克耳孙 - 莫雷实验）	狭义相对论诞生背景（22 年）	麦克斯韦、莫雷、迈克耳孙
	1887 年（迈克耳孙 - 莫雷实验）—1905 年（爱因斯坦的《论动体的电动力学》）	狭义相对论建立（18 年）	洛伦兹、庞加莱、爱因斯坦
广义相对论（110 余年）	1905 年（爱因斯坦的《论动体的电动力学》）—1915 年（爱因斯坦的《引力场方程》）	广义相对论建立（10 年）	格罗斯曼、爱因斯坦
	1915 年（爱因斯坦的《引力场方程》）—2016 年（引力波观测）	广义相对论证实（101 年）	勒维耶、爱丁顿、庞德、雷布卡、夏皮罗、韦斯、巴里什、索恩

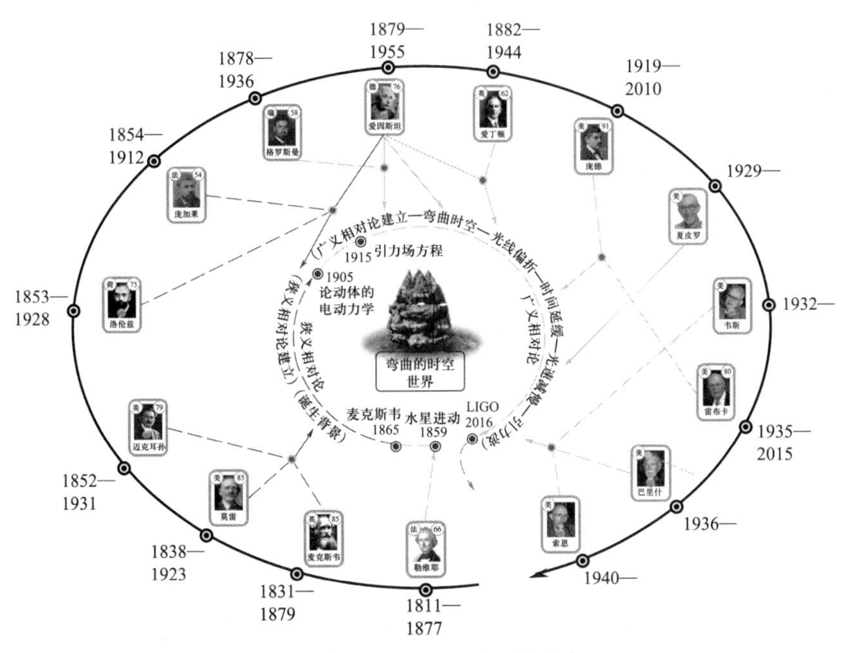

图 6.3 时空结构领域的科学家

6.2.1 时空结构领域基本规律发展历程概述

一、狭义相对论

授课录像：
时空结构领域基本规律发展历程概述

从 1865 年麦克斯韦的论文《电磁场的动力学理论》发表至 1905 年爱因斯坦的《论动体的电动力学》文章发表，狭义相对论从探索到最终确立经历了 40 余年的发展历程。

狭义相对论的产生主要源于人们对电磁和光现象的理解。1865 年麦克斯韦方程组建立后的一段时间内，其存在的主要问题是方程组在伽利略变换下不具有协变性。众多科学家试图从承认麦克斯韦方程组和经典时空变换角度去解决这一问题，但最终还是面临困难重重。爱因斯坦通过将电磁感应现象应用到动体上，最终解决了这个难题，于 1905 年 6 月发表了《论动体的电动力学》，完整地提出了狭义相对论理论。爱因斯坦于 1905 年 9 月发表了《物体的惯性同它所含的能量有关吗？》，揭示了质量与能量的关系，即著名的质能关系式。狭义相对论的基础是两条重要的假设，即相对性原理和光速不变原理。以此为基础，可以得到反映新时空观的变换，即洛伦兹变换。洛伦兹变换的物理思想从根本上否定了伽利略变换所蕴含的时间和空间彼此独立的观念，而是将二者作为相互关联的整体，体现了近代的时空观。原有经典物理规律的修正以满足洛伦兹变换为依据，使物理规律的表述更为普适。

配音：
时空结构领域基本规律发展历程概述

二、广义相对论

从 1905 年爱因斯坦的《论动体的电动力学》文章发表至 1915 年爱因斯坦《引力场方程》论文的发表，广义相对论的建立经历了 10 余年的发展历程。从 1915 年广义相对论的建立至 2016 年引力波的探测，广义相对论的验证经历了 100 余年的发展历程。

随着狭义相对论的建立，人们对时空及物理规律的理解上升到了一个新的高度，即时空是一个整体，物理规律在洛伦兹变换下在任何惯性参考系中等价。1907 年爱因斯坦提出，有必要把狭义相对性理论从匀速运动推广到加速运动。爱因斯坦经过 8 年的探索，于 1915 年 11 月份连续发表了四篇相关论文，其中的第四篇《引力场方程》论文，建立了真正普遍协变的引力场方程，宣告“广义相对论作为一种逻辑结构终于完成了”。广义相对论的正确性被水星在近日点的进动、星体观测位置的变化、光谱红移、雷达回波延迟、引力波五大事实所证实。

广义相对论的建立，把时空、物质及引力联系起来，物质的分布导致时空的弯曲，弯曲的时空又反过来决定物质的运动。这使人们对时空及引力的认识更深入一步，对后续物理学的发展产生了深远的影响。

6.2.2 时空结构领域基本规律发展历程扩展

一、狭义相对论

1. 狭义相对论的诞生背景

1865 年英国科学家麦克斯韦成功地建立了描述电磁规律的麦克斯韦方程组，确定光属于电磁波的一种形式，具有 30 万千米每秒的真空传播速度。电磁波的存在被 1888 年的赫兹实验所证实，当时科学家们仍从经典物理的角度把包括光波在内的电磁波当成机械波来理解。既然是机械波，就需要有传播介质存在，尤其是遥远的星体所发出的光是通过什么样的介质传输到地球上的？另外，麦克斯韦方程组在经典伽利略变换下会导出异于光速的理论结果，那么 30 万千米每秒的光传播速度是相对哪个坐标系的？基于这两个突出的问题，科学家们设想宇宙中应该有个绝对的参考系存在，这个特殊参考系就是早期人们设想的、曾经深刻影响科学家们物理思想的“以太”。

授课录像：
狭义相对论——狭义相对论的诞生背景

配音：
狭义相对论——狭义相对论的诞生背景

古希腊著名哲学家亚里士多德曾提出，宇宙是由地界和天体两种物质组成的，两种物质的分界点是月球。地界物质是指地球及地球表面上的物质，是由土、水、气、火四元素组成；天体是由“以太”第五种元素组成的。笛卡儿在他 1644 年出版的《哲学原理》一书中，提出了“漩涡宇宙”的思想，即宇宙空间充满着一种特殊的物质，称为“以太”，以此解释星体的运动。如果真的能够验证以太的存在，电磁波所遇到的两个问题也就迎刃而解了。因此，寻找以太就成为 19 世纪末最大的科学问题。如果宇宙中充满了无处不在的“以太”介质，地球在“以太”中运动，地球上的人就应该能够感受到“以太风”的存在。1887 年美国科学家迈克耳孙和莫雷针对寻找“以太”所设计的实验是最为著名的，称为迈克耳孙-莫雷实验。该实验最终没有测量出地球相对“以太”的运动效应，人们就此给出的推论是：“以太”不存在。

授课录像：
狭义相对论——狭义相对论的建立过程

1905 年爱因斯坦提出了相对性原理和光速不变原理两条假设，从根本上放弃了经典物理中绝对参考系的必要性，解决了光的传播与波速问题，即电磁波是依靠电场和磁场的交替耦合传播的，真空的光速对任何参考系都是相同的，从此狭义相对论诞生了。

配音：
狭义相对论——狭义相对论的建立过程

2. 狭义相对论的建立过程

洛伦兹、庞加莱、爱因斯坦是建立狭义相对论的重要物理学家。

洛伦兹（1853—1928），荷兰物理学家，在电磁学和狭义相对论等方面作出了重要贡献，因塞曼效应的发现和解释而获得了 1902 年诺贝尔物理学奖。19 世纪末，为了说明光或电磁波的传播现象，科学家们假设了在绝对空间中充满了一种称为“以太”的介质。由于地球相对以太有一个运动速度，则理论上可以由相对地球的“以太风”引起的光或电磁的效应来测定地球的运动速度。这种效应的大小相当于地球运动速度对光速的比值。洛伦兹依据经典电磁理论，提出一个“对应态原理”，证明了在地球上没有实验能测量出这个比值的一级效应。但是按照洛伦兹的理论，这种相对运动的二级效应是应该存在的。但是，1887 年的迈克耳孙-莫雷实验得到的仍然是“零结果”。为了解释迈克耳孙-莫雷实验的零结果，1895 年洛伦兹在发表的论文《在运动物体中电学和光学现象的一种理论研究》中，提出：干涉仪臂在地球通过以太的运动方向上发生了收缩，收缩的因子与物体的运动速度有关，恰能抵消地球在以太中运动的二级效应。1899 年洛伦兹又发表题为《运动物体中的光电现象的简明理论》的论文，对他的电动力学的收缩假说作进一步的处理，并引入“电子的质量随速度而改变”的概念。1904 年洛伦兹发表《在以小于光速的任何运动的系统中的电磁现象》一文，把他的对应态理论加以深化和精练，并推广到无电荷的电磁系统的所有各级小量，认为在地球上的实验无法测出地球相对以太运动的任一级次的效应。在这篇论文中，洛伦兹还提出了在以太中运动的参考系与静止参考系之间时间和空间坐标的变换，就是著名的“洛伦兹变换”公式。从这个公式中，洛伦兹得出光速是任何物体相对以太运动速度的上限的结论。

洛伦兹的理论深刻改变了相对论前的经典物理的基础。1905 年爱因斯坦发表了关于狭义相对论的著名论文，赋予了洛伦兹理论以新的物理解释，并指出以太和绝对空间的概念是多余的。然而洛伦兹本人对经典物理学框架充满深厚的信赖之情，深信“以太”是真实存在的。

庞加莱（1854—1913）是法国数学家、物理学家、哲学家。作为 19 世纪末法国出色的科学家，庞加莱对数学、物理学、天文学都作出了卓越的贡献。仅以物理学为例，1895 年伦琴发现 X 射线后，庞加莱很快在法国科学院的例会上同贝可勒尔讨论了伦琴的新发现，正是在庞加莱的有意义的启发下，贝可勒尔从实验中发现了铀盐的放射性；1905 年爱因斯坦和斯莫卢霍夫斯基发展了建立在分子热运动基础之上的布朗运动理论，庞加莱随后指出，布朗运动所揭示的概率极小的可逆过程的存在，必将对卡诺原理或热力学第二定律产生重要影响。可见，庞加莱具有非凡的科学直觉。

庞加莱独立于爱因斯坦提出了光速不变原理和物理规律的相对性原理，从数学的角度建立了狭义相对论的基本理论。光速不变原理和物理规律的相对性原理分别体现在他 1898 年发表的论文和 1904 年的演讲中。1895 年荷兰物理学家洛伦兹为了解释迈克耳孙-莫雷实验的结果，提出了洛伦兹收缩假说，即假定物体沿其运动方向的长度会发生收缩，洛伦兹根据实验结果计算了收缩的因子。庞加莱认为，虽然洛伦兹理论“是现有理论中最好的”，但在探讨以太漂移实验或者其他新实验的过程中，针对每一个实验事实都要引入孤立的假设，这种做法肯定是不恰当的。他强调应该尝试引入一个更为普遍的观点。1898 年庞加莱发表题目为《时间的测量》一文，首次提出了光速在真空中不变的假设。在 1902 年出版的《科学与假设》中，他再次强调了他的观点："绝对空间是没有的，我们所理解的只不过是相对运动而已。" 1904 年在美国圣路易斯国际技术和科学会议的讲演中，庞加莱完整地提出了相对性原理，他指出：不可能测出有重物质的绝对运动，或者更明确地说，不可能测出有重物质相对于以太的相对运动。人们所能提供的一切证据就是有重物质相对于有重物质的运动。根据相对性原理，无论对于固定的观察者，还是对于做匀速直线运动的观察者，物理现象的定律应该是相同的，于是我们没有也不可能有任何办法识别我们是否做匀速直线运动。

从数学的角度建立的狭义相对论的基本理论体现在他 1905 年提交的两篇论文中。庞加莱分别于 1905 年 6 月和 7 月以相同的题目《论电子动力学》向法国的“科学院学报”和意大利“巴勒莫数学学会学报”提交了两篇有关相对论的理论论文，前一篇可以看作后一篇的摘要。从坐标系的时空变换角度，庞加莱以系统分析洛伦兹变换本质为出发点，归纳和演绎了他命名的洛伦兹群的特征，引入 ict 作为假想的第四个维度的时间坐标，与三维空间坐标一起构成了四维时空坐标（即后来闵可夫斯基所引入的闵氏空间），证明了三维空间的两个惯性参考系间的变换相当于两个具有共同原点的四维时空坐标轴的转动，这也意味着四维时空矢量的大小或者四维时空间隔的不变性。从物理学规律的角度，庞加莱严格证明了电动力学规律具有洛伦兹变换的协变性，给出了力的洛伦兹变换公式，分析了最小作用量原理与洛伦兹变换的兼容性，给出了带电粒子具有洛伦兹协变性的相对论运动方程等狭义相对论的基本理论。

爱因斯坦（1879—1955）是犹太裔物理学家，相对论的创始人，由于在光电效应方面的研究而获得 1921 年诺贝尔物理学奖。爱因斯坦最重要的科学成就是创立了狭义相对论和广义相对论。此外，他在热力学与统计物理学和光的量子理论等领域也都有开创性的工作。

1905 年 6 月，爱因斯坦在德国《物理学年鉴》上发表论文《论运动物体的电动力学》，完整地提出狭义相对论理论。论文中通过将电磁感应现象应用到动体上的分析，设想自然界中并不存在一种绝对的空间。从考察两个在空间上分隔开的事件的“同时性”问题入手，否定了绝对同时性，进而否定了绝对时间、绝对空间以及“以太”的存在。他把伽利略发现的力学运动的相对性，提升为一切物理理论都必须遵循的基本原理 —— 狭义相对性原理（即物理规律在任何惯性系中都是相同的）。另一方面，又从斐索实验和光行差概念出发，将光在真空中总是以一确定速度 c 传播提升为原理——光速不变原理。要使相对性原理和光速不变原理同时成立，不同惯性系的坐标之间的变换就不可能再是伽利略变换，而应该是类似于洛伦兹于 1904 年发现的那种变换。对于洛伦兹变换，空间和时间不再是彼此独立的，但包括麦克斯韦方程组在内的一切物理定律却是不变的，即协变性。经典的牛顿力学可以作为相对论力学在低速运动时的一种极限情况。

1905 年 9 月，爱因斯坦发表了《物体的惯性同它所含的能量有关吗？》一文，揭示了质量 m 和能量 E 的等同性，即 $E=mc^2$。后来人们发现，这个公式能够说明放射性元素（如镭）能释放出大量能量的原因，这也是利用核能的理论基础。

二、广义相对论

1. 广义相对论的建立过程

授课录像：广义相对论——广义相对论的建立过程

狭义相对论建立后，爱因斯坦设想把相对性原理的适用范围推广到非惯性系。他从引力场中一切物体都具有同一加速度这一事实找到了突破口，于 1907 年提出了等效原理，并且由此推论：在引力场中，钟要走得慢，光波波长要变化，光线要弯曲。1912 年初，他意识到在引力场中欧几里得几何并不严格有效。同时他还发现洛伦兹变换不是普适的，需要寻求更普遍的变换关系。为了保证能量守恒和动量守恒，引力场方程必须是非线性的，等效原理只对无限小区域有效。为了解决这些问题，爱因斯坦在他的大学同学格罗斯曼教授的帮助下，学习了黎曼几何和张量分析。二人于 1913 年共同发表了重要论文《广义相对论纲要和引力理论》，提出了引力的度规场理论。1915 年 10 月至 11 月间，爱因斯坦集中精力探索新的引力场方程，于 1915 年 11 月连续向普鲁士科学院提交了四篇论文，分别是《关于广义相对论》（11 月 4 日）、《关于广义相对论（遗补）》（11 月 11 日）、《用广义相对论解释水星近日点运动》（11 月 18 日）、《引力场方程》（11 月 25 日）。在其中的第四篇论文中，爱因斯坦建立了真正普遍协变的引力场方程，宣告“广义相对论作为一种逻辑结构终于完成了”。

配音：广义相对论——广义相对论的建立过程

2. 广义相对论的证实

自 1915 年爱因斯坦广义相对论的建立至 2016 年的一百多年时间，陆续有五个证实广义相对论正确性的证据，分别是：1915 年圆满解释水星在近日点的进动，1919 年星体位置变化的观测，1959 年 γ 射线的引力光谱红移测量，1964 年的雷达回波延迟测量，2016 年的引力波测量。

1859 年法国天文学家勒维耶分析了 150 余年的水星运行数据，发现水星在近日点的进动数值与牛顿力学预测结果每 100 年相差 38″，之后精确测定为 43″。爱因斯坦在 1915 年 11 月份向普鲁士科学院提交的第三篇论文，即《用广义相对论解释水星近日点运动》中，根据新的引力场方程，推算出水星近日点每 100 年的剩余进动值是 43″，同观测结果完全一致，圆满地解决了 50 多年来天文学中一大难题，这成为支持广义相对论的第一个证据。

授课录像：广义相对论——广义相对论的证实

爱因斯坦在 1915 年 11 月份向普鲁士科学院提交的第三篇论文《用广义相对论解释水星近日点运动》中，除了上述解释水星的轨道进动外，还推算出光线经太阳表面所发生的偏折角度（1.75″）。1919 年英国天文学家、物理学家爱丁顿带领观测远征队，对日全食时太阳附近的星体位置进行拍摄。由于光线偏折，会导致星体观测位置发生改变，通过多地拍摄照片进行比较，爱丁顿等人得到了和爱因斯坦预言相一致的结果。爱丁顿等人的观测结果首次验证了光线偏折现象，成为支持广义相对论的第二个证据。

配音：广义相对论——广义相对论的证实

按照广义相对论，在引力场作用下会发生时间延缓现象，这就会导致光线在远离恒星时会发生频率降低的现象，即光谱线发生红移。1959 年美国科学家庞德和雷布卡设计了一个被后人命名为庞德-雷布卡的实验，通过从探测高塔上发射 γ 射线的频率变化首次观察到了引力红移现象，成为证实广义相对论的第三个证据。

按照广义相对论，在引力场作用下会发生光速减慢效应。1964 年美国天体物理学家夏皮罗先后以水星、金星和火星为反射靶进行了雷达回波实验，观测到了雷达信号途径太阳附近时候的延迟，首次验证了引力导致的光速减慢效应，成为证实广义相对论的第四个证据。

根据广义相对论还可以预言黑洞与引力波的存在。2016 年 2 月 11 日，激光干涉引力波天文台（LIGO）与室女座干涉仪团队的科学家们共同宣布在 2015 年 9 月 14 日通过激光干涉引力波观测装置首次探测到了两个黑洞合并产生的引力波，再次证实了广义相对论的预言，构成了广义相对论的第五大证据。美国科学家韦斯、巴里什、索恩因此获得了 2017 年的诺贝尔物理学奖。

§6.3　时空结构基本原理所预言的现象概述

本部分的时空结构主要包括狭义相对论、广义相对论、宇宙与天体物理常识等部分内容，具体涉及的内容如表 6.2 所示。

表 6.2　时空结构领域基本原理及所预言现象

规律分类		演示资源
6.3.1　狭义相对论	一、狭义相对论基本原理	迈克耳孙 - 莫雷实验（AR）

续表

规律分类			演示资源
6.3.1　狭义相对论	二、狭义相对论预言现象	1. 同时的相对性	同时相对性原理（AR） 同时相对性（AR）
		2. 时间延缓	时间延缓（AR） 时间延缓原理（AR）
		3. 长度收缩	长度收缩（AR）
		4. 时钟的不同步	时钟不同步（AR）
		5. 多普勒效应	机械波多普勒效应（AR）
6.3.2　广义相对论	一、广义相对论基本原理		等效原理（AR）
	二、广义相对论预言现象与证实	1. 时空弯曲	弯曲时空与水星进动（AR）
		2. 光线偏折	光线偏折（AR）
		3. 引力时间延缓	引力时间延缓（AR）
		4. 引力光速变慢	引力光速变慢（AR）
		5. 黑洞与引力波	黑洞（AR） 引力子与引力波（AR）
		6. 卫星导航系统时钟校正	时钟校正（AR）
6.3.3　宇宙与天体	一、宇宙的结构与年龄		宇宙结构与年龄（AR） 太阳系（AR）
	二、宇宙的统一整体性		宇宙的统一整体性（AR）
	三、宇宙的状态		宇宙的膨胀（AR）
	四、宇宙的起源		宇宙大爆炸（AR）
	五、暗物质与暗能量		暗物质与暗能量（AR）
	六、恒星的演化		恒星的演化（AR）
	七、发光星体的观测分类		发光星体的观测分类（AR）

6.3.1　狭义相对论

一、狭义相对论基本原理

授课录像： 狭义相对论基本原理

定量描述一个事件的发生地点和所发生的时间需要用坐标（或矢量）和时钟来描述，而坐标和时钟与观察者所在的参考系有关。一个事件在两个参考系下所测量的空间位置和发生的时间的关系称为变换，经典的变换是伽利略变换。麦克斯韦方程组建立之后，为了从经典角度解释光的传播和光速问题，科学家们设想了一种充满宇宙的假想物质，即“以太”。最后迈克耳孙－莫雷实验否定了“以太”的存在，参见“AR 演示：迈克耳孙－莫雷实验”。这一理论与实验的矛盾迫使人们放弃经典的伽利略变换，而寻求新的变换，即洛伦兹变换。

AR 演示：迈克耳孙-莫雷实验

配音：狭义相对论基本原理

为了从根本上理解伽利略变换和洛伦兹变换的区别，我们首先需要区分绝对性与相对性两个层面的认识问题。对于一个物理事件的发生或发生过程本身及其所对应的普适规律，与其所发生的现象描述是不同的概念，前者是与参考系无关的，是绝对性的，后者是与参考系有关的，是相对性的。既然一个物理事件的发生过程本身及其所对应的普适规律是与参考系无关的绝对性问题，如何寻找一种变换，使其在不同参考系间保持物理规律的形式不变，可以说是为了保证普适规律的真实性与绝对性的手段，也可以说是衔接绝对性与相对性问题的纽带。随着研究的不断深入，也就有了伽利略变换、洛伦兹变换、广义协变性原理等变换。

在早期的伽利略变换中，人们是经验性地把时间和空间割裂开来，导致了这种变换只能在一定的条件下成立。而在洛伦兹变换中，空间坐标的变换式里包含着时间坐标，而时间的坐标变换式里也包含着空间坐标，体现了时空结构的真实属性。在广义相对论的协变性原理中，爱因斯坦利用黎曼几何的数学手段，使参考系之间的变换不需要任何的形式，上升了新的高度。

由洛伦兹变换所导出的同时的相对性、运动时钟变慢、运动尺子变短、运动时钟不同步等现象是时空结构真实属性的体现。人们日常生活中之所以没有感受到这些现象的存在，是因为在人们日常生活所处的环境中，涉及的物体的运动速度远远小于光速，这些现象表现得不明显而已。

二、狭义相对论预言现象

1. 同时的相对性

授课录像：狭义相对论预言现象——同时的相对性

由洛伦兹变换可以推知，在一个惯性参考系下同一地点同时发生的两个事件，在其他惯性系看来都是同时的；在一个惯性参考系下不同地点同时发生的两个事件，在其他惯性系看来是非同时的。同时相对性是否会出现因为参考系变换而改变了因果关系的现象呢？如，枪打鸟，枪响鸟落地，枪响是因，鸟落地是果。如果参考系变换改变了因果关系，就会出现鸟落地，枪再响的结果。可以证明，两个参考系之间的洛伦兹变换不会改变具有因果关系的两个事件的先后顺序，说明洛伦兹变换满足客观规律的要求，参见“AR 演示：同时的相对性”“AR 演示：同时的相对性原理”。

配音：狭义相对论预言现象——同时的相对性

AR 演示：同时的相对性

AR 演示：同时的相对性原理

2. 时间延缓

授课录像：狭义相对论预言现象——时间延缓

配音：狭义相对论预言现象——时间延缓

由洛伦兹变换可以推知，两个相互做匀速直线运动的惯性参考系，在各自的参考系下不同地点的观察者测量各自参考系下同一事件发生的时间间隔，均是相同的，没有快慢之说。从相对一个参考系静止的观察者角度，当他把测量的事件间隔与和他相对运动参考系观察者所测量的同一事件的间隔进行比较时，得出的结论是运动的时钟均会按同一因子变慢。时钟包含着一切类型的钟，例如机械钟、原子钟、脉冲发生器、节拍器等一切物理、化学，甚至生命过程都按同一因子变慢，参见“AR演示：时间延缓”“AR 演示：时间延缓原理”。

历史上人们曾以双生子佯谬问题对相对论的运动时钟变慢结果进行了一场挑战性的争论。设想有一对孪生兄弟，其中的哥哥乘上了宇宙飞船以极高的速度去遨游太空，弟弟留在地球上。从地球上弟弟的角度考察两人所经历的时间。假如地球上的弟弟已生活了 10 年，由于运动的时钟变慢，他推算飞船上的哥哥的年龄将小于 10 年。因此，地球上的弟弟得出结论：当飞船返回地球时，飞船上的哥哥要比自己年轻！从飞船上的哥哥的观点来考察两人的年龄：假如飞船上的哥哥按飞船上的时钟计算生活了 6 年，由于地球相对飞船运动，运动的时钟变慢，哥哥推算地球上的弟弟年龄将小于 6 年，因此，飞船上的哥哥推断说，当飞船再回到地球上时，地面上的弟弟将比自己年轻！当两个兄弟再次相遇时，从哥哥和弟弟的角度观察，得出截然相反的结论，此谓孪生子佯谬。如何解释？

狭义相对论成立的条件是两个参考系必须都是惯性参考系。如果把飞船看成惯性系的话，飞船一旦飞离地球，就不会再回到地球上了，就谈不上相遇的问题了。如果它要返回地球，飞船由于飞行方向要改变，因而它的转向过程就涉及加速参考系，狭义相对论对它来说就不成立了。由广义相对论内容可知，一个加速的参考系等效一个引力场作用，广义相对论的推论之一是，引力场使时钟变慢，这意味着，飞船在转向的过程中，飞船上的时钟已经被延缓了。即使忽略转向过程中广义相对论的影响，从狭义相对论的角度，对两个参考系的观察者来说，飞船离开地球和再返回到地球是一不等价的事件过程。从地球上的观察者角度，是飞船离开地球到达星体，转向后再返回地球的过程。从飞船的航天员角度，以飞船到达某个星体后突然转向为分界点，之前是地球远离飞船的过程，之后是飞船追赶地球的过程。既然

AR 演示：时间延缓

AR 演示：时间延缓原理

是不等价过程，就一定有时间间隔的区别。通过计算可以得出结论，飞船离开地球和再返回到地球时，无论从哪个参考系的角度，地球上的时间间隔都大于飞船上的时间间隔。

3. 长度收缩

由洛伦兹变换可以推知，尺子在相对观察者运动时测量的长度比在尺子相对观察者静止时测量的长度（本征长度）要短，此即为长度收缩，参见“AR 演示：长度收缩”。

授课录像：
狭义相对论预言现象——长度收缩

长度收缩是指沿尺子的运动方向变短，在运动的垂直方向，尺子的长度并不变短。如果尺子的长度方向与运动方向有夹角，相对尺子运动的参考系中计算运动尺子形状的方法是：将尺子沿运动方向和垂直运动方向分解，运动方向尺子收缩，而垂直运动方向尺子尺寸不变，再合成后的尺子就是相对尺子运动的参照下测量的运动尺子的形状。

配音：
狭义相对论预言现象——长度收缩

运动的尺子变短很容易产生这样的联想，假如我们乘坐的磁悬浮列车的速度接近光速，长度收缩是否就意味着车内的观察者观看外部的世界时，整个外部空间被压缩变窄了？伽莫夫的著名科普读物《物理世界奇遇记》就有对该问题的描述：主人公汤普金斯先生来到奇异城市，那里的光速很小，和骑自行车的速度差不多。当他骑着自行车以接近光速的速度行驶时，发现周围的一切都变成了窄的世界。之后的几十年物理学家们一直认为汤普金斯先生的见闻是正确的。直到 1955 年，有人发表的一篇文章才开始纠正了这个认识。其实，尺子变短是人们对运动尺子同时测量的效应，所有的空间位置都同时测量所得到的空间形象称为“测量形象”；而观察者观察运动空间在视网膜所形成的形象称为“视觉形象”，它是空间物体不同点在不同时刻发出的光波同时到达人的视网膜所形成的形象。二者的差别在于同时与非同时性测量，“测量形象”变窄是对的，但是“视觉形象”是非同时测量，因此空间变窄就不一定正确了。有人通过分析和计算证明，高速运动的立方体或球体看起来形状不变，只不过转过了一个角度而已。

AR 演示：
长度收缩

AR 演示：
时钟不同步

AR 演示：
机械波多普勒效应

授课录像：
狭义相对论预言现象——时钟的不同步

4. 时钟的不同步

由洛伦兹变换可以推知，在同一个参考系下，各处静止的时钟可以校正计时零

配音：
狭义相对论预言现象——时钟的不同步

点，而且走时时间间隔相同。但两个参考系的观察者互相比较对方的时钟时，相对观察者而言，固定时钟是校准的，而运动的时钟却是没有校准的，沿时钟运动的方向，越在前的时钟给出的读数越早些，而越在后的时钟给出的时钟读数越晚些，参见“AR 演示：时钟不同步”。

5. 多普勒效应

利用经典力学原理可以定量地推知波源运动以及观察者运动时，振源频率与观察者接收频率的关系。结论是，当波源和观察者之间相向运动时，观察者接收的频率较波源发出的频率高，反之变低，参见“AR 演示：机械波多普勒效应”。

授课录像：
狭义相对论预言现象——多普勒效应

由洛伦兹变换可以推导出机械波和光波的多普勒效应，二者的区别在于：机械波的频率变化的大小和振源运动速度以及观察者的运动速度有关，而光波的多普勒效应仅和光源和观察者的相对运动速度有关。机械波和光波存在着相同的横向多普勒效应，但机械波的横向多普勒效应很难测量到，而当涉及微观粒子的辐射运动时，可以通过穆斯堡尔谱方法测量到光波的横向普勒效应的。

6.3.2 广义相对论

配音：
狭义相对论预言现象——多普勒效应

一、广义相对论基本原理

建立广义相对论最终需要解决的是引力效应（引力如何影响时空以及物理规律）和引力场（万有引力的普适表达式）两个核心问题。黎曼几何是解决广义相对论两个问题的有效途径。

具体解决引力效应的思路做法是，将惯性系下已建立的规律进行张量形式改造，如果方程能够表达成以“度规”及其派生量为基础的张量等式形式，则该物理规律就具有广义协变性，即在任意坐标变换下形式不变，亦即该物理规律具有更为广泛的普适性，否则不具备普适性。在对原有方程进行张量改造过程中所引入的“度规”张量体现的是时空效应，亦即对应着引力效应的引入，有着深刻的物理内涵。“度规”张量是常量时，对应的是无引力情况，非常量则对应着引力情况。因此，分析“度规”张量对方程的影响也就解决了引力效应问题。

授课录像：
广义相对论基本原理

上述的“度规”张量对应着引力效应，但“度规”张量的具体表达式是未知的。如何获得“度规”张量所满足的方程，即引力场方程，是广义相对论的另外一个方面的问题。这个方程并非是逻辑推导所能获得的，而是爱因斯坦猜想和尝试的结果。爱因斯坦认为，物质的能量与动量张量（简称能动张量）应该与时空曲率张量相对应。依据物质的能动张量是二阶的，以及能量守恒与动量守恒的约束条件，爱因斯坦利用黎曼几何的研究结果，经过尝试，最终给出了这个时空曲率张量的表达式，称为爱因斯坦张量。为了获得能动张量的系数，爱因斯坦依据泊松符号所表达的万

配音：
广义相对论基本原理

有引力定律形式，给出了这个系数的表达式，最终给出了引力场方程的表达式。

广义相对论所形成的最终理论基础就是引力场方程和广义协变性原理，前者告知物质如何影响时空结构，后者告知其他物质如何在时空结构中运动。从广义相对论最终的理论角度，引力质量以及与其相关的等效原理（参见“AR 演示：等效原理”）已失去了意义，可以说，他们只是为了建立广义相对论的最终理论而提供的“脚手架”而已。在引力场趋向零时，广义相对论的理论自然过渡到了狭义相对论的理论结果。

AR 演示：
等效原理

授课录像：
广义相对论预言现象与证实——时空弯曲

广义相对论所预言的现象包括：时空弯曲、光线偏折、引力时间延缓、光速变慢、黑洞与引力波。这些预言现象分别被水星轨道进动、星体观测位置的变换、光谱红移、雷达回波延迟、引力波等事实所证实。

二、广义相对论预言现象与证实

1. 时空弯曲

配音：
广义相对论预言现象与证实——时空弯曲

由引力场方程可以得出结论，引力使时钟延缓，使空间距离变短。球对称球体产生的引力场不改变垂直引力场方向的尺度，而使引力场方向的空间距离变短，如此会造成弯曲的空间结构。

时空弯曲的可观测效果之一是水星近日点的进动。水星是太阳系的八大行星中最靠近太阳的行星。实际上的天文观测表明，行星的轨道并非严格封闭的，它的近日点有进动。1859 年法国天文学家勒维耶分析了 150 余年的水星运行数据，发现水星在近日点的进动数值与牛顿力学预测结果每 100 年相差 38″，之后精确测定为 43″。爱因斯坦在 1915 年 11 月份向普鲁士科学院提交的第三篇论文，即《用广义相对论解释水星近日点运动》中，根据新的引力场方程，推算出水星近日点每 100 年的剩余进动值是 43″，与观测结果完全一致，圆满地解决了 50 多年来天文学中一大难题，参见“AR 演示：弯曲时空与水星进动”。

授课录像：
广义相对论预言现象与证实——光线偏折

AR 演示：
弯曲时空与水星进动

AR 演示：
光线偏折

2. 光线偏折

配音：
广义相对论预言现象与证实——光线偏折

从日常生活角度来看，光线的直线传播早已是被人们接受的事实，但从本质上来讲，光线是否是真的直线传播呢？等效原理的一个推论是光线通过引力场时将发生偏折，参见“AR 演示：光线偏折”。

授课录像：广义相对论预言现象与证实——引力时间延缓

爱因斯坦在 1915 年 11 月份向普鲁士科学院提交的第三篇论文《用广义相对论解释水星近日点运动》中，除了上述解释水星的轨道进动外，还推算出光线经太阳表面所发生的偏折角度（1.75"）。1919 年英国天文学家、物理学家爱丁顿带领观测远征队，对日全食时太阳附近的星体位置进行拍摄。由于光线偏折，会导致星体观测位置发生改变，通过多地拍摄照片进行比较，爱丁顿等人得到了和爱因斯坦预言相一致的结果。爱丁顿等人的观测结果首次验证了光线偏折现象。

3. 引力时间延缓

配音：广义相对论预言现象与证实——引力时间延缓

由引力场方程可以得出结论，引力使时钟延缓，使空间距离变短。引力引起的时间间隔和空间距离的变化是一种真实的物理效应，而狭义相对论的时间间隔和空间距离的变化是一种相对论效应，是在不同的参考系下所发生事件的过程不等价造成的，参见“AR 演示：引力时间延缓”。

太阳表面的引力场要比地球表面的引力场强得多，因此从太阳发射的光波传至地球表面时，由于引力时钟延缓效应会导致所测量的光波将发生红移现象。由于各种干扰对测量的影响，自爱因斯坦 1907 年提出引力红移的预言以来，都没有实现这一预言现象的准确测量。直到 1959 年，美国科学家庞德和雷布卡设计了一个被后人命名为庞德−雷布卡的实验，通过从探测高塔上发射 γ 射线的频率变化首次观察到了引力红移现象。

授课录像：广义相对论预言现象与证实——引力光速变慢

4. 引力光速变慢

由引力场方程可以推知，从无引力场区域的观察者看来，引力场使光速减慢，引力场越强，光速减慢得越多，参见“AR 演示：引力使光速变慢”。1964 年美国天体物理学家夏皮罗先后以水星、金星和火星为反射靶进行了雷达回波实验，观测到了雷达信号途径太阳附近时候的延迟，首次验证了引力导致的光速减慢效应。

配音：广义相对论预言现象与证实——引力光速变慢

AR 演示：引力时间延缓

AR 演示：引力使光速变慢

AR 演示：黑洞

5. 黑洞与引力波

黑洞是一个引力场极强的区域，强到光线也不能克服引力场而逃逸，以致远方的观测者甚至无法接收到由该球体表面发出的光线，而只能靠物质的巨大引力场感知它的存在。按照相对论的概念，它就是一片“高度弯曲的时空”。对这样一个区域的深入研究表明，黑洞可能有不少惊世骇俗的奇特性质，参见“AR 演示：黑洞”。

从经典的角度看，爱因斯坦认为引力场是通过引力子传播的，并预言引力场也会像电磁场那样辐射出去，即引力波，以光速传播。爱因斯坦认为引力波与电磁波既有相似之处，又有不同之处。相似之处是二者均为横波，不同之处是，电磁波是矢量波，引力波是张量波。从时空几何角度，引力波对应的是一种时空结构的扰动传播，形象地比喻为时空结构中的“涟漪”。

授课录像：
广义相对论预言现象与证实——黑洞与引力波

至今人们还没有发现引力子的实验证据。而引力波的探测取得了重要的进展。据美国科技期刊《物理评论快报》发表的文章［Physical Review Letters 116，061102（2016）B.P. Abbottet al.］报道，美国激光干涉引力波观测站（LIGO）于2015年9月14日9点50分45秒首次探测到了引力波。文章报道，两个分别为29倍和36倍太阳质量的黑洞旋转运动合并成了一个62倍太阳质量的克尔黑洞。在两个黑洞合成一个黑洞的过程中，有3个太阳质量的亏损，这3个太阳质量的亏损以引力波的形式辐射，并以光速传播，13亿年后传到地球，即该文章报道所探测到的引力波。该文的引力波探测是利用迈克耳孙干涉仪原理进行的。干涉仪的两个互相垂直臂的臂长达4 km，以100 kW的激光作为干涉源。无论是从经典角度理解的引力波，还是从相对论角度理解的时空结构中的“涟漪”，它会引起空间距离的拉伸或压缩的扰动，从而引起干涉仪两个垂直臂距离的扰动，进而引起干涉条纹的变化。该文报道的引力波引起了不超过1 s的十几次空间距离的微振动，微振动幅度仅是原子核尺寸千分之一的大小。这样一个由引力波引起的极其微小的空间距离扰动被激光干涉条纹所记录，参见“AR演示：引力子与引力波”。

配音：
广义相对论预言现象与证实——黑洞与引力波

AR演示：
引力子与引力波

AR演示：
时钟校正

6. 卫星导航系统时钟校正

狭义相对论的运动时钟变慢，以及广义相对论的引力时钟延缓有着现实生活的例证，即卫星导航系统时钟校正问题。

授课录像：
广义相对论预言现象与证实——卫星导航系统时钟校正

从地球上发射一物体，使其达到分别绕地球、太阳、银河系运行所需的最低发射速度，分别称为第一、第二、第三宇宙速度。目前人类的发射技术尚不能达到超过第二宇宙速度，但可借助其他星体与航天器之间的万有引力作用，即“引力助推”效应实现围绕太阳运动，或者脱离太阳系的吸引，即星际航天器。以第一宇宙速度发射后物体（绕地球做近似圆周运动）也称人造地球卫星。随着技术的进步，人类

配音：
广义相对论预言现象与证实——卫星导航系统时钟校正

发射的卫星数量也在逐年增多。据美国忧思科学家联盟的数据记载，至 2021 年 4 月末，地球上方大约有 7300 颗人造地球卫星，其中有 4800 余颗处于在轨运行状态，其他则处于非活动状态，成了太空垃圾。

如此多的卫星围绕着地球运转为什么不相撞？其主要原因有两个：其一，卫星最大尺寸几十米，在离地球几百公里到几万公里之间半径球面上运行，相当于 7000 余个质点运行，间隔空隙大，相撞概率小；其二，联合国有《各国探索和利用外层空间活动的法律原则宣言》《关于各国探索和利用包括月球和其他天体在内外层空间活动的原则条约》等国际规则，需要经过相关申报流程，经过大数据分析和严密的审核后，才可以发射实施，条约管理减少相撞概率。

卫星导航系统是人造地球卫星的一种，称为全球定位系统，是通过卫星所传送的时钟信号来确定地球上某个物体的精确位置。到 2021 年，联合国卫星导航委员会认定的卫星导航系统有四家：美国的全球定位系统（GPS），开始于 1978 年，目前有 31 颗人造地球卫星服役；俄罗斯的格洛纳斯，始于 1982 年，目前有 24 颗卫星服役；中国的北斗，始于 2000 年，目前已建完成北斗三号系统，共有 30 颗卫星服役，并计划 2020 年至 2035 年建成北斗四号系统；欧盟的伽利略，始于 2011 年，目前有 24 颗卫星服役。卫星数量一直在不断变化，本文中的数量为作者编写本书时的数量。GPS 是如何定位的呢？每一颗人造地球卫星都会发出一个时钟信号，每个信号的运动轨迹是以光速传播的一个圆。地球上的某个接收装置如果同时接收到四颗卫星发射的时钟信号的话，通过数学程序计算就可以确定接收装置所在的经纬度。如果接收装置在车里边的话，配以车里面的电子地图，就可以实现车的导航。

综上所述，从原理上看，地球上 GPS 的定位就是接收并计算卫星发出的时钟脉冲信号。由于卫星在距地面一定高度的轨道上高速运动，即使卫星和地面接收器使用的是相同精度、已经过校准的时钟（实际为精密的原子钟），由于相对论效应，二者的走时间隔仍然不会同步，会产生不可忽略的系统误差。研究表明，由于相对论效应所导致的误差包含两项，一是由于卫星和地面接收器相对地心坐标系运动速度不同而引起的狭义相对论效应误差，即运动的时钟延缓效应，每 24 h 慢约 7 μs；二是由于卫星和地面接收器所处的地球引力场不同而引起的广义相对论效应误差，这一效应使卫星上的时钟比地面的快，每 24 h 快约 45 μs。两项合计结果，地面接收到的星载时钟信号每 24 h 要比地球的时钟快 38 μs。这 38 μs 的时差将导致每 24 h 大约 10 km 的定位误差，这会大大影响人们的正常使用。因此，在设置 GPS 定位程序时，要对包含相对论效应的各项误差进行修正，称为精密定位技术，这也是 GPS 应用的前沿课题，参见“AR 演示：时钟校正”。

6.3.3 宇宙与天体

宇宙这一词，宇的原义是指空间，宙的原义是指时间。但从近代的广义相对论可知，物质和时空是互相依存、不可分离的，因此宇宙的现代概念也可以说是时空和一切物质的总和。由于人们生活的宇宙浩瀚无际，所以只有靠长时间的观测和可利用的理论模型不断推论出宇宙和天体的运动规律。本节介绍宇宙和天体的结构、起源、现状和未来、发光星体分类与演化等基本常识。

一、宇宙的结构与年龄

宇宙是由星体和星际物质（星际气体、尘埃、星云、星际磁场、暗物质、暗能量等）组成的。星体包括（按密度大小排序）：黑洞、中子星、恒星、白矮星、行星、卫星等，其中恒星是能够主动发光的，行星和卫星是不能够主动发光的。行星围绕恒星运动，卫星围绕行星运动。围绕太阳运动的行星和围绕行星各自运动的卫星与太阳一起所构成的系统称为太阳系。由相邻的多个、类似于太阳系的系统以及星际物质所构成的体系称为星系。太阳系所在的星系称为银河系，银河系之外的称为河外星系，上千亿个这样的星系就构成了宇宙。

授课录像：宇宙的结构与年龄

配音：宇宙的结构与年龄

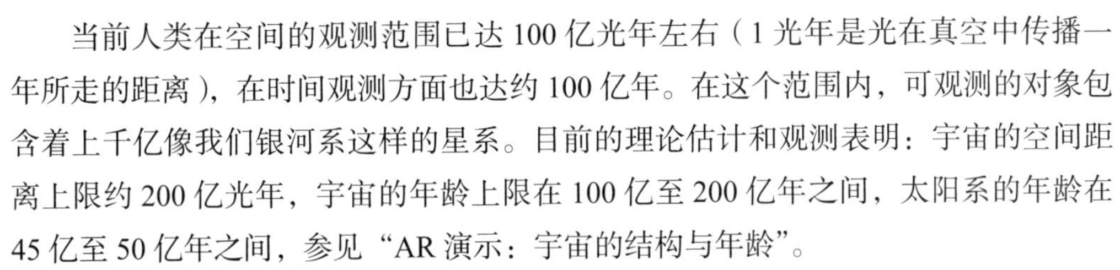

当前人类在空间的观测范围已达 100 亿光年左右（1 光年是光在真空中传播一年所走的距离），在时间观测方面也达约 100 亿年。在这个范围内，可观测的对象包含着上千亿像我们银河系这样的星系。目前的理论估计和观测表明：宇宙的空间距离上限约 200 亿光年，宇宙的年龄上限在 100 亿至 200 亿年之间，太阳系的年龄在 45 亿至 50 亿年之间，参见“AR 演示：宇宙的结构与年龄”。

我们所生存的地球是太阳系的一员，而太阳系又是银河系中极为普通的一员。按照传统说法，太阳系由太阳、“九大行星（包括各自的卫星）”、矮行星和彗星等组成。“九大行星”分别是水星、金星、地球、火星、木星、土星、天王星、海王星和冥王星。在 2006 年 8 月 24 日于布拉格举行的第 26 届国际天文联会通过的第 5 号决议中，冥王星被划为矮行星，并命名为小行星 134340 号，从太阳系“九大行星”中被除名。也就是说，从 2006 年 8 月 24 日起，太阳系只有 8 颗行星。之所以修改行星的定义，是由于新的天文发现不断使“九大行星”的传统观念受到质疑。天文学家先后发现冥王星与太阳系其他行星的一些不同之处。冥王星所处的轨道大部分在海王星之外，属于太阳系外围的柯伊伯带，这个区域一直是太阳系小行星和彗星诞生的地方。20 世纪 90 年代以来，天文学家发现柯伊伯带有更多围绕太阳运行的大天体，比如美国天文学家布朗发现的“2003UB313”就是一个直径和质量都超过冥王星的天体。因此，将“九大行星”改为“八大行星”就不难理解了，参见“AR 演示：太阳系”。

AR 演示：
宇宙的结构与年龄

AR 演示：
太阳系

二、宇宙的统一整体性

授课录像：
宇宙的统一整体性

宇宙有没有中心？中心在哪？这些历来是哲学家所关心的问题。所有的宗教宇宙模型都是有中心的，而且多半把它设想在地球的“天上”某处，即上帝的住所。

公元 140 年前后，古希腊学者托勒密总结了人类长期观测天象的结果和他自己的研究，写成了一部共 13 卷的巨著《天文学大成》，将宇宙的地心说赋予了完善的形式，说明了行星的表观运动，并且能够计算行星未来的位置，还给出了计算月食和日食的方法，因此托勒密的观点成为“地心说”的学术支柱，统治世界 1300 多年，也成了西方中世纪宗教世界观的重要组成部分。

配音：
宇宙的统一整体性

然而，托勒密的观点早就受到许多有识之士的怀疑和反对，但慑于学术权威和教会的势力，人们都不敢公开说“不”字。直到 16 世纪初，波兰天文学家哥白尼经过 30 多年的研究，写成了伟大的著作《天体运动论》，指出地球和其他行星都是同样围绕太阳公转的，以“日心说”代替了“地心说”。

哥白尼的“日心说”是划时代的伟大理论，它冲破了陈旧、保守、腐朽的思想的束缚，向着真理迈进了一大步。然而，太阳真是宇宙的中心吗？后来的天文观测发现，太阳其实也是银河系中极其普通的一员，它也环绕着银河系的中心旋转。那么，银河系中心是宇宙的中心吗？随着天文学观测进入宇宙的更深层次，发现整个银河系也是相对于其他星系运动的。因此说银河系中心是宇宙的中心也是不对的。我们不禁要问，宇宙到底有没有中心？

现代宇宙学的一个基本出发点认为宇宙没有中心。这个论断可以表述为：“宇宙中没有任何一点具有优越性，所有位置都是平权的”，称为宇宙学原理。宇宙学原理中的论断是对宇观尺度而言的，在太阳系这个小小的局部范围，太阳无疑处于优越的位置。但若把范围扩大到成千万甚至上亿光年，那太阳只不过是千千万万恒星中一个极其普通的恒星罢了。

从宇宙学原理可以推断出宇宙中的物质分布是均匀的，或者说宇宙的平均密度处处一样。此种推断对一个局部的小范围自然是不对的，但若涉及线度达百万光年以上的“体积单元”，则情况就不一样了。就平均来讲，每个这样大的体积单元中所含的质量还是处处一样的。

宇宙学原理也意味着时空具有统一的“整体性”，这种整体性与近代的天文观测推断大体上是一致的，例如，数以百亿计的星系大多数可归属于为数不多的几种形态，而质量等内在的性质差异并不大；已知天体都有相近的化学组成；较老的星体的年龄都在 100 亿年左右；绝大多数星系所发出的光谱线都有“红移”的现象；存在着各向同性的电磁辐射“背景”等。所有这些统一的特性不可能用个别天体的运动来解释，它反映了宇宙在大尺度范围内存在整体的结构、运动和演化，参见“AR 演示：宇宙的统一整体性”。

AR 演示：
宇宙的统一整体性

三、宇宙的状态

20 世纪以前，宇宙学是哲学家的领地。大多数西方哲学家都认为宇宙是恒定的，即宇宙作为一个整体是不变的，没有创生，也没有消亡。20 世纪以来，自爱因斯坦创立广义相对论（即引力理论）之后，情况发生了变化。迄今为止，在人们所知道的各种力中，引力是唯一不可屏蔽的长程作用力。对于分布于大范围时空中的物质和时空本身，引力应该是起决定作用的力。因此引力决定宇宙动力学，从而决定宇宙的演化。爱因斯坦广义相对论的诞生，为人们研究宇宙提供了一个可靠的基础理论。

授课录像：
宇宙的状态

配音：
宇宙的状态

由爱因斯坦的引力场方程可以推论出宇宙运动的三种可能形式，分别为宇宙静止、宇宙膨胀、宇宙收缩。观测表明，当今的宇宙正在膨胀，其观测现象表现为哈勃定律与奥伯斯佯谬。今后宇宙的形式会是上述三种中的哪种形式，根据目前的观测资料和现有的理论尚无定论，这也是目前宇宙学所探讨的问题之一。

1929 年美国天文学家哈勃研究了 24 个星系，这些星系的距离都是已知的。哈勃测量了这些星系的谱线后发现，谱线中都出现了红移现象。根据多普勒效应的红移规律人们知道，这些星系都是远离我们而去的，也说明宇宙在膨胀。哈勃发现，谱线的红移量与星系的距离成正比，得出退行速率与距离成正比的结论，称为哈勃定律。哈勃定律是宇宙在膨胀的直接证据。

“夜晚的天空为什么是黑的？”这个问题似乎很容易回答。“因为夜晚没有阳光照亮天空，所以夜晚是黑的。”“但是夜晚也有许许多多像太阳，甚至比太阳光还要强的恒星照亮地球呀！”“是如此，但这些恒星都离地球太遥远了，因而照射到地球上的光强就十分微弱了，所以夜空还是黑的。”

上述对“夜晚的天空为什么是黑的”解释似乎很有道理。但是，如果仔细计算，就会发现上述的“这些恒星都离地球太遥远了，因而照射到地球上的光强就十分微弱了，所以夜空还是黑的”这一解释会出现问题。假定宇宙空间是无限的，计算宇宙的所有恒星发射到地球上的光子数总和就会发现，这些光子的总和远远大于太阳发射到地球上的光子数，按此推断，地球上夜晚的天空也应该是光辉灿烂的。这个黑夜之谜首先被奥伯斯系统地研究过，因此又称为奥伯斯佯谬，这是一个长期困扰人们的问题。奥伯斯佯谬是在假定宇宙空间是无限而且恒定的条件下，来计算宇宙的所有恒星发射到地球上的光子总和。可以从两个方面解释奥伯斯佯谬：其一，宇宙在膨胀，按照哈勃定律，距离越远的天体其退行速度越大，对应的红移也越大，这样遥远星系所发的光到达地球时，大多在红外，能量也变得很小，所以看不见了；其二，宇宙的年龄有限，或者是宇宙的有限性。奥伯斯佯谬的解答是宇宙在膨胀的间接证据，参见“AR演示：宇宙的膨胀”。

AR 演示：
宇宙的膨胀

四、宇宙的起源

授课录像：
宇宙的起源

关于宇宙的起源，目前有不同的宇宙模型试图回答这一问题，如稳恒态宇宙模型、振荡宇宙模型、阶梯宇宙模型、引力常量可变的宇宙模型、大爆炸宇宙模型等。到目前为止，科学界公认的还是大爆炸宇宙模型。

配音：
宇宙的起源

宇宙大爆炸（Big Bang）仅仅是一种学说，是根据天文观测研究后得到的一种设想。大约在 150 亿年前，宇宙所有的物质都高度密集在一点，有着极高的温度，因而发生了巨大的爆炸。大爆炸以后，物质开始向外大膨胀，后来就形成了今天我们看到的宇宙。大爆炸的整个过程是复杂的，现在只能在理论研究的基础上，描绘远古的宇宙发展史。在这 150 亿年中先后诞生了星系团、星系（包括我们的银河系）、恒星（包括太阳系）、行星、卫星等。现在我们看见的和看不见的一切天体等宇宙物质，形成了当今的宇宙形态，人类就是在这一宇宙演变中诞生的。

人们是怎样推测出曾经可能发生过宇宙大爆炸呢？这就依赖于天文学的观测和研究。我们的太阳只是银河系中的一两千亿个恒星中的一个。而与我们银河系同类的星系，即河外星系还有千千万万。从观测中发现了那些遥远的星系都在远离我们而去，离我们越远的星系，飞奔的速度越快，因而形成了膨胀的宇宙。对此，人们开始反思，如果把这些向四面八方远离中的星系运动倒过来看，它们可能当初是从同一源头发射出去的，是不是在宇宙之初发生过一次难以想象的宇宙大爆炸呢？后来又观测到了充满宇宙的微波背景辐射，就是说大约在 137 亿年前宇宙大爆炸所产生的余波虽然是微弱的，但确实存在。这一发现对宇宙大爆炸理论是个有力的支持。

宇宙大爆炸理论是现代宇宙学的一个主要流派，它能较令人满意地解释宇宙中的一些根本问题。宇宙大爆炸理论虽然在 20 世纪 40 年代才被提出，但 20 年代以来就有了萌芽。20 年代时，若干天文学者均观测到，许多河外星系的光谱线与地球上同种元素的谱线相比，都有波长变化，即红移现象。到了 1929 年，美国天文学家哈勃总结出星系谱线红移大小与星系同地球之间的距离成正比的规律。他在理论中指出：如果认为谱线红移是多普勒效应的结果，则意味着河外星系都在离开我们向远方退行，而且距离越远的星系远离我们的速度越快，这正是一幅宇宙膨胀的图像。

1932 年勒梅特首次提出了现代宇宙大爆炸理论：整个宇宙最初聚集在一个“原始原子”中，后来发生了大爆炸，碎片向四面八方散开，形成了我们的宇宙。

20 世纪 40 年代美国天体物理学家伽莫夫等人正式提出了宇宙大爆炸理论。该理论认为，宇宙在遥远的过去曾处于一种极度高温和极大密度的状态，这种状态被形象地称为“原始火球”。所谓原始火球也就是一个无限小的点，火球爆炸，宇宙就开始膨胀，物质密度逐渐变小，温度也逐渐降低，直到今天的状态。这个理论能自然地说明河外天体的谱线红移现象，也能圆满地解释许多天体物理学问题，然而直到 50 年代，人们才开始广泛注意这个理论。

60 年代，彭齐亚斯和威耳孙发现了宇宙大爆炸理论的新的有力证据，他们发现了宇宙微波背景辐射，后来他们证实宇宙微波背景辐射是宇宙大爆炸时留下的遗迹，从而为宇宙大爆炸理论提供了重要的依据。他们在测定射电强度时，在 7.35 cm 波长上，意外探测到一种微波噪声。无论天线转向何方，无论白天黑夜、春夏秋冬，这种神秘的噪声都持续和稳定，相当于 3 K 的黑体发出的辐射。这一发现使天文学家们异常兴奋，他们早就估计到当年大爆炸后，今天总会留下点什么，每一个阶段的平衡状态，都应该有一个对应的等效温度，作为时间前进的滴答声。彭齐亚斯和威耳孙也因此获得了 1978 年的诺贝尔物理学奖。

20 世纪科学的智慧和毅力在霍金的身上得到了集中的体现，他对于宇宙起源后 10^{-43} s 以来的宇宙演化图景作了清晰的阐释。宇宙的起源：最初是比原子还要小的奇点，然后是大爆炸，通过大爆炸的能量形成了一些粒子，这些粒子在能量的作用下，逐渐形成了宇宙中的各种物质。至此，大爆炸宇宙模型成为最有说服力的宇宙起源理论。在宇宙的大爆炸理论模型中，爆炸初期涉及微观粒子的形成，后期变为天体结构的演化。这样，物理学中研究最大对象和最小对象的两个分支——宇宙学和粒子物理学，竟奇妙地衔接在了一起，结成密不可分的姊妹学科，犹如一条怪蟒咬住了自己的尾巴。

大爆炸理论虽然并不成熟，但是仍然是主流的宇宙形成理论，其关键就在于目前有一些证据支持大爆炸理论，比较传统的证据包括：红移现象、哈勃定律、氢与氦以及微量元素的丰度（相对含量）、3 K 的宇宙微波背景辐射、背景辐射的微量不均匀等，参见“AR 演示：宇宙大爆炸”。

AR 演示：
宇宙大爆炸

五、暗物质与暗能量

授课录像：
暗物质与
暗能量

配音：
暗物质与
暗能量

21 世纪初科学最大的谜是暗物质和暗能量。它们的存在，向全世界年轻的科学家提出了挑战。暗物质和暗能量存在于人类已知的物质之外，虽然人们目前知道它的存在，但不知道它是什么，它的构成也和人类已知的物质不同。

1. 暗物质

目前，无论是理论的推断，还是天文的观测，都说明了暗物质的存在。从理论推断上：1933 年瑞士天文学家兹威基发表了一个惊人结果，在星系团中，看得见的星系只占总质量的 1/300 以下，而 99% 以上的质量是看不见的。不过，许多人并不相信兹威基的结果。直到 1978 年才出现第一个令人信服的证据，这就是测量物体围绕星系转动的速度。我们知道，根据人造地球卫星运行的速度和高度，就可以测出地球的总质量。根据地球绕太阳运行的速度和地球与太阳的距离，就可以测出太阳的总质量。同理，根据物体（星体或气团）围绕星系中心运行的速度和该物体距星系中心的距离，就可以估算出星系范围内的总质量。这样计算的结果发现，星系的总质量远大于星系中可见星体的质量总和。结论似乎只能是：星系里必有看不见的暗物质。天文学的观测也表明，宇宙中有大量的暗物质。

根据天文学家的估算，未知的暗物质约是已知物质的 5 倍。也就是说，如果将已知物质和未知的暗物质作为宇宙的总质量的话，宇宙中可观测到的各种星际物质、星体、恒星、星团、星云、类星体、星系等的总和只占宇宙总质量的约 1/6（17%），约 5/6（83%）的物质还没有被直接观测到。

2. 暗能量

支持暗能量的主要证据有两个。一是对遥远的超新星所进行的大量观测表明，宇宙在加速膨胀。按照爱因斯坦引力场方程，加速膨胀的现象推论出宇宙中存在着压强为负的“能量”。另一个证据来自近年对微波背景辐射的研究，该研究精确地测量出了宇宙中物质的总密度，总密度对应的能量也出现短缺的未知能量。这些未知的能量称为“暗能量”。

根据天文学家的估算，从质量与能量对应关系的角度，已知物质对应的能量占总能量的 5%，暗物质对应的能量占总能量的 15%，暗能量占总能量的 70%。

目前的物理学基本理论还无法解释暗物质和暗能量。暗物质与暗能量是 21 世纪物理面临的最大的挑战。物理学对暗物质与暗能量的探索才刚刚开始。虽然众说纷纭，但仅仅是一些猜测和设想，远没有形成一个基本合理的解释。科学家正在计划发射新的探测卫星，对宇宙大尺度空间进行更多、更精确、更系统的观测，进一步研究宇宙加速膨胀的规律，确定暗物质与暗能量的形式和物理特征，探求不同的暗能量形式将导致非常不同的宇宙膨胀的规律。解决这一问题需要新的理论，这样的理论一旦被找到，很可能是人们长期追求的包括引力在内的各种相互作用统一的量子理论。这将是一场重大的物理学革命。为探索暗物质和暗能量的秘密，世界各国的粒子物理学家正在这个领域努力工作，旨在揭开暗物质和暗能量的神秘面纱，参见“AR 演示：暗物质与暗能量”。

AR 演示：
暗物质与暗能量

六、恒星的演化

恒星是宇宙中至关重要的天体，肉眼看到的天上的星星，几乎都是恒星。恒星区别于行星的一个重要性质是恒星通过核反应而发光。古人认为它们是“固定不动的”，所以称之为“恒星”，但是随着天文学的发展，人们知道了恒星不仅是运动着的，而且自身还在不断地演化。恒星也会经历诞生、演化和死亡，现在的宇宙每时每刻都在进行着这样的活动。

授课录像：
恒星的演化

1. 恒星的形成

恒星是由星际物质凝聚而形成的。宇宙空间中存在分子云，其中的物质会在万有引力的作用下相互吸引并向内收缩，形成原恒星。当温度超过 7×10^{6} K 时，氢核聚变形成氦核的反应开始，当该反应形成的热压力与万有引力达到流体静力学平衡时，星体停止收缩，形成了恒星。同时，氢核聚变反应提供给恒星足够的辐射发光能量。

配音：
恒星的演化

2. 恒星的演化

恒星一生的主要过程之一是进行氢变氦的热核反应，产生的热压力抗衡自身的万有引力，使恒星长期维持平衡状态。决定恒星演化的重要因素之一是恒星的初始质量。小质量恒星的核反应速度较慢，寿命较长；大质量恒星的核反应速度较快，生命期较短。小质量恒星在核心供应的氢耗尽之后，将形成红巨星，并继续燃烧碳和氧。经过质量损失，小质量恒星最终会演化成白矮星。大质量恒星燃烧较快，在氢、碳和氧燃尽之后，核心周围的温度和压力增长到能将元素燃烧为铁。然后，不能维持热压力和引力的平衡而以超新星爆发结束一生。爆炸会有三种结果，物质可能被弥散到宇宙空间中，也可能形成中子星或者黑洞。

3. 恒星的终态——白矮星、中子星、黑洞

研究资料显示，定性来看质量较小的恒星（约几倍太阳质量）最终会演化成白矮星，以电子简并压力来支撑其自身引力。质量较大的恒星（约十倍太阳质量）最终会演化成中子星，它是超新星爆发产生的剧烈压缩使电子并入质子转化成中子，靠中子简并压力支撑自身的引力而形成的。质量更大的恒星（约几十倍的太阳质量）经超新星爆发后最终坍缩成黑洞，它没有任何的压力支撑自身的引力。

白矮星的密度较大，1 个太阳质量大小的白矮星体积一般与地球体积相当，质量较大的白矮星半径反而更小。白矮星的质量不能大过 1.4 倍太阳质量（称为钱

德拉塞卡极限），否则电子简并压力不能够支撑自身引力。白矮星靠过去储存的热能发出微弱的光，在宇宙中平静地存在下去。目前已经观测到的白矮星有 1000 颗以上。

中子星密度比白矮星大，一颗典型的中子星质量为 1.35 ~ 3.2 倍太阳质量，半径则在 10 ~ 20 km 之间（质量越大半径越小）。同白矮星一样，中子星也是靠过去储存的热能发出微弱的光。中子星转速极快，磁场很强，脉冲星可认为是快速旋转的中子星。目前已发现的几百颗脉冲星基本都是中子星。

黑洞的密度极大，其质量一般大于 4 倍太阳质量，超大黑洞的质量可能有太阳质量的数百万至数十亿倍。黑洞没有通常概念上的大小，只能由视界来衡量。它的引力强到不允许任何光线离开它，因此黑洞本身不会发光。根据相对论，黑洞周围空间被严重扭曲，有很多奇异的性质。黑洞是否稳定，如何蒸发等问题都是当今研究的热点，参见“AR 演示：恒星的演化”。

AR 演示：
恒星的演化

七、发光星体的观测分类

授课录像：
发光星体的观测分类

在晴朗的夜晚，人们看到的满天星星，其中绝大部分都是由炽热气体组成的能自己发光的恒星以及由气体和尘埃组成的云雾状的星云。天上的星星很多，并且绝大多数是恒星，用人的肉眼能看到大约 6000 颗。地球上观察者如何区分这些眼花缭乱的星体呢？

配音：
发光星体的观测分类

为了便于记忆和研究星空，古代的巴比伦人将地球上所看到的天空分成了许多区域，称之为“星座”，每一个星座由其中的亮星的特殊分布来辨认。古希腊人在公元前 270 年前后把他们所能见到的部分天空划分成 48 个星座，用假想的线条将星座内的主要亮星连起来，把它们想象为人物或动物的形象，并结合神话故事给它们取了合适的名字，这就是星座名称的由来。由于古希腊神话故事中的四十几个星座都居于北方天空和赤道南北，刚好是我们常见的星座，因此只要一个个记住这些星座的位置、名字和与周围其他星座的关系，并记住把主要亮星连起来的想象图，人们就可以很容易地辨认整个星空了。

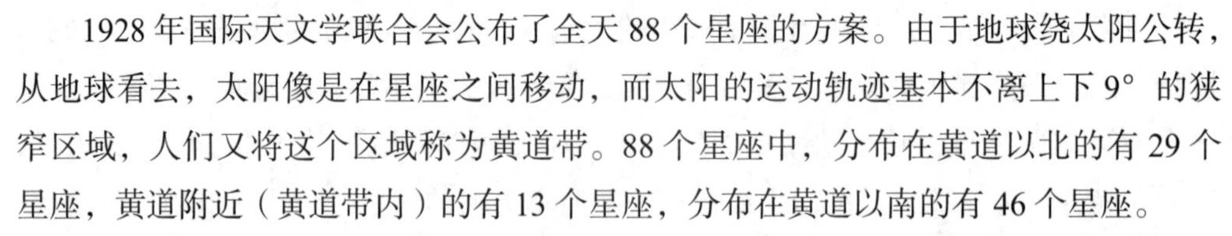

1928 年国际天文学联合会公布了全天 88 个星座的方案。由于地球绕太阳公转，从地球看去，太阳像是在星座之间移动，而太阳的运动轨迹基本不离上下 9° 的狭窄区域，人们又将这个区域称为黄道带。88 个星座中，分布在黄道以北的有 29 个星座，黄道附近（黄道带内）的有 13 个星座，分布在黄道以南的有 46 个星座。

人们常常提到的十二星座位于黄道带内，又叫黄道十二宫，是 88 个星座里面比较特殊的一个群体。自古以来，黄道带有着特殊的天文学和占星学上的意义，古时黄道带上有十二个星座（宝瓶座、双鱼座、白羊座、金牛座、双子座、巨蟹座、狮子座、室女座、天秤座、天蝎座、人马座、摩羯座），而太阳基本上是每个月经过一个黄道星座，所以称为黄道十二宫。太阳所在某个星座位置时出生的人，被人们对应为所属该星座。今天，由于存在岁差，太阳经过黄道星座的日期已经和古代大不相同，而且黄道也多经过了一个星座：蛇夫座，参见“AR 演示：发光星体的观测分类”。

AR 演示：
发光星体的观测分类

参考文献

［1］张汉壮．力学．4 版．北京：高等教育出版社，2019.

［2］爱因斯坦．爱因斯坦文集：第一卷．许良英，范岱年，译．北京：商务印书馆，1976.

［3］温伯格．引力论与宇宙论：广义相对论的原理和应用．邹振隆，张历宁，等译．北京：科学出版社，1980.

［4］Pollack G L. Electromagnetism. 北京：高等教育出版社，2005.

［5］Jackson J D. Classical Electrodynamics. 北京：高等教育出版社，2004.

［6］郭硕鸿．电动力学．3 版．北京：高等教育出版社，2008.

［7］蔡圣善，朱耘，徐建军．电动力学．2 版．北京：高等教育出版社，2002.

［8］胡友秋，程福臻，叶邦角，等．电磁学与电动力学：上册．2 版．北京：科学出版社，2014.

［9］胡友秋，程福臻．电磁学与电动力学：下册．2 版．北京：科学出版社，2014.

［10］陈泽民．近代物理与高新技术物理基础：大学物理续编．北京：清华大学出版社，2001.

［11］刘辽，赵峥．广义相对论．2 版．北京：高等教育出版社，2005.

［12］王永久．空间、时间和引力．长沙：湖南教育出版社，1993.

［13］郑庆璋，崔世治．相对论与时空．2 版．太原：山西科学技术出版社，2001.

［14］梁灿彬，周彬．微分几何入门与广义相对论：上册．2 版．北京：科学出版社，2006.

［15］秦克诚．方寸格致：《邮票上的物理学史》增订版．北京：高等教育出版社，2014.

［16］郭奕玲，沈慧君．诺贝尔物理学奖 1901—2010. 北京：清华大学出版社，2012.

［17］斯夸艾 D D，巴德 L J. 爱德华·威廉姆斯·莫雷的一生及其贡献．苏丽安，译．物理教学，1989（09）：33-34.

［18］钱德拉塞卡 S. 爱丁顿：当代天体物理学家．吴智仁，王恒碧，译．上海：上海远东出版社，1991.

［19］Abbott B P，et al. Observation of Gravitational Waves from a Binary Black Hole Merger. Phys. Rev. Lett.，2016，116（6）：061102.

［20］Ashby N. Relativity in the Global Positioning System. Living Reviews in Relativity，2003（6）：257-289.

[21] 郭奕玲，沈慧君．物理学史．2 版．北京： 清华大学出版社，2005.
[22] 申先甲．物理学史简编．济南：山东教育出版社，1985.
[23] 陈毓芳，邹延肃．物理学史简明教程．北京：北京师范大学出版社，2016.
[24] 弗·卡约里．物理学史．戴念祖，译．北京：中国人民大学出版社，2010.
[25] 梅森 S F. 自然科学史．周煦良，全增嘏，傅季重，等译．上海：上海译文出版社，1980.
[26] 吴国盛．科学的历程．2 版．北京：北京大学出版社，2002.
[27] 苏亚沃尔夫．十六、十七世纪科学技术和哲学史．周昌忠，苗以顺，译．北京：商务印书馆，1984.
[28] 魏凤文，申先甲．20 世纪物理学史．南昌：江西教育出版社，1994.
[29] 向义和．物理学基本概念和基本定律溯源．北京：高等教育出版社，1994.
[30] 霍布森 A. 物理学的概念与文化素养．4 版．秦克诚，刘培森，周国荣，译．北京：高等教育出版社，2011.
[31] 赵峥．物理学与人类文明十六讲．北京：高等教育出版社，2008.
[32] 厚宇德．物理文化与物理学史．成都：西南交通大学出版社，2004.
[33] 爱因斯坦．爱因斯坦文集 第 1 卷．许良英，李宝恒，赵中立，等，译．北京：商务印书馆，2017.
[34] 金晓峰．庞加莱的狭义相对论之一 洛伦兹群的发现．物理，2022，51 (03)：191-199.
[35] 金晓峰．庞加莱的狭义相对论之二 物理学定律的对称性．物理，2022，51 (04)：275-285.
[36] 金晓峰．庞加莱的狭义相对论之三 思想与观念．物理，2022，51 (05)：354-364.

附录 1　机械运动领域物理学家传记

附表 1.1　机械运动领域物理学家一览表

序号	国籍	中译名	外文名	生卒年	终年	人物关系与代表性成就	传记配音
1	古希腊	苏格拉底	Socrates	约前 470—前 399	71 岁	苏格拉底、柏拉图、亚里士多德师生三人并称为古希腊三杰，奠定了西方的哲学基础。	
2	古希腊	柏拉图	Plato	前 427—前 347	80 岁	建立柏拉图学园，侧重算术、几何、天文学研究，提出二元论的哲学思想，发表 20 余部作品，其代表作为《理想国》。	
3	古希腊	亚里士多德	Aristotle	前 384—前 322	62 岁	建立吕克昂学园，主要著作《物理学》被称为古代世界学术的百科全书，对其后近千年的历史都有很大的影响。	
4	古希腊	阿基米德	Archimedes	约前 287—前 212	75 岁	建立静力学平衡定律，提出阿基米德原理、滑轮原理和杠杆原理。	
5	古罗马	托勒密	Ptolemy	约 90—168	78 岁	创立“地心说”宇宙观，著作《天文学大成》是当时西方天文学和宇宙思想的顶峰，天文学的百科全书，统治天文学长达 13 个世纪。	

续表

序号	国籍	中译名	外文名	生卒年	终年	人物关系与代表性成就	传记配音
6	波兰	哥白尼	Nicolaus Copernicus	1473—1543	70 岁	提出“日心地动说”宇宙观，出版的著作《天体运行论》被恩格斯评价为“自然科学的独立宣言”。	
7	丹麦	第谷	Tycho Brahe	1546—1601	55 岁	积累了大量的对恒星、行星、彗星的观测资料，为开普勒创立行星运动定律提供了基础。	
8	荷兰	斯蒂文	Simon Stevin	1548—1620	72 岁	出版了《静力学原理》，发展了阿基米德静力学，首次通过实验表明不同重量的落体按相同规律下落。	
9	意大利	伽利略	Galileo Galilei	1564—1642	78 岁	近代物理学的开拓者，通过天文观测给出日心说以决定性证据，利用他所创立的将数学、人工设计实验、逻辑推理相结合的研究方法，发现落体定律和惯性定律。出版《星际使者》《关于托勒密和哥白尼两大世界体系的对话》《关于力学和运动的两门新科学的对话》等巨作。	
10	德国	开普勒	Johannes Kepler	1571—1630	59 岁	第谷的助手，提出太阳系行星运动的“开普勒三定律”，确立了行星围绕太阳运行的轨道体系规律，被誉为“天空立法者”。	

续表

序号	国籍	中译名	外文名	生卒年	终年	人物关系与代表性成就	传记配音
11	法国	笛卡儿	René Descartes	1596—1650	54 岁	西方近代哲学创始人之一，提出了笛卡儿坐标系，首次提出动量守恒思想、惯性定律的完整表述、现代表述的光的折射定律。	
12	德国	居里克	Otto von Guericke	1602—1686	84 岁	发明了真空泵，通过马德堡半球实验使真空的概念深入人心。	
13	意大利	托里拆利	Evangelista Torricelli	1608—1647	39 岁	伽利略的学生，进行了“托里拆利实验”，验证了大气压的大小，发明了气压计。	
14	法国	帕斯卡	Blaise Pascal	1623—1662	39 岁	发现流体静力学基本原理之一，即帕斯卡原理。	
15	荷兰	惠更斯	Christiaan Huygens	1629—1695	66 岁	在天文观测、单摆研究、圆周运动与向心力的关系、动量守恒等方面取得诸多成果，提出了光传播的惠更斯原理，创立了光的波动说理论。	
16	英国	胡克	Robert Hooke	1635—1703	68 岁	玻意耳的助手，在力学、光学、生物学等领域颇有建树，提出的弹性定律，即胡克定律，影响广泛。	
17	英国	牛顿	Isaac Newton	1643—1727	84 岁	提出了万有引力定律和牛顿运动定律，奠定了经典力学的基础，使力学成为系统完整的科学，创立了微分，在光学领域取得诸多实验研究成果。	

续表

序号	国籍	中译名	外文名	生卒年	终年	人物关系与代表性成就	传记配音
18	德国	莱布尼茨	Gottfried Wilhelm Leibniz	1646—1716	70岁	独立于牛顿发明了微积分的数学方法，首次提出了能量守恒定律的思想。	
19	英国	哈雷	Edmond Halley	1656—1742	86岁	取得诸多天文观测成果，用牛顿力学方法计算并正确预言了彗星轨道运动周期。	
20	法国	莫培督	Pierre Louis Moreau De Maupertuis	1698—1759	61岁	数学家约翰·伯努利的学生，发表《论各种自然定律的一致》，最早提出最小作用量原理。	
21	瑞士	伯努利	Daniel Bernoulli	1700—1782	82岁	出版了《流体动力学》，提出了著名的“伯努利方程”。	
22	瑞士	欧拉	Leonhard Euler	1707—1783	76岁	在最速降线、建筑学、无黏性流体运动学、数学常微分方程等方面建立多种方程，即欧拉方程。	
23	法国	达朗贝尔	Jean le Rond d'Alembert	1717—1783	66岁	澄清了历史上运动守恒量的争议，出版了《动力学》，提出了达朗贝尔原理。	
24	英国	卡文迪什	Henry Cavendish	1731—1810	79岁	通过扭秤实验验证了牛顿的万有引力定律，从而确定了引力常量，成为“第一个称量地球的人”。	
25	法国	拉格朗日	Joseph-Louis Lagrange	1736—1813	77岁	出版了《分析力学》，创立了拉格朗日表述的分析力学。	

续表

序号	国籍	中译名	外文名	生卒年	终年	人物关系与代表性成就	传记配音
26	德国	马格纳斯	Heinrich Gustav Magnus	1802—1870	68 岁	亥姆霍兹的老师，发现了“马格纳斯效应”。	
27	德国	雅可比	Carl Gustav Jacob Jacobi	1804—1851	47 岁	在哈密顿正则方程组基础上推导出哈密顿 - 雅可比方程。	
28	英国	哈密顿	William Rowan Hamilton	1805—1865	60 岁	发表了《论动力学的一种普遍方法》和《再论动力学中的普遍方法》，创立了哈密顿表述的分析力学。	
29	法国	傅科	Jean-Bernard-Léon Foucault	1819—1868	49 岁	通过傅科摆实验首次直接演示了地球自转效应。	

附表 1.2　机械运动研究领域物理学家传记描述

序号	物理学家	传记
1	苏格拉底	苏格拉底（约前 470—前 399）是古希腊哲学家，与他的学生柏拉图以及柏拉图的学生亚里士多德并称为古希腊三杰，他们奠定了西方的哲学基础。 苏格拉底出生于雅典，是早期人类思想史上最具影响的人物之一。他生前并没有留下著名的作品，其哲学思想的传播主要来源于他的学生柏拉图、色诺芬以及柏拉图的学生亚里士多德等人的作品。苏格拉底之前的古希腊哲学主要研究的是物质与宇宙的本源等问题，后人称之为“自然哲学”。苏格拉底侧重的是“美德即知识”等社会伦理学的研究。
2	柏拉图	柏拉图（前 427—前 347）是古希腊哲学家、教育家。他建立了柏拉图学园，侧重算术、几何、天文学研究，提出二元论的哲学思想，发表了 20 余部作品，其代表作为《理想国》。 柏拉图出生于雅典的贵族家庭，20 岁时拜师苏格拉底，28 岁时苏格拉底去世。苏格拉底之死给柏拉图以沉重的打击，各种因素迫使他于苏格拉底去世当年离开雅典而进行了长达 12 年的漫游。在此期间，他朝拜了很多有名的智慧发源地，其思想理念受到各种文化、信仰的影响和熏陶。12 年后他回到雅典，在雅典郊区建立了一所学园，即柏拉图学园，学园直至公元 529 年才被关闭。柏拉图在学园一边教书，一边写作，度过了他的 40 载后半生时光，终年 80 岁。

续表

序号	物理学家	传记
2	柏拉图	柏拉图学园开设的课程大体与毕达哥拉斯学派的传统科目相近，主要以算数、几何、天文学为主要科目。据说，学园的入口处写了“不懂数学者勿入”的字样，凸显了柏拉图哲学殿堂对数学的重视。相传，柏拉图根据观测的天文现象，曾给出了“天体的表观运动是匀速圆周运动之组合”的假设。他在学园里曾向他的学生们提出，“运用均匀的、规则的运动这一假设，能不能解释行星的表观运动？”这一问题由后世的托勒密、哥白尼等天文学家给出了回答。史学家们研究认为，柏拉图一生大约有 20 部大体以对话形式为载体的著作，涉及哲学、伦理、教育、文艺、政治、法律等各领域，其中的代表作是《理想国》，试图解决以什么样的原则和措施建立一个理想国家的大命题。从哲学的角度看，柏拉图设定了理念和现象两大世界，并认为现象世界的认识只能是表面的、暂时的，只有理念世界才是构成认识的源泉。从认识论的角度看，这类似于法国哲学家、数学家笛卡儿（1596—1650）提出的“我思故我在”的哲学思想，因此柏拉图的哲学“理念”是唯心主义思想。
3	亚里士多德	亚里士多德（前 384—前 322）是古希腊著名的哲学家、科学家、教育家。他建立了吕克昂学园，其主要著作《物理学》被认为是古代西方世界学术的百科全书，对其后近千年的历史都有显著的影响。 亚里士多德出生于与马其顿相邻的斯塔基尔城。亚里士多德 17 岁时随父亲迁居到雅典，成为柏拉图学生。柏拉图去世后，他游历世界两年后，42 岁时返回马其顿任亚历山大的老师，49 岁时再次返回雅典建立了吕克昂学园，61 岁时由于亚历山大大帝突然离世他被迫选择逃亡，第二年因病离世，终年 62 岁。 公元前 4 世纪时，马其顿只是古希腊北端的一个边疆地区。从公元前 359 年开始，在新国王腓力二世的改革领导下，马其顿迅速成为巴尔干半岛的军事强国。公元前 336 年，腓力二世在他女儿的婚宴上被刺身亡，他年仅 20 岁的儿子亚历山大继位后，马其顿的发展更是日趋强大，最终击败波斯帝国，建立了强大的马其顿帝国，也称为亚历山大帝国。公元前 323 年，年仅 33 岁的亚历山大突然生病去世，马其顿帝国逐渐衰败瓦解，又进入了战火纷飞的朝代之争，直至公元前约 30 年进入了罗马帝国时期。 亚里士多德正是从马其顿崛起到亚历山大帝国建立时期的一位杰出的哲学家。他于公元前 384 年出生于古希腊斯塔基尔城的奴隶主阶级的中产家庭。父亲是当时马其顿国王腓力二世的御医。亚里士多德 17 岁时随父亲迁居到雅典，一年后有幸进入柏拉图学院修学，成为柏拉图的学生。柏拉图去世后，亚里士多德也结束了自己长达 20 年的学园生活，踏上了游历世界的旅途。42 岁时，受腓力二世国王的邀请他再次返回马其顿担任其儿子亚历山大的老师。亚里士多德用他的渊博知识为成就日后雄韬伟略的一代帝王发挥了作用。腓力二世国王被刺身亡后，时年 49 岁的亚里士多德肩负着新国王亚历山大的政治使命，再次返回雅典，凭着特殊的身份受到雅典人民的欢迎。他效仿老师柏拉图建立了吕克昂学园，开创了自己的学派。据传，由于亚里士多德习惯漫步于走

续表

序号	物理学家	传记
3	亚里士多德	廊和花园讲解，因此学园的哲学被称为“逍遥哲学”，或者称为“漫步哲学”。亚里士多德61岁时，亚历山大大帝突然离世的消息传至雅典，立即掀起了反对亚历山大帝国统治的浪潮。由于亚里士多德和亚历山大大帝的亲密关系被加以“不敬神”的罪名，就像当年苏格拉底被指控的罪名一样，最终他不得不选择了逃往他的故乡斯塔基尔城避难，第二年不幸因病离世，终年62岁。 从哲学的角度看，亚里士多德反对他的老师柏拉图的“理念”论唯心主义思想，而重视的是现实的经验，提出了事物发展的“四因说”等观点。他因和老师柏拉图学术思想的分歧，提出了“吾爱吾师，吾更爱真理”的名言。据说，亚里士多德的著作有几百甚至上千册，涉及哲学、政治学、经济学、生物学（被公认为生物学创始人）、物理学等各领域，其伦理学著作和形而上学著作一直在影响着当今的哲学家们。他的《物理学》著作是世界上第一本以物理（来自希腊语，意为自然）为名的书，对其后近千年的历史都有很大的影响。可以说，在牛顿经典力学体系的大厦建立之前，整个西方世界的科学都围绕着亚里士多德的物理学进行的。
4	阿基米德	阿基米德（约前287—前212）是古希腊著名的哲学家、科学家、数学家、物理学家。他建立了静力学平衡定律，提出了阿基米德原理、滑轮原理和杠杆原理。 阿基米德出生于叙拉古的一个贵族家庭。他的父亲是天文学家兼数学家。受父亲的影响，阿基米德从小就对数学、天文学、几何学产生浓厚的兴趣。11岁时他被父亲送到当时的“智慧之都”亚历山大城求学，在那里他曾跟随过欧几里得等几何学大师学习数学，并汲取东方和古希腊的知识，奠定了他日后从事科学研究的基础。阿基米德在亚历山大城求学多年后回到叙拉古，继续从事数学、物理学等研究工作。公元前213年，罗马军队进犯叙拉古，阿基米德用他所发明的远程投石器以及用镜子聚焦反射太阳光等手段打退了罗马军队的多次进攻，被史学家们称为战争史上的一个奇观。罗马军队最终通过围困偷袭的方式攻破叙拉古，阿基米德正在画他的图形时被罗马士兵杀死，终年75岁。 阿基米德在流体静力学、机械制造、天文学、几何学等诸方面取得了开创性成果。他的物理学著作主要有《论浮体》和《论平面板的平衡或平面的重心》，其中的《论浮体》雏形就是传说中他为了鉴定皇帝黄金冠的真假在洗澡时发现的规律，并进一步总结成的阿基米德原理；传说中的“给我一个支点，我就能撬起整个地球”体现的就是他的《论平面板的平衡或平面的重心》中的杠杆原理。由此他还发明了可以作为战争武器的大型投石器以及用于提水的“阿基米德螺旋”机械。他的数学著作主要有《论球和圆柱》《圆的测定》《论螺线》《沙的计算》等。阿基米德曾被西方评价为有史以来最伟大的三位数学家（阿基米德、牛顿、高斯）之一。后人为纪念阿基米德，在他的墓碑上刻着一个他所发现的“圆柱体内切容球的体积和面积分别是圆柱体体积和面积的2/3”的几何图形。

续表

序号	物理学家	传记
5	托勒密	托勒密（约90—168）是古罗马地理学家、天文学家、数学家，创立了“地心说”宇宙观，著作《天文学大成》是西方当时天文学和宇宙思想的顶峰，天文学的百科全书，统治天文学长达13个世纪。 有关托勒密的生平传记少有记载。他的主要著作有《天文学大成》《地理学》《光学》，其中的《天文学大成》就是以地心说为理论依据，确定了一年的持续时间，编制了星表，给出日月食的计算方法等。《天文学大成》是西方当时天文学和宇宙思想的顶峰，天文学的百科全书，统治天文学长达13个世纪，直到开普勒的时代都是天文学家的必读书籍。他的《地理学》讲述了地球的形状、大小、经纬度的测定以及地图的投影方法，是有关数理地理知识的总结，书中附有27幅世界地图和26幅区域图，后人称之为托勒密地图。《地理学》对西方世界观的影响几乎也像《天文学大成》一样重大和持久，例如，托勒密标出的亚洲的位置比实际的位置更向西，哥伦布同时代的地图制造者继承了他的错误观点，否则哥伦布也许就不会航行了。
6	哥白尼	哥白尼（1473—1543）是波兰天文学家，提出了“日心地动说”宇宙观，出版著作《天体运行论》，被恩格斯评价为“自然科学的独立宣言”。 哥白尼出生于波兰的托伦城，18岁进入大学，立志从事天文学研究。1496年到文艺复兴中心的意大利留学期间，他拜读了柏拉图、亚里士多德等古希腊哲学家的著作，学习了教会法、医学、数学、天文学等。受欧洲当时文艺复兴运动的影响，哥白尼利用天文仪器进行了许多天文观测。1503年哥白尼从意大利回到波兰，直至1512年，留在舅舅身边担任专职秘书和医生工作。1512年哥白尼参加地方主教竞选，从此以后一直担任牧师工作。哥白尼回到波兰以后，一直继续进行天文学研究。例如，他利用教堂城垣的箭楼建立了一个小型天文观测台，自制了四分仪、三角仪、等高仪等观测仪器，进行观测和计算。 1510年哥白尼提出日心说的初步理论，大约在1514年就完成了《天体运行论》的初稿，之后用了近30年的时间逐渐修订和完善他的学说。哥白尼的学说体系早期一直是以手抄本的形式在朋友间流传而没有发表。因为哥白尼本人意识到，在科学的黑暗时期，其著作一旦发表，教会就会将他定罪为“离经叛道”“异端邪说”之人，不但本人性命难保，其著作更难以见天日。后来在他的朋友劝说和帮助下，历经周折直至1543年在他临终前著作得以正式出版。在哥白尼去世之后，关于哥白尼日心说的革命性认识与宗教势力的统治斗争依然进行了三百年之久。恩格斯曾高度评价《天体运行论》为“自然科学的独立宣言”。
7	第谷	第谷（1546—1601），丹麦天文学家。他积累了大量的对恒星、行星、彗星的观测资料，为开普勒创立行星运动定律提供基础。 第谷出生于丹麦一个贵族家庭，13岁时进入哥本哈根大学学习法律和哲学。由于他在1560年根据他人的预报观测到了日食现象，渐渐对天文学研究产生兴趣。1563年他观测到木星与土星空中相靠近的日期比当时的星表预测早了

续表

序号	物理学家	传记
7	第谷	一个月，意识到当时的星表不够准确。他开始购置观测仪器，决心制作出更精确可靠的星表来。1572 年第谷观测到一颗星表中未曾记载的新星，这表明亚里士多德提出的“月上世界永恒不变”是错的。1573 年第谷出版了《论新星》一书宣传自己的发现，在书中首创了“新星（Nova）”一词，沿用至今。1577 年第谷仔细观测了天空出现的一颗巨大彗星（即后来命名的哈雷彗星），断定它不处在大气中，距离地球比月球远，且轨道不是正圆形。这对托勒密－亚里士多德的“同心球”体系是严重的挑战。1583 年他出版了《论彗星》一书。 1597 年第谷离开丹麦到布拉格，在波西米亚国王鲁道夫二世资助下在布拉格建立了天文台，并邀请开普勒作自己的助手。第谷决心精确观测 1 000 颗星，并制定以鲁道夫（罗马帝国的皇帝）命名的星表，但只完成了 700 余颗就于 1601 年病逝了。他的继承者开普勒于 1627 年完成了他的遗愿，出版了《鲁道夫星表》。 第谷一生强调并擅长精密的天文观测，他制作或改进了大量先进的天文仪器，如赤道式浑仪、象限仪、纪限仪等，把观测精度从托勒密的十角分提高到半角分，达到了用肉眼观测所能达到的极限，他是望远镜发明前最后一位，也是最伟大的一位用肉眼观测并取得重大成就的天文学家。不过第谷不善于理论分析，也不相信哥白尼学说。他曾提出一种介于地心说和日心说之间的折中的宇宙观，在欧洲没什么影响，但被传教士带入明末的中国，被徐光启主编的《崇祯历法》采用，流行了一二百年。 第谷的一生是十分传奇的。除了他取得的上述天文观测成果之外，还是个爱才之人。1597 年第谷看到开普勒的《神秘的宇宙》著作后，十分欣赏开普勒的才能和智慧，并写信邀请开普勒一起工作。1600 年开普勒作为第谷的助手开始两人的密切合作。据传说，两人工作一段时间后，开普勒受妻子的挑唆，留下强烈不满的信件后不辞而别。第谷则以宽广的胸怀再次写信请开普勒回来，消除误会。开普勒羞愧地回复了忏悔信，两人最终重归于好。第谷十分在意自己的贵族身份，时常傲慢自大。据说他年轻时因与人争论数学问题而决斗，被削掉了鼻子。他自己用金银合金制作了一个假鼻子并设法粘在原处，其技巧是很让人佩服的。
8	斯蒂文	斯蒂文（1548—1620）是荷兰物理学家、工程师，出版了《静力学原理》，发展了阿基米德静力学，首次通过实验表明不同重量的落体按相同规律下落。 斯蒂文出生于荷兰的布鲁日（今属比利时）。他学问渊博、多才多艺，曾任荷兰政府的军需官和学监，对国家的防御工事有重大建树。他还出版了很多教科书及数学、力学、天文、航海及军事等方面的著作。 1586 年斯蒂文出版了《静力学原理》一书，书中对阿基米德的杠杆原理进行了简化的数学证明，研究了滑轮组的平衡问题，提出了液体对底部的压力只取决于受力面积和液体的深度等流体力学定律，分析了物体在斜面上的受力情

续表

序号	物理学家	传记
8	斯蒂文	况和平衡条件，提出了相当于现代“力的平行四边形法则”的思想，并给出了著名的“得于力者失于速”的机械效率概念。他在书中还描述了自己和助手做的反对亚里士多德“重的物体比轻物体先落地”论断的实验：取两只铅球，其中一只比另一只重约十倍，把它们从约30英尺的高度同时释放，落到同一块木地板上，铅球落地时发出的响声“听上去就像是一个声音一样”，表明两个球是几乎同时落地的。 斯蒂文的工作对经典力学具有开创性的意义，他的成就代表着当时的科学前沿。
9	伽利略	伽利略（1564—1642）是意大利天文学家、哲学家、数学家和物理学家，近代物理学的开拓者。他通过天文观测给出日心说的决定性证据。利用他所创立的将数学、人工设计实验、逻辑推理相结合的研究方法，他发现落体定律和惯性定律。他出版了《星际使者》《关于托勒密和哥白尼两大世界体系的对话》《关于力学和位置运动的两门新科学的对话》等巨作。 伽利略生于意大利多个公国并存时期佛罗伦萨附近的小城比萨。1581年时年17岁的伽利略进入比萨大学学医，1585年他被迫辍学回家当家庭教师并从事科学研究。伽利略1589年成为比萨大学首席数学教授，1592年进入帕多瓦大学任数学首席教授，1610年发表《星际使者》后，辞去帕多瓦大学的教授职务，担任托斯卡纳大公国宫廷首席数学家、哲学家以及比萨大学首席数学荣誉教授等虚职。1632年他正式出版了《关于托勒密和哥白尼两大世界体系的对话》一书，并被判终身监禁。1638年他秘密出版了《关于力学和位置运动的两门新科学的对话》。1642年他病逝于被软禁的家中，终年78岁。 伽利略的父亲希望他将来毕业后能够当一名收入可观的医生，但他本人却对学医丝毫不感兴趣，而是渐渐开始喜欢欧几里得的《几何原本》、阿基米德的静力学原理，并以批判的眼光研究亚里士多德的运动学与动力学观点。或因他的“不务正业”，或因为高昂的学费，1585年他被迫辍学，回家一边当家庭教师，一边进行科学研究。1587年他第一次出访罗马宣讲自己的发明制作等研究成果，以期得到学术界代表性人物的认可和支持。1588年他应邀到佛罗伦萨进行学术交流，其文学水平和科学才能得到广泛赞扬。1589年他被贵人赏识和推荐，成为比萨大学首席数学教授。他在比萨大学教书期间由于批驳亚里士多德的论点，遭到多位拥护亚里士多德观点的同事们的强烈反对而被迫离开比萨大学，于1592年进入帕多瓦大学任教。由于帕多瓦大学远离罗马教廷，有着良好的学习交流氛围，因此，伽利略在帕多瓦大学持续工作了约18年，这是他人生中精神和心境最为舒畅的时期，也是取得物理学与天文学成果最为丰产的时期。为了有更多的时间从事科学研究，1610年时年46岁的伽利略辞去帕多瓦大学的教授职务，担任托斯卡纳大公国（由原来的佛罗伦萨共和国等国组成）宫廷首席数学家、哲学家以及比萨大学首席数学荣誉教授等虚职，继续从事天文学研究。伽利略在1610年离开帕多瓦大学的当年发表了《星际使者》

续表

序号	物理学家	传记
9	伽利略	一书，集中展现了他的天文观测成果，引起了轰动效应。为了得到宗教和学术界人士对他天文学发现的认可，1611 年他第二次去罗马宣讲，受到当时的教皇的器重，并被林赛研究院接纳为院士。当时的神父们只承认伽利略的天文观测事实，而不同意他的解释。后来由于宗教势力控告伽利略违反基督教义，1616 年他第三次去罗马教廷争取，提出两个请求，一是不要因为自己宣传哥白尼的观点而被惩罚，二是不要公开禁止宣传哥白尼的日心说。教廷默许了他的前项请求，而没有答应他的后项请求。教皇保罗五世还下了禁令，不得以口头或者文字的形式传授或者捍卫日心说，即“1616 年禁令”。后来的新任教皇乌尔邦八世是伽利略的故友，伽利略第四次去罗马拜见新教皇和一些大主教，希望说服他们相信日心说与基督教义是协调的，但无济于事。新教皇坚持“1616 年禁令”，但允许他以不偏不倚的观点和数学假设写一本同时介绍日心说和地心说的书。于是伽利略写作了《关于托勒密和哥白尼两大世界体系的对话》一书，并第五次去罗马申请到了出版许可证，该书于 1632 年正式出版。该书出版 6 个月后，被罗马教廷以违反“1616 年禁令”为由勒令停止出售，并判处伽利略终身监禁。伽利略在家被监禁期间，他用自己搭建的仪器设备继续从事科学实验，并与照料他的学生以及探望他的科学家们进行学术交流。1637 年他完成了《关于力学和位置运动的两门新科学的对话》著作，在好友的帮助下，该书于 1638 年在荷兰秘密出版。伽利略在监禁期间多次提出外出治病，但均未获准，1637 年双目失明，1642 年病逝于被软禁的家中，终年 78 岁。直至 1992 年，梵蒂冈教皇保罗二世代表罗马教廷公开为伽利略平反，承认 300 多年前教廷对他的指控是错误的，最终实现了伽利略的“宗教不应干预科学”的主张。 伽利略不是第一个发明望远镜的人，但他是第一个用望远镜观测天文现象的科学家。伽利略听说荷兰有人制作出望远镜，能把远处景物放大约 3 倍，他立即利用自己的光学知识制出了类似的装置。他在很短的时间内不断改进技艺，制出的望远镜放大倍数提高到 9 倍、20 倍。他把望远镜放置到威尼斯的一个塔楼顶上，邀请当地的官员去用望远镜观看远景，观者惊喜万分。1610 年伽利略进一步将望远镜的放大倍数提高到 33，用来观测天体，获得很多新发现，其中包括：月球表面是凹凸不平的而并非像亚里士多德认为的那样光滑完美，木星有四个卫星（现称伽利略卫星），土星有两个卫星（实际上是土星光环），太阳黑子，太阳的自转，银河由无数恒星组成等。伽利略对金星进行了长达三个月的观测，发现金星有和月亮相似的盈亏现象，这一发现给予了哥白尼体系理论一个重要的支持。因为在托勒密体系中，一切天体都围绕着地球运转，天体之间的轨道是不能交叉的。而金星星相的盈亏现象说明金星时而在太阳与地球之间、时而与地球分处在太阳两侧。伽利略的这些研究成果集中体现在他的《星际使者》著作中。 伽利略除了前述的天文观测所取得的成果之外，他还创立了将数学、人工设计实验、逻辑推理相结合的研究方法。利用这套研究方法，伽利略首次提出了

续表

序号	物理学家	传记
9	伽利略	力学的相对性原理、运动的叠加原理、惯性、加速度等概念，发现了单摆的周期性，通过人工设计实验和推理，提出了落体定律和惯性定律等，从根本上否定了亚里士多德的运动学与动力学观点。 在力学的教材中所涉及的力学相对性原理、落体定律和惯性定律等内容均来源于伽利略的早期探索。哥白尼的日心地动说提出后，针对大炮发射炮弹后是否落回原点的问题，伽利略给出了匀速直线运动参考系和静止参考系无法区分的描述，即力学的相对性原理。这一成果体现在他的《关于托勒密和哥白尼两大世界体系的对话》中。针对亚里士多德的“物体越重，下落越快”的观点，伽利略在大学期间就曾向老师提出过“不同大小的冰雹总是一起纷纷落下，难道大冰雹生成的地点非常高吗”的质疑。为了反驳亚里士多德的观点，就有了伽利略在比萨塔上做落体实验的故事。然而，物理学史研究资料显示，并没有可靠的证据表明伽利略在比萨塔上做过自由落体实验，真正做过落体实验的另有其人。1586 年荷兰天文学家斯蒂文在他所出版的《静力学原理》一书描述，“将两个轻重相差 10 倍的铅球从 30 英尺的高度同时释放，结果发现铅球落地发出的声音像一个声音一样，说明两球同时落地的。”伽利略是通过对斜面上物体运动的研究和进一步的推理获得的自由落体定律和惯性定律的。具体来说，由于自由落体下落的时间太快，按照当时的条件无法实现准确的时间计量。伽利略就设计了一个斜面实验，用来减缓物体的下落速度。在斜面上放置小青铜球，使其沿着斜面自由下滑，利用罗马式水漏作为计时器，通过测量下滑的路程与时间的关系，再设想把斜面的仰角延伸至垂直状态，推理获得了自由落体定律。同样利用这个斜面，实验发现，以一定的初速度从斜面底端运行至斜面上的小青铜球，无论斜面的仰角多大，小球所上升的高度总是相同的，亦即斜面仰角越大，小球在斜面上运动的距离越短，斜面仰角越小，小球在斜面上运动的距离越长。当斜面的仰角趋向于零时，推理小球将一直运动下去，即后来牛顿总结的惯性定律。这些相关成果集中体现在他 1637 年完成的《关于力学和位置运动的两门新科学的对话》中。
10	开普勒	开普勒（1571—1630）是德国天文学家，第谷的助手，提出了太阳系行星运动的“开普勒三定律”，确立了行星围绕太阳运行的规律，被誉为“天空立法者”。 开普勒生于德国贫民家庭，17 岁进入蒂宾根大学，受到热心宣传哥白尼学说的天文学教授的影响，接触到日心说。他大学毕业后成为神学院教师，并继续阅读研究天文学著作。1600 年开普勒受到布拉格天文台的第谷的资助和邀请，成为第谷的助手。第谷的特点是精力旺盛、目光锐利、擅于精确观察，但缺乏想象力，不善于分析，也不相信哥白尼学说。开普勒则眼睛近视、身体虚弱，但意志坚强，富于想象力，数学分析能力极强，且相信哥白尼学说。这两位天文学家开始合作的第二年，第谷去世了。第谷在逝世前把所有的资料赠送给了开普勒，嘱咐开普勒完成第谷本人没有完成的制作星表的遗愿，并告诫开普勒一定要尊重观测事实。开普勒是毕达哥拉斯的信徒，秉持宇宙中存在优美

续表

序号	物理学家	传记
10	开普勒	的数学秩序的理念；又是哥白尼日心说的支持者。他用哥白尼体系计算火星的运动，得出的火星轨道和第谷的观测数据相比较，发现有 8′（分）的误差。开普勒坚信第谷的观测结果是精确的，这 8′的误差远超出了数据的误差范围。他经过多年的工作，终于领悟到必须修改哥白尼体系中的圆形轨道的概念。他尝试了 19 种可能的路径，前后用了 8 年多时间，最后发现只有椭圆轨道才与观测资料相符。1609 年开普勒出版了《新天文学》一书，提出了开普勒第一、第二定律，又在 1619 年出版了《宇宙和谐论》，发表了开普勒第三定律。开普勒第一定律是关于行星围绕太阳运动的轨道规律，开普勒第二定律是关于行星运行快慢的规律，开普勒第三定律则是关于行星运行轨道半径与运行周期关系的规律，也就是所谓的和谐定律。开普勒第一、第二定律是可以通过大量的天文观测资料直接总结出来的，而开普勒第三定律则不能从观测数据中直接给出。但开普勒坚信，行星运行轨道半径与运行周期之间一定存在着某种必然的联系，也就是存在着一种和谐的关系。于是，他努力对轨道半径以及运动周期进行平方乃至立方运算，最后发现，任何星体的轨道半径立方与周期的平方比值是个常量的规律。1627 年开普勒出版了《鲁道夫星表》，完成了第谷的遗愿。此星表后来持续使用一百多年未作任何改动，被全世界天文学家和航海家奉为经典。 开普勒不仅发现了行星运动定律，而且力图探求这些规律的原因。在 1600 年英国科学家吉尔伯特（W. Gilbert，1544—1603）出版了著名的磁学著作《论磁、磁体和地球作为一个巨大的磁体》之后，开普勒立即将磁力引入太阳系，认为自转着的太阳在发出磁力，这种力驱赶着行星绕太阳运动。尽管从现代角度看，开普勒的说法是错的，但这是探讨太阳、行星间存在力的相互作用的最早尝试。然而，由于开普勒深受亚里士多德的旧理论的束缚，认为必须不断施加推动力才能保持运动，他也没有注意到伽利略的惯性定律和对抛体运动规律的研究成果，因此，他虽然总结出了行星运动定律，却没能在此基础上对引力本质作进一步的发现。 此外，开普勒在光学领域也有重要贡献，他在 1611 年发表的著作《折射光学》中最早描述了全反射现象。 开普勒工作期间，国家已陷入战乱，他常常拿不到自己的薪酬，穷困和灾难一直困扰着他。1630 年在讨要薪金的途中，贫病交加的开普勒病逝在一个小旅店里，终年 59 岁。
11	笛卡儿	笛卡儿（1596—1650）是法国著名哲学家、数学家、物理学家，西方近代哲学创始人之一。他提出了笛卡儿坐标系，首次提出动量守恒思想、惯性定律的完整表述、现代表述的光的折射定律。 笛卡儿出生于法国的拉爱镇（现改名为笛卡儿镇以纪念这位伟人），1604 年进入位于拉弗雷士的耶稣会公学学习，在那里，他学习到了数学和物理学，并了解了伽利略的学说。他于 1615 年进入普瓦捷大学学习法律，并于次年获得

续表

序号	物理学家	传记
11	笛卡儿	学士学位和民法律师执照。毕业后，笛卡儿并未按父亲的期望成为一名律师，而是游历欧洲各地，直到1618年，22岁的笛卡儿加入荷兰毛里茨的军队，但是荷兰和西班牙之间签订了停战协定，于是笛卡儿利用这段空闲时间学习数学，并产生了将数学与物理学结合的想法。1622年笛卡儿卖掉父亲留下的资产，用4年时间游历欧洲，随后在巴黎定居。因为在当时的法国教会势力庞大，不能自由讨论宗教问题，因此笛卡儿在1629年移居荷兰，在那里住了20多年。1629年笛卡儿开始写一部作品《论世界》，其中包含了地动说的思想，但他听到伽利略因地动说被监禁的消息，因为害怕遭受迫害，放弃了出版，该书在他去世后才得以出版。 1637年笛卡儿用法文写成3篇论文《折光学》《气象学》《几何学》，并为此写了一篇序言《科学中正确运用理性和追求真理的方法论》，哲学史上简称为《方法论》，提出了“我思故我在”的哲学思想，其中的《折光学》建立了现代形式的折射定律，《几何学》确定了笛卡儿在数学史上的地位。1641年笛卡儿出版了《形而上学的沉思》一书，其中详细地论证了他早先零散发表的哲学思想，并且附有事前向当时著名哲学家们征求来的诘难以及他自己对这些诘难的辩驳。1644年笛卡儿发表了他的系统著作《哲学原理》，这部书不仅整理了笛卡儿已经发表的作品中的哲学思想，而且论述了他的对宇宙和自然的思考，早年没有完成的《论世界》一书中大部分内容也被编入书中。1649年他最后发表了心理学著作《论心灵的感情》。这一年他应瑞典女王的邀请访问斯德哥尔摩，并为女王讲授哲学。由于当地气候严重损害了他的健康，1650年笛卡儿在斯德哥尔摩病逝。 17世纪前期在笛卡儿生活的法国，为神学服务的经院哲学敌视科学思想。建立以科学为基础的哲学是先进思想家的共同任务。笛卡儿和他同时代的弗朗西斯·培根一样，指出经院哲学的空谈只能引导人们陷入错误，不会带来真实可靠的知识。为了追求真理，必须对一切教条都尽可能地怀疑，只有这样才能达到去伪存真、破旧立新的目的。为了强调怀疑的必要性，笛卡儿在他的《方法论》中提出了著名的论断“我怀疑，我思想，因此我存在”，也是“我思故我在”这个短语的由来。笛卡儿的哲学学说对后来的哲学家产生了广泛的影响。他的学说中关于如何认识自然世界的思想，对物理学的发展也具有重要影响。 笛卡儿在物理学方面的论述主要涉及宇宙体系、力学和光学。关于宇宙体系和力学方面的贡献体现在他的《哲学原理》一书中。关于宇宙体系：笛卡儿提出了“漩涡宇宙”的思想。他认为宇宙空间充满着一种特殊的物质，称为“以太”。以太的各个部分相互作用，形成了许多有不同大小、速度和密度的漩涡。地球和其他行星被以太阳为中心的以太漩涡裹挟着运动，由于受到漩涡中心的吸引力而不会偏离轨道。与此相似，地球自身产生的漩涡作用使地球表面上的物体受到吸引力，有坠向中心的趋势。关于力学：笛卡儿定义了动量的概念，并且指出动量是守恒的。他还提出物体不受外力作用时必将保持原来的静止或

续表

序号	物理学家	传记
11	笛卡儿	匀速直线运动状态，也就是惯性定律的思想。 笛卡儿的光学论述主要记载在《折光学》这篇论文中。他用一个弹性小球的运动来类比光在两种介质界面的折射现象，用力学加几何方法推导出了现代形式的折射定律。不过，在推导过程中，为了得出与光线的实际偏折情况一致的结论，笛卡儿不得不假设光在折射率较大的介质中传播速度更大，例如在水中的光速大于空气中的。他又知道这种说法是与小球运动的实际经验不符的，比如一个真实的硬质小球以一定速度从空气中进入水中时，速度显然会减少。面对这一矛盾，笛卡儿解释道，应该把光设想为一种能填满所有其他物体微孔的很稀薄的物质的某种运动或作用。这种稀薄物质的作用在空气中受到的限制比在水中受到的限制大。考虑到笛卡儿在宇宙学说中提出的以太漩涡概念，可以推断，这里的稀薄物质指的就是以太。笛卡儿认为光的本质是在以太中传播的一种运动，也就是与后来惠更斯提出的光的波动说一致。至于微粒性，只是笛卡儿为了讨论问题而临时假设的一种模型。事实上，在笛卡儿的年代，近代物理学尚未确立，笛卡儿面临的问题是：光现象究竟是“上帝的安排”还是科学家能够认知的自然规律。他还无暇提出“光是粒子还是波动”这样的问题，也就难怪他会既使用以太概念、又使用小球比喻来说明光现象了。
12	居里克	居里克（1602—1686）是德国物理学家、工程师，发明了真空泵，通过马德堡半球实验使真空的概念深入人心。 居里克 1602 年出生于马德堡，年轻时学习法律，之后从事市政工作，并在 1627 年被选为马德堡市市长。居里克任马德堡市市长时，设计了抽气机，并用抽气机从带有活塞的铜球中抽取空气，获得了初步的真空。他用这种抽气机表演了著名的马德堡半球实验，戏剧性地演示了真空的存在和大气压所产生的力的大小。他用两个铜质的直径约为 35 cm 的半球，在垫圈上涂油脂后对接，再经球面上的一个活塞把球内抽成近似真空，然后用两队马向相反的方向拉拽，结果一直用到 16 匹马才“砰”的一声把两个半球拉开。而如果打开活塞将空气放入，则轻而易举地就可以把两个半球分开。这个实验给人印象深刻，使真空和大气压的概念很快为普通民众所理解。此外，居里克还是摩擦起电机的发明者。
13	托里拆利	托里拆利（1608—1647）是意大利物理学家、数学家，伽利略的学生，进行了“托里拆利实验”，验证了大气压的大小，发明了气压计。 托里拆利出生于意大利富裕的贵族家庭。年轻时到罗马师从比萨大学数学教授、伽利略的学生卡斯泰里。1641 年经卡斯泰里推荐来到伽利略身边，成为伽利略的助手和最后的学生。当时伽利略已经失明、卧病在床，托里拆利和另一名学生维维安尼在伽利略生命的最后几个月待在他身边，把伽利略口述的研究记录下来。1642 年伽利略去世后，托里拆利接任伽利略的数学公爵和比萨大学的数学教授之职。在任期间，他解决了当时很多重要的数学问题，如寻找摆线的面积和重心。他还设计和制作了更优良的望远镜和简单的显微镜。

续表

序号	物理学家	传记
13	托里拆利	亚里士多德的学说否认真空的存在，也不承认空气有重量。在伽利略时代，水泵已在水井和矿山中广为应用。但人们发现水泵不可能把水抽到 10.5 m 以上。托里拆利认为，由空气重量产生的大气压力可以解释这类现象。1643 年他做了著名的“托里拆利实验”：在一根长约 1.2 m、一端封闭的玻璃管内充满水银，堵住开口端将管子倒立放入较大的水银槽中，放松开口，水银向下流到水银柱高 760 mm 时就不再向下流了，在玻璃管顶端出现一段真空。这个实验装置是第一支水银气压计。1 mm 水银柱气压的单位“托（torr）”是以托里拆利的姓氏命名的。 托里拆利是一个多才多艺的人，在数学、力学、光学和透镜磨制等方面均有造诣，很可惜的是他在 39 岁时染病去世了，其著作大多也都散失了。
14	帕斯卡	帕斯卡（1623—1662）是法国数学家、物理学家、思想家，发现了流体静力学基本原理之一，即帕斯卡原理。 帕斯卡出生于法国的克莱蒙费朗，从小体弱多病，但智力超群。他没有接受正规的学校教育，由身为数学家的父亲进行培养。帕斯卡在得知托里拆利实验之后，成功地重复了这一实验。他还请人登上高山做同样的实验，证实了大气压强随高度增加而减小。帕斯卡进一步研究了流体的静力学，提出了流体能传递压力的定律，即著名的帕斯卡原理，它是流体静力学的基本原理之一。他还利用这一原理制成了水压机。国际单位制中压力的单位“帕”（Pa）是用他的姓氏命名的。 除物理学工作外，帕斯卡也是著名的数学家、哲学家和散文家。他出版了论圆锥曲线的著作；发明了一台可以做加减法的机械计算机；他还与费马共同建立了概率论和组合论的基础；他的《致一个外省人的信》和《思想录》是重要的哲学著作，在法兰西文学中也占有一席之地。 帕斯卡的健康状况一直很糟，在忍受长期的病痛折磨后，于 1662 年去世，年仅 39 岁。
15	惠更斯	惠更斯（1629—1695）是荷兰数学家、物理学家、天文学家，在天文观测、单摆研究、圆周运动与向心力的关系、动量守恒等方面取得诸多成果，提出了光传播的惠更斯原理，创立光的波动说理论。 惠更斯生于荷兰的海牙，16 岁即进入莱顿大学学习，1655 年获得博士学位。他根据光的折射性质从事改进望远镜的工作，观测发现了土星环以及卫星——土卫六，并确定了猎户座大星云的恒星组成。这些成绩让他在欧洲享有盛誉。惠更斯制成用摆来控制时间的摆钟，并发表《摆钟》（*Horologium*）一文研究其结构和原理，其中求出了单摆在小振幅下的周期公式和各种复摆的等值摆长。1663 年惠更斯成为英国皇家学会会员。1666 年他受邀到巴黎任刚成立的法国皇家科学院的院士。 惠更斯应英国皇家学会的要求深入研究了碰撞问题，得出了动量守恒定律。他还指出，在完全弹性假定下，不仅动量守恒，而且质量与速度平方的乘积

续表

序号	物理学家	传记
15	惠更斯	（即动能的2倍，后由莱布尼茨命名为“活力”）也是守恒的。他的好友、德国的莱布尼茨据此提出了机械能守恒的思想。 惠更斯通过对单摆运动的研究获得了关于圆周运动的重要成果，他发现要保持物体的圆周运动需要一种向心力，并证明了这个力所产生的向心加速度与物体速率的平方成正比、而与该物体离圆心的距离成反比。如果惠更斯把向心加速度定律用于行星，并同开普勒第三定律联系起来，便有可能推出行星的向心加速度和行星距太阳的距离平方成反比的定律，进而有可能提出万有引力定律，但惠更斯没有这样做，他没有看出行星所受的向心力就是引力。 惠更斯在光学方面的重要贡献是奠定了光的波动理论的基础。在法国科学院会议上，惠更斯提出了以他的名字命名的重要原理，以“子波”的概念描述了波动传播的方式。惠更斯把光与当时已知的声波相类比，认为光是在介质中振动传播的纵波。通过画出波传播到下一时刻的波阵面，惠更斯解释了光的反射和折射现象，但是对于光沿直线传播，波动说显然不如牛顿提出的微粒说令人信服。为了解释光能在真空中传播的事实，惠更斯假定真空中充满了光介质“以太”。但是惠更斯原理不能解释偏振现象，后来菲涅耳发展了惠更斯原理，提出“子波干涉”的观点，并认为光波是横波而非纵波，从而解释了光的偏振现象，使波动说逐渐获得认可。 惠更斯生前誉满欧洲，是英国皇家学会和法国科学院的元老会员，但是由于他的年代离牛顿这位巨人太近了，后者耀眼的光芒一定程度地掩盖了他的成就。
16	胡克	胡克（1635—1703）是英国实验物理学家、博物学家、发明家，玻意耳的助手，在力学、光学、生物学等领域颇有建树。他在力学中提出了弹性定律，即胡克定律。胡克定律影响广泛。 胡克出生于英格兰一个乡村牧师家庭，1653年进入牛津大学学习。当时牛津大学聚集了一批对自然科学研究具有浓厚兴趣的人，如威尔金斯、韦里斯、玻意耳等。他们崇尚培根的实验哲学，致力于用实验的方法认识、探索自然现象，这样就需要有相应的实验仪器。胡克恰好在机械制造方面特别有才干，因此他很快成为当时大名鼎鼎的化学家玻意耳的助手。他协助玻意耳开展了对抽气机的改进，对气体运动特性的研究实验以及对稀薄气体中各种动、植物生命现象的观察研究等活动，得出了许多新的研究成果。1662年英国皇家学会正式成立时，胡克因为出色的实验才能被聘请为学会的实验管理员。1663年胡克成为英国皇家学会正式会员，同年获得牛津大学文学硕士学位。 胡克曾到山顶和矿井下测量重力随地心距离而变化的规律，但没得到明确的结果。自1664年起胡克在英国皇家学会主持一个有关力学方面的系列讲座。1679年胡克分6集将历年的讲演汇集为《卡特勒演讲集（1664—1678）》出版，其中也记载了胡克自己的研究，如固体的弹性定律、宇宙体系理论等。《卡特勒演讲集（1664—1678）》是英国皇家学会早期的科学活动史，已成为人们研究17世纪英国以及世界科学史重要的第一手资料。

续表

序号	物理学家	传记
16	胡克	今天人们一般只知道以胡克名字命名的弹性定律，实际上，作为皇家学会的实验员、秘书，他的研究范围宽得多。关于物质的弹性，除了胡克定律外，他还指出，撤去外力后弹簧会在平衡位置附近做周期性伸缩，伸缩的时间间隔相等。这一发现使人们用游丝代替笨重的钟摆作为等时装置，制造出便携式钟表。 1666 年伦敦大火之后，胡克成为市重建领导小组三名成员之一。他为世人留下了诸如伦敦大火纪念塔、皇家内科医学院以及精神病院等杰出的建筑设计作品，其中应用了他的弹性力学、稳固的拱等力学理论，并显示出卓越的艺术创造力。 胡克对光学、生物学也有研究，他重复了格里马尔迪的衍射实验，并根据对肥皂泡膜颜色的观察提出了光是在以太中传播的一种纵波的假说。他自制了复式显微镜，首先发现了植物细胞，首创了“细胞（cell）”一词，并发表在《显微图集》一书中，同时他也在此书中正式提出了光的波动说。 胡克是被牛顿光环掩盖下的科学家，他的性格在当时和后世都颇受争议。他终身没有结婚。1703 年胡克在落寂中去世，终年 68 岁。
17	牛顿	牛顿（1643—1727）是英国数学家、物理学家和天文学家，提出了万有引力定律和牛顿运动定律，奠定了经典力学的基础，使力学成为系统完整的科学。他还创立了微分，在光学领域取得了诸多实验研究成果。 牛顿出生在英国北部林肯郡的偏僻农村的一个农民家庭，他在中学时成绩并不突出。他沉思默想，喜欢动手制作一些小机械，如小水车、水钟等。中学毕业时，母亲让牛顿停学回家，学习一些农务，但是他仍然喜欢埋头读书，对放牧、市场的生意都没有兴趣，后来母亲只好让他回到学校。1661 年牛顿到剑桥大学三一学院学习。1665 年他在数学教授巴罗的推荐下成为研究生。1665 年因为伦敦流行瘟疫，剑桥大学被迫关门，牛顿回到了家乡。这期间他系统地整理了大学里学过的功课，潜心研究了开普勒、笛卡儿、阿基米德和伽利略等人的著作，还进行了许多光学实验。1667 年牛顿回到剑桥，次年取得硕士学位。1669 年由巴罗教授推荐，牛顿当了数学教授。不过他不善于教学，讲课不太受学生欢迎。他 1689 年被选为议员，1696 年出任造币局局长，1703 年被推举为英国皇家学会会长，1705 年被英国女王授予爵士头衔。牛顿在年轻时就对炼金术产生了极大的兴趣，投入了甚至超过其他科学探索的精力致力于炼金术的研究，但最终却未做出可供称道的成就。1727 年 84 岁的牛顿生病去世，葬于英国的国葬教堂威斯敏斯特教堂。 牛顿一生中的重要科学研究贡献主要包括：牛顿运动定律、万有引力定律、微积分和光学。这些成果都萌发于牛顿因瘟疫被迫回到家乡的 1665—1666 年这两年期间。最终关于牛顿运动定律和万有引力定律的研究成果集中体现他在 1687 年出版的《自然哲学的数学原理》巨著中；在数学和光学方面所取得的成果体现在他晚年出版的《三次曲线枚举》《利用无穷级数求曲线的面积和长度》《流数术》《光学》等著作中。

续表

序号	物理学家	传记
17	牛顿	牛顿运动定律是在众多科学家的探索成果基础上总结完成的，而发现万有引力定律是牛顿在自然科学中最辉煌的成就，其发现的思想源于他对苹果落地和月球围绕地球运动的思考。他发现重力在人们所能够上升的高度上，不管是在最高的楼顶还是高山的顶峰，都没有明显的减弱。因此他推断这个力必定延伸到比人们通常所想象的距离还要远——甚至延伸至月球，亦即，苹果和月球与地球的相互作用力是同种性质的力。这些成果集中体现在牛顿于1687年所出版的《自然哲学的数学原理》一书中，这也是牛顿一生中的代表性著品。在这部巨著中，牛顿仅用了较少的篇幅给出了牛顿运动定律的描述，绝大部分篇幅都是用来讨论万有引力定律的。而这些工作都开始于1665—1666年他回到家乡的研究期间。为何时隔20余年才出版？综合史学资料，其主要原因有：其一，由于年轻时的牛顿与当时的大科学家胡克关于光的粒子性和波动性以及万有引力定律发明权等方面的学术争执，使得牛顿不愿意主动发表文章；其二，对于万有引力问题，他无法确定两个具体星体间的距离；其三，由于胡克与牛顿间的冲突，皇家学会没有积极主动安排出版等。在这样的背景下，经过哈雷的出资和多方努力，最终使得这部巨著出版了。 微积分是牛顿在研究运动学问题过程中所创立的。牛顿在数学方面取得的成果主要体现在他晚年出版的《三次曲线枚举》《利用无穷级数求曲线的面积和长度》《流数术》等著作中。关于微积分的发明权问题，历史上牛顿和莱布尼茨有过一段时期的激烈争论。1672年牛顿在写给数学家兼出版商的柯林斯的一封信中提到过微积分的计算方法。1673年莱布尼茨经朋友介绍开始与柯林斯通信。1676年牛顿得知莱布尼茨和他一样在研究微积分，给莱布尼茨写信，以牛顿自己清楚的密码方式表述了微积分的计算方法，暗示对方自己已经完成了微积分的研究，希望借此使对方放弃。1677年莱布尼茨拜访柯林斯，在得到允许的情况下阅读了大量的其收藏的书籍和信件。以上这些都为后来的微积分发现权之争埋下了祸根。1684年莱布尼茨发表了《一种求极大与极小值和求切线的新方法》，这是数学史上第一篇公开发表的微积分文献。牛顿在《自然哲学的数学原理》的一处附注中就指出了自己早在1672年和柯林斯的通信中就提到了微积分的方法，早于莱布尼茨的发现。发现权之争导致了后来的牛顿和莱布尼茨的白热化冲突，双方互相指责对方抄袭。牛顿的支持者拒绝使用莱布尼茨发明的更加简便的微积分符号，导致英国数学界失去了本来的领先优势。后来公认，牛顿和莱布尼茨各自独立地发明了微积分。 牛顿在光学方面所取得的研究成果同样是令人瞩目的。早在学生时代的牛顿就做了关于日冕的观察实验。1666年牛顿用三角玻璃棱镜将白光分解为彩色光。在牛顿之前已有人使用棱镜对光的折射现象做过研究，但都认为是棱镜产生了颜色，而不是仅仅把已经存在的颜色分开。牛顿用第二块结构相同但放置方式倒转的棱镜使分开的彩色光又合成了白光，这样就证实了白光是由折射率不同的各种颜色的光组成的。在研究折射的过程中牛顿还发现了球面相差和

续表

序号	物理学家	传记
17	牛顿	色差现象，并曾试图改进折射望远镜，但由于认识的局限性，牛顿得出色差是不可能消除的结论。不过他成功地研制了反射望远镜，成为第一个制造反射望远镜的人。他送给了英国皇家学会一个自己制造的望远镜。1672 年牛顿被选为英国皇家学会会员，他提交给学会的第一篇论文题为《论光的本性》。由于他的观点同英国皇家学会的创始人之一、大科学家胡克相冲突，引起了许多不愉快的争论。牛顿从此不再愿意出版自己的研究工作，而是将写成的手稿锁进箱子里。直到 1704 年（胡克于 1703 年去世），牛顿才出版了自己光学研究的著作《光学》。牛顿的《光学》包含"几何光学""薄膜中的颜色""衍射问题"三篇。在第一篇中，牛顿以定理的形式叙述了单色光和复合光的折射性质，并解释了彩虹的成因；在第二篇中，牛顿描述了对著名的"牛顿环"现象的发现和精确测量，牛顿环本来是光的波动性的体现，但牛顿并未明确支持波动说；在第三篇中，牛顿研究了由格里马尔迪发现的光的衍射现象。他发现自己不能合理地解释光的衍射现象时，就不再进行解释，而是提出一系列问题，例如，如果光是波动，那么为什么没有观察到光像水波、声波那样弯曲？从这些问题中可以看出牛顿倾向于认为光是一种微小粒子的高速运动，但牛顿并没有明确地肯定这一观点，他的微粒说也不排斥波动，他甚至提出了波动说和微粒说能否获得统一的思考。牛顿的继承者们逐渐放弃了这种思考，而对牛顿的学说加以绝对化和简单化，去掉他们不理解的深奥部分，简单地宣称牛顿坚持光的微粒说。由于对牛顿在科学界权威地位的崇拜，在其后的一百年时间里众多物理学家们信奉光的微粒说。 由于诸多的历史因素，牛顿除了在数学上与莱布尼茨之间有关于微积分的发明权争执之外，与胡克也产生了不可调和的矛盾。1672 年牛顿提交的第一篇论文《论光的本性》，时任英国皇家学会会员的胡克审理该论文时，指责牛顿使用了错误的"光的微粒说"理论。1675 年牛顿发表另一篇论文《论观测》，胡克指责牛顿抄袭他的著作《微观制图》，并使用了错误的理论。1679 年牛顿在和胡克的私人信件中，阐述了对于在引力作用下物体自高塔上下落的路径为螺旋线，而胡克敏锐地指出应该是一椭圆。此后，胡克多次在公开场合宣扬牛顿的错误，但也正是这一事件使牛顿意识到星体的椭圆轨道和平方反比定律之间的联系。这些事件导致了二人无法化解的矛盾。1686 年，胡克得知《自然哲学的数学原理》即将发表，希望牛顿声明其对万有引力的贡献，牛顿得知后，除了在一处附注提到了胡克，将书中胡克的名字全部删除了。胡克逝世后，牛顿担任英国皇家学会会长，也就此结束了两位巨匠之间的学术纠葛与恩恩怨怨。
18	莱布尼茨	莱布尼茨（1646—1716）是德国哲学家、数学家，独立于牛顿发明微积分的数学方法，首次提出能量守恒定律的思想。 莱布尼茨出生于莱比锡一个哲学教授的家庭，从小天赋过人，14 岁即进入莱比锡大学，接触到伽利略、培根和笛卡儿的科学哲学思想。1672 年莱布尼茨到巴黎等地游历，认识了荷兰数学家和物理学家惠更斯，后者送给他一本自己刚

续表

序号	物理学家	传记
18	莱布尼茨	出版的著作《摆钟》。莱布尼茨怀着极大的兴趣阅读了这本书，并进一步钻研帕斯卡等人的著作。他改进了帕斯卡的计算器，设计出能进行加减乘除运算的计算机。他还从中国的《周易》中受到启发，认识到二进制的重要性。 莱布尼茨很重视惠更斯在弹性碰撞中发现的新守恒量：质量乘以速度的平方。他用“活力（vis viva）”一词命名这个量，并提出重物凭借其速度能够上升的高度与其活力成正比，并且可以互相转化。这实际上就是机械能守恒定律。 莱布尼茨与牛顿各自独立地发明了微积分。牛顿是从变速运动入手研究微积分的，而莱布尼茨是从求曲线的切线等几何问题入手的。牛顿虽然自称是1665年发明了微积分（他称为“流数术”），但没有及时发表；莱布尼茨则在1684年发表的论文中介绍了微积分的方法。这份论文有一个长得离谱的题目：*A new method for maxima and minima, and for tangents, that is not hindered by fractional or irrational quantities, and a singular kind of calculus for the above mentioned.* 两人为发明权展开了激烈的争论。现在公正地来看，莱布尼茨的研究同牛顿几乎没有关系，而且他在微积分方面所取得的成就要比牛顿大得多，他创造的微分和积分符号一直沿用至今，甚至连“函数”一词也是他首先使用的。 莱布尼茨一直致力于成立德国自己的学术研究机构。在他的筹划下，1700年柏林科学院成立，他出任首任院长。
19	哈雷	哈雷（1656—1742）是英国天文学家、物理学家、数学家和探险家，取得了诸多天文观测成果，并用牛顿力学的方法计算并正确预言了彗星轨道的运动周期。 哈雷出生于伦敦的一个富裕家庭，求学于牛津大学，主要进行掩星、太阳黑子和月食观测。他向英国皇家学会提交了《求行星轨道偏心率和远日点的直接的和几何的方法》的论文，并提出了改进的日食计算方法。哈雷还远航到南大西洋中的圣赫勒拿岛进行南天恒星观测，测定了341颗恒星，并发现了半人马座，进行了水星凌日观测，绘制成人类首张南天星图，并返回英国，获得了牛津大学硕士学位，不久就被选为英国皇家学会会员。 1682年哈雷观测了后来以他的名字命名的哈雷彗星。后来他仔细地检验了过去约200年的彗星观测资料，应用牛顿新发明的微积分的方法计算彗星在空间的轨道，得出了十分重要的结论：“彗星以非常接近于抛物线的轨道做绕日运转。”他认为1531年、1607年及1682年出现的彗星实际上是同一个天体，指出它的周期为76年，并预报它在1758—1759年将再度出现。这是人类第一次对彗星的周期作出预报。后来在哈雷去世后，1758年底这颗彗星果然重现了，因受木星的摄动而延期，延期的天数与哈雷的计算略有不同。 哈雷对物理学发展的另一个重要贡献是积极促成了牛顿的巨著《自然哲学的数学原理》的出版。当开普勒三定律提出之后，人们逐渐认识到天体之间存在引力，并且如果行星以椭圆轨道运动，则引力的作用应该与天体间距离的平方成反比。历史上胡克、哈雷、惠更斯、雷恩都独立地提出过这个观点，但都没能给出证明。1684年哈雷为此专程到剑桥向牛顿请教。牛顿表示他曾经计算并

续表

序号	物理学家	传记
19	哈雷	可以给出证明。不久牛顿把一份九页的标题为《论轨道物体的运动》的论文寄给了哈雷。哈雷读后立刻意识到这份论文的重要性。他再次访问牛顿，极力劝说并鼓舞他公布自己的研究成果。正是在哈雷的不懈努力与支持下，牛顿才于1686年完成了他的巨著。甚至在英国皇家学会表示无力承担出版费用时，哈雷独自承担了《自然哲学的数学原理》的出版工作。在近代自然科学史上，牛顿《自然哲学的数学原理》的出版具有划时代的意义。爱因斯坦曾赞扬说："直到19世纪末，它一直是理论物理学领域中每个工作者的纲领。"哈雷不仅在生前促成了《自然哲学的数学原理》的出版问世，在去世后，他的科学预言的实现又给《自然哲学的数学原理》增添了夺目的光彩。
20	莫培督	莫培督（1698—1759）是法国数学家、物理学家、哲学家，数学家约翰·伯努利的学生，发表《论各种自然定律的一致性》，最早提出最小作用量原理。 莫培督出生于法国圣马洛的一个富裕家庭。莫培督少年时代的教育是在私人教师指导下完成的，并曾接受过数学家 Nicolas Guisnée 的指导。1718年他在父亲的安排下入伍，1723年由于曲面面积和曲线长度方面的独创性工作被选入法国科学院，1728年访问英国，并成为英国皇家学会会员，回国后访问巴塞尔大学，在那里结识了著名数学家约翰·伯努利，并跟随其学习。为了验证牛顿的地球扁球形的理论，莫培督于1736年亲自带队去北极圈附近测量地球弧长，彻底证明了牛顿理论的正确性，因为这一贡献，莫培督几乎成了所有欧洲国家的科学院会员。1742年莫培督被选为法国科学院主任。 1744年莫培督发表了《论各种自然定律的一致性》，提出最小作用量原理。应普鲁士国王腓特烈二世的邀请，1746年莫培督成为柏林科学院的首任院长，在其担任院长期间，欧拉给予其很大的帮助。1746年莱布尼茨的信奉者柯尼格声称在莱布尼茨和朋友的通信中提出过最小作用量原理，但是后来由于信件原稿的拥有者因叛国罪被处死，而无法查证。1752年柏林科学院判定莱布尼茨信件为赝品，此判决导致莱布尼茨的支持者的强烈不满，并导致了长期的争论，使莫培督的声誉受到很大损害。1756年欧洲列强之间爆发了著名的七年战争，普鲁士与法国属于敌对阵营，莫培督夹在其中左右为难，1757年退休重返法国，并于1759年病逝于巴塞尔，终年61岁。
21	伯努利	伯努利（1700—1782）是瑞士数学家、物理学家，出版了《流体动力学》，提出了著名的"伯努利方程"。 伯努利出生于荷兰格罗宁根，他的父亲约翰·伯努利是格罗宁根大学数学教授、著名数学家，曾提出数学中的洛毕达法则、最速降线问题、测地线问题等。丹尼尔·伯努利进入格罗宁根大学学习哲学和逻辑学，获得学士学位、艺术硕士学位和医学博士学位。1725年他接受邀请到圣彼得堡科学院工作，先后被任命为生理学院士和数学院士。1733年他到巴塞尔教授解剖学、植物学和自然哲学。他于1747年当选为柏林科学院院士，1748年当选为巴黎科学院院士，1750年当选为英国皇家学会会员。

续表

序号	物理学家	传记
21	伯努利	伯努利对物理学最重要的贡献是把数学应用于力学，创立了流体力学的系统理论。1738 年他出版了经典著作《水动力学，关于流体中力和运动的说明》，给出了著名的“伯努利方程”等流体动力学的基础理论。此外，他还研究了弹性弦的横向振动问题，提出了声音在空气中的传播规律。他的论著还涉及天文学、力学、磁学和生理学等。
22	欧拉	欧拉（1707—1783）是瑞士数学家，物理学家，在最速降线、建筑学、无黏性流体运动学、常微分方程等方面均有贡献。 欧拉出生于瑞士的巴塞尔，13 岁时进入了巴塞尔大学，主修哲学和法律，同时师从数学家约翰·伯努利学习数学，并取得学士学位和硕士学位。之后，欧拉按照父亲的意愿进入了神学系并取得博士学位。1726 年丹尼尔·伯努利（约翰·伯努利的儿子）邀请欧拉前往位于圣彼得堡的俄国皇家科学院工作。欧拉于 1727 年抵达圣彼得堡，并于 1731 年获得物理学教授的职位，两年后接任丹尼尔成为数学系主任。后由于俄国局势发生动荡，欧拉离开了圣彼得堡，前往普鲁士的柏林科学院就职，并在那里生活了 20 多年。1744 年出版《寻求具有某种极大或极小性质的曲线的方法》一书，给出求解最速降线的一般方法，这是变分学史的里程碑，标志着变分法的诞生。欧拉是波动说的支持者，在 1746 年出版的《光和色彩的新理论》明确地表示反对当时主流的微粒说。1750 年欧拉和丹尼尔·伯努利联合提出欧拉 - 伯努利梁方程，用以解决梁受力形变问题，在建筑学中得到了广泛的应用。1757 年欧拉由牛顿运动定律出发给出无黏性流体的运动学微分方程，即欧拉方程。1766 年欧拉接受了俄国皇家科学院的邀请，重返圣彼得堡，其后一直生活在那里。1783 年他在陪孙女玩耍时，突发脑溢血去世了。
23	达朗贝尔	达朗贝尔（1717—1783）是法国物理学家、数学家和天文学家，他澄清了历史上运动守恒量的争议，出版了《动力学》，提出了达朗贝尔原理。 达朗贝尔出生于巴黎。青年时代的达朗贝尔曾学习神学、法律、医学，但并未从事这些职业。后来他依据自己的兴趣开始学习并研究数学，主要靠自学攻读了笛卡儿、牛顿等人的著作。达朗贝尔向法国科学院提交的他的第一篇数学论文，内容是关于数学教程中积分运算存在的问题，显露出他的数学天分。此后达朗贝尔又提交了若干论文，将数学应用于流体等力学问题，获得了学术界的认同。1741 年达朗贝尔被选为法国科学院会员；1747 年他发表了关于风的一般成因的论文，而获得柏林科学院的奖金，并被选为该院院士；1748 年成为英国皇家科学院院士；1754 年达朗贝尔被选为法国科学院院士；1772 年成为法国科学院终身秘书。 1743 年达朗贝尔出版专著《动力学》，这是在法国最早综述牛顿力学的著作，亦是创立分析力学的开拓工作。在这部著作的序言中，达朗贝尔澄清了 17 到 18 世纪关于运动的量度，即“动量”和“活力”（现在称动能）概念的混乱。他指出这两种量度都是有效的，动量适合于当运动物体受到的阻碍足以使

续表

序号	物理学家	传记
23	达朗贝尔	运动在很短的时间停止下来而处于平衡的情况，而在阻碍逐渐使运动停止的减速运动情况下，用“活力”量度物体的运动更加适合。达朗贝尔事实上已经区分了动量的变化与力的作用时间有关、活力的变化则与物体运动距离有关。 《动力学》更为重要的意义在于提出了以达朗贝尔的名字命名的原理。达朗贝尔将牛顿运动定律由自由质点系推广到受约束的非自由系统，提出了解决约束系统力学问题的一般方法，即达朗贝尔原理。后来拉格朗日在此基础上提出了达朗贝尔－拉格朗日原理，写出了动力学普遍方程，奠定了分析力学的基础。由达朗贝尔原理发展起来的动静法，理论上与动量定理和动量矩定理等价，应用上可以充分利用静力学中的各种平衡方程及解题技巧。 达朗贝尔对天文学也进行了研究。他发表了《关于春、秋分点的进动和地轴章动研究》的论文，建立了岁差和章动的力学理论，为天体力学的建立奠定了基础；他出版了3卷《宇宙体系的几个要点研究》，系统阐述了他的天体力学理论。 1746年达朗贝尔接受法国启蒙运动的领袖人物丹尼斯·狄德罗的邀请，在狄德罗主持的法国《百科全书》的编撰工作中担任副主编，并负责撰写数学与自然科学条目。这部法国《百科全书》的出版是18世纪法国启蒙运动的重要标志。在其中的“维度”条目中，达朗贝尔首次提议将“时间”作为三维笛卡儿坐标之外的第四维度。 达朗贝尔晚年疾病缠身，于1783年在巴黎去世。由于他生前坚定地反对宗教和神学，去世后没有举行葬礼，被安葬在巴黎市郊的公墓。
24	卡文迪什	卡文迪什（1731—1810）是英国物理学家、化学家，他通过扭秤实验验证了牛顿的万有引力定律，测量出引力常量的数值，被誉为“第一个称量地球的人”。 卡文迪什出生于法国的尼斯，他的父亲是英国公爵的后裔，母亲在他两岁时去世了，这使他性格十分孤僻。卡文迪什18岁到剑桥学习，但是没有等到获得学位就离开了学校。1753年卡文迪什去巴黎留学，研究物理和数学，1760年被选为英国皇家学会会员，他还是法国科学院的外籍院士。 卡文迪什在物理学和化学方面的成就和贡献是多方面的。他进行了一系列的静电实验，深入地研究了电容器的电容，测量了几种物质的电容率。更加重要的成果是，卡文迪什通过实验说明了当导体带静电时，电荷全部存在于导体表面；他还用精确的实验验证了电荷之间的相互作用力与距离的平方成反比的规律。1798年卡文迪什用改进的扭秤进行引力测量的实验，验证了牛顿的万有引力定律，并测量了万有引力公式中的引力常量，由此估算出地球的质量以及地球的平均密度，成为“第一个称量地球的人”。 此外，卡文迪什还研究了热现象，发现了比热容定律的实验依据。在化学方面他研究了氢气的性质、证明了水是氢和氧的化合物以及空气中有惰性气体的存在。不过，卡文迪什的绝大部分研究结果都没有在他生前发表。直到多年

续表

序号	物理学家	传记
24	卡文迪什	后，麦克斯韦发现和整理了卡文迪什的实验论文，于 1879 年出版。 卡文迪什喜欢简单朴素的生活，性格有些孤僻，但对于科学研究工作很热心，在和友人交流研究成果时就会暂时忘记羞怯，而显示出热情和才华来。他还乐于对年轻人的研究工作给予支持。他曾将一些铂送给青年科学家戴维做实验之用，有时还亲自跑到英国皇家学会参观戴维的出色实验。50 岁之前他的生活并不富裕，但他的父亲和姑母相继去世，给他留下了大笔遗产，这使他成了“有学问的人当中最富有的，富有的人当中最有学问的人”。1810 年卡文迪什 79 岁时去世，留下了大量财产。1871 年他的后代亲属捐资兴建了剑桥大学卡文迪什实验室。
25	拉格朗日	拉格朗日（1736—1813）是法国杰出的数学家、天文学家和理论物理学家，出版了《分析力学》，创立了拉格朗日表述的分析力学。 拉格朗日出生于意大利的都灵，19 岁时即成为都灵皇家炮兵学校的数学教授，20 岁成为柏林科学院通讯院士。1758 年拉格朗日创立了都灵科学协会；1764 年他因出色解决了在万有引力作用下的月球天平动问题而获得法国科学院奖金；1766 年他又用微分方程理论和近似解法研究巴黎科学院所提出的一个复杂六体问题（木星的四个卫星的运动问题）而再度获奖。1766 年拉格朗日接替欧拉任普鲁士科学院数学部主任，1783 年被聘为新成立的都灵科学院的名誉院长；1786 年拉格朗日应法国国王路易十六之邀到巴黎科学院任职。法国大革命期间拉格朗日曾出任法国米制委员会主任，他坚持选择十进位制作为长度度量衡，取代了之前欧洲的各种混乱的长度单位。1791 年拉格朗日被选为英国皇家学会会员。 拉格朗日在科学上的贡献遍及力学、天体力学、数论、微分方程、函数论等多个领域，被誉为继欧拉之后最伟大的数学家和牛顿之后最伟大的力学家。从 1755 年至 1788 年，拉格朗日历时 33 年完成了《分析力学》巨著，创立了经典力学的分析力学方法体系。他将约翰·伯努利提出的虚位移原理和达朗贝尔原理结合起来，导出了著名的拉格朗日运动方程；进一步引进标量形式的“广义坐标”“广义动量”和“功”的概念，以代替对矢量形式的约束力的求解，建立了用数学分析的语言表达的经典力学方法，这套理论和方法能够处理更加复杂的力学体系问题，其适用范围也更广泛。《分析力学》是牛顿以后、哈密顿以前最重要的经典力学著作。哈密尔顿曾把这部著作誉为一部“科学诗篇”。 拉格朗日曾被誉为“欧洲最伟大的数学家”，拿破仑把他比喻为“一座高耸在数学世界的金字塔”。法国著名的埃菲尔铁塔建成的时候，设计者在塔基座的外墙上雕刻了 72 位法国著名科学家及工程师的名字，拉格朗日就是其中之一。
26	马格纳斯	马格纳斯（1802—1870）是德国物理学家、化学家，亥姆霍兹的老师，发现了“马格纳斯效应”。 马格纳斯出生于德国柏林一个富裕的家庭，1822 年进入柏林大学学习物理学和化学，1827 年获博士学位，之后到斯德哥尔摩、巴黎等地游学，在巴黎曾跟

续表

序号	物理学家	传记
26	马格纳斯	随盖吕萨克学习化学。1831 年马格纳斯开始在柏林大学担任讲师，1845 年被聘为教授。1840 年他成为柏林科学院会员。1868 年德国化学学会成立，马格纳斯是首批会员之一。 马格纳斯在物理学中的主要贡献是发现了“马格纳斯效应”。马格纳斯在研究炮弹飞行弹道问题时，发现炮弹有时不能按预计的弹道曲线飞行。当时人们已经知道，为了避免子弹或炮弹在高速飞行时受空气作用而翻滚，应使子弹或炮弹在出膛时绕自身的对称轴高速旋转，这样才能保障子弹或炮弹在前进过程中始终弹头向前。马格纳斯经过反复观察和实验后得出结论，这种高速旋转运动的物体会受到来自周围空气的横向力作用，以至于物体的运动轨迹偏离理论预计的弹道曲线。后来人们把这一现象称为马格纳斯效应，足球的弧线球（香蕉球）和乒乓球的弧圈球就是因此而形成的。马格纳斯效应可以由流体力学的基本原理进行解释。由于炮弹旋转可以带动周围空气旋转，使得炮弹一侧的空气流动速度增加、另一侧空气流动速度减小。根据伯努利方程，流体速度较快的地方压强较小、速度较慢的地方压强较大，这样就使旋转的物体周围出现横向的压力差，并形成横向力。 马格纳斯是德国强调实验物理学的代表人物之一。在柏林大学任教期间，他在自己的住宅里分出几间房子当成物理实验室，让优秀的学生参加科研工作。德国物理学家亥姆霍兹、英国物理学家丁铎尔等都曾在他的实验室学习过。1863 年马格纳斯的私人物理实验室成为柏林大学物理实验室，他担任这个实验室的首任物理学教授。柏林大学物理实验室是世界上最早、规模较大的正规物理实验室，后来德国物理学家亥姆霍兹继任了该物理实验室的教授。 马格纳斯在气体膨胀、气体热传导等方面也做了很多有意义的实验研究。此外，他也是一位化学家，他发现了一种新的有机复合物，被命名为“马格纳斯绿盐”。
27	雅可比	雅可比（1804—1851）是德国数学家，他在哈密顿正则方程组基础上推导出哈密顿 - 雅可比方程。 雅可比出生于波茨坦一个富裕的犹太人家庭。雅可比自幼聪明好学，12 岁即进入大学预科学习，17 岁进入柏林大学，21 岁获柏林大学理学博士学位，并留校任教。1826 年起雅可比到哥尼斯堡大学任教并从事数学研究，他是数学史上最勤奋多产的学者之一，现代数学许多定理、公式、行列式以及数学符号都冠以雅可比的名字，可见雅可比的成就对后人影响之深。 雅可比在物理学中的主要贡献是发展了分析力学的哈密顿 - 雅可比方法。哈密顿发表哈密顿正则方程组，并提出了一种原则解法。但在具体选择所需函数时往往十分困难。雅可比深入研究了哈密顿的理论，独立于哈密顿提出一种特殊正则变换，使所得的哈密顿函数等于零，导出了和哈密顿相同的偏微分方程，后人称之为“哈密顿 - 雅可比方程”。雅可比还给出了他的这种原则解法的更加明确的证明，并将其用于解决力学和天文学的问题。哈密顿 - 雅可比方

续表

序号	物理学家	传记
27	雅可比	程在量子力学的创立过程中起到了重要的作用。 雅可比常常刻苦地工作而不顾自己的身体。当他听到周围有人抱怨科学研究既艰苦又损害健康，是危险的事情时，不无嘲讽地写道：有时候过度工作确实危及了我的健康，但那又怎样呢？卷心菜没有神经，没有焦虑，可它们从它们完美的健康中得到了什么呢？1851 年雅可比患天花去世，年仅 47 岁。
28	哈密顿	哈密顿（1805—1865）是英国数学家、物理学家，他发表了《论动力学的一个普遍方法》和《再论动力学中的普遍方法》，创立了哈密顿表述的分析力学。 哈密顿出生于爱尔兰的都柏林，从小天资过人，靠自学掌握了 12 国语言。他很年轻时就已经读完了欧几里得的《几何原本》和牛顿的《自然科学的数学原理》，还研究了拉普拉斯的著作。哈密顿年轻时向爱尔兰皇家天文学会指出，拉普拉斯《天体力学》中关于力的平行四边形法则的证明存在数学错误。当时的一些著名天文学家们得知这一发现是由一位如此年轻的学生做出的时，感到十分吃惊。1823 年 18 岁的哈密顿考入都柏林大学的三一学院。在学院读书期间，他完成了《光线系统理论》论文，这篇论文是用数学分析方法研究光线的奠基性作品。1827 年年仅 22 岁的哈密顿被任命为三一学院的天文学教授，兼任学校天文台台长，1837 年被任命为爱尔兰皇家科学院院长。此外，哈密顿还是英国皇家学会会员和法国等其他国家科学院的外籍院士。 在力学方面，哈密顿的主要成就是使分析力学实现了继拉格朗日之后的又一次质的飞跃。他先后发表了《论动力学的一个普遍方法》和《再论动力学中的普遍方法》两篇重要论文，为分析力学掀开了新的一页。哈密顿发现自己基于费马原理发展起来的光线光学方法同牛顿力学中求粒子运动轨迹问题具有相似性，他仿照光线特征函数概念，将拉格朗日函数改写成一种新的“作用函数”，即哈密顿作用量，并证明约束系统的实际运动是使哈密顿作用量为极值的，也即其变分为零的情形。这样哈密顿就给出了从约束系统各种可能的运动中挑选出真实运动的一般准则，称为“哈密顿原理”；进一步地，对于具有 N 个自由度的系统来说，拉格朗日方程是由 N 个二阶常微分方程构成的方程组，以广义坐标和广义速度及时间为自变量，哈密顿引入具有动力学意义的广义动量和广义坐标代替拉格朗日的只有运动学意义的广义坐标和广义速度，定义一个新的哈密顿函数，把拉格朗日方程变换为由 $2N$ 个一阶常微分方程构成的、形式简单而对称的方程组，称为哈密顿正则方程组。哈密顿原理和哈密顿正则方程组在解决复杂力学体系问题中以及推广至其他非力学体系时显示出极大的优势，在近现代物理学中占有重要的地位。 哈密顿正则方程组的求解也是分析力学中的一类重要问题。哈密顿本人提出了一种正则变换的方法，后来德国数学家雅可比用不同的途径导出了与哈密顿相同的偏微分方程，人们把这一解哈密顿正则方程组的原则方法称为“哈密顿－雅可比方法”，所获得的方程称“哈密顿－雅可比方程”。这些成果不仅推动了分析力学的发展，而且也在变分法和微分方程的发展、甚至量子力学的建

续表

序号	物理学家	传记
28	哈密顿	立中起到了重要作用。 这样，人们把经典力学按照时间先后划分为不同力学时期，1687 年自牛顿的《自然哲学的数学原理》发表到 1788 年称为牛顿力学时期；1788 年拉格朗日的著作《分析力学》发表以后到 1834 年称为分析力学时期；1834 年哈密顿的著名论文发表以后，又称为哈密顿力学时期。哈密顿力学在现代物理理论中得到了广泛的应用，例如薛定谔建立的量子力学波动方程是可以直接从哈密顿 - 雅可比方程过渡而来的，爱因斯坦在建立引力场方程的经典著作中也运用了哈密顿原理。
29	傅科	傅科（1819—1868）是法国物理学家，他通过傅科摆实验首次直接演示了地球的自转效应。 傅科出生于法国巴黎，毕业于法国著名的巴黎医学院。他毕业后先当了几年医生，后来转向实验物理学的研究工作。傅科对物理学最重要的贡献是光速的测定和傅科摆的实验。他用旋转镜法测量了光速，证明了光在空气中的传播速度比在水中快。这一实验为惠更斯光的波动说提供了证据。 1851 年傅科在法国首都巴黎设计制作了以他的名字命名的摆。傅科摆由一个约 28 kg 重的铅球，系在长约 67 m 的细钢丝线上构成。傅科将这个巨大的单摆悬在巴黎万神殿圆屋顶的中央，悬挂点经过特殊设计，使整个摆可以在任何方向自由摆动，并且使由于摩擦而消耗的能量减少到最低限度。摆锤的下方是一个巨大的沙盘，当摆锤摆动时，安装在摆锤上的指针会在沙盘上划出运动的痕迹。依据经验，人们可能以为这样的单摆在沙盘上来回摆动，指针仅能画出唯一一条直线。但事实上人们惊奇地发现，每经过一个周期的摆动，指针在沙盘上画出的轨迹都会偏离原来的轨迹，准确地说，在直径约 6 m 的沙盘边缘，两个轨迹之间相差大约 3 mm。“地球真的是在转动啊”，人们不禁发出了这样的感慨。傅科摆的实验被评为“物理最美实验”之一，直到今天仍是各天文台用以证实地球自转的主要实验。

附录 2　热运动领域物理学家传记

附表 2.1　热运动领域物理学家一览表

序号	国籍	中译名	外文名	生卒年	终年	人物关系与代表性贡献	传记配音
1	法国	马略特	Edme Mariotte	1620—1684	64 岁	独立于玻意耳提出了理想气体在温度不变时压强与体积成反比的“玻意耳－马略特定律”。	
2	英国	玻意耳	Robert Boyle	1627—1691	64 岁	首先提出了理想气体在温度不变时压强与体积成反比的“玻意耳－马略特定律”。	
3	德国	华伦海特	Daniel Gabriel Fahrenheit	1686—1736	50 岁	建立了华氏温标。	
4	瑞典	摄尔修斯	Anders Celsius	1701—1744	43 岁	建立了摄氏温标。	
5	英国	布莱克	Joseph Black	1728—1799	71 岁	发现了比热容、潜热。	
6	英国	瓦特	James Watt	1736—1819	83 岁	发明了新型实用的蒸汽机。	
7	法国	查理	Jacques Alexandre César Charles	1746—1823	77 岁	提出了理想气体在体积不变时的压强与温度成正比的查理定律。	

续表

序号	国籍	中译名	外文名	生卒年	终年	人物关系与代表性贡献	传记配音
8	英国	布朗	Robert Brown	1773—1858	85 岁	首次在实验中发现了粒子的无规则运动，称为布朗运动。	
9	意大利	阿伏伽德罗	Amedeo Avogadro	1776—1856	80 岁	提出了阿伏伽德罗定律。	
10	法国	盖吕萨克	Joseph Louis Gay-Lussac	1778—1850	72 岁	发现了理想气体在压强不变时的体积与温度成正比的盖吕萨克定律。	
11	法国	卡诺	Sadi Carnot	1796—1832	36 岁	提出了卡诺定理，事实上建立了热力学第二定律。	
12	法国	克拉珀龙	Benoît Paul Émile Clapeyron	1799—1864	65 岁	提出了两相平衡曲线斜率与相变潜热的关系，即克拉珀龙方程。	
13	德国	迈耶	Julius Robert Mayer	1814—1878	64 岁	首先发现并表述了能量守恒的思想。	
14	英国	焦耳	James Prescott Joule	1818—1889	71 岁	通过精密实验测定了热功当量数值，为建立热力学第一定律奠定了基础。	
15	奥地利	洛施密特	Johann Josef Loschmidt	1821—1895	74 岁	通过计算给出了标准状态下 1 cm^3 理想气体所含的粒子数，即“洛施密特数”。	
16	德国	亥姆霍兹	Hermann Ludwig Ferdinand von Helmholtz	1821—1894	73 岁	最早提出了能量守恒定律的明确数学形式，是能量守恒定律的创立者之一，在电磁理论、热力学等学科领域均有建树。	
17	德国	克劳修斯	Rudolf Clausius	1822—1888	66 岁	提出了热力学第二定律的克劳修斯表述和熵的概念。	

续表

序号	国籍	中译名	外文名	生卒年	终年	人物关系与代表性贡献	传记配音
18	英国	开尔文	William Thomson, Baron Kelvin	1824—1907	83 岁	创立了热力学温标，提出了热力学第二定律的开尔文表述。	
19	英国	麦克斯韦	James Clerk Maxwell	1831—1879	48 岁	提出了平衡态下气体分子运动速率分布律，称为麦克斯韦速率分布律；提出了麦克斯韦方程组，建立了电磁学的统一理论。	
20	荷兰	范德瓦耳斯	Johannes Diderik van der Waals	1837—1923	86 岁	因推导出气体和液体的物态方程而获得了 1910 年诺贝尔物理学奖。	
21	美国	吉布斯	Josiah Willard Gibbs	1839—1903	64 岁	出版了《统计力学的基本原理》，建立了统计物理学的普遍统计方法。	
22	奥地利	玻耳兹曼	Ludwig Boltzmann	1844—1906	62 岁	提出了统计物理学的基本假设，即等概率原理，为建立经典统计物理学作出奠基性贡献。	
23	德国	能斯特	Walther Hermann Nernst	1864—1941	77 岁	因提出了热力学第三定律获 1920 年诺贝尔化学奖。	
24	法国	佩兰	Jean Baptiste Perrin	1870—1942	72 岁	因研究物质结构的不连续性，特别是发现了沉积平衡获 1926 年诺贝尔物理学奖。	
25	法国	朗之万	Paul Langevin	1872—1946	74 岁	研究分子的布朗运动，提出了朗之万方程，发展了涨落理论。	
26	波兰	斯莫卢霍夫斯基	Marian Smoluchowski	1872—1917	45 岁	建立了热力学涨落理论。	

续表

序号	国籍	中译名	外文名	生卒年	终年	人物关系与代表性贡献	传记配音
27	美国	爱因斯坦	Albert Einstein	1879—1955	76岁	创立了狭义相对论和广义相对论，在热力学、统计物理学和光的量子理论等领域也都做出了开创性的工作，由于在光电效应方面的研究而获1921年诺贝尔物理学奖。	
28	英国	福勒	Ralph Howard Fowler	1889—1944	55岁	狄拉克的老师，提出了热力学第零定律。	
29	印度	玻色	Satyendranath Bose	1894—1974	80岁	提出了光子的玻色统计方法。	
30	美国	费米	Enrico Fermi	1901—1954	53岁	提出了费米统计方法，因证明了可由中子辐照而产生新的放射性元素的存在以及有关慢中子引发的核反应的发现获1938年诺贝尔物理学奖。	

附表 2.2　热运动领域物理学家传记

序号	物理学家	传记
1	马略特	马略特（1620—1684），法国物理学家，独立于玻意耳提出了理想气体在温度不变时压强与体积成反比的“玻意耳－马略特定律”。 马略特的生平事迹传下来的很少，即便出生年也不是准确的。一般认为他生于1620年，起初的职业是法国第戎的一个天主教堂的牧师。1666年法国科学院成立时，马略特是首批院士。他出版了一本植物学方面的著作；发表了关于物体碰撞性质的著作；1676年在《关于空气性质的实验》的论文中，宣布发现了气体的体积和压强关系的规律。虽然比玻意耳提出的晚了14年，但他是完全独立地发现的，且明确地指出了“温度不变”的条件，他比玻意耳更深刻地认识到这个定律的重要性，现在人们称这个定律为“玻意耳－马略特定律”。 马略特一生进行了许多研究工作，他善于用实验证实和发展那个时代重大的科学成果，虽然新的发现不多，却仍有很重要的科学意义。
2	玻意耳	玻意耳（1627—1691），英国物理学家和化学家，英国皇家学会的创始人之一，首先提出理想气体在温度不变时压强与体积成反比的“玻意耳－马略特定律”。

续表

序号	物理学家	传记
2	玻意耳	玻意耳出生于爱尔兰的利兹莫城一个贵族家庭。他一生大部分时间都用于科学研究和实验。玻意耳在科学研究上的兴趣是多方面的，他曾研究过气体动理论、气象学、热学、光学、电磁学、无机化学、分析化学、物质结构理论以及哲学、神学等，其中成就最突出的是化学。恩格斯曾评价他说“玻意耳把化学确立为科学”。 玻意耳在物理学方面的主要贡献是提出了以他的名字命名的气体定律。当玻意耳听说马德堡半球实验后，在助手胡克的协助下，改进了真空泵，获得了更好的真空，进行了一系列气体性质的开拓性实验。玻意耳将一根 U 形玻璃管的一端封闭，从开口端注入水银，把空气封闭在另一端。他发现当注入更多的水银时，空气柱受到更大的压强，体积变小，但可以支持更高的水银柱，从而发现了著名的玻意耳定律：一定质量的气体在温度不变时，压强和体积成反比。因 14 年后法国科学家马略特也独立地从实验中发现了这一定律，所以常称其为“玻意耳 - 马略特定律”。 此外，玻意耳还通过实验证实了在真空中羽毛和铅块同时下落以及声音不能在真空中传播。他还做了用力学方法产生热的实验：以铁锤敲打钉子时，钉子发热而铁锤没有变凉的事实，说明热是由于运动产生的。 在光学方面，玻意耳首次记载了肥皂泡和玻璃球中的彩色条纹，并提出，人们看到的物体的颜色并不是物体本身的性质，而是光照射在物体上产生的效果。
3	华伦海特	华伦海特（1686—1736），德国物理学家，建立了华氏温标。 华伦海特于 1686 年出生在德国一个商人家庭。他年轻时他的父母意外去世了，他被送到阿姆斯特丹接受商业教育，在那里学习了科学仪器的制作，并由此引发了他对物理学的兴趣。1707 年华伦海特先后前往柏林、莱比锡等地，通过参观别的学者以及工匠的操作，学到了不少技术。1708 年华伦海特去哥本哈根访问了丹麦天文学家罗默，看到了罗默制作的有两个固定刻度的温度计。1715 年华伦海特和数学家莱布尼茨合作制成测定大海经度的时钟。1724 年华伦海特正式确立以他名字命名的温标，同年他被选为英国皇家学会会员。 华伦海特在物理学方面的最大贡献是确立了华氏温标。18 世纪初，人们开始了解到物质的某些物理状态能够保持温度不变，因而可用来作为温度计的固定点。1703 年丹麦的罗默制作了有两个固定点的液体温度计。他选水的沸点（通常大气压下）温度为 60 度、自己居住城市的冬季最低温度为 0 度。在罗默工作的启发下，华伦海特提出了后来以他的名字命名的一种温标。他将水银温度计放入由冰、水以及氯化铵所混合而成的盐水中，这样的盐水可以将温度自动维持较长的时间不变，华伦海特将此温度计量得的刻度定为 0 ℉（华氏度）；第二个刻度是 32 ℉，为将温度计放入恰好有冰形成于表面的水中所量得的刻度；第三个刻度为 96 ℉，为人体通常的温度。华伦海特指出，使用这种刻度标度，水银约在 600 ℉ 时沸腾。之后，其他科学家作了一些修改，

续表

序号	物理学家	传记
3	华伦海特	规定水的沸点温度为 180 ℉，并据此将人体的正常体温修正成了 98.6℉，而不是原来的 96 ℉。这就是沿用至今的华氏温标。 与摄氏温标相比，华氏温标的 1 ℉ 要比摄氏温标的 1 ℃小，当都精确到整数时，华氏温标比摄氏温标准确。另外，华氏温标的温度 0 ℉ 比摄氏温标的温度 0 ℃要低，在表达常用温度时，通常可以避免使用负数，因此华氏温标曾经普遍使用于日常生活中。 此外，华伦海特还发明了净化水银的方法，推动了水银温度计的广泛使用。他还发现了水的沸点随大气压变化的规律，根据这一规律，他研制出一种利用沸点测量海拔高度的仪器。
4	摄尔修斯	摄尔修斯（1701—1744），瑞典天文学家，建立了摄氏温标。 摄尔修斯于 1701 年生于瑞典，他父亲是乌普萨拉大学的天文学教授，摄尔修斯也在这所大学学习了天文学，29 岁时成为该大学的天文学教授。1732 年摄尔修斯到欧洲旅行，期间他参观了柏林等地的天文台，并和那里的天文学家建立起良好的学术关系。1733 年摄尔修斯与其他学者合作，对从 1716 年到 1732 年的三百多次极光观测进行分析研究，并发表了研究成果。1736 年摄尔修斯跟随一支法国远征队到瑞典北部对子午线的弧长进行了测量，所得的数据为解决当时关于地球形状的争论提供了直接的资料。1741 年他回到乌普萨拉，在乌普萨拉大学的资助下创办了一所天文台。1742 年在一篇给瑞典皇家科学院的论文中，他提出了摄氏温标。 16 世纪末出现了最早的温度计，初期对温度计的温度标度带有随意性。有人把地下室的温度设为固定点，也有人把水的凝固点温度设为固定点。到 18 世纪 30 年代，先后出现了 30 多种温标，难以互相参照，造成很多混乱。 随着温度计的进一步应用，许多科学家都认识到水在凝固和沸腾时的温度是稳定的。1742 年摄尔修斯用瑞典语发表题为《温度计两确定刻度的观测》一文，报告了他的实验结果：对水的凝固点与纬度和大气压无关、沸点与大气压有关，同时给出了水的沸点与大气压的关系曲线。他的这些结果跟现代数据非常吻合。摄尔修斯提出，可选择水的凝固点和沸点作为温度计的两个固定点，沸点为 0 ℃，凝固点为 100 ℃，把中间刻度均匀划分为 100 份，创立了摄氏温标。 摄尔修斯在研究工作中，始终坚持以实验为依据，为了获得准确的结果，他做了大量重复的实验，最终得出水的凝固点和沸点在气压不变的情况下保持不变的结论。他还研究过不同地区的水由于杂质不同对水的凝固点和沸点的影响。后来摄尔修斯的同事把摄尔修斯提出的两个固定点的标值颠倒，即定义水的沸点为 100 ℃，熔点为 0 ℃，但仍称摄氏温标。 摄氏温标的建立使计温学日趋完善，促进了热学实验研究的进展，此后虽然又陆续发现了一些新的测温手段，但经验温标已经定型了。 1744 年，摄尔修斯因患肺结核病逝于乌普萨拉。

续表

序号	物理学家	传记
5	布莱克	布莱克（1728—1799），英国著名化学家、物理学家、教育家，发现了热容、潜热。 布莱克于1728年生于法国的一个商人家庭，父母是英国人。他18岁进入格拉斯哥大学攻读医学，24岁进入爱丁堡大学深造。1755年布莱克在对弱碱性和苛性碱的研究中发现二氧化碳气体，证明空气并非此前人们认为的单一成分的气体。同年他入选为英国皇家学会成员。1756年布莱克成为格拉斯哥大学的医学教授和化学讲师。 18世纪初，由于蒸汽机的出现及其在工业上的广泛应用，促使人们对热现象深入研究。在初步建立起来的计温学的基础上，布莱克首先进行了量热方面的实验。通过实验布莱克推导出每种物质的温度升高1 °F各自吸收的热量是不同的，这就是现在的热容的概念。他还把热容的单位定义为1 lb（磅）的水温度升高1 °F时所需要的热量。在这个基础上后来热学中引进了热量的单位“卡”，即1 g的水温度升高1 ℃所需要的热量。“卡”这个单位一直沿用到现在。 布莱克也是最早建立“潜热”学说的科学家。他发现冰的熔化、乙醚的蒸发等都需要吸收一定的热量和经过一定的时间，但它们吸收了热量后温度并不改变。经过实验研究，大约在1760年，布莱克确认物质在由固态变为液态或由液态变为气态的过程中，尽管温度保持不变，但都要吸收一定量的热，反之则放出等量的热。因为这些热是躲藏或潜伏在冰所溶成的水里或水所化成的蒸气里，所以他把这种热称为“潜热”。 布莱克的热容和潜热理论对瓦特改造蒸汽机起了很大作用，更重要的是为热力学的产生和发展奠定了基础。
6	瓦特	瓦特（1736—1819），英国发明家，第一次工业革命的重要人物，发明了新型实用的蒸汽机。 瓦特于1736年出生在英国苏格兰一个小镇的工匠家庭，由于家境贫苦和体弱多病，没有受过完整的正规教育。1756年20岁的瓦特当上了英国格拉斯哥大学的教学仪器修理工，从而有机会接触到当时通用的纽克曼蒸汽机。 世界上第一个用蒸汽做动力的装置是由古希腊数学家、亚历山大港的希罗（Hero of Alexandria）于1世纪发明的“汽转球”（Aeolipile），这是一个可以绕中心轴转动的球形容器，中部有两个细管使容器内外相连，且两管的出口方向相反，当往容器内装一部分水并架在火上加热到水沸腾时，蒸汽从细管中喷出，由于两个管口的方向朝向两边，球就会转动起来。这个发明的作用更像是一种玩具，在很长一段时间人们并没有想到它的实用功能。到17世纪末，法国物理学家帕潘曾用一个圆筒和活塞制造出第一台简单的蒸汽机。但是帕潘的发明没有实际运用到工业生产上。后来英国人塞维利发明了蒸汽抽水机，主要用于矿井抽水。苏格兰铁匠纽克曼经过长期研究，综合帕潘和塞维利发明的优点，创造了世界上第一台真正意义上的蒸汽机。

续表

序号	物理学家	传记
6	瓦特	当时纽克曼蒸汽机的效率极低，因为它的加温和冷却是在同一汽缸中交替进行的，大量的热量都浪费了。瓦特经过反复研究和实验，并且在他的朋友、格拉斯哥大学教授布莱克的潜热理论启发下，在1769年发明了分离式冷凝器，显著提高了蒸汽机的热效率，并且获得了他的第一项专利。1781年瓦特发明了带有齿轮和拉杆的机械联动装置，将活塞往返的直线运动转变为齿轮旋转的圆周运动，从而可以把动力传给任何工作装置，用来带动车床、锯、粉碎机、车轮和轮船等，使蒸汽机真正成为通用的原动机。接下来瓦特又分别发明并获得了双作用蒸汽机（1782年）、调速器（1784年）以及蒸汽气压表（1790年）的专利，极大地改进了蒸汽机的性能。 瓦特擅长技术发明，但不善于经济营销，幸运的是他碰上了一个好的合作者布尔顿，他们合股成立了瓦特－布尔顿公司。布尔顿的商业智慧使他们的蒸汽机卖得不错。 1785年瓦特当选为英国皇家学会院士，1814年成为法国科学院8名外籍会员之一。 蒸汽机是人类有史以来最重要的发明之一，它结束了人对动物和自身体力的依赖性，给英国的经济带来了巨大的变化。蒸汽机的广泛使用也成为第一次工业革命的标志。为了纪念瓦特的贡献，物理学中功率的国际单位即命名为瓦特。
7	查理	查理（1746—1823），法国教学家、物理学家，他提出了理想气体在体积不变时的压强与温度成正比的查理定律。 查理于1746年出生在法国，早年在财政部当职员，后来转向研究科学，尤其是气体性质的研究。1782年法国的蒙戈尔费兄弟首次用热空气充气球升上了高空，查理也开始制作热气球升空的探索。1783年他想到用更轻的氢气代替热空气充入气球，并亲自乘坐这样的氢气球，上升到大约2英里高的高度，比之前的实验都要高。这次实验在巴黎引起很大的轰动。1795年查理被选为法国科学院院士，并被聘为法国工艺学院的物理教授。查理擅长制作精巧的仪器，他发明和改进过的实验装置有定日镜、气体和液体比重计、反射测角器等。 查理发现了气体膨胀的定律，但没有把它发表。法国物理学家盖吕萨克在1802年发表他自己发现气体膨胀定律的论文中提到了查理的工作，后来人们把一定质量的气体压强不变时“体积与温度成正比”这一性质的发现归功于查理。
8	布朗	布朗（1773—1858），英国植物学家，他在实验上首次发现了粒子的无规则运动，称为布朗运动。 布朗于1773年出生在苏格兰的蒙特罗斯，他的父亲是一位牧师。布朗少年时曾在阿伯丁和爱丁堡受过良好的教育，1795年获爱丁堡大学医学博士学位。1801年班克斯推荐布朗作为一名博物学家参加了由富林德率领的去澳

续表

序号	物理学家	传记
8	布朗	大利亚的探险队，在那里采集到近 4 000 种植物，其中大部分是当时不为植物学界所知的新物种。这次考察的成果为布朗后来的工作打下了坚实的基础。1827 年他被推选为林奈学会新组建的植物部主任，1849 年又被推选为林奈学会的主席。 1827 年布朗在用显微镜研究植物的授粉过程中发现了一种奇特的现象：许多微粒在非常明显地运动。这种运动不仅包含位置的变动，也经常有微粒自身的转动和变形。经过反复观察，布朗认为运动既不是生命体的运动，也不是由液体的流动或蒸发产生的，而是属于微粒本身的。 布朗的论文发表在 1828 年的《爱丁堡科学杂志》上，先引起了一阵轰动，但很快沉寂下去了。因为当时没有人能对这种现象提出令人信服的解释。直到 1905 年，才由爱因斯坦根据分子热运动学说建立了布朗运动理论，对这一现象给出了明确的解释。爱因斯坦还在论文中指出了一种应用布朗运动数据推算阿伏伽德罗常量的方法。1906 年波兰物理学家斯莫卢霍夫斯基提出一个硬球碰撞的微观动力学模型，研究了布朗运动，得出了与爱因斯坦一致的结果。1908 年法国物理学家朗之万写出描述单个布朗粒子运动的方程，其中包含有随机力项，是一个随机微分方程。从朗之万方程出发对粒子运动轨迹的平均得到的结果与爱因斯坦的结果吻合。法国物理学家佩兰通过朗之万了解到了爱因斯坦的工作，于 1908 年开始着手实验验证该理论。他采用了多种实验方法，测量得到了阿伏伽德罗常量的数值，与现代公认的数值十分接近。佩兰因为这项工作获得了 1926 年诺贝尔物理学奖。 布朗运动是分子物理学中的一个著名现象，它是分子无规则乱运动的最明确、最有力的一个证据。布朗运动的发现与理论研究对确立原子、分子的学说起了决定性作用，它还对扩散问题的研究以及涨落理论的研究有重要的意义。
9	阿伏伽德罗	阿伏伽德罗（1776—1856），意大利物理学家、化学家，提出了阿伏伽德罗定律。 阿伏伽德罗于 1776 年出生在意大利都灵，1792 年进入都灵大学学习法学，1796 年获法学博士学位。他 24 岁时开始研究数学和物理学，1809 年被聘为维切利皇家学院的物理学教授，1804 年被都灵科学院推选为通讯院士，1819 年当选院士。他还担任过意大利度量衡学会会长。 阿伏伽德罗是创立分子学说的伟大科学家，其主要贡献是于 1811 年提出一种关于分子的假说："同体积的气体在相同的温度和压力时，含有相同数目的分子。"这个假说被后人称为阿伏伽德罗定律，这一定律是在盖吕萨克化合体积定律基础上发展而来的，化合体积定律指出参加化学反应的气体体积满足简单的比例关系，阿伏伽德罗敏锐地注意到了问题的关键，用分子假说阐明盖吕萨克提出的气体化合体积定律的实质原因。这个定律对原子－分子学说的形成和相对原子质量的准确测定，都起过重要的历史作用。原子－分子论是近代化学的理论基础。阿伏伽德罗定律阐明了气体的分子数目与气体的种

续表

序号	物理学家	传记
9	阿伏伽德罗	类无关，可以用一常量表征这一数目。2018 年 11 月 16 日，国际计量大会将含有 $6.022\ 140\ 76\times10^{23}$ 个数目的微观粒子（原子、分子等）定义为 1 mol（摩尔）。为了纪念阿伏伽德罗的贡献，人们将这一常量命名为阿伏伽德罗常量。
10	盖吕萨克	盖吕萨克（1778—1850），法国化学家、物理学家，发现了理想气体在压强不变时的体积与温度成正比的盖吕萨克定律。 盖吕萨克于 1778 年生于法国圣莱昂纳德，早年在艾克尔工业大学的化学家贝尔托莱指导下学习，毕业后当了贝尔托莱的研究助手，1802 年到巴黎综合工科学校当演示员，1808 年任巴黎大学物理教授，后来又兼任理工学院化学教授，1832 年改任植物园化学教授，1806 年当选为法国科学院院士。 1802 年盖吕萨克发表论文《关于气体与蒸气膨胀的研究》，证明了各种不同的气体随温度升高都以相同的数量膨胀，现称盖吕萨克定律。论文中他还给出了测得的膨胀系数是 1/266.66，与现代值符合得很好。盖吕萨克定律是一个极为重要的发现。后来阿伏伽德罗由此发展了阿伏伽德罗假说，即相同温度下不同气体含有相同粒子数。 1804 年盖吕萨克和毕奥受到查理乘氢气球升空实验的鼓舞，决定也进行升空实验，以研究高空的空气性质及电学磁学现象。起初他们打算制作一个氢气球，但是在当时难度很大，后来他们设法借到了拿破仑征埃及时制作的一个气球，他们带上了仪器和动物，到达约 4 000 m 的高度。第二次盖吕萨克又独自上升到约 7 000 m 的高度。两次实验发现高空的空气成分与地面没有什么差异，磁现象也差不多相同。由于这项工作后人把他看成气象学的创始者之一。1809 年盖吕萨克发表了他和洪堡合作的关于定比定律的工作，这以后他更多地转向了化学研究。
11	卡诺	卡诺（1796—1832），法国青年工程师，提出了卡诺定理，事实上建立了热力学第二定律。 1796 年卡诺生于法国的一个贵族家庭，父亲是法国有名的将军，在数学、物理方面也有很高的造诣。卡诺自幼受父亲熏陶，喜爱自然科学。他 16 岁考入法国著名的巴黎综合工科学校，18 岁毕业后到梅斯兵工学校深造，学习军事工程，后到军队服役。离开军队后卡诺到巴黎继续攻读物理学、数学和政治经济学，这使他的理论基础更加雄厚。当时，在法国蒸汽机已得到普遍使用，但效率低下。卡诺决心研究蒸汽机，以便改进。他不像其他人着眼于机械细节的改良，而是从理论上对理想热机的工作原理进行研究，这就具有了更大的普遍性。卡诺于 1824 年出版了《关于火的动力和发动这种动力的机器》，指出“最好的热机工作物质是在一定的温度变化范围内膨胀程度最大的工质”，即指出气体作为工作物质的优势，预示了今天普遍使用的内燃机发展。他还预见到可以通过压缩使内燃机点火。书中虽然应用了错误的“热质说”，但他给出的理想热机的循环模式和工作原理是正确的。现在为了纪念他的卓越贡献，分别称为“卡诺循环”和“卡诺原理”。

续表

序号	物理学家	传记
11	卡诺	卡诺被公认为是热力学的创始人之一，是第一个把热和动力联系在一起的人。他创造性地提出的最简单、但有重要理论价值的卡诺循环，指明了热机效率提高的正确途径，揭示了热力学过程的不可逆性，被后人认为是热力学第二定律的先驱。他在 1824 年出版的《关于火的动力和发动这种动力的机器》也成为热力学发展史上一座重要的里程碑。卡诺的工作经克拉珀龙的介绍，和开尔文、克劳修斯等人的发展，最终促成了热力学第二定律的建立。 1832 年卡诺不幸患时疫去世，年仅 36 岁，为了防止疫病传染，他的物品连同书籍、手稿都被烧掉了。
12	克拉珀龙	克拉珀龙（1799—1864），法国工程师和物理学家，他提出两相平衡曲线斜率与相变潜热的关系，即克拉珀龙方程。 1799 年克拉珀龙生于巴黎，1818 年毕业于巴黎综合工科学校，之后又曾经到矿业学校学习，1820 年克拉珀龙受聘到俄国圣彼得堡任教，1830 年回国后到铁路部门担任工程师，参与设计了法国第一条铁路线和法国第一座铁路桥，在这些工作中，他创立了计算支撑力矩的方法。 1834 年克拉珀龙发表论文重新提出并解析了卡诺的热力学理论，同年推导出著名的“克拉珀龙方程”，1844 年任铁道桥梁学校教授，1848 年当选为法国科学院院士。 克拉珀龙致力于热力学的研究，他与卡诺共同奠定了热力学的理论基础，为热力学的发展作出了奠基性的贡献。 19 世纪前半叶，法国很多理论科学家和实用工程师致力于研究如何提高蒸汽机的效率。卡诺于 1824 年出版了《关于火的动力和发动这种动力的机器》，系统地探讨了热机工作的本质，但是在当时未能引起重视。克拉珀龙研究了卡诺的著作，认识到卡诺理论的正确性与重要性。1834 年克拉珀龙在巴黎发表了题为《关于热的动力》的论文，把卡诺的理论用数学形式重新提出，并引入了以体积为横坐标、压强为纵坐标的 p-V 图，用图解法表示了卡诺提出的理想热机循环过程，他还指出，p-V 图的曲线所围的面积为一个循环变化所做的功，由热机所做的功和这一循环所吸收的热量之比，即可确定热机的效率。克拉珀龙的这套数学方法很快被广泛采用，至今仍出现在热学教科书中。 克拉珀龙还利用卡诺定理研究了气 - 液两相平衡问题。他通过对一个无穷小可逆卡诺循环的分析，研究得出了两相平衡曲线斜率与相变潜热的关系，即热力学上著名克拉珀龙方程。后来他又和克劳修斯分别运用热力学导出了关于饱和蒸气压的克拉珀龙 - 克劳修斯方程。 由于克拉珀龙的发展，卡诺对热力学的研究工作所具有的意义才逐渐为人们所理解。克拉珀龙不但继承了卡诺的研究方向，而且把卡诺有关热机的理论推向了进一步的发展，他在热力学研究中采用的新方法、提出的新理论在热力学发展史上占有重要的地位。

续表

序号	物理学家	传记
13	迈耶	迈耶（1814—1878），德国物理学家，首先发现并表述了能量守恒定律。 1814 年迈耶出生于德国海尔布隆市，他的父亲是一位药剂师，因此他也接受了医学训练，于 1838 年获得医学博士学位。1840 年到 1841 年迈耶作为外科医生随一艘荷兰商船远航东印度，他发现在热带地区病人静脉中的血液不寻常地呈鲜红色，他通过思考认为食物中的化学能可以转化为热能，进一步想到能量可以在各种形式间互相转化，这促使他由医学转向物理问题的研究。 1841 年航行结束后迈耶把自己的研究结果写成论文《论力的量和质的测定》（这里的力实际上代表能量），提交给德国权威刊物《物理学和化学年刊》，但是被拒绝了，因为他的论文缺少精确的实验数据，所使用的术语也大多不是当时主流学术界熟知的词汇。迈耶认真修改了论文，再次以《论无机界的力》为题投稿给化学家李比希主办的《化学和药学年刊》。李比希一向主张各种自然力之间是相互联系的，因而很快同意发表迈耶的论文。1842 年 5 月迈耶的论文发表，标志着能量守恒定律的首次提出。 接下来迈耶又指出确立不同形式能量之间数值上当量关系的必要性，并对热与机械功的当量进行了初步的实验和计算。他根据定压过程中吸收的热量大于等容过程的事实，计算出热功当量的数值，即现代热学中一般称为“迈耶公式”的结果。 迈耶还进一步把能量守恒与转化的思想推广到电能、化学能及有机体的能量等形式中，进行了大量开拓性的工作。他的目标是建立一个普遍的能量守恒理论。然而，由于迈耶不属于任何主流的学术团体，他的工作常常遭受冷遇甚至诋毁。他的论文往往被拒绝发表，只好印成小册子自费出版。在他和英国的焦耳发生能量守恒定律优先权的争论时，英国的杂志只刊登批评迈耶的文章，却不刊登迈耶针对批评的答辩。屡遭挫折和不幸使迈耶一度试图自杀，甚至被关进精神病院里。直到 1854 年，亥姆霍兹才在一次公开演讲中提到迈耶是能量守恒定律的奠基人之一，并且介绍了迈耶在 1842 年的论文。英国物理学家丁铎尔也热心地强调了迈耶的先驱性工作。尽管晚年的迈耶得到英国、德国等学术界的接纳，获得了许多荣誉，但他始终难以融入当时的主流学术团体，甚至在 1858 年被错误地宣告“病逝于精神病院”。 1878 年 64 岁的迈耶在海尔布隆逝世，人们为他树立了一个纪念碑。
14	焦耳	焦耳（1818—1889），英国物理学家，他通过精密实验测定了热功当量数值，为建立热力学第一定律奠定了基础。 1818 年焦耳生于苏格兰北部的曼彻斯特，他的父亲是一个富有的啤酒酿酒师。焦耳没有受过正规的学校教育，一直在自家的啤酒厂劳作。他年轻时就从事电磁学的研究，发现电流可以做机械功，也能产生热和磁的效应，证明了电解作用时吸收的热等于化合物的成分在最初结合时所放出的热。他研究了电的、机械的和化学的作用之间的联系，并促成了热功当量的伟大发现。焦耳于 1843 年在英国学术会议上宣读的一篇论文中给出了热功当量值。1847 年

续表

序号	物理学家	传记
14	焦耳	4月焦耳在一次通俗演讲中首次阐述了能量守恒的观点。同年6月他被允许在牛津的会议上做一个关于能量守恒观点的简要报告，受到威廉·汤姆孙的重视，结果引起了很大的轰动。1849年焦耳向英国皇家学会提交了《论热的机械当量》论文，报告了他关于热功当量的最新测定成果，焦耳的数据与现代公认值仅相差千分之七。1850年焦耳当选为英国皇家学会会员。 1852年焦耳和威廉·汤姆孙合作进行了气体节流膨胀实验。这一工作不仅对热力学理论的发展起了重要作用，而且引导了新的制冷技术。 焦耳在从1841年算起的近40年时间里，不断地进行热功当量的实验，所得结果相当精确，是十分令人惊叹和钦佩的。
15	洛施密特	洛施密特（1821—1895），奥地利物理学家、化学家，他通过计算给出了标准状态下1 cm^3 理想气体所含的粒子数，称“洛施密特常量”。 洛施密特1821年出生于奥地利一个贫穷的农民家庭，中学毕业后进入布拉格大学学习哲学和自然科学，并对化学发生兴趣。1842年他移居维也纳，在阿顿·冯斯洛特的实验室工作。这期间他和同事合作发明了一种从钠盐中制作硝酸钾的方法，并取得了政府的长期供货合同。1849年奥地利和匈牙利发生战争，原料价格飞涨，他们的工厂只好关门了。此后他到施第里尔等地尝试了造纸厂、化工厂的工作，但都难以维系。1856年洛施密特回到维也纳，通过考试获得了一个中学教师职位。他一边教学一边利用业余时间从事化学研究。1861年他自费出版了自己的研究成果《化学研究Ⅰ》。 这本书几乎没有销量，洛施密特把书赠送给任何一个看起来稍感兴趣的人。由于这本书和他的学术才能，洛施密特与当时担任维也纳大学物理系主任的斯特藩成为好友。 洛施密特于1865年在维也纳科学院公布研究论文《空气分子的大小》，根据实验和基于分子动理论的计算，第一次给出了分子大小的确切数据，并由此计算出标准状态（1954年第十届国际计量大会给出明确的定义：温度273.15 K，压力101.325 kPa）下1 cm^3 理想气体所含的粒子数，现称“洛施密特常量”。 洛施密特于1866年获得维也纳大学的无薪讲师资格，1867年被选为维也纳科学院的通讯作者，1870年成为正式会员，1872年成为维也纳大学全职教授，1891年退休，1895年病逝于维也纳。1896年维也纳大学为他设立了纪念碑揭幕仪式，由玻耳兹曼致辞。
16	亥姆霍兹	亥姆霍兹（1821—1894），德国物理学家、生理学家，他最早提出能量守恒定律的明确数学形式，是能量守恒定律的创立者之一，在电磁学、热力学等领域均有建树。 1821年亥姆赫兹出生于德国的波茨坦，中学毕业后进入柏林的皇家医学院，1842取得医学博士学位，之后担任了波茨坦驻军军医。在这段时间里，他完成了一系列生理学实验研究以及能量守恒定律的实验与理论研究工作。

续表

序号	物理学家	传记
16	亥姆霍兹	1848 年亥姆霍兹担任柯尼斯堡大学生理学副教授，1850 年他成功地测量出神经脉冲的传播速率大约是 10 倍声速。1855 年到波恩大学任解剖学和生理学教授，1858 年任海德堡大学生理学教授。之后亥姆霍兹的研究方向转向物理学，1871 年任柏林大学物理学教授。1888 年起亥姆霍兹担任新成立的夏洛滕堡国家物理技术研究所首任所长。 亥姆霍兹对物理学的贡献是多方面的。他是能量守恒定律的创立者之一，并在电磁学、热力学等领域均有所建树。 能量守恒定律方面：1847 年亥姆霍兹在德国物理学会发表了题为《论力的守恒》的讲演，第一次以数学的方式提出能量守恒定律。他总结了当时发现的热电效应、电磁效应以及他本人所做的有关肌肉活动中新陈代谢方面的论文和动物热的研究成果，讨论了已知的力学的、热学的、电学的、化学的各种科学成果，严谨地论证了各种运动中能量守恒定律。这次讲演内容后来写成专著《力之守恒》出版，被视为能量守恒定律的普适性的第一次充分、明确的阐述。 电磁学方面：麦克斯韦建立电磁理论之后，亥姆霍兹给出电磁波在远离场源传播时的方程，即以他的名字命名的亥姆霍兹方程。他测出电磁感应的传播速度为 314 000 km/s，还在法拉第电解定律基础上推测电可能是一种微小粒子产生的现象。由于他的专业的介绍，麦克斯韦的电磁理论才真正引起欧洲大陆物理学家的注意，并且导致他的学生赫兹于 1887 年用实验证实了电磁波的存在。 热力学方面：1882 年亥姆霍兹发表了论文《化学过程的热力学》，明确区分了化学反应中的束缚能和自由能，指出前者只能转化为热，后者却可以转化为其他形式的能量。他从克劳修斯的方程导出了著名的吉布斯 - 亥姆霍兹方程。他还研究了流体力学中的涡流现象、海浪的形成机理以及一些气象问题。 亥姆霍兹不仅是一位著名的物理学家，还是一位杰出的、具有高尚人品的教师，他影响和造就了一大批物理学领域的天才，他们当中有电磁波的发现者赫兹、量子论的创立者普朗克、1907 年诺贝尔物理学奖得主迈克耳孙、1911 年诺贝尔物理学奖得主维恩等。
17	克劳修斯	克劳修斯（1822—1888），德国物理学家，提出了热力学第二定律的克劳修斯表述和熵的概念。 1822 年克劳修斯生于普鲁士，中学毕业后先考入哈雷大学，后转入柏林大学学习，1850 年受聘成为柏林大学副教授并兼任柏林帝国炮兵工程学校的讲师，1855 年被聘为苏黎世大学教授，之后克劳修斯还担任了维尔茨堡大学教授、波恩大学教授、法国科学院院士、英国皇家学会会长。 1850 年克劳修斯发表著名论文《论热的动力以及由此推出的热力学诸定律》，提出热力学第二定律的克劳修斯表述，即热量不可能自动地从较冷的物体传递给较热的物体。同时，他还推出了气体的温度、压强、体积和摩尔气

续表

序号	物理学家	传记
17	克劳修斯	体常量之间的关系，以修正范德瓦耳斯方程。 在分别发表于1854年和1865年的两篇论文《力学的热理论的第二定律的另一形式》《力学的热理论的主要方程之便于应用的形式》中，克劳修斯提出熵的概念，并明确证明：一个孤立系统的熵永不减少，即熵增加原理。在1865年的论文中他还建立了热力学第二定律的基本微分方程。 克劳修斯和麦克斯韦、玻耳兹曼是气体分子动理论的奠基者。克劳修斯的工作直接影响和推动了后两人的工作。1857年克劳修斯发表《论我们称之为热的那种运动》一文，首先阐明了分子动理论的基本思想和方法，然后推导了压强公式，证明了玻意耳定律和盖吕萨克定律，讨论了气体比热容遵从的规律，计算了气体分子的方均根速率，另外还涉及液态和固态，分析液体蒸发和沸腾的过程。这篇内容丰富的论文为分子动理论奠定了理论基础，为阿伏伽德罗定律提供了第一个物理论据。在克劳修斯工作的直接影响下，麦克斯韦计算出了分子速率分布律、平均速率和方均根速率。 此外，克劳修斯也研究电解质和固体电介质的性质，著有《机械热理论》《势函数和势》等。 克劳修斯晚年不恰当地把热力学第二定律应用到整个宇宙，认为整个宇宙的温度最后必将达到均衡而不再有热量的传递，即“热寂说”。
18	开尔文	开尔文勋爵，原名威廉·汤姆孙（1824—1907），开尔文是他获封的勋爵名，他是英国物理学家，创立了热力学温标，提出了热力学第二定律的开尔文表述。 1824年威廉·汤姆孙生于爱尔兰，父亲是英国格拉斯哥大学的数学教授。汤姆孙10岁即进入该大学预科学习，15岁获得学校的物理奖，16岁又获得天文学奖。汤姆孙1841年转入剑桥大学，1845年毕业后回到格拉斯哥大学任讲师，1846年通过竞选获得教授职位。这期间他对刚兴起的电磁学进行研究，做了一些开拓性的工作，还在格拉斯哥大学创建了英国第一所物理实验室。 1847年在英国科学协会牛津会议上汤姆孙遇到物理学家焦耳，开始把注意力转入热力学研究。1848年汤姆孙根据卡诺的热循环理论创立了热力学温标的概念，即把 −273.15 ℃作为绝对零度的温标。他还同焦耳合作，发现了著名的焦耳 - 汤姆孙效应。这个效应为近代低温工程提供了基础。1851年汤姆孙发表论文提出了热力学第二定律的开尔文表述。 1856年汤姆孙参加了举世瞩目的第一条大西洋海底电缆建设，历经十年，四次沉放才成功。期间汤姆孙解决了信号延迟问题、改进了铜导线的质量、发明了镜式电流计、虹吸式记录仪等，因此获得了很高的声誉。1892年他被授予开尔文勋爵的封号。
19	麦克斯韦	参见“附表3.2　电磁现象领域物理学家传记”中的麦克斯韦。

续表

序号	物理学家	传记
20	范德瓦耳斯	范德瓦耳斯（1837—1923），荷兰物理学家，因推导出气体和液体的物态方程获1910年诺贝尔物理学奖。 范德瓦耳斯1837年生于荷兰的莱顿，1862年进入莱顿大学学习，1865年获得数学和物理教师证书，1866年到海牙一所中学任教，1873年获得博士学位，1876年任阿姆斯特丹大学物理学教授直到退休。 19世纪末，人们从实验中发现大多数实际气体的行为与理想气体不符。1852年焦耳和汤姆孙合作做了多孔塞实验，发现实际气体在膨胀过程中内能会发生变化，证明分子之间有作用力存在。1863年安德鲁斯（Andrews）实际测量了二氧化碳从气态到液态变化的等温线，显示二氧化碳气体存在一个临界温度，高于这个温度无论如何也无法使气体液化。 1873年范德瓦耳斯在博士论文《论气态和液态的连续性》中，把分子动理论的原理运用于气液两态，考虑了分子体积和分子间作用力的影响，建立起气体和液体共同满足的压强、体积和温度之间的关系，即著名的范德瓦耳斯方程，解释了安德鲁斯的实验结果，对当时认为不能液化的“永久气体”的液化起到了指导作用。 1880年范德瓦耳斯发现“对应态定律”，得出适应于所有物质的物态方程的普遍形式。在这个定律指导下，杜瓦在1898年实现了氢气的液化，卡末林－昂内斯在1908年制成了液态氦。 1910年范德瓦耳斯因对气体和液体物态方程所做的工作而获得诺贝尔物理学奖。
21	吉布斯	吉布斯（1839—1903），美国著名理论物理学家、物理化学家，出版了《统计力学的基本原理》，建立了统计物理学的普遍统计方法。 吉布斯1839年生于美国康涅狄格州，1858年毕业于耶鲁大学，1863年取得美国首批博士学位，留校讲授拉丁文和自然哲学，1866年至1869年去欧洲进修，回国后一直在耶鲁大学任教。 吉布斯在数学和物理学方面均有广泛的研究。1873年至1878年，他发表了被称为是“吉布斯热力学三部曲”的3篇论文，即《流体热力学的图示法》《借助曲面描述热力学性质的几何方法》《论非均匀物质的平衡》，提出了吉布斯自由能、化学势概念，推导出吉布斯相律。1902年吉布斯发表巨著《统计力学的基本原理》，在麦克斯韦和玻耳兹曼的理论基础上，基于等概率原理的基本假设，创立了统计系综的方法，完成了统计力学方法的建立。 此外，吉布斯在数学、光学、电磁学理论的研究上也有建树，完善了矢量分析的方法，他还研究过四元数。 吉布斯自30岁起在耶鲁大学任教授，授课长达34年，为美国物理学界培养了许多杰出的人才。他学识渊博，谦逊和蔼，深受学生的爱戴和尊敬。他培养学生的方式也很别具一格。吉布斯曾说“大学存在的目的，是让学生学习敲理想的门。”

续表

序号	物理学家	传记
22	玻耳兹曼	玻耳兹曼（1844—1906），奥地利物理学家，提出了统计物理的基本假设，即等概率原理，为建立经典统计物理学作出奠基性贡献。 玻耳兹曼 1844 年生于维也纳，1863 年进入维也纳大学学习物理学，1866 年获得博士学位。他毕业后先是担任导师斯特藩（Stefan）的助手，接下来先后在格拉茨大学、维也纳大学、慕尼黑大学和莱比锡大学任职。1885 年他成为奥地利皇家科学院院士，1888 年被推选为瑞典皇家科学院院士，1899 年被选为英国皇家学会会员。 1868 年玻耳兹曼发表了题为《关于运动质点间动能平衡的研究》的论文，将麦克斯韦提出的分子速率分布律推广到系统受保守力场作用的情形，导出了气体分子在外力作用下达到动态平衡时的速率分布函数，称为麦克斯韦－玻耳兹曼分布。当考虑外力仅有地球引力时，即可得到重力场中大气分子随高度的分布。利用麦克斯韦－玻耳兹曼分布能很好地说明大气密度和压强随高度的变化。在这篇文章中，玻耳兹曼还证明了分子能量中每一个平方项的平均值都大致相等，为 $kT/2$，这就是能量均分定理，它揭示了温度概念的微观本质。 玻耳兹曼进一步考虑非平衡态向平衡态演化问题。在 1872 年发表的题为《气体分子热平衡问题的进一步研究》的论文中，导出了分子分布函数随时间演化所遵循的方程，即著名的玻耳兹曼积分微分方程。利用这个方程，只要令分子随时间变化的分布函数的一阶导数等于零，就可得到麦克斯韦分布律。也就是说，平衡态分布函数是玻耳兹曼积分微分方程的一个稳定的解。 在这篇论文中玻耳兹曼还引进了由分子分布函数定义的一个函数 H，进一步证明得出分子相互碰撞下 H 随时间单调地减小，在平衡态取得最小值，这就是著名的 H 定理。H 定理与克劳修斯提出的熵增加原理相当，都表明了热力学过程由非平衡态向平衡态转化的不可逆性。 H 定理所提出的自然过程的不可逆性很难被当时科学家们所接受，即使是开尔文、洛施密特这些曾在热力学领域作出杰出贡献的物理学家也对玻耳兹曼提出了尖锐的批评。1876 年洛施密特指出，一个孤立系统从任意初始状态出发，即使达到了平衡态，也无法长时间保持在这样的状态，因为如果使所有的分子速度变为原来速度的负值，则整个过程就将反向进行，平衡被破坏，结果又回到初始状态。洛施密特提出的问题的实质在于，认为每个分子的运动都应该服从牛顿运动定律，而牛顿运动定律是时间反演对称的，每个分子的运动以及分子间的碰撞是完全可逆的，这显示出微观运动的可逆性与宏观热力学过程的不可逆性是矛盾的，因为按照玻耳兹曼的工作，宏观热运动规律是从每个分子的牛顿运动定律出发得到的，这就是所谓“可逆性佯谬”。 1877 年玻耳兹曼发表论文《一般力学理论和第二定律的关系》，对可逆性佯谬作出了回答。他认为，在真实世界中宏观过程的不可逆性并非起因于运动方程和分子间相互作用力所遵循的定律的形式，而是在于初始条件。对于

续表

序号	物理学家	传记
22	玻耳兹曼	某些具有特殊初始条件的过程，可能会出现 H 增大、熵减小的情形，但是相反使 H 减小、熵增大的初始条件却多得无可比拟。虽然不可能证明无论在什么样的初始条件下，系统都会从非均匀分布达到均匀分布，但是在大量初始条件下，系统经过长时间后总会趋于均匀分布。由于均匀分布相应的分子微观状态数远比非均匀分布多，所以导致均匀分布的初始条件的数目也多得多。 玻耳兹曼在《一般力学理论和第二定律的关系》文章中还提出了统计物理中的基本假设：每一种分子微观状态，不管相应于均匀的还是非均匀的宏观分布，都具有相同的概率。因此问题的关键在于各种可能的宏观状态所相应的微观状态数。他给出了把熵 S 和微观态数目 W（即热力学概率）相联系的定量公式。这个公式的现代形式是 1900 年普朗克引进称为玻耳兹曼常量的比例系数 k，写出的玻耳兹曼－普朗克公式：$S = k\ln W$。这样玻耳兹曼表明了函数 H 和 S 都是同热力学概率 W 相联系的，揭示了宏观态与微观态之间的联系，指出了热力学第二定律的统计本质：H 定理或熵增加原理所表示的孤立系统中热力学过程的方向性，正相应于系统从热力学概率小的状态向热力学概率大的状态过渡，平衡态热力学概率最大，对应于 S 取极大值或 H 取极小值的状态；熵自发地减小或 H 函数自发增加的过程不是绝对不可能的，不过概率非常小而已。 玻耳兹曼把热力学理论和麦克斯韦电磁场理论相结合，对当时物理学界著名的黑体辐射问题进行了研究。1870 年玻耳兹曼的老师斯特藩在研究黑体辐射实验时提出，一定温度下，黑体表面单位时间、单位面积辐射出的总能量与黑体热力学温度 T 的 4 次方成正比。1884 年玻耳兹曼从理论上严格证明了一个相当于黑体的空腔的辐射密度 u 与热力学温度 T 的关系，后来称为斯特藩－玻耳兹曼定律。这个定律对后来普朗克的黑体辐射理论有很大的启示。麦克斯韦创立电磁场理论之后，并没有很快得到认同。玻耳兹曼最早认识到麦克斯韦电磁场理论的重要性。他通过实验研究，测定了许多物质的折射率，用实验证实了麦克斯韦关于物质折射率的计算结果：折射率等于其相对电容率和磁导率乘积的算术平方根。玻耳兹曼还依据实验数据说明了在各向异性介质中不同方向的光速是不同的。 玻耳兹曼的工作使气体动理论趋向成熟和完善，同时也为统计力学的建立奠定了坚实的基础，从而导致了热现象理论的长足发展。美国著名理论物理学家吉布斯正是在玻耳兹曼和麦克斯韦工作的基础上建立起统计力学大厦。玻耳兹曼开创了非平衡态统计理论的研究，玻耳兹曼积分微分方程对非平衡态统计物理起着奠基性的作用，无论从基础理论或实际应用上，都显示出相当重要的作用。 玻耳兹曼是原子论的坚决支持者，他的研究结果受到当时在学术界享有威望的马赫、奥斯特瓦尔德等为代表的持唯能论观点学者的长期批评。由于长期缺少理解和支持，玻耳兹曼晚年精神状况欠佳，情绪经常起伏不定。1906

续表

序号	物理学家	传记
22	玻耳兹曼	年9月5日，正在度假的玻耳兹曼自缢身亡，被葬于维也纳中央墓地。后人在他的墓碑上镌刻熵与微观状态数的关系式，以纪念玻耳兹曼为建立统计物理学所作出的杰出贡献。
23	能斯特	能斯特（1864—1941），德国物理化学家，因在热化学领域的卓越贡献获得了1920年诺贝尔化学奖。 能斯特1864年生于布里森，1883年到1887年间先后就读于瑞士苏黎世大学、德国柏林大学、奥地利格拉茨大学和德国维尔茨堡大学，1887年获维尔茨堡大学博士学位，同年在莱比锡大学担任奥斯特瓦尔德教授的助手，1891年任哥廷根大学副教授，1894年升任该校第一任物理化学教授，1905年任柏林大学化学教授，1924年任柏林大学物理化学研究所所长，1932年当选英国皇家学会会员。 能斯特的研究主要在电化学和热力学方面。1889年他提出溶解压假说，从热力学导出了电解电池的电动势与溶液浓度的关系式，这就是电化学中著名的能斯特方程。同年，他还引入溶度积这个重要概念，用来解释沉淀反应。1897年能斯特发明了能斯特灯，这是一种使用白炽陶瓷棒的电灯，是碳丝灯的替代品和白炽灯的前身。他用量子理论的观点研究低温现象，得出了光化学的“原子链式反应”理论。1906年根据对低温现象的研究，能斯特提出了热力学第三定律，也称“能斯特定理”，即系统的熵随热力学温度趋于零而趋于零。由能斯特定理可以推知，不可能通过有限的步骤使一个物体冷却至热力学温度的零度，简称绝对零度不能达到原理。这里所说的绝对零度不能到达是指“通过有限步骤”，并不否认可以无限趋近于绝对零度。 能斯特的导师奥斯特瓦尔德是1909年的诺贝尔化学奖得主。能斯特认为自己的成绩应该归功于导师的精心培养，他自己也毫无保留地把知识传给学生，以严谨的学术作风影响他们。他的学生R. A. 密立根获得1923年诺贝尔物理学奖，密立根的学生C. D. 安德森获得了1936年的诺贝尔物理学奖，安德森的学生D. A. 格拉塞获得了1960年的诺贝尔物理学奖。 由于公开反对希特勒的暴政，能斯特受到纳粹的迫害，于1933年离职。1941年11月18日能斯特在德国逝世，终年77岁。
24	佩兰	佩兰（1870—1942），法国物理学家，因研究物质结构的不连续性，特别是发现沉积平衡获1926年诺贝尔物理学奖。 佩兰1870年出生于法国的里尔，中学毕业后考入巴黎高等师范学校，跟随布里渊学习物理和数学，1897年获得博士学位，同年到巴黎大学任讲师，1910年巴黎大学专门为他设置了物理化学教授的席位。1923年佩兰被选为法国科学院院士，1938年任法国科学院院长。1939年他负责创建了法国国家科学研究中心。1940年由于公开反对纳粹，佩兰被迫离开法国到美国，1942年在美国纽约去世。

续表

序号	物理学家	传记
24	佩兰	1895 年佩兰在《法国科学院报告》上发表论文《阴极射线的新性质》，研究了阴极射线的带电性。他巧妙地在克鲁斯管中装入法拉第圆筒作为验电器，并使用电磁铁改变阴极射线的方向，证实了阴极射线带负电。佩兰的论文为英国物理学家汤姆孙在 1897 年确立阴极射线的性质提供了依据。 1827 年英国植物学家布朗用显微镜观察到水中的花粉或其他微小粒子在不停地作无规则运动。这种运动后来被称为“布朗运动”。布朗和当时的科学家们都无法对这种运动提出解释。直到 1905—1906 年间，才由爱因斯坦和波兰科学家斯莫卢霍夫斯基发表了对布朗运动理论的研究结果。爱因斯坦还在论文中指出了一种应用布朗运动数据推算阿伏伽德罗常量的方法。 佩兰通过朗之万了解到了爱因斯坦的工作，于 1908 年开始着手实验验证该理论。他采用了多种实验方法和实验条件下，测量得到了阿伏伽德罗常量的数值，得出了与爱因斯坦理论相一致的结果。实验结果同时证明了将理想气体定律推广至平衡乳浊液的可行性，即沉降平衡定律。1913 年佩兰总结自己及其他科学工作者研究原子和分子性质的成果，写成了颇具影响力的著作——《原子》。佩兰因为揭示物质的不连续结构，特别是发现沉降平衡定律获得了 1926 年诺贝尔物理学奖。 布朗运动是分子物理学中的一个著名现象，19 世纪末，奥地利物理学家马赫和德国物理化学家奥斯特瓦尔德分别从实证论和“唯能沦”观点出发，对原子分子理论提出了怀疑和批判。布朗运动的发现与理论研究对确立原子分子的学说起了决定性作用。
25	朗之万	朗之万（1872—1946），法国物理学家，研究了分子的布朗运动，提出了朗之万方程，发展了涨落理论。 朗之万 1872 年出生于法国巴黎，1888 年以第一名的成绩考入巴黎高等物理化工学院，在此受到皮埃尔・居里的影响，放弃成为一名工程师，转而投向科学研究。1893 年他又以第一名的成绩考入巴黎高等师范学校，1897 年以第一名的成绩毕业并获得巴黎市奖学金，得到去英国卡文迪什实验室进修一年的机会。1902 年在皮埃尔・居里的指导下他获得巴黎大学博士学位。1904 年朗之万成为法兰西学院的物理学教授。1905 年朗之万提出了抗磁性和顺磁性的经典理论。1908 年朗之万写出了描述单个布朗粒子运动的方程，即朗之万方程，其中包含有随机力项，是一个随机微分方程。从朗之万方程出发对粒子运动轨迹的平均得到的结果与爱因斯坦的结果吻合。1915 年朗之万和俄国工程师契罗维斯基合作发明了用于探测潜艇的主动式声呐。1926 年他成为巴黎高等物理化工学院主任，1934 年当选法国科学院院士。朗之万于 1946 年病逝，终年 74 岁。他的学生包括，诺贝尔奖获得者、“物质波”的提出者德布罗意，还有我国著名科学家、水声学奠基人汪德昭。

续表

序号	物理学家	传记
26	斯莫卢霍夫斯基	斯莫卢霍夫斯基（1872—1917），波兰物理学家，建立了热力学涨落理论。 斯莫卢霍夫斯基1872年生于维也纳，并在维也纳接受教育。他1895年到巴黎学习，用实验证实了基尔霍夫的热辐射定律；1896—1897年到格拉斯哥跟随开尔文研究X射线的电离作用；1897年到柏林，用实验证实了当气体中有温度梯度时，气体和器壁之间必然发生温度的突变，并用气体分子动理论的方法进行了解释；1899年应聘洛夫大学讲师；1913年在克拉科夫的雅盖沃大学任教。 1904年斯莫卢霍夫斯基发表论文《关于气体分子分布的不均匀性对熵和物态方程的影响》，提出热力学涨落学说的基础，并预言涨落会引起宏观可观测的物理效应。1910年斯韦德贝里（Svedberg）直接观察到悬浮小粒子的密度涨落，并测量了涨落的还原时间公式，斯莫卢霍夫斯基随后用涨落理论推导出了与实验一致的公式。 1907—1908年，斯莫卢霍夫斯基提出可通过临界状态中气体的乳光现象证实密度的涨落。丁铎尔曾用介质的不均匀性解释浑浊介质中的乳光现象，但人们发现纯净介质在临界状态也发生乳光现象，这是无法用不均匀性解释的。斯莫卢霍夫斯基指出，纯净介质中的乳光现象源于分子的密度涨落，并创立了相应的理论，根据他的理论可推导出瑞利散射公式，从而解释了天空呈现蓝色的原因。 1905年爱因斯坦首先对布朗运动作出了正确的理论解释。1906年斯莫卢霍夫斯基从机械作用角度建立了布朗运动理论，计算了位移平方的平均值，所得结果与爱因斯坦理论基本一致。1912年他预言可观察到弹性宏观体的布朗运动，1925年由塞曼等人在实验中观察到。
27	爱因斯坦	参见“表6.2 时空结构领域物理学家传记”中的爱因斯坦。
28	福勒	福勒（1889—1944），英国物理学家，狄拉克的老师，提出了热力学第零定律。 福勒1889年生于英国埃塞克斯郡，1908年进入剑桥大学三一学院学习，1915年获得硕士学位。第一次世界大战爆发后加入皇家海军炮兵队，期间研究了高海拔地区风的特性和温度的构成、子弹在刚出枪口的空气动力学问题。1919年他回到剑桥，在卢瑟福任主任的卡文迪什实验室工作。1925年被选为皇家学会特别会员，1932年成为新创建的热力学统计物理讲席教授。1939年第二次世界大战爆发，福勒作为空军的主要科学代表被派往加拿大、美国等地进行科学交流和联络工作，1944年不幸病逝。 福勒的物理学研究主要在热力学和统计力学领域，他首次正式地提出了热力学第零定律。1922年福勒与C.G. 达尔文一起合作完成了一篇关于能量分配的文章，提出了计算统计积分的方法，即著名的达尔文-福勒（Darwin-Fowler）法，又称为最速下降法，这个方法不仅在热力学和统计力学中有重要价值，还被应用到物理学的其他领域中。同一年福勒还与米尔恩开始合作

续表

序号	物理学家	传记
28	福勒	研究恒星光谱、温度和压力等问题。他们在20世纪20年代发表了一系列这方面的文章，这使福勒获得了1923—1924年度剑桥大学的亚当斯奖（Adams Price）。1929年福勒整理了先前的研究成果，出版了专著《统计力学》。这本书在1936年再版。1939年他又与古根海姆（Edward Armand Guggenheim，1901—1970）合著并出版了《统计热力学》。在这本书中福勒正式提出了热力学第零定律，他写道："作为对实验事实的概括，我们引入一个假设：如果两个系统各自同第三个系统处于热平衡，则这两个系统也彼此处于热平衡。根据这个假设，我们可以证明几个系统之间的热平衡条件是这些系统的热力学状态的一个单值函数相等，把这个单值函数称为温度。我们把温度存在的假设称为热力学第零定律。" 福勒的兴趣十分广泛，尤其是对当时新兴的量子力学的发展十分关注，是把这一新理论引入剑桥大学的重要科学家。正是他向当时是自己研究生的P. 狄拉克介绍了海森伯等人的著作，才促使狄拉克转向量子力学的研究，最终创立了相对论量子力学方程。福勒的学生中有P. 狄拉克、N. 莫特和S. 钱德拉赛卡3人获得了诺贝尔物理学奖。我国物理学家王竹溪和张宗燧在1935年和1936年曾相继跟随福勒学习。
29	玻色	玻色（1894—1974），印度物理学家，提出了光子的玻色统计方法。 玻色1894年出生于印度加尔各答，1909年入当地院长学院学习，这个学院因有印度第一个实验物理学家J.C. 玻色（Jagdish Chandra Bose）而享有盛名。1913年玻色大学毕业后考入加尔各答大学，两年后取得硕士学位，1916年被聘为该学校的讲师。1921年玻色到达卡大学任物理学高级讲师。 1923年玻色将他的论文《普朗克准则和光量子假说》寄给伦敦《哲学杂志》，希望得到发表，在《普朗克准则和光量子假说》这篇论文中，玻色提出了一个分析光子行为的统计力学方法，也就是现在我们所说的"玻色统计"。这种新的统计理论与当时已知的传统理论仅在一条基本假定上不同。传统统计理论假定一个系统中所有粒子是可区别的，基于这一假定的经典统计理论能够解释理想气体定律，可以说是相当成功的。然而玻色认为，实际上并没有任何方法能够区分两个光子有何不同。他采用与传统统计相似的方法得到了一套新的统计理论。玻色的理论无须更多的经典物理假设就可以正确描述光子的行为，开创了一类新的统计方法。但是《哲学杂志》的审稿人并没有看出这篇论文的意义，因此玻色的论文很快被退稿了。玻色将论文原稿又寄给了爱因斯坦。爱因斯坦读到玻色的论文后，立刻意识到这篇论文的重要性，他亲自把该论文译成德文，并通过自己的影响力将它发表在德国的学术刊物上。 在玻色工作的基础上，爱因斯坦于1924年9月和1925年2月紧接着发表了《单原子理想气体的量子理论I》和《单原子理想气体的量子理论II》两篇论文，系统地创立了玻色－爱因斯坦统计理论。爱因斯坦还提出，无相互作用的玻色子在足够低的温度下将发生相变，即全部玻色子会分布在相同的最

续表

序号	物理学家	传记
29	玻色	低能级上，这就是著名的“玻色－爱因斯坦凝聚”。 1995 年 6 月 5 日，美国的两名物理学家康奈尔和维曼将温度降到 1.7×10^{-7} K，刷新了当时全球的最低冷却温度的记录，原子数密度为 2.5×10^{12} cm^{-3}，出现明显的“玻色－爱因斯坦凝聚”现象。这种凝聚发生在宏观尺度，开辟了宏观量子现象的新天地。 1924 年 9 月，达卡大学获知爱因斯坦对玻色工作的高度评价，同意资助玻色到欧洲进行为期两年的学术研究。玻色在巴黎结识了法国物理学家朗之万，在朗之万的推荐下，玻色先后在德布罗意和居里夫人的实验室工作了一段时间。1925 年 10 月，玻色从巴黎到达柏林，见到了仰慕已久的爱因斯坦。经爱因斯坦介绍，他结识了玻尔、薛定谔、海森伯等著名的物理学家，还参加了玻恩主讲的量子理论课程班。1926 年玻色离开柏林回国，被达卡大学任命为物理学教授并担任了物理系主任。1939 年他担任印度科学会议物理学分会主席，1944 年在德里担任印度科学会议主席，1949 年当选为印度国家科学研究院主席，1958 年当选为英国皇家学会会员。
30	费米	费米（1901—1954），美籍意大利物理学家，提出了费米统计，因证明了可由中子辐照而产生的新放射性元素的存在以及有关慢中子引发的核反应的发现获 1938 年诺贝尔物理学奖。 费米 1901 年出生于意大利罗马，青年时即表现出对物理学的独特兴趣与才能。他 1922 年毕业于比萨皇家高等师范学院，毕业后先是到哥廷根在玻恩领导下工作，之后到荷兰莱顿大学与艾伦菲斯特一起工作了一段时期。他 1924 年回国后不久到佛罗伦萨大学任理论物理学教师，1927 年被任命为罗马大学第一任理论物理学教授。他于 1938 年获诺贝尔物理学奖。由于对墨索里尼的统治不满，费米携家人赴瑞典领奖之后，即侨居美国，先后任哥伦比亚大学、芝加哥大学教授。他在芝加哥大学主持了第一座原子反应堆的设计、建造和试验。1942 年至 1945 年间他担任洛斯阿莫斯实验室理事委员，参与了制造第一批原子弹的“曼哈顿工程”，1946 年起任芝加哥大学物理研究所教授。 费米是 20 世纪极少同时在理论物理和实验物理两方面都作出卓越贡献的物理学家。他的研究领域涉及原子物理、核物理、统计力学、宇宙射线物理、高能物理等，取得了相当多的开创性成就。此处主要介绍费米在热力学统计物理领域的贡献，即费米－狄拉克统计。 1925 年泡利提出不相容原理，费米受到启发，将其用于原子气体问题，认为两个气体原子也不能具有相同的状态，或者说，在理想的单原子气体分子所可能存在的任何一种量子状态中都仅仅能够有一个原子。由这一思想出发，费米得出了关于气体运动行为的一整套计算方法，即“费米统计”方法，于 1926 年 3 月发表著名论文《论理想单原子气体的量子化》。论文发表后很快获得泡利和索末菲等知名物理学家的认同，并对之推广，使费米统计方法在原子物理和核物理领域获得了更普遍的应用。

续表

序号	物理学家	传记
30	费米	费米统计方法适用于具有半整数自旋的全同粒子如电子、正电子、质子及奇数个核子的原子系统，这些粒子服从泡利原理。在费米论文发表后不久，英国物理学家狄拉克也独立地提出了这种类型的统计法，因此现在这种方法命名为“费米－狄拉克统计”。费米－狄拉克统计法使解释电子在金属中的性质成为可能，并在粒子物理中得到广泛的应用。 作为一位伟大的科学家，费米在理论物理和实验物理两个领域都取得了举世瞩目的成就；作为一位优秀的教师，费米培养出了许多核物理和高能物理方面的人才，在他的学生当中诺贝尔奖获得者就有 5 人（赛格雷、盖尔曼、张伯伦、李政道和杨振宁）。为纪念费米的卓越贡献，第 100 号元素被命名为 Fm（镄）。

附录 3　电磁现象领域物理学家传记

附表 3.1　电磁现象领域物理学家一览表

序号	国籍	中译名	外文名	生卒年	终年	人物关系与代表性贡献	传记配音
1	英国	吉尔伯特	William Gilbert	1544—1603	59 岁	出版了最早磁现象著作《论磁、磁体和地球作为一个巨大的磁体》。	
2	美国	富兰克林	Benjamin Franklin	1706—1790	84 岁	通过著名的“风筝实验”证明了雷电与地面电现象性质一致。	
3	法国	库仑	Charles-Augustin de Coulomb	1736—1806	70 岁	建立了静止点电荷之间相互作用的定律，即库仑定律。	
4	意大利	伏打	Alessandro Volta	1745—1827	82 岁	发明了伏打电堆。	
5	法国	毕奥	Jean-Baptiste Biot	1774—1862	88 岁	与萨伐尔一起提出了电流产生磁场的“毕奥 - 萨伐尔定律”。	
6	法国	安培	André-Marie Ampère	1775—1836	61 岁	创立了电动力学理论。	
7	丹麦	奥斯特	Hans Christian Oersted	1777—1851	74 岁	首次发现了电流的磁效应。	
8	德国	高斯	Johann Carl Friedrich Gauss	1777—1855	78 岁	提出了静电场的高斯定理，建立了高斯光学理论。	

续表

序号	国籍	中译名	外文名	生卒年	终年	人物关系与代表性贡献	传记配音
9	德国	欧姆	Georg Simon Ohm	1787—1854	67 岁	建立了恒定电路电流、电压和电阻之间的关系，即欧姆定律。	
10	法国	萨伐尔	Félix Savart	1791—1841	50 岁	与毕奥一起提出电流产生磁场的“毕奥－萨伐尔定律”。	
11	英国	法拉第	Michael Faraday	1791—1867	76 岁	在物理学、化学，尤其是电化学方面作出了杰出的贡献，发现的电磁感应定律奠定了电磁学的基础，是麦克斯韦理论的先导。	
12	俄国	楞次	Heinrich Friedrich Emil Lenz	1804—1865	61 岁	提出了确定电磁感应中电流方向的基本定律，即楞次定律。	
13	德国	基尔霍夫	Gustav Robert Kirchhoff	1824—1887	63 岁	提出了基尔霍夫电路定律。	
14	英国	麦克斯韦	James Clerk Maxwell	1831—1879	48 岁	提出了平衡态下气体分子运动速率分布律，称麦克斯韦速率分布律；提出麦克斯韦方程组，建立了电磁学的统一理论。	
15	荷兰	洛伦兹	Hendrik Antoon Lorentz	1853—1928	75 岁	因塞曼效应的发现和解释而获 1902 年诺贝尔物理学奖，给出电磁力的统一表述公式以及狭义相对论中的洛伦兹变换公式。	
16	德国	赫兹	Heinrich Rudolf Hertz	1857—1894	37 岁	亥姆霍兹的学生，首次实验证实了电磁波的存在，发现了光电效应。	

附表 3.2　电磁现象领域物理学家传记

序号	物理学家	传记
1	吉尔伯特	吉尔伯特（1544—1603），英国医生，物理学家，出版了最早的磁现象著作《论磁、磁极和地球作为一个巨大的磁体》。 吉尔伯特是一位在英国和欧洲大陆都具有很高声誉的医生。1601 年起他被英国女王伊丽莎白一世任命为私人医生。在从事医生工作的同时他对自然科学也很有兴趣，他最初研究化学方面的问题，四十岁以后兴趣转到了电磁学。对电和磁进行系统的实验和理论研究是从吉尔伯特开始的。 在吉尔伯特之前，人们对于磁针指向南北现象的解释，大都带有迷信色彩。吉尔伯特在前人实验记载的启发下，把一大块天然磁石加工成球形，用细铁丝制成可以自由转动的小磁针放在磁球表面进行观察。他发现这个小磁针的行为与普通指南针在地球上的行为完全一样，于是得出结论：地球本身就是一块巨大的磁石，这样就解释了指南针的现象。此外，吉尔伯特还研究了静电现象，提出了“电性（electrics）”这个名词，并制作了第一个实验用的验电器。他花了 18 年或更长的时间做电和磁的实验，于 1600 年出版了他的巨著《论磁、磁极和地球作为一个巨大的磁体》，这是在英国出版的第一部物理科学著作，立即引起了同时代许多科学家的重视，例如伽利略、开普勒等都曾经探讨或引用吉尔伯特的著作。由于在磁学方面开创性的贡献，吉尔伯特被誉为“磁的哲学之父”。 不过，吉尔伯特也有失误的地方，他在比较了电现象和磁现象之后，断言两者是两种截然不同的现象。这一结论影响了 19 世纪前的许多科学家。直到奥斯特实验发现了电流的磁效应，人们才相信电和磁之间是有联系的。
2	富兰克林	富兰克林（1706—1790），美国科学家、政治家、文学家，美国独立宣言的起草人之一，他通过著名的“风筝实验”证明雷电与地面电现象性质一致。 富兰克林 1706 年出生于美国波士顿一个手工工人家庭，他的兄弟姐妹共 17 人，家庭贫困。他仅从八岁到十岁在学校读了两年书，然后就做了学徒和印刷工人。20 岁时富兰克林办起了自己的印刷所，接着又和几个朋友创办了“共读社”，讨论哲学、政治和自然科学等问题。他 1731 年创办了费城图书馆，1749 年创办了宾夕法尼亚大学。富兰克林一生从未间断过阅读和学习。 1746 年富兰克林四十岁时，听到了英国学者斯宾塞的电学讲座，对电学实验产生很大的兴趣。后来他得到了一个莱顿瓶，于是用莱顿瓶进行了一系列实验，提出了电的单流体学说，引入了“正电”和“负电”的术语，并发现了电荷守恒定律。通过反复观察实验和思考，他认识到闪电和莱顿瓶放电可能是一回事。1750 年富兰克林提出一个“岗亭”实验的设想，认为可以利用建造在高处的岗亭中伸出的一端削尖的铁杆从乌云中引出电火花来。由于缺乏资金，他没有亲自做这个实验。1752 年富兰克林和儿子一起做了著名的“费城实验”，也就是“风筝实验”，证实了闪电与实验室放电性质完全相同。这个实验消除了人们对闪电的迷信，证明了“天电”和“地电”的统一性。富兰克林因此获得英国皇家学会科普利奖章。后来其他科学家相继成功实现了富兰克林的“岗亭”实验。1753 年俄国科学家利赫曼在岗亭中做电学实验时不幸遭雷击死去。1754 年起人

续表

序号	物理学家	传记
2	富兰克林	们根据富兰克林的思想制造并开始使用避雷针。 富兰克林晚年主要从事政治活动，他参加了美国《独立宣言》的起草工作，为北美的独立解放作出了重要贡献。
3	库仑	库仑（1736—1806），法国工程师和物理学家，他建立了静止点电荷之间相互作用的定律，即库仑定律。 库仑1736年出生于法国的昂古莱姆，青少年时期受到过良好的学校教育，中学毕业后进入美西耶尔工程学校读书，后来成为皇家军事工程队的工程师，同时进行科学研究。 1773年库仑发表了有关材料强度的论文，提出了计算物体上应力和应变分布的方法，这种方法成为结构工程的理论基础。1779年库仑研究了摩擦力，得到后来以他的名字命名的摩擦定律。由于这些成就，1781年他当选为法国科学院院士。1785年库仑发表了关于金属丝和扭转弹性的论文，确定了金属丝的扭力定律。他用自己的扭力理论设计制作了一台精度很高的扭秤，利用这台扭秤对静电力和磁力进行了测量，得到了著名的库仑定律。 事实上在库仑实验之前，美国的富兰克林、德国的普里斯特利以及英国的卡文迪什等人已经从实验中发现了带电导体空腔对其内部的电荷没有电场力的作用。这种规律与万有引力定律相类比，可以推断两电荷之间的电力与它们距离的平方成反比。库仑实验的重要之处在于他通过精巧的设计，验证了定律的后半部分，即电场力大小与电荷量成正比。在库仑的时代还未确定电荷量的单位（电荷量的单位正是在库仑发现库仑定律之后，以库仑本人的名字命名的），更不要说测电荷量的大小了。库仑根据对称性原理采用两个相同的金属球互相接触的方法，巧妙地解决了这个问题。为了测量异种电荷的引力，他设计了一种“电摆”装置，类比单摆的原理进行实验，成功证明了库仑定律。 后来库仑也研究了磁偶极子之间的作用力，得出了磁力也具有平方反比律的结论。不过，他不认为静电力和静磁力之间有什么联系，而是将电力和磁力归结于假想的电流体和磁流体，认为它们是类似于“热质”一样无质量的物质，之所以产生吸引或排斥作用是因为存在正的和负的电流体和磁流体。
4	伏打	伏打（1745—1827年），意大利物理学家和化学家，发明了伏打电堆。 伏打1745年出生于意大利科莫的一个贵族家庭，他12岁进入当地耶稣会学校学习，成年后先在科莫国立中学任教，1779年任帕维亚大学教授，1782年成为法国科学学会成员，1791年被英国皇家学会聘为外籍会员，1794年因创立伽伐尼电的接触学说被授予科普利奖章。 伏打对物理学的主要贡献是发明了伏打电堆。1780年意大利波罗那大学的解剖学教授伽伐尼（L. Galvani）在解剖青蛙时发现，当手术刀与青蛙某部位接触或附近有电火花时，蛙腿发生抽动。他经过研究，将这种现象解释为动物体内存在“生物电”。伏打在重复了伽伐尼实验后，改用莱顿瓶，或去掉青蛙进一步实验，证明了蛙腿抽动是对电流的一种灵敏反应，而电流是由两种不同金属

续表

序号	物理学家	传记
4	伏打	接触产生的，即伽伐尼电的“接触说”解释。他用各种金属做实验，得出著名的伏打序列：锌、锡、铅、铁、铜、银、铂、金……在这一系列中，任何两种金属接触时，排在前面的金属将带正电、后面的带负电。1799年他把用盐水浸泡过的硬纸板夹在银片和锌片之间，把一系列这样的组合叠放起来，首次制出伏打电堆，即今天电池的原型。伏打电堆使人们第一次得到持续的电流。 1800年3月，伏打给英国皇家学会会长班克斯（J. Banks）的信上第一次说明了电池的原理和构造。班克斯以《论仅用不同种类导电物质接触激发的电》为题把这封信发表在学会的学报上。1801年伏打到法国科学院演示了电池，阐述了关于摩擦电和伽伐尼电同一性的思想，拿破仑出席了伏打的演讲会，授予他6 000法郎的奖金和一枚荣誉军人勋章，并封他为意大利王国的议员和伯爵。 除了上述工作外，伏打还于1775年发明了起电盘，用它可以很方便地多次感应出电荷并给莱顿瓶充电。1782年伏打提出了电容三条基本原理，并在此基础上确定了电荷量、电容和电势三者间的关系。为了纪念伏打的贡献，人们把电压的单位命名为伏特（V）。
5	毕奥	毕奥（1774—1862），法国著名的物理学家、数学家、天文学家，与萨伐尔一起提出电流产生磁场的“毕奥－萨伐尔定律”。 毕奥1774年出生于法国巴黎，中学毕业后先进入巴黎圣路易斯学院学习，法国大革命期间退学参军，1794年考入法国著名的桥梁堤坝学校，同年转到新成立的巴黎综合工科学校，在拉格朗日和贝托莱指导下学习。1797年毕业后在法国西北部的瓦兹省会博韦市的中心学校教授数学，认识了法国数学家、物理学家和天文学家拉普拉斯。毕奥协助拉普拉斯完成了《天体力学》著作的校对工作。经拉普拉斯的推荐，1800年毕奥受聘任法兰西学院数学物理学教授，同时他还在巴黎天文台和测量局兼职。他1803年当选为法国科学院院士，1809年又任巴黎大学理学院天文学教授，1815年当选为英国皇家学会的会员，还获得过该学会著名的“伦福德奖章”。 1804年毕奥与法国物理学家、化学家盖吕萨克乘热气球升到了几千米的高空，对地磁场进行测量，实验结论是几千米的高空磁感应强度没有明显的变化。值得一提的是，当时毕奥测量磁感应强度采用的是当时通用的、由库仑提出的“磁针周期振荡法”，他对这种方法很在行，因此丹麦物理学家奥斯特于1820年在法国《化学与物理年鉴》杂志上发表电流磁效应论文之后，毕奥很快用同样的方法，和当时也在法国科学院承担实验工作的萨伐尔合作，测量了载流长直导线周围的磁感应强度的大小和方向，于同年在法国科学院会议上提出了著名的毕奥－萨伐尔定律。 我们现在教科书上采用的毕奥－萨伐尔定律形式，是毕奥接受了拉普拉斯的建议，将长直载流导线对小磁针的作用理解为无数个电流元的合成的结果。这一形式与安培提出的电流元之间相互作用规律很相似。事实上，安培定律中电流元之间的相互作用，可以理解为电流元产生磁场和磁场对另一电流元作用力

序号	物理学家	传记
5	毕奥	两个阶段，而第一阶段的规律和毕奥－萨伐尔定律是完全一致的。尽管如此，毕奥－萨伐尔定律独立、清晰地阐明了电流元产生磁场的规律，对初学普通物理者来说是十分重要和有意义的一个定律。毕奥和萨伐尔的卓越的实验和理论工作是不应被忽视的。 毕奥在其他方面的工作还有：1811 年最先发现虹霓的偏振现象，1815 年观察到有机物的旋光现象，并证实利用光的偏振面的偏转程度，可以监测糖的水解，测定糖的浓度，为此奠定了偏振测量这门新技术的基础。毕奥还认真研究过埃及和中国等古代天文学家的一些著作，并有一些收获，他的儿子 E. 毕奥是法国著名汉学家，对中国古代天文学、气象学和地质学等进行过研究，在法国汉学界颇有影响。
6	安培	安培（1775—1836），法国物理学家和数学家，创立了电动力学理论。 安培生于法国里昂的一个贵族家庭里，从小在父亲的指导下学习数学。当时像欧拉、伯努利等人的论文都是用拉丁文写的。安培为了学习这些著作，仅用了几个星期就学会了拉丁文。安培 1801 年在里昂的勃格学院任教，1802 年发表了第一篇论文《概率论的应用》，1804 年起他到巴黎综合工科学校担任教授，在这里工作了二十多年。 安培从事研究工作的范围非常广，他出版了一系列有关概率论、变分法在力学方面的应用以及数学分析的著作和论文，还研究过有关物质结构的化学问题，对哲学和心理学也很有兴趣，并写了著作《学问研究导论》。不过安培最伟大的贡献是在物理学方面。 法国物理学家阿拉果获悉奥斯特于 1820 年在法国《化学与物理年鉴》杂志上发表的电流的磁效应后，十分敏锐地感到这一成果的重要性，随即于同年向法国科学院报告了奥斯特的这一最新发现，这使法国科学院的院士们大为震惊，因为此前库仑、安培等著名科学家都曾“证明”过电与磁是相互独立、完全不同的。安培听到阿拉果的报告后，马上意识到奥斯特实验的重要性，第二天就重复了奥斯特的实验。仅一周之后，安培就向法国科学院提交了一份更详细的论证报告，在报告中他还增加了自己的新实验，对两根平行放置的载流直导线之间由于磁效应产生的吸引力和排斥力的研究。安培加紧工作，进行了一系列实验，分别验证了两根平行载流直导线之间作用力方向与电流方向的关系、磁力的矢量性、确定了磁力的方向垂直于载流导体以及作用力大小与电流和距离的关系。之后，安培又对电流和磁场之间的作用力进行了理论推导，发表了普遍的安培力公式。安培公式在形式上类似万有引力定律和库仑定律。1821 年安培在这些实验和理论工作的基础上，对磁效应的本质进行了阐述，提出了分子环流假说，认为磁体内部分子形成的环形电流就相当于一根根磁针。1826 年安培从斯托克斯定理推导得到了著名的安培环路定理，证明了磁场沿包围产生其电流的闭合路径的曲线积分等于其电流密度，这一定理成了麦克斯韦方程组的基本方程之一。尽管安培没有成为第一个发现电流的磁效应的人，但他迅速

续表

序号	物理学家	传记
6	安培	地接受了奥斯特实验的思想，用大量系统的工作揭示了电磁现象的内在联系，从而使电磁学研究真正进入数学化、严密化的时代，成为物理学中又一大理论体系——电动力学的基础。麦克斯韦称安培的工作是“科学史上最辉煌的成就之一”，后人称安培为“电学中的牛顿”。 安培的电动力学是以牛顿力学的“超距作用”为基础建立起来的，后来法拉第、麦克斯韦等人建立了场的理论，才使经典电动力学有了今天这样的形式。
7	奥斯特	奥斯特（1777—1851），丹麦物理学家和化学家，首次发现了电流的磁效应。 奥斯特1777年出生于丹麦的鲁兹克宾城，父亲是个药剂师，因此他很早就对物理和化学产生了兴趣。1794年他考取了哥本哈根大学免费生，攻读医学和自然科学，1799年获得博士学位。1801年奥斯特到德国和法国旅游，认识了许多著名科学家，回国后开始进行电和磁的实验。1806年他被任命为哥本哈根大学教授。 奥斯特是康德哲学的信奉者，他深信自然界各种现象是相互联系的。虽然吉尔伯特、库仑甚至安培等人都曾宣称电和磁之间没有联系，但奥斯特仍然积极实验以寻找电转化成磁的条件。1819年底，他在哥本哈根开办了一个讲座讲授电、电流及磁方面的知识。在一次讲课中，奥斯特突然想到，过去许多人沿着电流方向寻找电流对磁体的效应都没有成功，很可能因为电流对磁体的作用是“横向”的而非“纵向”的。于是他把通电导线和磁针平行放置进行实验，果然发现小磁针向垂直于导线的方向摆动起来。接下来，奥斯特进行了三个月的紧张工作，做了六十多个实验，于1820年7月在法国《化学与物理年鉴》杂志上发表了题为《关于磁针上电流碰撞的实验》的论文。论文轰动了整个欧洲，到处都在重复奥斯特的实验。奥斯特的发现揭示了长期以来被认为是无关的电现象和磁现象之间的联系，使电磁学进入了一个崭新的发展时期。 1824年奥斯特创办了一个学会，积极普及科学知识。1825年他首先分离出金属铝，水的压缩系数也是他首先测出的。1829年奥斯特创建了丹麦工程学院，自己任首任院长。
8	高斯	高斯（1777—1855），德国数学家，提出了静电场的高斯定理，建立了高斯光学理论。 高斯1777年出生于德国的不伦瑞克一个普通农民家庭，幼年即表现出惊人的数学天赋，虽然家境贫寒，但他的母亲极力支持他接受更多的教育。在他的老师和当地费迪南公爵的支持下，高斯15岁进入不伦瑞克卡罗琳学院，在这期间他学习了牛顿的《自然哲学的数学原理》以及欧拉、拉格朗日等人的著作，并且发明了最小二乘法、证明了被称为“算数的瑰宝”的二次互反律。1795年高斯进入哥廷根大学学习，1798年到赫尔姆斯泰特大学，1799年获得博士学位，1807年起开始担任哥廷根大学数学教授兼任天文台台长，1821年成为瑞典皇家科学院的外籍会员，1851年成为荷兰皇家科学院外籍会员。 高斯是一位伟大的数学家，在代数、统计学、微分几何、数论等方面都作出

续表

序号	物理学家	传记
8	高斯	了开创性的贡献。同时，他在把数学应用到天文学、物理学等领域中也作出了重要的贡献。1801 年高斯出版《数学研究》，被奉为数学史上的经典著作。之后高斯把他的研究范围扩大到天文学、大地测量学、地磁学等领域。1802 年计算了一颗新发现的行星的轨道，1809 年出版了《天体沿圆锥截线绕日运动的理论》一书，详细讨论了确定行星和彗星轨道的实用的方法。在与韦伯合作进行地磁场测量时，高斯发明了磁强计，与韦伯合作首创了有线电报机。高斯 1832 年发表《用绝对单位测量地磁场强度》，引入了以毫米、毫克、秒等三个单位为基础的单位制。现在所称的“高斯单位制”是以厘米、克、秒为单位构成的单位制。在高斯单位制中，真空中的电容率和真空中的磁导率都为 1，使得公式的表达更加简洁明了，至今仍和国际单位制并用在电磁学和理论物理教材中。1841 年高斯从几何学入手研究了共轴球面系统近轴区的成像规律，并创建了高斯光学。 1839 年高斯发表《关于与距离平方成反比的引力和斥力的普遍定理》，研究了把力学中的势函数应用到静电学中的数学证明，即静电场的势理论，同时得出了著名的高斯定理。高斯定理反映了静电场性质和静电场中闭合曲面的电场强度通量之间的关系，是电磁场基本原理之一。
9	欧姆	欧姆（1787—1854），德国物理学家，建立了恒定电路电流、电压和电阻之间的关系，即欧姆定律。 欧姆 1789 年出生于德国的埃尔朗根城，父亲是一名锁匠，热爱哲学和数学，欧姆受父亲的影响，很早就学习数学，并受到有关机械技能的训练，这对他后来自制仪器进行电学研究有一定的帮助。因家庭经济困难，欧姆一边当家庭教师，一边断断续续读完了大学，毕业后在中学教数学、拉丁语和物理。在工作之余他研究了拉格朗日、拉普拉斯和傅里叶等人的经典著作，自 1820 年起他开始研究电磁学。 欧姆对物理学的主要贡献是发现了以他的名字命名的欧姆定律。在欧姆那个年代，电流、电压、电阻等概念都还没有建立起来。1821 年德国物理学家施威格发明了利用电流的磁效应检测电流的检流计。欧姆受到启发，把电流的磁效应和库仑扭秤法巧妙地结合起来，设计了一个电流扭力秤，用来测量电流。为了得到电动势稳定的电源，他采用温度维持在 100 ℃的沸水和 0 ℃的冰之间的温差电偶作为电源（温差电现象是 1821 年塞贝克发现的）。之后欧姆又研究了导体的导电性质，测量了各种金属的电导率以及电导同导体长度、横截面的关系。1826 年欧姆终于在实验上得到了欧姆定律。1827 年，欧姆出版了《伽伐尼电路：数学研究》一书，把电的传导同热传导进行类比，利用傅里叶热传导理论的研究结果，给出了电流与电压、电阻的关系，即欧姆定律。欧姆定律是电路的最基本规律。 欧姆的研究公布以后，并没有立即引起科学界的重视，甚至在他自己的国家还受到一些人的攻击。但德国物理学家施威格始终支持和鼓励他。欧姆的大部分论文都发表在施威格主办的《化学和物理杂志》上。直到 1841 年，英国皇家

续表

序号	物理学家	传记
9	欧姆	学会授予欧姆科普利奖章，这是当时科学界的最高荣誉，从此欧姆的工作才得到普遍承认。1845 年欧姆当选巴伐尼亚科学院院士，1849 年起任慕尼黑大学物理教授。
10	萨伐尔	萨伐尔（1791—1841），法国物理学家，与毕奥一起提出电流产生磁场的“毕奥 - 萨伐尔定律”。 萨伐尔 1791 年出生于法国的梅济耶尔，1816 年毕业于斯特拉斯堡大学，学的是医学。但是他对物理学的兴趣更大，花了大量的时间从事小提琴的声学研究。后来萨伐尔带着自己的研究成果找到法国科学院的毕奥。毕奥对他研究的问题很感兴趣，鼓励他继续物理研究，并和他合作进行了一些电学、磁学实验。1828 年萨伐尔接替安培成为法国科学院的实验物理教授。 1820 年丹麦物理学家奥斯特发现电流的磁效应之后，萨伐尔和毕奥合作测量了载流长直导线周围的磁感应强度的大小和方向，提出了著名的毕奥 - 萨伐尔定律。 在声学方面，萨伐尔研究了人类听觉的频率上限和下限，他还发明了“萨伐尔轮”，用以产生特定频率的声音。
11	法拉第	法拉第（1791—1867），自学成才的英国物理学家和化学家，尤其是发现的电磁感应定律奠定了电磁学的基础，是麦克斯韦理论的先导。 法拉第 1791 年出生于英国的钮因顿，童年时家境贫寒，生活很清苦，除了小学之外，他从未进入学校接受正规教育，12 岁起到书店当报童，后来成了装订学徒工。他很快学会了装订书籍的手艺，而且一边装订，一边阅读书籍。他读了《大英百科全书》和《化学漫谈》，还用自己微薄的收入购买器材，照着书上的实验做了一些。1812 年法拉第有机会听到了英国皇家研究所著名科学家戴维的演讲，被深深地吸引了，决心到皇家研究所去工作。经过一番努力和周折，法拉第终于当上了戴维的助手，从此开启了他在电磁领域作出伟大贡献之旅，被称为“电学之父”和“交流电之父”。 1813 年法拉第随戴维夫妇到欧洲大陆各国进行科学旅行，有机会见到了当时许多知名科学家和参观了他们的实验室。1815 年法拉第回国后开始独立进行科学研究。次年他在《科学季刊》上发表了第一篇科学论文，是关于生石灰化学分析的工作。之后他又发表了多篇化学分析方面的论文，这使他增强了从事科学研究的信心，同时许多科学家也逐步了解了法拉第。 1821 年法拉第担任英国皇家学院实验室总监和代理实验室主任，这时他了解到丹麦奥斯特发现电流磁效应现象，开始进行电磁研究。他制作了一个“电磁旋转器”，当使磁体固定，则通电导线会绕着磁体旋转，另一方面若使导线固定，则磁体会绕导线转动。在对电和磁现象联系的反复思考后，法拉第在 1822 年提出了“把磁转变成电”的课题。开始时他想得比较简单，认为用强大的磁铁靠近导线，导线中就会产生稳定的电流；或者在一根导线中通以强大的电流，近旁的另一根导线中也会产生电流，但结果都失败了。直到 1831 年，法拉第用

续表

序号	物理学家	传记
11	法拉第	两个绕有多匝铜线的铁环进行实验，发现其中一个接通或断开电源的瞬间，另一个线路中产生了电流。这也就是由变化的电流所产生电磁感应现象。法拉第又反复进行实验研究，给出了法拉第电磁感应定律。电磁感应的发现在物理学发展史上具有划时代的意义。法拉第利用电磁感应现象设计制作了世界上第一台感应发电机，将一个铜圆盘放在永久磁体的两极之间，再从铜盘的轴心和边缘引出两根导线，转动圆盘时，导线中就有了持续的电流。 法拉第总结出了电解定律，即电解所释放出来的物质总量和通过的电流总量成正比。他引入电场和磁场的概念，即电和磁周围都有场的存在，打破了牛顿的“超距作用”的传统观念。他提出电场线概念，用以形象地解释电场的存在。他还用“冰桶实验”证明了富兰克林提出的电荷守恒定律。他还引进了磁感应线概念，用以形象地解释磁场的存在。 1867 年 8 月 25 日，法拉第在伦敦病逝，终年 76 岁，他被安葬于伦敦海格特公墓，英国皇家学会为他举行了隆重的葬礼。
12	楞次	楞次（1804—1865），俄罗斯物理学家、地理学家，他提出了确定电磁感应中电流方向的基本定律，即楞次定律。 楞次于 1804 年生于俄罗斯多尔帕特（今属爱沙尼亚），1820 年考入多尔帕特大学，1823 年至 1826 年参加了由俄罗斯航海家率领的全球考察旅行，进行地球物理观测活动，发现并正确解释了大西洋、太平洋、印度洋海水含盐量不同的现象，1836 年起任圣彼得堡大学教授，1845 年倡导和成立了俄国地理学会。 法拉第于 1831 年发现电磁感应后，通过实验说明了产生感应电流的各种情况和决定因素，对感应电流的方向也作了一定的说明，但未能归纳为简单而普遍的定律。楞次分析了法拉第等人的实验结果以及安培的电动力学理论，于 1834 年发表论文《论动电感应引起的电流的方向》，总结出确定感应电流方向的基本法则，感应电流所产生的磁场，总是补偿引起它的磁场变化，阻碍磁体的运动，即著名的楞次定律。1847 年德国物理学家亥姆霍兹指出，楞次定律正是电磁现象符合能量守恒与转化定律的体现。 1842 年楞次独立于焦耳并更为精确地建立了电流与其所生热量的关系，即焦耳定律，也称焦耳 - 楞次定律。他还研究并定量地比较了不同金属导线的电阻率，确定了电阻与温度的关系，建立了电磁铁吸引力与磁化电流的二次方成正比的定律；在电化学方面，他确立了伽伐尼电池中电动势的相加定律。
13	基尔霍夫	基尔霍夫（1824—1887），德国著名物理学家、化学家、天文学家，提出了基尔霍夫电路定律。 基尔霍夫 1824 年生于普鲁士的柯尼斯堡（今俄罗斯加里宁格勒），1847 年毕业于柯尼斯堡大学，获得博士学位，之后受聘为柯尼斯堡大学讲师，后又为柏林大学讲师，1850 年为布雷斯劳大学副教授，1854 年为海德堡大学教授，与亥姆霍兹、本生等共事。他 1875 年任柏林大学数学物理教研室主任，1861 年当选柏林科学院通讯院士，1874 年当选院士。此外他还是彼得堡科学院、巴黎科

续表

序号	物理学家	传记
13	基尔霍夫	学院的通讯院士。 19 世纪 40 年代，电气技术迅猛发展，导致当时的电路变得越来越复杂，在一些重点地方的电路甚至呈现出蜘蛛网络的形状，很难再用人们所熟悉的串联、并联电路描述和解析。1845 年，仅 21 岁的基尔霍夫在他发表的第一篇论文中，基于欧姆定律、电荷守恒定律及电压环路定理提出了适用于复杂电路计算的两个定律，即著名的基尔霍夫第一定律（电流定律）和基尔霍夫第二定律（电压定律）。这两个定律既有普遍性又具有实用性，依据这两个定律，电路工程师们几乎能够求解任何复杂的电路，从而成功地解决了电气技术中的大难题。基尔霍夫定律至今仍是求解复杂电路的电学基本定律，被列入物理学和电工学教科书中，基尔霍夫本人也获得了“电路求解大师”的绰号。 1847 年基尔霍夫发表论文《关于研究电流线性分布所得到的方程的解》，首次引入了“电势”的概念，将其与电路中电压的概念明确区分开来。1848 年基尔霍夫又从能量的角度考察，澄清了电势差、电动势和电场强度等概念，使得欧姆电学理论与静电学概念协调起来。 1859 年他提出了辐射的基尔霍夫定律：“物体的辐射本领与吸收本领之比与物体的材料性质无关”。对所有物体，这个比值是波长和温度的普适的函数，由此提出了绝对黑体的概念。19 世纪末对黑体辐射规律的研究直接导致了量子力学的建立。 此外，基尔霍夫还证明了电波在导体中以光速传播；和本生共同发明了光谱分析法，并由此发现了铯和铷两种元素；他们还用光谱分析研究恒星（太阳）的化学成分。物理学中其他用基尔霍夫姓氏命名的公式、定律、定理还有：力学中的基尔霍夫假设，非线性弹性力学里的基尔霍夫应力，热学中基尔霍夫公式（蒸气压和热力学温度的关系）、基尔霍夫热化学定律（定压或定容化学变化中吸收的热量公式），电学中基尔霍夫电报方程和基尔霍夫边界条件，光学的基尔霍夫积分定理、基尔霍夫衍射公式等。
14	麦克斯韦	麦克斯韦（1831—1879），英国物理学家，提出了平衡态下气体分子运动速率分布律，即麦克斯韦速率分布律；提出了麦克斯韦方程组，建立了电磁学的统一理论。 1831 年麦克斯韦生于英国的爱丁堡，他的父亲是一个学识渊博、兴趣广泛的人，麦克斯韦从小受父亲影响，对自然科学兴趣浓厚。他喜爱运动，像骑马、撑杆跳都很在行。10 岁时，麦克斯韦进入爱丁堡中学，他对数学、拉丁文、诗歌都很有兴趣，各门课程成绩优秀。麦克斯韦 15 岁时就写了一篇关于绘制椭圆形新方法的论文，这篇论文经过与他父亲熟悉的一位科学家推荐到爱丁堡皇家学会，受到了好评，并刊登在《爱丁堡皇家学会学报》上。麦克斯韦 16 岁时进入爱丁堡大学学习数学、物理学和逻辑学，1850 年进入剑桥大学，1854 年在剑桥大学的数学竞赛中第一个证明了斯托克斯定理，获得史密斯奖，同年获得了学位，并留在剑桥大学进行研究工作。1856 年麦克斯韦应邀到阿贝丁专科学校

续表

序号	物理学家	传记
14	麦克斯韦	任物理学教授，1860 年应聘到英国皇家学院任教授。1860 年到 1865 年期间，是他一生中最成果辉煌的五年。1879 年麦克斯韦不幸患癌症去世，终年仅 48 岁。 麦克斯韦的研究领域极其广泛，他在热力学统计物理、电磁场理论以及筹建卡文迪什实验室等方面都作出了重大贡献，尤其是麦克斯韦的电磁场理论，为物理学的发展作出了卓越的贡献，麦克斯韦因此被誉为牛顿以后世界上最伟大的物理学家之一。 热力学统计物理方面：在 19 世纪，物理学家们大多倾向于把经典力学用于气体分子的运动，试图对系统中所有分子的位置、速度等状态作出完备的描述。麦克斯韦通过考查指出，只有用统计的方法才能正确描述大量分子的行为，气体中大量分子的碰撞不会导致使分子速率平均分布，而是呈现出速率的统计分布，所有速率都会以一定的概率出现。克劳修斯首先引入概率理论，推导出了气体压强公式，并由此提出了理想气体分子运动模型。麦克斯韦读到克劳修斯的论文后，受到极大鼓舞，于 1859 年发表了文章，用概率的方法推导出了速率分布律。利用这一速率分布律，麦克斯韦计算了分子的平均碰撞频率，所得结果比克劳修斯的更准确。1860 年麦克斯韦用分子速率分布律和平均自由程的理论推算气体的输运过程中扩散系数、传热系数和黏度等参量，并亲自做了实验，理论和实验结果惊人地一致。这个结论为分子动理论提供了重要的证据。 电磁场理论方面：早在剑桥读大学时，麦克斯韦就接受了威廉·汤姆孙（开尔文）的建议，开始研究电磁学。当时电磁学在实验研究方面已先后建立了库仑定律、高斯定理、安培定律和法拉第定律，在理论方面以安培的电动力学为基础，又经过诺依曼、韦伯、亥姆霍兹和威廉·汤姆孙的发展，特别是法拉第在 1850 年发表了《论磁力线》，为麦克斯韦的创造性研究准备了丰富的土壤。1855 年麦克斯韦发表了关于电磁场理论的第一篇论文《论法拉第的力线》，他把电磁现象与流体力学现象进行类比，引入新的矢量函数描述电磁场，把法拉第的“力线”和“场”的思想表述成数学语言。为了更好地体现法拉第的力线思想，麦克斯韦在 1861 年提出了“电磁以太”的数学模型，并创造性地提出“位移电流”和“涡旋电场”两个概念。1861—1862 年他发表了第二篇重要论文《论物理力线》。在这篇论文中他给出了电磁场的运动学方程和动力学方程。在此基础上，1864 年麦克斯韦发表了《电磁场的动力学理论》。这篇论文系统地总结了从库仑、安培到法拉第以及他自己的研究成果，建立了电磁场方程。他在这篇论文中共列了二十个方程式，并由此导出了电磁的波动方程，推算出波的传播速度等于光速。现在教科书上的由四个基本方程组成的麦克斯韦方程组是赫兹经过研究简化得到的。麦克斯韦通过建立统一的电磁场理论，完成了人类科学史上的第二次总结。 筹建卡文迪什实验室方面：1871 年麦克斯韦应聘负责筹建卡文迪什实验室。经过辛勤筹备和建设，卡文迪什实验室于 1874 年竣工，麦克斯韦被任命为实验室第一任主任。卡文迪什实验室是近代科学史上第一个社会化和专业化的科学

续表

序号	物理学家	传记
14	麦克斯韦	实验室，在麦克斯韦的主持下，实验室开展了教学和科学研究，工作初具规模。按照麦克斯韦的主张，物理教学在系统讲授的同时，还辅以演示实验，并要求学生自己动手。演示实验要求结构简单，学生易于掌握。麦克斯韦说过："这些实验的教育价值，往往与仪器的复杂性成反比，学生用自制仪器，虽然经常出毛病，但他们却会比用仔细调整好的仪器学到更多的东西。"麦克斯韦很重视科学方法的训练，也很注意前人的经验。他从 1875 年起花了许多时间和精力整理出版了卡文迪什的遗稿，并且亲自重复并改进卡文迪什做过的一些实验。实验室还进行了多项科学研究，例如地磁、电学常量、欧姆定律、光谱、双轴晶体等的精密测量，这些工作为后来的发展奠定了基础。从 1874 年至 1989 年卡文迪什实验室一共培养了 29 位诺贝尔奖得主。
15	洛伦兹	洛伦兹（1853—1928），荷兰物理学家，因塞曼效应的发现和解释而获 1902 年诺贝尔物理学奖，他还给出了电磁力的统一表述公式以及狭义相对论中的洛伦兹变换公式。 洛伦兹 1853 年出生于荷兰的阿纳姆，1870 年进入莱顿大学学习物理学和数学，1875 年获得博士学位。1877 年，年仅 24 岁的洛伦兹受聘为莱顿大学理论物理学教授。1912 年洛伦兹担任哈勒姆自然博物馆的馆长和顾问，后来在荷兰政府中任职，1921 年起任高等教育部部长。1911 到 1927 年期间他还担任索尔维物理学会议的固定主席。 洛伦兹在 19 世纪末到 20 世纪初的物理学各个领域里都有很深的造诣，为创建和发展理论物理学作出了重要的贡献。在电磁学方面，洛伦兹创立了经典电子论；在时空结构理论方面，他提出了"收缩假说"和"洛伦兹变换公式"。 电磁学领域：1892 年洛伦兹发表了《麦克斯韦电磁学理论及其对运动物体的应用》，创立了洛伦兹电子论。他把麦克斯韦有关场的理论与电荷的粒子理论结合起来，认为一切普通物体分子中都含有带元电荷的电子。"电子"这个术语就是洛伦兹首先开始使用的，著名的洛伦兹力公式也是在这篇文章中提出的。他还指出，当带电粒子做加速或减速运动时就辐射出电磁波，并预言"如果辐射源处于强磁场中就会产生谱线扩展的现象"。这一现象后来被他的学生塞曼在 1896 年用实验证实，即简单塞曼效应。洛伦兹和塞曼因此获得 1902 年的诺贝尔物理学奖。1897 年汤姆孙在实验上发现了电子后，洛伦兹集中研究单个电子的力学，于 1904 年完成了经典电子理论，这是近代原子物理学的基础。 时空结构领域：按照牛顿力学理论，存在一个绝对静止的、与物体运动无关的空间，地球及其他星体的运动均可理解为相对该绝对空间的运动。19 世纪末期以前的科学家大多相信这一空间特性。为了说明光或电磁波的传播现象，科学家们进一步假设，在绝对空间中充满了一种称为"以太"的介质。由于地球相对以太有一个运动速度，则理论上可以由相对地球的以太"风"引起的光或电磁的效应来测定地球的运动速度。这种效应的大小相当于地球运动速度 v 对光速 c 的比值。洛伦兹依据经典电磁理论，提出一个"对应态原理"，证明了

续表

序号	物理学家	传记
15	洛伦兹	在地球上没有实验能测量出这个比值的一级效应。换句话说，描述在运动坐标系内电系统的方程与描述在以太中静止的坐标系中相应的电系统方程在一级近似下是一致的。但是按照洛伦兹的理论，这种相对运动的二级效应是应该存在的。1881 年迈克耳孙用他发明的干涉仪进行了试图测量这种二级效应的实验，未能得到预期结果。1887 年，迈克耳孙和莫雷合作，用改进的实验装置进行了更加精确的测量，得到的仍然是“零结果”。这一结果引起了包括洛伦兹在内的许多物理学家的注意。为了解释迈克耳孙－莫雷实验的零结果，洛伦兹发表论文《在运动物体中电学和光学现象的一种理论研究》，提出：干涉仪臂在地球通过以太的运动方向上发生了收缩，收缩的因子与物体的运动速度有关，恰能抵消地球在以太中运动的二级效应。后来洛伦兹又发表题为《运动物体中的光电现象的简明理论》论文，对他的电动力学的收缩假说作进一步的处理，并引入“电子的质量随速度而改变”的概念。此后洛伦兹发表《运动速度远小于光速体系中的电磁现象》一文，把他的对应态理论加以深化和精练，并推广到无电荷的电磁系统的所有各级小量，认为在地球上的实验无法测出地球相对以太运动的任一级次的效应。在这篇论文中洛伦兹还提出了在以太中运动的参考系与静止参考系之间时间和空间坐标的变换关系式，就是著名的“洛伦兹变换”公式，从这个公式洛伦兹得出光速是任何物体相对以太运动速度的上限的结论。 洛伦兹的理论深刻改变了相对论前的经典物理的基础。1905 年爱因斯坦发表他的关于狭义相对论的著名论文，赋予了洛伦兹理论以新的物理解释，并指出以太和绝对空间的概念是多余的。然而洛伦兹本人对经典物理学框架充满深厚的信赖之情，深信以太是真实存在的。
16	赫兹	赫兹（1857—1894），德国物理学家，亥姆霍兹的学生，首次实验证实了电磁波的存在，发现了光电效应。 赫兹 1857 年出生于德国汉堡，在中学时就喜欢做自然科学的实验。20 岁时他进入慕尼黑大学，先学习工程科学，后来有机会听了著名物理学家菲利普・冯・约利的物理和数学课，转而攻读物理学和数学。1878 年赫兹进入柏林大学，成了德国著名物理学家亥姆霍兹的学生，1880 年获得博士学位，并留在亥姆霍兹研究所担任亥姆霍兹的助手。期间赫兹研究了热力学、弹性理论、稀薄气体中的光现象等问题。1885 年他被聘为卡尔斯鲁厄高等技术学校物理教授，在这里做了证明电磁波存在的著名实验。 1879 年亥姆霍兹以“用实验建立电磁力和绝缘体介质极化的关系”为题，设置了柏林科学院悬赏奖，实质是要求用实验验证麦克斯韦提出的“位移电流”是否真实存在。赫兹作为亥姆霍兹的学生，当然了解这个题目，但开始时他缺少实验条件，直到 1886 年，他在卡尔斯鲁厄高等技术学校任教时，在学校的实验室找到了一种称为里斯螺线管的感应线圈，才着手进行电磁实验。赫兹使用的螺线管有初级和次级两个线圈，他发现，当给初级线圈输入一个脉冲电流，次级线圈的火花隙中便有电火花发生。他立即敏锐地认识到这是一种与声共振现

续表

序号	物理学家	传记
16	赫兹	象相似的电磁共振过程，随即联想到这正是解决亥姆霍兹提出的柏林科学院问题的关键。接着赫兹设计制造了必要的仪器，对电火花实验进行了一系列的研究，证实了位移电流及电磁波的存在，在 1887 年完成论文《论在绝缘体中电过程引起的感应现象》，出色地解决了 1879 年的柏林科学院问题，获得了科学奖。 1887 年赫兹在电磁波实验中发现了光电效应现象，即紫外线的照射会从负极激发出带负电的粒子，他将此现象写成论文发表，但没有做进一步的研究。 1888 年赫兹通过他制作的半波长偶极子天线成功接收到了麦克斯韦预言的电磁波，还用驻波法精确地测量了电磁波的传播速度，肯定了电磁波的传播速度等于光速。他还做了电磁波的反射、折射和偏振等一系列实验，证明了电磁波具有与光一样的物理性质。赫兹实验证实电磁波的存在是物理学理论的一个重要胜利，同时也标志着一种基于场论的更基础的物理学即将诞生。 1890 年赫兹在考虑了迈克耳孙在 1881 年的实验中得到以太漂移的零结果后，对麦克斯韦的方程组进行了修改，给出了现代通用的形式。 赫兹的研究工作得到了科学界的高度评价和赞扬，他先后收到维也纳科学院、英国皇家学会、都灵科学院等的嘉奖。人们以“赫兹波”“赫兹矢量”“赫兹函数”来命名物理学和数学的概念，并采用“赫兹”作为频率的单位。 紧张的研究工作损害了他的健康，年仅 37 岁的赫兹于 1894 年 1 月 1 日去世。

附录 4　光现象领域物理学家传记

附表 4.1　光现象领域物理学家一览表

序号	国籍	中译名	外文名	生卒年	终年	人物关系与代表性贡献	传记配音
1	荷兰	斯涅耳	Willebrord Snellius	1580—1626	46 岁	首次提出了光的折射定律。	
2	法国	笛卡儿	René Descartes	1596—1650	54 岁	西方近代哲学创始人之一，提出了笛卡儿坐标系，首次提出了动量守恒思想、惯性定律的完整表述、现代表述的光的折射定律。	
3	法国	费马	Pierre de Fermat	1601—1665	64 岁	提出了光线传播的最小作用原理，也称费马原理，以此从数学上证明光的直线传播、反射定律与折射定律。	
4	意大利	格里马尔迪	Francesco Maria Grimaldi	1618—1663	45 岁	首先精确观察了光的衍射现象，其著作于去世后发表。	
5	丹麦	巴托林纳斯	Erasmus Bartholinus	1625—1698	73 岁	罗默的老师，首先发现了光线通过冰洲石的双折射现象。	
6	荷兰	惠更斯	Christiaan Huygens	1629—1695	66 岁	在天文观测、单摆研究、圆周运动与向心力的关系、动量守恒等方面取得诸多成果，提出了光传播的惠更斯原理，创立了光的波动说理论。	

续表

序号	国籍	中译名	外文名	生卒年	终年	人物关系与代表性贡献	传记配音
7	英国	牛顿	Isaac Newton	1643—1727	84 岁	提出了万有引力定律和牛顿运动定律，奠定了经典力学的基础，使力学成为系统完整的科学；创立了微积分；在光学领域取得诸多实验研究成果。	
8	丹麦	罗默	Ole Christensen Rømer	1644—1710	66 岁	巴托林纳斯的学生，首次推断了光速的有限性，并计算出光速的数量级。	
9	法国	傅里叶	Jean Baptiste Joseph Fourier	1768—1830	62 岁	提出了傅里叶级数理论、热传导方程。	
10	英国	托马斯·杨	Thomas Young	1773—1829	56 岁	首次实验验证了光的干涉特性。	
11	法国	马吕斯	Etienne Louis Malus	1775—1812	37 岁	发现偏振光强度变化的马吕斯定律。	
12	英国	布儒斯特	David Brewster	1781—1868	87 岁	发现了光在介质界面反射和折射时的偏振规律，即布儒斯特定律。	
13	德国	夫琅禾费	Joseph von Fraunhofer	1787—1826	39 岁	第一个用光栅作为分光装置的人，并将其应用于光谱分析中。	
14	法国	菲涅耳	Augustin-Jean Fresnel	1788—1827	39 岁	建立了光的惠更斯－菲涅耳衍射理论。	
15	德国	亥姆霍兹	Hermann von Helmholtz	1821—1894	73 岁	最早提出了能量守恒定律的明确数学形式，是能量守恒定律的创立者之一，在电磁理论、热力学等学科领域均有建树。	
16	德国	阿贝	Ernst Karl Abbe	1840—1905	65 岁	提出了显微镜衍射二次成像理论。	

续表

序号	国籍	中译名	外文名	生卒年	终年	人物关系与代表性贡献	传记配音
17	英国	瑞利	John William Strutt, 3rd Baron Rayleigh	1842—1919	77岁	发现了瑞利散射，由于发现氩气获得1904年诺贝尔物理学奖。	
18	英国	麦克斯韦	James Clerk Maxwell	1831—1879	48岁	提出了平衡态下气体分子运动速率分布律，即麦克斯韦速率分布律；提出了麦克斯韦方程组，建立了电磁学的统一理论。	
19	美国	爱因斯坦	Albert Einstein	1879—1955	76岁	创立了狭义相对论和广义相对论；在热力学统计物理和光的量子理论等领域也都做出了开创性的工作；由于在光电效应方面的研究而获1921年诺贝尔物理学奖。	
20	美国	康普顿	Arthur Holly Compton	1892—1962	70岁	因发现了康普顿效应与威耳孙共获1927年诺贝尔物理学奖。	

附表 4.2　光现象领域物理学家传记

序号	物理学家	传记
1	斯涅耳	斯涅耳（1580—1626），荷兰数学家和物理学家，首次提出了光的折射定律。 斯涅耳于1580年出生于荷兰莱顿（来自荷兰文网页上的斯涅耳生平介绍），他的父亲是莱顿大学的数学教授。斯涅耳1608年在莱顿大学获硕士学位，1613年他的父亲去世后他继任为莱顿大学数学教授。1617年他用三角的方法精确地测量了地球的大小，他的数据比前人精确很多，被引用在《函数尺和直角仪的说明》和《地理学》等书中。1621年斯涅耳通过实验发现了光的折射定律。他把折射定律叙述为：在相同的入射与折射介质里，入射角和折射角的余割之比总是保持相同的值。他既没有推导、也没有公布过他的发现。惠更斯和伊萨克·沃斯两人声称曾在斯涅耳的手稿中看到相关记载。在现代书本中的折射的正弦定律是由笛卡儿在他的《屈光学》一书中提出的。笛卡儿没有做实验，是从一些假定出发从理论上推导出定律的。笛卡儿在书中没有提到斯涅耳，可能是他自己独立地发现了这个定律。此外，斯涅耳还研究出计算圆周率的新方法，可以正确地计算到小数点后7位。

序号	物理学家	传记
2	笛卡儿	参见“附表 1.2　机械运动研究领域物理学家传记描述”中的笛卡儿。
3	费马	费马（1601—1665），法国数学家，提出了光线传播的最小作用原理，也称费马原理，以此从数学上证明光的直线传播、反射定律与折射定律。 费马 1601 年出生于法国，最初学习法律，后来成为图卢兹议会议员。他博览群书，精通很多国家的文字。虽然费马在年近三十的时候才开始在业余时间从事数学研究，但取得了很多重要的成果。这些成果在他生前大多没有发表，很多论述遗留在旧纸堆里，或书页的空白处，或在给朋友的书信中。费马去世后，他的儿子整理了这些著述，汇集成书，于 1679 年出版。 费马对物理学的主要贡献是提出了几何光学的基本原理，即费马原理，内容为：光沿着所需时间为平稳的路径传播。所谓平稳可以理解为光程的变分等于零，此时光程取极大、极小或常量。费马原理又称最小时间原理或极短光程原理。由此原理可证明光在均匀介质中传播时遵从的直线传播定律、反射定律和折射定律以及傍轴条件下透镜的等光程性等，还可说明光路可逆性原理的正确性。 费马一生从未受过专门的数学教育，数学研究也不过是业余之爱好，然而，在 17 世纪的法国还找不到哪位数学家可以与之匹敌。他与笛卡儿共同创立了解析几何；创造了作曲线切线的方法；对于微积分诞生的贡献仅次于牛顿、莱布尼茨；通过提出有价值的猜想指明了关于整数的理论——数论的发展方向；他还通过与帕斯卡的通信研究了掷骰子赌博的输赢规律，从而成为古典概率论的奠基人之一。费马堪称是 17 世纪法国最伟大的数学家。
4	格里马尔迪	格里马尔迪（1618—1663），意大利物理学家、数学家，首先精确观察了光的衍射现象，其著作于去世后发表。 格里马尔迪 1618 年生于意大利的波洛尼亚，成年后任波洛尼亚大学教授，1640 年至 1650 年期间和意大利天文学家里希奥利一起研究了物体的下落问题，确定物体的下落距离与时间平方成正比。他们还通过精确计量摆的振动计算了地球的引力常量。格里马尔迪自己制作设备测量了月球山脉以及云的高度，月球上的一个火山坑就是以他的名字命名的。 格里马尔迪是第一个精确地观察并描述光衍射现象的人。1655 年他通过实验证实了光穿过一个小孔后并非沿直线前进的，而是形成一个光锥。他总结道：光不仅会沿直线传播、折射和反射，还能够以第四种方式传播，即通过衍射的形式传播。“衍射”一词就是他首先开始使用的。他的工作在他去世后的 1665 年发表。格里马尔迪观察到的现象被物理学家们认为是支持光波动说的主要证据。

续表

序号	物理学家	传记
5	巴托林纳斯	巴托林纳斯（1625—1698），丹麦医生、数学家、物理学家，罗默的老师，首先发现了光线通过冰洲石的双折射现象。 巴托林纳斯于1625年出生于丹麦的罗斯基勒郡，1664年在帕多瓦大学获得医学博士学位，然后在哥本哈根大学教授数学和医学。巴托林纳斯发展了笛卡儿的数学和光学，他最著名的工作是1669年发现光线通过冰洲石的双折射现象。惠更斯根据巴托林纳斯的论文进一步研究冰洲石的双折射现象，并发现了光的偏振现象。巴托林纳斯还是丹麦著名物理学家罗默的老师。
6	惠更斯	参见“附表1.2　机械运动研究领域物理学家传记描述”中的惠更斯。
7	牛顿	参见“附表1.2　机械运动研究领域物理学家传记描述”中的牛顿。
8	罗默	罗默（1644—1710），丹麦天文学家，巴托林纳斯的学生，首先推断出光速的有限性，并计算出光速的数量级。 罗默1644年生于丹麦的奥尔胡斯，年轻时进入哥本哈根大学师从巴托林纳斯学习医学和天文学，1672年到1676年期间，罗默到巴黎担任法国天文学家皮卡尔的助手，在这里他进行了著名的光速研究，1681年起他回到丹麦担任哥本哈根大学的天文学教授、皇家数学家。 木星是一个公转周期约为12年的太阳行星，它有4个可用望远镜直接看到的卫星，它们绕木星旋转的轨道平面几乎重合于地球和木星绕太阳旋转的轨道面，因而木星的卫星每绕木星一周将在进入木星影处发生一次掩食。最接近于木星的卫星，其周期约为7/4天，用望远镜可以观察到它发生掩食的瞬间。两次掩食的间隔时间就是卫星绕木星的公转周期。如果地球相对于木星的距离不变，或者光速为无限大，则每隔一个木卫的公转周期在地球上就看到该卫星的一次掩食。但是，如果光速不是无限大，加上地球每时都在改变着它与木星的距离，则在地球上看到的木星的卫星相邻掩食之间的时间间隔便要产生变化，这个变化与地球相对于木星距离的变化和光速的大小有关。 在罗默的年代，人们已经能够精确地知道木卫公转的运行时刻表，因而可以准确预测木卫被木星掩食的时刻。1676年罗默发现，一年之中，当地球在它的轨道上朝向木星运动时，木卫被掩食的时刻就逐渐提前；而当地球背离木星运动时，木卫被掩食的时刻就逐渐推迟。他由此推断，光一定具有某一有限的速度，他计算出光速用现代单位表示为227 000 km/s，在数量级上是正确的。 罗默也从事温度计和温标的研究工作，他制作了有两个固定点的温度计，荷兰物理学家华伦海特在罗默工作的启发下创立了华氏温标。

续表

序号	物理学家	传记
9	傅里叶	傅里叶（1768—1830），法国数学家、物理学家，提出了傅里叶级数理论、热传导方程。 傅里叶年幼时丧失双亲，其后由教会抚养，后进入军事院校读书。1795年，在巴黎高等师范学院执教，在此期间结识了拉格朗日和拉普拉斯等知名学者，并受到他们的巨大影响。傅里叶通过计算得出地球因为大气包裹而导致热量散失缓慢，被认为是最早“温室效应”提出者。后来，他发表了著作《热的分析理论》，在此书中提出任意函数都可以写成无穷个正弦函数的级数加和，后人为了纪念傅里叶的贡献，将这一函数变换关系称为傅里叶变换。此书同时还提出了热传导的偏微分方程。
10	托马斯·杨	托马斯·杨（1773—1829），英国物理学家，首次实验验证了光的干涉特性。 托马斯·杨开始学的是医学，在伦敦研究生理光学，他证明了眼睛适应不同距离的物体是靠改变眼球水晶体的曲度。他在哥根廷大学取得了博士学位，博士论文是关于声音和人的语言。在这个题目下，托马斯·杨联系自己早期的光学研究，提出声音和光都是波的振动。在论文中托马斯·杨最先指出了声波在互相重叠时有加强和减弱的现象，事实上指出了声波的干涉现象。 在托马斯·杨之前，玻意耳和胡克就已经在薄膜形成的彩色条纹现象上观察到了光的干涉现象，但是他们没能给出令人信服的解释。托马斯·杨抛弃了通常所认为的互相重叠的波只能相互加强的观念，而以自己所做的声波和水波的干涉实验出发，提出了一个大胆的假设，即在某些条件下，重叠的波也可以互相削弱，甚至还可以互相抵消。他还指出只有相干波源发出的波才能产生干涉。1801年托马斯·杨做了一个精彩的实验：他让一束狭窄的光束穿过两个十分靠近的小孔，透射到一块屏上，此时屏上显示出一系列明暗交替的条纹，这就是著名的杨氏干涉实验。同年，托马斯·杨在英国皇家学会的《哲学会刊》上发表论文，分别对“牛顿环”实验和自己的实验进行解释，首次提出了光的干涉的概念。虽然杨氏干涉实验是对光的波动性的强有力支持，但由于托马斯·杨与惠更斯一样，把光波看作一种纵波，导致用光的波动性解释光的偏振现象时发生了困难，使光的波动说陷入困境并遭到反驳。针对波动说所面临的偏振困难，托马斯·杨再次进行了深入的研究。后来，托马斯·杨放弃了惠更斯的光的纵波假说，提出了光是一种横波的假说，比较成功地化解了用波动说解释光偏振现象的困难。 1803年托马斯·杨在《物理光学的实验和计算》一文中，根据他所发现的干涉定律，试图解释光的衍射现象。在文中他还阐述了光从光疏介质发射到光密介质时发生的半波损失现象。托马斯·杨把干涉概念应用到牛顿环上，成为第一个近似测出光波长的人。他还利用光的干涉法测量出微粒的限度。 托马斯·杨还研究过力学、数学、光学、声学、热学、医学、造船工程、埃及学等，还精通绘画和音乐，可以说他是科学史上一位百科全书式的学者。

续表

序号	物理学家	传记
11	马吕斯	马吕斯（1775—1812），法国物理学家、数学家，发现了偏振光强度变化的马吕斯定律。 马吕斯1775年出生于法国巴黎，1796年毕业于巴黎综合理工学院，在校期间师从著名数学家、物理学家傅里叶。他发表了反射光呈现偏振特性的研究，并随后给出了著名的马吕斯定律。他还发表了晶体双折射现象的研究，并当选为法国科学院院士，且因为反射光偏振研究获得英国皇家学会的奖章。
12	布儒斯特	布儒斯特（1781—1868），英国物理学家、数学家、发明家，发现了光在介质界面反射和折射时的偏振规律，即布儒斯特定律。 布儒斯特1781年出生于英格兰的耶德堡。父亲是耶德堡德语学校的校长。布儒斯特12岁进入爱丁堡大学，1800年获得硕士学位。他1799年开始研究光的衍射，向英国皇家学会《哲学汇刊》及其他科学刊物投稿；1807年获阿伯丁大学博士学位；1808年被选为爱丁堡皇家学会会员；1808年至1830年间担任18卷的《爱丁堡百科全书》的编辑，撰写了大量文章；1815年被选为英国皇家学会会员，同年获得科普利奖章；1818年获得伦福德奖；1821年成为瑞典皇家科学院的外籍院士。 布儒斯特在光学领域最著名的工作是发现了光在介质界面反射和折射时的偏振规律，即布儒斯特定律：当入射角的正切等于折射介质与入射介质的折射率之比时，反射光将为线偏振光，此时的入射角称为布儒斯特角。布儒斯特定律在现代光学技术中有重要的意义。当入射角为布儒斯特角时，偏振状态的光能百分之百地进入折射方介质，利用这种特性可以制备无损耗的激光窗口，外腔式气体激光器中便利用了这一原理。 此外，布儒斯特还研究了压力引起的双折射现象，发现了光弹性效应，促使光矿物学这一新领域的诞生。他发明了双筒望远镜、偏光计，改进了灯塔照明装置，被他同时代的科学家誉为“现代实验光学之父”。布儒斯特还是万花筒的发明者，即使是非科学领域的民众也认识他，他的肖像甚至被印在雪茄盒上。
13	夫琅禾费	夫琅禾费（1787—1826），德国物理学家、光学镜片制造商。第一个用光栅作为分光装置的人，并将其应用于光谱分析中。 夫琅禾费1787年生于现德国的巴伐利亚州的施特劳宾市，是家里的第11个孩子。11岁时成为慕尼黑的一家玻璃工坊的学徒，14岁时工坊因年久失修坍塌，夫琅禾费成为唯一的幸存者。得救后被巴伐利亚的贵族收留并被送往一家光学玻璃工厂学习玻璃制作工艺，在这里夫琅禾费发现了制造精密光学玻璃的方法。在夫琅禾费的努力下，巴伐利亚取代英国成为欧洲玻璃仪器制作的中心。1826年夫琅禾费由于常年从事玻璃制作，因重金属中毒而离世。 1814年夫琅禾费用自己制造的棱镜分光仪发现了太阳的近600条光谱

续表

序号	物理学家	传记
13	夫琅禾费	线，并发现其他恒星和太阳光谱的不同，但是这一发现当时并未引起科学界的重视，后人把这些谱线统称为夫琅禾费谱线。夫琅禾费是第一个用光栅作为分光装置的人，并将其应用于光谱分析中。后人为了纪念夫琅禾费在光学领域的贡献，将远场衍射命名为夫琅禾费衍射。
14	菲涅耳	菲涅耳（1788—1827），法国数学家、物理学家、工程师，建立了光的惠更斯－菲涅耳衍射理论。 菲涅耳在学生时代身体虚弱，读书也显得吃力。他 16 岁时进入巴黎综合工科学校，然后进入了巴黎桥梁和道路专业学校，毕业后成为政府工程师。1814 年菲涅耳开始进行光学研究。1815 年菲涅耳向法国科学院提交了一篇关于衍射的重要论文，他采用和发展了惠更斯的子波原理，认为子波之间是相互作用的，并且用数学分析的方法对衍射现象进行计算。这篇论文得到法国科学院的阿拉果的支持，阿拉果还向菲涅耳介绍了英国的托马斯·杨的干涉理论。但是科学院的数学家拉普拉斯、泊松等人对菲涅耳的论文提出了反对意见。菲涅耳并未气馁，他在阿拉果的支持下继续进行研究，于 1818 年建立了完善的光的衍射理论。此后菲涅耳又研究了偏振现象，论证了光波的横波性质；应用衍射理论确立了反射和折射的定量定律；建立了双折射理论和晶体光学。 1818 年菲涅耳来到巴黎，在灯塔照明改组委员会工作。他经过 8 年努力，设计出一种特殊结构的阶梯多级透镜系统，大大改进了灯塔照明系统。 1823 年菲涅耳当选为法国科学院院士。1825 年他又被选为英国皇家学会会员。1827 年菲涅耳患肺病去世，年仅 39 岁。
15	亥姆霍兹	参见“附表 2.2　热运动领域物理学家传记”中的亥姆霍兹。
16	阿贝	阿贝（1840—1905），德国物理学家，企业家。提出显微镜衍射二次成像理论。 1840 年阿贝出生于德国一普通工人家庭，通过自身努力学习，1861 年取得哥廷根大学博士学位，1870 年成为耶拿大学天文和气象台主任。1866 年阿贝开始和德国著名的光学仪器制造厂商蔡司公司合作，从事显微镜方面的研究。1873 年阿贝提出显微镜成像分辨率极限的计算方法，同时还提出了显微镜衍射二次成像理论。尽管这一理论在当时是针对显微镜作出的，但它对现代光学实验具有重要意义。在激光出现以后，大量以激光为实验条件的光学变换实验都是以阿贝的二次成像理论为基础进行发展的。1888 年，阿贝接掌蔡司公司，其后开始推行 8 小时工作制、带薪休假和退休金等福利制度，成为现代劳动保障制度的先行者。
17	瑞利	瑞利（1842—1919），英国物理学家。发现瑞利散射，由于氩气发现获得 1902 年诺贝尔物理学奖。 瑞利本名约翰·威廉·斯特拉特，因继承父亲爵位，被称为瑞利男爵。1873 年瑞利当选英国皇家学会院士，1879 年接替麦克斯韦担任剑桥大学卡

续表

序号	物理学家	传记
17	瑞利	文迪什实验室主任，1905 年到 1908 年，担任英国皇家学会会长，1908 年到去世前担任剑桥大学校长。 1879 年瑞利提出瑞利判决，解决了光学仪器分辨本领问题。1893 年瑞利和苏格兰化学家拉姆齐合作发现氩气，并因此获得 1904 年诺贝尔物理学奖，后者获得诺贝尔化学奖。1900 年瑞利提出瑞利散射公式，解释了天空为什么是蓝色的，同年根据经典统计理论提出解释黑体辐射的公式，此公式后来被英国物理学家金斯所修正，后人称为瑞利 - 金斯公式，由于此公式存在缺陷，会导致辐射场高频部分辐射场的能量密度无限增大，史称“紫外灾难”。
18	麦克斯韦	参见“附表 3.2　电磁现象领域物理学家传记”中的麦克斯韦。
19	爱因斯坦	参见“附表 6.2　时空结构领域物理学家传记”中的爱因斯坦。
20	康普顿	康普顿（1892—1962），美国物理学家，因发现康普顿效应获 1927 年诺贝尔物理学奖。 康普顿 1892 年出生于美国俄亥俄州的伍斯特市，1913 年毕业于伍斯特学院，同年进入普林斯顿大学，1916 年获物理学博士学位，之后到明尼苏达大学任教。1919 年赴英国卡文迪什实验室，在 G. P. 汤姆孙指导下工作，研究 γ 射线的散射和吸收。1920 年康普顿回到美国圣路易斯华盛顿大学，在物理系任教，1923 年到芝加哥大学任物理教授，1934 年任美国物理学会主席，1945 年任圣路易斯华盛顿大学校长。 康普顿在研究 X 射线与物质散射时，发现 X 射线经散射后，有一部分的波长增加了，波长的改变随散射角的不同而不同，而与入射 X 射线的波长无关，这就是康普顿效应。康普顿起初试图用光的电磁波理论解释这个现象，但没有成功。最后转而采用光量子概念，并假定光子在与电子碰撞过程中既遵守能量守恒定律、又遵守动量守恒定律，终于合理解释了实验现象。1923 年康普顿以《X 射线受轻原子散射的量子理论》为题，将研究结果发表在美国科学刊物《物理评论》上。论文引起了强烈的反响，索末菲、爱因斯坦等物理学家热情赞扬了康普顿的工作。但也有一些物理学家站在经典物理学立场上对康普顿的实验结果和理论解释提出了质疑。例如当时的著名 X 射线专家、美国哈佛大学教授杜安就宣称没有观察到康普顿效应。为了回应质疑，康普顿的研究生之一、我国物理学家吴有训采用多种材料作为散射物，取得了大量确凿的实验数据，证明了康普顿效应对所有物质都是有效的。吴有训的工作为康普顿效应最终获得公认起到了关键的作用。 康普顿效应的发现和理论解释为光的波粒二象性假说提供了更确切的证据，对量子力学的发展产生了重要的作用，康普顿也因此和威耳孙分享了 1927 年诺贝尔物理学奖。

附录 5　微观领域物理学家传记

附表 5.1　微观领域物理学家一览表

序号	国籍	中译名	外文名	生卒年	终年	人物关系与代表性贡献	传记配音
1	瑞士	巴耳末	Johann Jakob Balmer	1825—1898	73	从数学角度，提出了氢原子光谱波长规律的经验公式，即巴耳末公式。	
2	德国	伦琴	Wilhelm Konrad Röntgen	1845—1923	78 岁	因发现了 X 射线而获 1901 年首次诺贝尔物理学奖。	
3	法国	贝可勒尔	Henri Becquerel	1852—1908	56 岁	由于在放射性上的发现和研究与居里夫妇共同获得 1903 年诺贝尔物理学奖。	
4	瑞典	里德伯	Johannes Rydberg	1854—1919	65 岁	提出了多种元素光谱线规律的经验公式，即里德伯公式，巴耳末公式是其中的一个特例。	
5	英国	J.J. 汤姆孙	Joseph John Thomson	1856—1940	84 岁	卢瑟福的指导老师，G.P. 汤姆孙的父亲，因发现电子而获 1906 年诺贝尔物理学奖。	
6	德国	普朗克	Max Karl Planck	1858—1947	89 岁	因发现能量子而获 1918 年诺贝尔物理学奖。	
7	法国	皮埃尔·居里	Pièrre Curie	1859—1906	47 岁	由于在放射性上的发现和研究而与其夫人玛丽·居里及同事贝可勒尔共同获得 1903 年诺贝尔物理学奖。	

续表

序号	国籍	中译名	外文名	生卒年	终年	人物关系与代表性贡献	传记配音
8	法国	玛丽·居里	Marie Curie	1867—1934	67 岁	由于在放射性上的发现和研究而与丈夫皮埃尔·居里及同事贝可勒尔共同获得 1903 年诺贝尔物理学奖，又因镭元素的发现而获 1911 年诺贝尔化学奖。	
9	德国	维恩	Wilhelm Wien	1864—1928	64 岁	因发现了热辐射定律而获得 1911 年诺贝尔物理学奖。	
10	德国	索末菲	Arnold Johannes Wilhelm Sommerfeld	1868—1951	83 岁	泡利、海森伯的指导老师，给出了瑞利－索末菲衍射公式，提出了玻尔-索末菲原子模型。	
11	英国	卢瑟福	Ernest Rutherford	1871—1937	66 岁	玻尔的指导老师，建立了原子的核式结构模型，因对元素蜕变以及放射化学的研究而获 1908 年诺贝尔化学奖。	
12	美国	爱因斯坦	Albert Einstein	1879—1955	76 岁	创立了狭义相对论和广义相对论；在热力学统计物理和光的量子理论等领域也都做出了开创性的工作；由于在光电效应方面的研究而获 1921 年诺贝尔物理学奖。	
13	美国	戴维森	Clinton Joseph Davisson	1881—1958	77 岁	革末的指导老师，因实验发现了晶体对电子的衍射而与 G.P. 汤姆孙分享 1937 年诺贝尔物理学奖。	
14	德国	玻恩	Max Born	1882—1970	88 岁	因对波函数的统计学诠释而获 1954 年诺贝尔物理学奖。	

续表

序号	国籍	中译名	外文名	生卒年	终年	人物关系与代表性贡献	传记配音
15	丹麦	玻尔	Niels Henrik David Bohr	1885—1962	77 岁	哥本哈根学派的创始人，海森伯的指导老师，因对原子结构以及原子的辐射研究而获 1922 年诺贝尔物理学奖。	
16	奥地利	薛定谔	Erwin Schrödinger	1887—1961	74 岁	因提出了薛定谔方程而与狄拉克共获 1933 年诺贝尔物理学奖。	
17	英国	查德威克	James Chadwick	1891—1974	83 岁	因发现中子而获 1935 年诺贝尔物理学奖。	
18	英国	G.P. 汤姆孙	George Paget Thomson	1892—1975	83 岁	J.J. 汤姆孙之子，因实验发现晶体对电子的衍射而与戴维森分享 1937 年诺贝尔物理学奖。	
19	法国	德布罗意	Louis Victor de Broglie	1892—1987	95 岁	因提出电子的波动性而获 1929 年诺贝尔物理学奖。	
20	美国	革末	Lester Germer	1896—1971	75 岁	戴维森的助手，协助戴维森进行了电子衍射实验。	
21	奥地利	泡利	Wolfgang Pauli	1900—1958	58 岁	因发现泡利不相容原理而获 1945 年诺贝尔物理学奖。	
22	德国	海森伯	Werner Karl Heisenberg	1901—1976	75 岁	因创立矩阵力学而获 1932 年诺贝尔物理学奖。	
23	英国	狄拉克	Paul Adrien Maurice Dirac	1902—1984	82 岁	因提出了狄拉克方程而与薛定谔共获 1933 年诺贝尔物理学奖。	

续表

序号	国籍	中译名	外文名	生卒年	终年	人物关系与代表性贡献	传记配音
24	美国	费曼	Richard Phillips Feynman	1918—1988	70 岁	因在量子电动力学方面所做的基础工作而与朝永振一郎、施温格共获 1965 年诺贝尔物理学奖。	
25	英国	贝尔	John Stewart Bell	1928—1990	62 岁	提出了检验量子力学是否完备的贝尔不等式。	

附表 5.2　微观领域物理学家传记

序号	物理学家	传记
1	巴耳末	巴耳末（1825—1898），瑞士物理学家、数学家，从数学角度提出了氢原子光谱波长规律的经验公式，即巴耳末公式。 1825 年巴耳末出生于瑞士的洛桑市，中学时代的巴耳末在巴塞尔度过，后来曾经在卡尔斯鲁厄大学和柏林大学两地学习数学，1849 年获得博士学位，论文是关于摆线的研究。1859 年至 1897 年间，巴耳末在巴塞尔女子中学任教。从 1865 年至 1890 年间，巴耳末还兼任了巴塞尔大学的讲师。 19 世纪 80 年代，光谱学已经取得很大发展，积累了大量的数据资料，如果把某种元素的各种波长的光谱线排列在一起，看起来是有规律的，于是从事光谱研究的物理学家们试图用数学式表示光谱的规律。不过，当时的物理学家们仍然习惯于用力学理论推导物理现象的规律，也许正是由于这个原因，在光谱规律的研究上首先打开局面的不是物理学家，而是作为中学教师的巴耳末。巴耳末擅长几何，这个特长使他有可能从物理学家没有想到的角度取得成果。 1884 年巴耳末向瑞士科学协会报告了自己的发现，提出了氢原子光谱波长规律的经验公式，即巴耳末公式。根据巴耳末公式计算得到的可见光谱线的波长和实验测量的误差小于四万分之一。巴耳末公式打开了光谱奥秘的大门，找到了译解原子密码的依据。此后，氢原子的红外、紫外光谱以及更多元素的光谱规律被陆续总结出来，原子光谱学逐渐成为一门系统的学科。
2	伦琴	伦琴（1845—1923），德国物理学家，因发现了 X 射线而获 1901 年首届诺贝尔物理学奖。 伦琴 1845 年出生于德国莱茵州，幼年时随家人迁居到荷兰的阿佩尔多恩，并在那里开始受小学教育。伦琴 1862 年进入乌德列支技术学校，1865 年进入苏黎世联邦理工学院机械工程系学习，1868 年取得机械工程师文凭。之后他听取物理学家奥古斯特·孔特的建议，转向攻读实验物理学，于 1869 年以气体研究的论文在苏黎世大学获得博士学位。

续表

序号	物理学家	传记
2	伦琴	1870 年伦琴作为助教随孔特回到德国，1871 年进入维尔茨堡大学。后来又随孔特进入斯特拉斯堡大学，于 1876 年任数理副教授。这期间他主要研究有关气体、晶体方面的问题。他所做的实验严密、精确，被当时的物理学界称为“正统”的物理学家。1888 年 43 岁的伦琴接任了维尔茨堡大学新成立的物理研究所所长和物理学教授的职务，1894 年被选为维尔茨堡大学校长。 自 1895 年起，伦琴工作的注意力逐步转向对阴极射线的研究。在一次实验中，伦琴将一只放电管用黑纸严密地包裹起来，接通电源后，他发现附近的一块亚铂氰化钡荧光屏发出闪烁的微光，他逐渐增大荧光屏与放电管之间的距离，发现即使到两米远的距离光亮仍然会出现。伦琴意识到引起光亮的不是自己准备研究的阴极射线，因为阴极射线在空气中仅传播几厘米就会很快衰减殆尽。他继续试验，发现这种新的射线能够穿透书本、玻璃、橡胶以及除了铅和铂以外的各种金属。由于这种射线能使照相底片感光，因此，伦琴自己拍摄了一些有趣的照片，包括罗盘仪，装有砝码的木盒，他夫人带着戒指的手掌等。1895 年 12 月 28 日，伦琴向维尔茨堡物理医学学会提交了《一种新的射线 · 初步报告》的论文，报告了产生这种射线的方法和射线穿透各种物质的本领，并把这种新的射线命名为 X 射线。1897 年伦琴制成了第一个 X 射线管。 伦琴的发现震惊了世界，引起了物理学上的一场伟大的变革。瑞典皇家学院于 1901 年 12 月将首届诺贝尔物理学奖授予了伦琴。不过，由于伦琴的性格太过谦逊，他是诺贝尔奖获奖者中唯一没有作报告的获奖者。 伦琴清楚地知道自己的发现在科学、医学和工艺等方面的重大意义，但他不希望用自己的发现去换取金钱，拒绝了柏林通用电气公司高价购买其新发明的专利的建议。他得到的诺贝尔奖金也遵照他的遗嘱交给了维尔茨堡大学作为科研经费。 伦琴具有非凡的动手能力和熟练的实验操作技能，他喜欢利用简单的仪器进行工作，并能够自己制造研究和教学所必需的仪器。他曾说，“实验是最有力、最可靠的手段，它能使我们揭开自然界的秘密”。此外，伦琴还是一位体育运动爱好者，他喜欢划船、打猎和登山，也醉心于雪橇运动和骑马。
3	贝可勒尔	贝可勒尔（1852—1908），法国物理学家，由于在放射性上的发现和研究与居里夫妇共同获得 1903 年诺贝尔物理学奖。 贝可勒尔 1852 年出生于法国巴黎，1872 年进入巴黎综合工科学校学习，1874 年到桥梁公路学校学习，毕业后获工程师职位。贝可勒尔自 1892 年起任巴黎自然史博物馆物理学教授，1897 年当选为法国科学院院士，1908 年担任法国科学院院长。 贝可勒尔的祖父和父亲都是研究荧光和磷光的专家。因为铀盐会发出

续表

序号	物理学家	传记
3	贝可勒尔	特别明亮的磷光，具有特殊的光谱结构，所以贝可勒尔家的实验室里常年进行铀盐的试验。1896 年受伦琴发现 X 射线的激励，贝可勒尔开始试验荧光物质会不会产生 X 射线，起初并未得到结果。他改用铀盐做试验，先是把铀盐放在用黑纸包裹的照相底片上在阳光下暴晒，然后冲洗底片，发现确实出现了铀盐的轮廓。他认为是铀盐在阳光照射下发出了 X 射线。但是，紧接着巴黎连续多日阴雨，贝可勒尔把底片和铀盐保存在抽屉里。晴天后他准备做实验时，为谨慎起见，他先冲洗了一张底片，结果发现底片上也有铀盐的轮廓。他意识到这不是 X 射线，铀盐无须阳光照射，会自发地发射具有穿透能力的新射线。贝可勒尔由此发现了自发放射性现象，这是人类历史上第一次发现原子核现象，这一发现拉开了核物理学的研究序幕。
4	里德伯	里德伯（1854—1919），瑞典物理学家、光谱学家，提出了多种元素光谱线规律的经验公式，即里德伯公式，巴耳末公式是其中的一个特例。 里德伯 1854 年出生于瑞典的哈尔姆斯塔德，1873 年进入隆德大学学习，1879 年获数学博士学位，之后留在隆德大学，先担任数学助教，1882 年任物理讲师，1909 年成为教授。 里德伯在学生时代就已经知道门捷列夫的元素周期表，当时本生和基尔霍夫也已经发表了他们的光谱工作，表明物质在白炽或电离状态下的光谱线与元素特征存在密切的联系。里德伯从 1884 年开始致力于寻求各元素光谱线的规律，他考察了锂、钠、铁等多种元素，并采用前人提出的用波长的倒数表示谱线的方法，得出了一个经验公式，即里德伯公式。1887 年，他向瑞典皇家科学院提交了他的研究结果，1890 年正式出版。在此之前，瑞士的物理教师巴耳末在 1884 年发表了关于氢原子光谱线规律的巴耳末公式。不过里德伯是在不知道巴耳末公式的情况下得到自己的公式的。后来他发现巴耳末公式可以看作是自己公式的一个特例，里德伯公式和其中的里德伯常量具有更普遍的意义。1913 年玻尔在两人工作的基础上用量子概念给出了原子结构模型。
5	J.J. 汤姆孙	J.J. 汤姆孙（1856—1940），英国物理学家，卢瑟福的指导老师，G.P. 汤姆孙的父亲，因发现电子而获 1906 年诺贝尔物理学奖。 汤姆孙 1856 年出生于英国曼彻斯特，14 岁进入欧文学院学习物理学和数学，毕业后获奖学金到剑桥大学深造，在著名物理学家瑞利指导下系统研究电磁理论及实验。1884 年汤姆孙被选为英国皇家学会会员，随后任剑桥大学教授，并接替瑞利任第三任卡文迪什实验室主任，1918 年被选为三一学院院长。 汤姆孙对气体导电的理论和实验研究最重要的结果就是发现了电子。德国人普鲁克尔在研究低压气体放电时，发现在放电管正对阴极的管壁上发出绿色的荧光，这是某种看不见的射线从阴极发出撞击管壁引起的，后来

续表

序号	物理学家	传记
5	J.J. 汤姆孙	就称之为阴极射线。进一步实验表明，阴极射线沿直线行进，对物质有化学作用，性质上类似紫外线，因此当时的多数德国物理学家认为阴极射线是一种以太波。另一方面，英国物理学家克鲁克斯等人经过实验证明，阴极射线在磁场中会发生偏转，还可以传递能量和动量，因而认为阴极射线是带负电的粒子流。电磁波的发现者赫兹的学生勒纳在产生阴极射线的真空管末端嵌上一片仅几微米薄的铝箔作为窗口，发明了“勒纳窗”，这样就可以方便地研究透过铝箔射到管外的阴极射线，从而得到了一系列重要的发现：阴极射线可以穿过铝窗，在空气中继续穿行约 10 cm；可以使空气电离、使照相底片感光；速度可以很小，也可以接近光速。但对于阴极射线究竟是波还是粒子流，德国和英国的物理学家各持己见，谁也说服不了对方。 汤姆孙为了确定阴极射线的性质，进行了几项关键的实验。他增加实验中磁场的强度，改善真空管的真空度，并通过巧妙的设计，测得了阴极射线的电荷和在静电场中的偏转，证明了阴极射线是由带负电的微粒组成的。接下来他又进一步采用不同的真空管、不同的电极材料甚至不同的方法，经过多次测量，最终得到阴极射线的荷质比，是氢离子荷质比的 1/1837。汤姆孙因此判定，阴极射线微粒要比普通原子小得多，是原子的基本组成部分，后来他把这一微粒命名为“电子”。 汤姆孙连续担任卡文迪什实验室主任长达三十余年，把卡文迪什实验室建设成了世界一流的物理学研究基地。经他培养的研究人员中有 7 人获得诺贝尔奖。此外，他还整理出版了麦克斯韦的名著《电磁学通论（第三版）》。
6	普朗克	普朗克（1858—1947），德国物理学家，因发现能量子而获 1918 年诺贝尔物理学奖。 普朗克 1858 年生于德国的基尔市，父亲是慕尼黑大学的教授。普朗克 16 岁考入慕尼黑大学，1877 年转入柏林大学，1879 年获得博士学位。1885 年普朗克成为基尔大学的理论物理学副教授，1892 年升任柏林大学教授及新成立的物理研究所所长，1930 年被任命为德国威廉皇家学会会长，这个学会后来更名为 M. 普朗克学会。 普朗克对物理学最大的贡献是 1900 年提出的量子假说。早在 19 世纪初，人们就开始了对热辐射现象的研究，至 19 世纪末逐步认识到热辐射和光辐射都是电磁波。为了研究不依赖于物质物性的电磁辐射规律，物理学家们定义了一种理想的热腔模型——黑体，以此作为电磁辐射研究的典范。德国物理学家维恩导出了以他名字命名的黑体辐射公式，但是只在短波范围内与实验符合，在长波区域理论与实验偏差很大；英国物理学家瑞利和金斯导出的另一个公式，则只在长波范围才符合实验，在短波区域，由瑞利-金斯公式会得到能量趋向于无穷大的结果，有人称之为“紫外灾

续表

序号	物理学家	传记
6	普朗克	难”。1900 年普朗克根据实验结果，通过半经验的方法给出了自己的公式，被证实与实验完全符合。为了从理论上推导出普朗克公式，普朗克提出了这样的假说：物质辐射的能量是不连续的，只能是某个最小能量单位的整数倍。量子假说的提出，不仅解决了黑体辐射理论中存在的困难，而且开创了量子物理的新时代。 普朗克一生经历了两次世界大战，他的长子在第一次世界大战中受了重伤，次子在第二次世界大战中被纳粹处死。普朗克深感战争的残酷，他呼吁希特勒停止对犹太人的迫害，为此被免去了威廉皇家学会会长一职。
7	皮埃尔·居里	皮埃尔·居里（1859—1906），法国著名物理学家，由于在放射性上的发现和研究而与其夫人玛丽·居里及同事贝可勒尔共同获得 1903 年诺贝尔物理学奖。 皮埃尔·居里 1859 年生于法国巴黎，父亲是一名医生。皮埃尔从小就表现出惊人的记忆力和丰富的想象力，16 岁就进入巴黎大学学习，毕业后留校任实验室助教。1880 年皮埃尔和他的哥哥杰克斯·居里一起发现了晶体的压电现象，1883 年皮埃尔任巴黎市立理化学校物理实验室主任。1905 年皮埃尔被选为法国科学院院士。1906 年皮埃尔在巴黎街上不幸遇车祸逝世，年仅 47 岁。 皮埃尔早期的研究集中在磁学方面。他在实验中发现，铁磁物质在温度高于某一数值时，便失去铁磁性而呈现顺磁性，后来人们就把这一转变温度称为“居里点”。他还建立了顺磁质的磁化率与热力学温度成反比的“居里定律”，制作了称为“居里天平”的精密天平，这些研究使他获得了“实验物理大师”的称号。 1896 年法国科学家贝可勒尔发现了铀的放射性。皮埃尔的夫人玛丽·居里对此开始了深入研究。皮埃尔很快意识到妻子工作的重要性，决定暂时中止自己的研究，直接参与玛丽的工作。1898 年 7 月他们报告发现了新元素“钋”，1898 年末，居里夫妇证实了存在一种放射性极强的新元素“镭”。1902 年他们在缺乏经济支持、实验条件极其简陋的情况下，从几吨的沥青铀矿矿渣中提取出十分之一克的纯氯化镭，并初步测出镭的相对原子质量是 225。这一成果引起了世界科学界的瞩目，居里夫妇因此和贝可勒尔共同获得 1903 年的诺贝尔物理学奖。 镭的发现使人们很快意识到它在医学和生物学方面的重要作用。皮埃尔是第一批在自己身上试验镭的生理作用的实验者之一。他详细记载了试验时出现的严重的烧伤，并指出镭在罪恶的手里可能成为非常危险的东西。皮埃尔在他的诺贝尔奖获奖报告中提出了这样的问题：对自然奥秘的洞察是否总是造福于人类？人类是否已经成熟到使被发现的自然规律为自己服务？

续表

序号	物理学家	传记
8	玛丽·居里	玛丽·居里（1867—1934），波兰裔法国科学家、物理学家、化学家，世称“居里夫人”。她由于在放射性上的发现和研究而与丈夫皮埃尔·居里及同事贝可勒尔共同获得了1903年诺贝尔物理学奖，又因镭元素的发现而获1911年诺贝尔化学奖。 玛丽·居里1867年出生于波兰华沙，她的父亲是华沙一所中学的教师，由于在沙皇统治下波兰本国知识分子受到歧视，收入低微，玛丽一家生活相当清贫。玛丽先是靠当家庭教师支持姐姐去法国学医，直到姐姐毕业工作后，她才考入巴黎大学理学院开始深造。她在艰苦的条件下如饥似渴地学习，以优异的成绩获得了物理学毕业证书，并争取到波兰留学生奖学金，得以继续留在巴黎进行实验工作和准备博士论文。 1894年玛丽认识了皮埃尔，次年二人结婚。1896年法国科学家贝可勒尔发现了铀的放射性。1898年初，玛丽发现了钍和它的化合物也能像铀一样发出射线，接着又发现沥青铀矿和铜铀云母这两种矿物的放射强度要比铀或钍大得多。玛丽认为这两种矿物中一定含有新的不为人们所知的元素。在丈夫的支持下，她相继发现了新元素“钋”和放射性极强的新元素“镭”。1902年他们在缺乏经济支持、实验条件极其简陋的情况下，从几吨的沥青铀矿矿渣中提取出十分之一克的纯氯化镭，并初步测出镭的相对原子质量是225。这一成果引起了世界科学界的瞩目，居里夫妇因此和贝可勒尔共同获得了1903年的诺贝尔物理学奖。 1906年玛丽的丈夫皮埃尔不幸死于车祸，这一突如其来的打击使玛丽极度悲痛，但她坚强地挑起了全部工作和生活的重担，用加倍的工作来寄托对亲人的哀思。她接替了丈夫在巴黎大学的职务，成为这个大学的第一位女教授。1910年她完成了由镭盐分析出金属镭的精细实验，提炼出纯镭元素，并测出镭元素的各种特性。1911年玛丽·居里获得了诺贝尔化学奖。 第一次世界大战期间，玛丽·居里在巴黎组织了医疗所并领导装备了伦琴射线室，她还和女儿伊丽芙一起培训使用伦琴射线设备的人员，为法国的反侵略战斗贡献自己的力量。放射性的研究，特别是镭的发现突破了经典物理学的范围，使物理学进入了一个新的领域——微观世界，从而为原子物理学奠定了基础。1944年美国加利福尼亚大学人工制造成第96号元素，为了纪念居里一家对科学发展所作的不朽贡献，这一新元素命名为“锔”，英文名Curium。
9	维恩	维恩（1864—1928），德国物理学家，因发现热辐射定律而获得1911年诺贝尔物理学奖。 维恩1864年出生于东普鲁士，1882年至1886年期间先后到哥廷根大学和柏林大学学习，1886年获哲学博士学位，然后随他的老师亥姆霍兹工作了一段时间。后来，维恩先后担任亚琛大学教授、吉森大学物理学教授、维尔茨堡大学物理学教授、慕尼黑大学物理学教授。

续表

序号	物理学家	传记
9	维恩	美国物理学家兰利通过实验精确测量了一个被加热的空腔在各种温度下辐射能量密度随波长的分布，结果发现分布曲线都有一个峰，对应辐射能量最强的波长。随着温度的升高，峰的位置向短波方向移动。1893 年维恩用电磁理论和热力学理论对空腔辐射能量密度进行了推导，得出热辐射的维恩位移定律，也就是热辐射能量密度的峰值波长与温度成反比。维恩和卢默尔分别指出，用绝热器壁围住的带有一个小孔的空腔，它的热辐射性质等同于一个黑体。 1896 年维恩从热力学理论出发，推导出黑体辐射能量密度的一个普遍特性，即当波长与温度的乘积保持不变时，能量密度与波长的五次方成反比。这个规律也称为维恩定律，它为按照某一温度下的能量分布曲线求出其他温度下的曲线提供了可能性。在维恩定律的基础上，他又假设黑体辐射的特性与相同温度下的理想气体是一致的，引入气体分子的麦克斯韦速度分布公式，得出了黑体辐射能量密度按波长和温度分布的半经验公式，称维恩公式。维恩公式在短波范围内与实验结果符合得相当好，但是在长波区域与实验有很大偏差。这个偏差和瑞利-金斯公式在短波区域的困难一起，成为 19 世纪末期困扰物理学界的一项重大问题，最终促使普朗克提出了能量子假说。
10	索末菲	索末菲（1868—1951），德国理论物理学家，泡利、海森伯的指导老师，给出了瑞利-索末菲衍射公式，提出了玻尔-索末菲原子模型。 索末菲 1868 年出生于普鲁士柯尼斯堡（今俄罗斯加里宁格勒），并在柯尼斯堡大学学习，他的老师中有希尔伯特、赫维茨等著名的数学家。索末菲于 1891 年获博士学位，之后先在哥廷根担任助教，很快成为德国数学家克莱因的助手。按照德国学术制度，他以一篇关于衍射的数学理论的论文获得了大学讲师资格。索末菲给出求解衍射问题的瑞利-索末菲衍射公式，其倾斜因子和基尔霍夫衍射公式有所差别。1897 年索末菲到克劳斯塔尔矿业学院任数学教授，期间帮助克莱因编辑了数学百科全书的物理学部分以及关于偏微分方程的边界问题。1900 年索末菲到亚琛技术学院任力学教授，1906 年他接替玻耳兹曼任慕尼黑大学理论物理教授。 1913 年玻尔提出了关于氢原子结构的量子化模型。索末菲深入研究了玻尔的理论，于 1915 年提出用椭圆轨道修正玻尔的圆形轨道。他把爱因斯坦的相对论理论用于修正原子中电子的运动方程，解释了氢原子光谱的精细结构，并预言氦的光谱精细结构更易于观察到。1916 年帕邢通过实验证实了索末菲的预言，帕邢的实验结果也间接验证了爱因斯坦的狭义相对论理论。现在教科书上把这种原子模型称为玻尔-索末菲原子模型。索末菲还提出了电子轨道角动量在空间取向也是量子化的设想。 1919 年索末菲出版《原子结构和光谱线》一书，系统地阐述了他的理论，这本书成为早期量子论的经典之作，到 1935 年已出了第五版。索

序号	物理学家	传记
10	索末菲	末菲是一位卓越的导师和学术带头人，在他的带领下慕尼黑大学很快成为世界知名的理论物理中心之一。他鼓励学生用数学方法解决物理问题，培养出许多优秀的学生，仅诺贝尔奖得主就有四人：德拜、泡利、海森伯、贝特。
11	卢瑟福	卢瑟福（1871—1937），英国物理学家、化学家，玻尔的指导老师，建立了原子的核式结构模型，因对元素蜕变以及放射化学的研究而获 1908 年诺贝尔化学奖。 卢瑟福于 1871 年出生于新西兰的纳尔逊，18 岁时通过奖学金考试进入新西兰大学学习，1893 年获得文学硕士学位，1894 年获得理学硕士学位。1895 年卢瑟福到剑桥大学卡文迪什实验室，在 J.J. 汤姆孙指导下工作。1898 年卢瑟福到加拿大蒙特利尔，就任麦吉尔大学的麦克唐纳教授。1907 年他又回到英国，担任曼彻斯特大学实验物理学教授，1919 年应邀到剑桥接替退休的 J.J. 汤姆孙，担任卡文迪什实验室主任，1925 年当选为英国皇家学会主席，1931 年受封为纳尔逊男爵。1937 年 10 月 19 日卢瑟福因病在剑桥逝世，享年 66 岁。 卢瑟福对物理学的重要贡献是发现放射性元素的衰变和提出原子有核模型。贝可勒尔发现放射性后，卢瑟福的研究工作就转移到这一新领域，并且发现铀放射性辐射中的两种成分，一种是能使大量原子电离但易被吸收的辐射，称为 α 射线或 α 粒子；一种是产生较少电离但穿透力很强的辐射，称为 β 射线或 β 粒子，β 射线后来证实就是电子流。1902 年他与青年化学家 F. 索迪合作提出重元素自发蜕变理论，也就是放射性原子通过放出 α 粒子或 β 粒子而自发地衰变成另一种放射性元素的原子。1903 年卢瑟福从气体放电实验中证明 α 粒子可被电磁场偏转，由偏转方向证明它是带正电的粒子，又测定了它的速率和荷质比。1908 年正式确定 α 粒子就是氦核。 1909 年曼彻斯特大学的盖革和卢瑟福的研究生马斯登用 α 粒子轰击各种金属薄膜，发现透过薄膜的粒子束不都是沿原来方向前进的，而是有一少部分偏离原来方向。他们进一步详细测量粒子数在各方向上散射分布的情况，发现了极少数的意料不到的大角度散射。卢瑟福感到这一结果同汤姆孙提出的原子模型有矛盾，进而在 1911 年提出有核的原子结构模型：原子有带正电的核，原子重量集中在核上，核半径小于 10^{-12} m，核的周围是带负电的电子，且绕核沿稳定轨道转动，在动力学上保持平衡。虽然这个模型尚待完善，但开创了原子核物理学的新领域。后来卢瑟福指出，氢核是正电荷的最小单元，是组成原子核的粒子，并将其命名为“质子”。 第一次世界大战期间，卢瑟福承担与战事有关的研究，寻求探测追踪潜水艇的方法，但他还是抽出时间继续一些核实验研究。1919 年他用 α 粒

续表

序号	物理学家	传记
11	卢瑟福	子轰击氮原子，结果氮原子转化为一个氧原子和一个氢原子，这标志着人类第一次实现了改变化学元素的人工核反应——元素的人工嬗变，而且宣告了核能研究的新时代。 1921年到1924年，卢瑟福和J. 查德威克已经证实，从原子序数为5的硼到原子序数为19的钾，除碳和氧之外，所有的元素都有类似的核反应，即捕获一个α粒子放出一个质子而转化为下一号元素。在此期间卢瑟福预言了氚的存在和中子的存在。1934年他和他的合作者们用氘核轰击氘，产生了氚，从而首次实现了核聚变反应。 卢瑟福擅长用非常简单的仪器作出一系列辉煌的发现，在教学上领导和培养了两代物理学家，其中有多位诺贝尔奖获得者。他和他的前辈J. J. 汤姆孙使卡文迪什实验室人才云集，成为物理学研究的重要中心。在第二次世界大战之初，他曾帮助过上千名科学家逃离德国。
12	爱因斯坦	参见“附表6.2　时空结构领域物理学家传记”中的爱因斯坦。
13	戴维森	戴维森（1881—1958），美国物理学家，革末的指导老师，因实验发现晶体对电子的衍射而与G.P. 汤姆孙分享了1937年诺贝尔物理学奖。 戴维森于1881年出生于美国伊利诺伊州，1902年获奖学金进入芝加哥大学，密立根是他的老师。戴维森毕业后到普林斯顿大学从事电子物理学研究，1917年进入贝尔电话实验室，1927年在进行二次电子发射研究时提出了著名的电子衍射实验，即戴维森-革末实验。之后戴维森致力于电子光学研究，1946年他离开贝尔实验室，任弗吉尼亚大学教授。 戴维森主要研究热电子发射和二次电子发射。1921年他和助手革末在用电子束轰击镍靶的实验中，注意到二次电子的角度分布不是预期的平滑曲线，而是出现几个极大值。在进一步实验中，由于设备故障，使本来为多晶态的镍靶转变为单晶，分布曲线出现了更加尖锐的峰值。戴维森意识到原子的重新排列在其中起到的关键作用，人为制作了更大的单晶镍，并选取特定的方向进行实验。由于他当时还不知道德布罗意波理论，因此未获得明确的结果。 后来戴维森有机会和著名物理学家理查森、玻恩等人讨论了自己的实验结果，并阅读了薛定谔的著作，开始有意识地寻找电子衍射的现象。经过两三个月的紧张实验，全面证实了电子波的存在。1927年4月，戴维森和助手革末在《自然》上发表了《镍单晶对电子散射》一文，展示了他们的实验结果，率先找到了电子衍射的实验证据，这一成果对物理学的发展有着重大意义。 戴维森的实验方法后来发展成为低能电子衍射技术，在表面物理学中发挥了重要作用。
14	玻恩	玻恩（1882—1970），德国物理学家，因对波函数的统计诠释而获1954年诺贝尔物理学奖。

续表

序号	物理学家	传记
14	玻恩	玻恩1882年出生于普鲁士的布雷斯劳，父亲是布雷斯劳大学医学系的教授。在父亲的建议下，玻恩在这所大学里听了数学、哲学、艺术学、天文学等不同学科的课。这期间他了解到著名天文学家弗兰兹的实际测量工作、数学教授雅科布·罗扎奈斯的矩阵计算课。后者对于玻恩理解海森伯的工作起到了重要的作用。1907年玻恩由于在弹性理论领域内的工作获得哲学博士学位。 1921年玻恩到哥廷根大学任教授。他的许多学生和助手来自世界各地，形成了一个人数众多的理论原子物理学学派——哥廷根学派。费米、狄拉克、泡利、海森伯等著名科学家都曾在这里学习或工作。1924年玻恩首先在一篇论文中采用了“量子力学”这个用语。1925年玻恩和约旦协助海森伯创立了矩阵力学。1926年1月，薛定谔的关于波动力学的论文发表，玻恩随后于同年12月发表论文《论碰撞过程中的量子力学》，从具体的碰撞问题分析提出了波函数的概率解释，由此获得1954年的诺贝尔物理学奖。玻恩于1926年发展了玻恩近似法，用来求解原子散射问题，奠定了量子力学微扰理论的基础，1938年提出倒易理论，即物理学基本定理在物理量从坐标表象变换到动量表象时保持不变。 玻恩领导的哥廷根学派建立了统计原子力学的基本原理。但是，玻恩本人从未从事核技术的研究，也未曾直接或间接参加原子弹的制造，他始终支持反对原子弹战争的一切主张。
15	玻尔	玻尔（1885—1962），丹麦物理学家，哥本哈根学派的创始人，海森伯的指导老师，因对原子结构以及原子的辐射发射出研究而获1922年诺贝尔物理学奖。 玻尔1885年出生于丹麦的哥本哈根，父亲是哥本哈根大学的生理学教授。玻尔于1903年进入哥本哈根大学学习物理学，1911年完成了金属电子论的论文，取得哲学博士学位。之后他到英国剑桥大学汤姆孙领导下的卡文迪什实验室工作，以后又到曼彻斯特大学的卢瑟福实验室工作。玻尔一直把卢瑟福当成自己的老师，非常赞赏他的学问和为人。玻尔于1912年回到丹麦，任哥本哈根大学讲师，1913年提出解释原子结构的玻尔理论，1914年到曼彻斯特大学任教，1916年任哥本哈根大学理论物理学教授。1921年哥本哈根大学根据他的倡议成立了理论物理研究所，玻尔担任所长，许多年轻有为的理论物理学家如海森伯、泡利、狄拉克等都曾到这里学习或工作，他们自由讨论、不断创新，最后发展成了著名的“哥本哈根学派”。 1913年玻尔发表了《论原子构造和分子构造》的长篇论文，提出了关于原子核式模型的三个基本假说，即原子只能处在一系列不连续的定态能级上，且定态原子不向外辐射能量；定态原子中电子的角动量是量子化的，取值等于普朗克常量的整数倍；当原子在两个能级之间跃迁时，发射

续表

序号	物理学家	传记
15	玻尔	或吸收的辐射能量等于两个能级之间的差的量子化跃迁假说。玻尔根据这三个假说计算了氢原子核外电子的量子化轨道半径和能级以及跃迁发出的光谱频率，所得结果与巴耳末提出的经验公式十分符合。这样玻尔就成功地说明了原子的结构和稳定性问题。玻尔的工作推动了量子力学的形成。1917 年玻尔发表论文《论线光谱的量子理论》，指出在大量子数条件下，量子理论得出的物理规律与经典理论相一致，他把此种对应关系称为“对应原理”。 1937 年夏，玻尔曾和他的夫人、儿子一起访问中国。1940 年德国入侵丹麦，玻尔拒绝与占领军合作。第二次世界大战爆发时，由于玻尔在原子核物理研究领域中的世界知名地位，以德国和美国为代表的交战国双方都试图得到他的帮助。1943 年玻尔秘密离开丹麦，辗转前往美国的洛斯阿拉莫斯，参加研制原子弹的“曼哈顿计划”。后来当情况表明希特勒德国已无力掌握原子武器时，玻尔曾竭力阻止使用美国的原子弹。他亲自找罗斯福总统进行会谈，但罗斯福不久后逝世，新上任的杜鲁门政府在广岛和长崎投掷了原子弹，令玻尔感到十分震惊和愤怒。战争结束后，他领衔推动了 1955 年在日内瓦召开的第一届国际和平利用原子能会议。
16	薛定谔	薛定谔（1887—1961），奥地利物理学家，因提出薛定谔方程而与狄拉克共获 1933 年诺贝尔物理学奖。 薛定谔 1887 年出生于奥地利的维也纳，在中学时就表现得很出色。他喜欢各种功课，既喜欢数学和物理，也十分擅长写作诗歌，对于登山、喜剧也都很热衷。薛定谔于 1906 年进入维也纳大学物理系学习，1910 年获得博士学位，并留在维也纳大学工作。1921—1926 年间任苏黎世大学理论物理学教授。1927 年继任柏林大学普朗克理论物理学教授，得以与普朗克、爱因斯坦、劳厄、迈特纳、能斯特等一流物理学家一起工作，并与普朗克和爱因斯坦等人建立了亲密的友谊。薛定谔是法西斯统治的反对者。1933 年他离开了自己的国家，前往英国等地。1939 年爱尔兰为薛定谔建立了一个高级研究所，他在这里工作了 17 年，不仅进一步研究了波动力学，而且研究了宇宙论问题和统一场论。直到 1956 年他才返回故乡，维也纳大学的物理研究所为他特设了教研室。 1925 年底到 1926 年初，薛定谔仔细研究了经典力学处理原子现象时遇到的困难，把这个问题同几何光学处理波动现象的困难进行类比，提出了“波动力学”的方法。1926 年薛定谔发表《作为本征值问题的量子化》的论文，提出了著名的薛定谔方程。薛定谔把核外电子轨道或分立的能级理解为波动方程的本征值，通过求解方程得出氢原子的玻尔能级、线性谐振子能级、定轴和自由转动以及双原子分子的能量，结果与实验相当符合。波动力学方法由于物理图像清晰、数学形式自然，并能普遍说明多种原子物理学现象，很快受到物理学家们的欢迎。

续表

序号	物理学家	传记
16	薛定谔	薛定谔对生物学、生理光学和颜色理论都做过研究。他提出了关于红-绿色盲和蓝-黄色盲的色觉理论，1944 年出版了《生命是什么》一书，试图用热力学、量子力学和化学理论来解释生命的本质，引起广泛关注，因此薛定谔也被认为是分子生物学的先驱。
17	查德威克	查德威克（1891—1974），英国实验物理学家，因发现了中子而获 1935 年诺贝尔物理学奖。 查德威克 1891 年出生于英国曼彻斯特，1911 年毕业于曼彻斯特大学，后又到剑桥大学深造，在卢瑟福指导下研究放射性。查德威克于 1914 年到德国跟随盖革学习放射性探测技术，1923 年到剑桥大学任教，1927 年当选为英国皇家学会会员，1945 年被封为爵士，1948 年起任剑桥大学戈维尔和凯尔斯学院院长。 查德威克主要从事原子核物理学的实验研究。1914 年他首先发现放射性物质的 β 射线能谱。1920 年他通过铂、银和铜核研究 α 粒子的散射，第一次直接测出了原子核的电荷，从而完全证实了核电荷数与元素的原子序数相等的结论。 查德威克对科学的最大贡献是发现了中子。卢瑟福预言原子核中可能存在“质子与电子紧密结合的中性双子”，也就是后来称为中子的粒子。自 1921 年起，查德威克和卡文迪什实验室的一些同事开始从实验上寻找中子。但由于放射源不够强，很长时间都没有获得结果。1930 年德国的博特和法国的约里奥-居里夫妇用 α 粒子轰击铍，观察到一种穿透性很强的辐射，认为它是一种 γ 辐射。查德威克和卢瑟福读到相关的论文后，敏锐地觉察到铍辐射绝不是 γ 辐射，很可能就是卢瑟福所预言的中子。 查德威克通过一系列实验研究，最后终于证实了中子的存在。中子的发现为原子的核式模型理论提供了重要依据。在查德威克的论文发表后不久，伊万年科和海森伯就相继独立地提出原子核是由质子和中子组成的。
18	G.P. 汤姆孙	G.P. 汤姆孙（1892—1975），英国物理学家，J.J. 汤姆孙之子，因实验发现了晶体对电子的衍射而与戴维森分享了 1937 年诺贝尔物理学奖。 G.P. 汤姆孙 1892 年出生于英国剑桥，是著名物理学家 J.J. 汤姆孙之子。G.P. 汤姆孙 1914 年毕业于剑桥大学三一学院，在父亲指导下从事研究工作。1914 年第一次世界大战爆发，他到军中从事飞机稳定性和空气动力学的研究，战后回到剑桥继续物理学和神学研究。1922 年被聘为阿伯丁大学自然哲学教授，在那里发表了观察到电子衍射的实验结果。1930 年 G.P. 汤姆孙被选为英国皇家学会会员，并任伦敦大学帝国科学技术学院教授。第二次世界大战期间，G.P. 汤姆孙担任为研制原子弹而成立的国家委员会主席，同美国原子弹计划保持着密切联系。战后他回到帝国科学技术学院，1952 年担任剑桥大学基督圣体学院院长。 1927 年 G.P. 汤姆孙和他的研究生雷德在《自然》上发表了他们做的

续表

序号	物理学家	传记
18	G.P. 汤姆孙	关于电子衍射的实验结果，比戴维森仅晚了两个月。G.P. 汤姆孙很早就了解了德布罗意的工作，因而是主动寻找关于电子波动性的证据的。他们使电子束经高达上万伏的电压加速，穿透不同材料制成的固体薄膜，直接产生了衍射花纹，比戴维森的结果更加清晰。
19	德布罗意	德布罗意（1892—1987），法国物理学家，因提出了电子的波动性而获1929年诺贝尔物理学奖。 德布罗意1892年出生在法国公爵家庭，1910年毕业于巴黎大学，获文学学位，后来兴趣转向理学，1913年又获得理学学位。他的哥哥莫里斯·德布罗意是一位实验物理学家，德布罗意在其影响下对新兴的量子学说产生了兴趣。德布罗意在一篇关于黑体辐射的文章中，成功地运用光量子假说和光子气假设，导出了普朗克的能量辐射定律，这篇文章可以看作玻色-爱因斯坦统计的先声。德布罗意受光的波粒二象性启发，在他的博士毕业论文《量子理论研究》中提出了适用于有质量粒子的“物质波”的概念，给出了物质波波长公式。他的导师朗之万把德布罗意的论文介绍给了爱因斯坦，爱因斯坦对论文作出了很高的评价，使德布罗意的发现引起物理学界的注意。德布罗意的物质波思想分别被美国戴维森于1927年4月以及英国的G.P. 汤姆孙于1927年6月在《自然》上发表的实验论文所证实。更为重要的是，在德布罗意物质波思想的启发下，奥地利薛定谔于1926年发表论文，给出了物质的波函数所满足的方程，即薛定谔方程，建立了波动形式的量子力学。
20	革末	革末（1896—1971），美国物理学家，戴维森的助手，协助戴维森进行了电子衍射实验。 革末1896年生于美国芝加哥，1917年毕业于康奈尔大学，之后到贝尔电话实验室工作，1927年在哥伦比亚大学获博士学位。同一年革末和他的导师戴维森做了著名的电子衍射实验，他们观察到低能电子从镍单晶表面的衍射显示波的特征。革末负责实验操作，并指出这种技术在清洁晶体表面结晶学研究中的潜在应用。之后革末致力于改善低能电子衍射的显示设备，并将其应用于晶体表面结构的研究。1961年革末从贝尔电话实验室退休，并到了康奈尔大学应用物理系，继续从事低能电子衍射研究。 革末是登山和攀岩运动的爱好者，1971年10月的一个周末，75岁的革末在攀岩运动中因心脏病发作去世。
21	泡利	泡利（1900—1958），奥地利物理学家，因发现了泡利不相容原理而获1945年诺贝尔物理学奖。 泡利1900年出生于奥地利的维也纳，1918年中学毕业后，到慕尼黑大学访问著名物理学家索末菲，要求做他的研究生，索末菲经过考查后收下了他。泡利1922年取得博士学位，同年到哥廷根大学当玻恩的助教，不久到玻尔主持的哥本哈根大学理论物理研究所从事研究工作，在这里提出

续表

序号	物理学家	传记
21	泡利	了反常塞曼效应的朗德因子。泡利 1923 年到汉堡大学任讲师，1925 年提出著名的“泡利不相容原理”，1928 年到瑞士苏黎世联邦理工学院任理论物理学教授，1935 年为躲避法西斯迫害到了美国，1940 年受聘为普林斯顿高级研究院教授，直到 1946 年才重返苏黎世。 泡利不相容原理是量子力学中的重要原理，这一原理指出，每一个确定的量子态中不可能存在多于一个的粒子。泡利是在研究反常塞曼效应的过程中，通过考查碱金属光谱的双重结构，引入“经典不能描述的双重值”概念的。因为当时并不知道电子具有自旋，一般用 3 个量子数描述电子，泡利的原理要求电子要有第四个量子数。后来人们认识到，所有自旋为半整数的粒子即费米子均受泡利不相容原理的限制。 泡利的另一个重要的贡献是提出了中微子的概念。1930 年他为了解释 β 衰变中电子能量的连续谱，提出了存在一种质量极小、穿透力极大的电中性粒子的假说，1934 年由费米命名为中微子，并发展成 β 衰变理论。1956 年由美国洛斯阿莫斯实验室的莱因斯实验小组在实验中检测到反中微子的存在。 1921 年索末菲推荐泡利为《数学科学百科全书》撰写了关于相对论的长篇综述文章，这一作品得到了爱因斯坦本人的高度赞许，并很快成为相对论的普及读物，至今仍是相对论的经典著作之一。 泡利为创立量子力学作出过许多重要贡献，尤其是提出了很多有建设性的意见，他的见解对于海森伯等人创立量子力学起着极其重要的作用。
22	海森伯	海森伯（1901—1976），德国物理学家，因创立了矩阵力学而获 1932 年诺贝尔物理学奖。 海森伯 1901 年出生于德国的维尔兹堡，他的父亲是一位中学教员，后来在慕尼黑大学任希腊语教授。海森伯 1920 年进入慕尼黑大学跟随理论物理学家索末菲学习，1923 年取得博士学位，然后他到哥廷根大学当玻恩的助手，1924 年到 1925 年期间海森伯到哥本哈根玻尔的理论物理研究所进修，在这里同克拉莫斯一起研究了原子的色散现象。 1925 年海森伯开始放弃玻尔的电子轨道概念，而把可以直接观察到的量，诸如光谱线的频率和强度，都直接安排在数学方程里。根据这种方法，海森伯能说明早期的玻尔学说所不能解决的问题，如塞曼效应。海森伯把玻尔的对应原理加以发展，于 1925 年 7 月提交《关于运动学和力学关系的量子论的重新解释》一文（12 月发表），为矩阵力学的建立奠定了基础。随后，玻恩审查该论文时认为可用矩阵形式来描述海森伯的理论，并在约旦的协助下，于同年 9 月提交《论量子力学》一文（12 月发表），完善了矩阵力学的公式形式。同年 11 月份，玻恩、海森伯和约旦又联合提交《论量子力学 Ⅱ》（1926 年 8 月发表），进一步完善了矩阵力学的形式和理论。1927 年 3 月海森伯发表了论文《关于量子理论运动学

续表

序号	物理学家	传记
22	海森伯	和力学的描述性内容》提出了著名的“不确定关系”，即粒子的坐标与动量的不确定度二者之乘积不可能等于零，而是有一个最小值。 1927年年仅26岁的海森伯被聘为莱比锡大学的理论物理学教授，成为德国当时最年轻的教授。1929年海森伯从美国讲学返回德国的途中，接受了当时是他学生的周培源教授的邀请访问了上海，曾到当时的中央研究院物理研究所参观，并担任中央研究院的名誉物理研究员。第二次世界大战期间，海森伯参加了德国核能反应堆的制造，是技术上的主要负责人。战后他担任普朗克物理研究所的领导工作，主要进行粒子的研究。
23	狄拉克	狄拉克（1902—1984），英国物理学家，因提出了狄拉克方程而与薛定谔共获1933年诺贝尔物理学奖。 狄拉克于1902年出生于英国的布里斯托尔，从小喜爱数学和自然科学，中学时自学了很多数学书籍，16岁即进入布里斯托尔大学学习，1923年到剑桥大学圣约翰学院做研究生，参加了很多学术活动。 1926年狄拉克撰写了以《量子力学》为题的博士论文，得到了学术界的普遍重视。不到25岁的狄拉克被聘为剑桥大学圣约翰学院的研究员。1928年狄拉克综合了量子力学在当时已有的研究成果，发表了论文《电子的量子理论》，阐述了量子力学不同表述的数学本质，并进一步提出了电子的相对论性方程——狄拉克方程，用以描述高速运动的电子体系。从狄拉克方程的解中可以导出电子具有自旋、负能量等重要结果。狄拉克还以他非凡的科学创见，预言了正电子的存在。后来美国物理学家安德森在宇宙射线中发现了正电子。狄拉克因提出狄拉克方程而与薛定谔共享了1933年诺贝尔物理学奖，他还被任命为剑桥大学的卢卡斯讲座数学教授，这是牛顿曾经担任过的荣誉职位。1939年4月，狄拉克发表了论文《量子力学的新符号》提出了一种全新的表示量子态的符号系统，即狄拉克符号。 狄拉克一生治学严谨，讲求实际，他平时以精确和沉默寡言著称，他在剑桥大学的同事曾经开玩笑地定义了“一个小时说一个字”为一个“狄拉克”单位。但他对于别人有独到见解的谈话总是乐于耐心地听取，对于如何理解物理学的真谛，狄拉克曾说：“自然的法则应该用优美的方程去描述。”
24	费曼	费曼（1918—1988），美国物理学家，因在量子电动力学所做的基础工作而与朝永振一郎、施温格共获1965年诺贝尔物理学奖。 费曼1918年出生于美国纽约，1935年进入麻省理工学院学习数学和物理学，1939年毕业后到普林斯顿大学做惠勒的研究生，致力于研究量子力学中的发散疑难。第二次世界大战期间费曼参加了美国洛斯阿莫斯研制原子弹的工作，1942年取得普林斯顿大学哲学博士学位，战争结束后费曼到康奈尔大学任教，1951年任加州理工学院教授。 费曼在20世纪40年代发展了用路径积分表达量子振幅的方法，并于

序号	物理学家	传记
24	费曼	1948 年提出量子电动力学新的理论形式、计算方法和重整化方法，从而避免了量子电动力学中的发散困难。他在 40 年代末提出的费曼图，可以简明扼要地表述场与场间的相互作用过程，至今仍被广泛运用。目前量子场论中的“费曼振幅”“费曼传播子”“费曼规则”等均是以他的姓氏命名的。 1986 年费曼应邀加入了调查美国航天局“挑战者”号失事原因的委员会。他通过认真调查，证明失事原因是用于密封的橡胶圈在寒冷的低温气候下失去了弹性。他还了解到发射前火箭公司就有工程师提出气候条件不适宜发射，但这位工程师的意见没有被采纳，这件事在当时引起了世界范围的轰动。 费曼的重要著作有《量子电动力学》《量子力学和路径积分》等，他的三卷《费曼物理学讲义》是美国 20 世纪 60 年代科学教育改革的重要尝试，讲义透彻论述了物理现象的本质和规律，内容丰富生动，富于启发，影响了全世界大批的理工科学生和教师，至今仍是优秀的物理学参考教材。
25	贝尔	贝尔（1928—1990），英国物理学家，提出检验量子学是否完备的贝尔不等式。 贝尔 1928 年出生在北爱尔兰的贝尔法斯特。16 岁时进入贝尔法斯特女王大学，先在实验室做实习助手，一年后成为物理专业学生。大学毕业后，贝尔先进入英国原子能管理局工作，后来转入欧洲核子研究中心，主要从事加速器设计工程的有关工作。 贝尔一直关注量子力学理论的发展。在他读大学期间，玻恩关于波函数的统计解释和海森伯不确定关系已经获得广泛认可，并编入教科书中了，贝尔却不认可这些所谓的正统解释。他认为不确定原理包含主观的成分，而物理理论应该是确定的和客观的。也可以说，在玻尔和爱因斯坦关于量子力学完备性的争执中，贝尔是站在爱因斯坦一方的。1964 年贝尔提出著名的贝尔不等式。他的主要思想如下：根据量子力学理论，可以推导出两个粒子之间存在一种特殊的“纠缠态”，对其中一个粒子的测量会影响到另外一个粒子的测量结果。即使把粒子分隔开足够远的距离，这种纠缠态仍然能够保持。这种纠缠态在以爱因斯坦为代表的经典理论观点看来是不合理的。按照爱因斯坦的观点，粒子的性质应该是客观实在的，不可能受测量行为的影响。贝尔首先假设爱因斯坦的观点正确，同时假设粒子之间不能存在超过光速的信息传递方式。在这两点假设的基础上，贝尔推导出，两个粒子测量结果的相关联程度不大于某一极限。这就是贝尔不等式。如果在实验中贝尔不等式成立，则说明爱因斯坦是正确的，量子力学是不完备的；反之，如果贝尔不等式不成立，也就是测量结果中，两个粒子的相关联程度超越了贝尔给出的极限，则证明量子力学是正确的，在两个粒子之间确实存在纠缠态。这样，贝尔不等式提供了一个用实验检验两种理论究竟哪个正确的判别标准。

续表

序号	物理学家	传记
25	贝尔	1982 年法国科学家阿斯派克特领导的研究团队在《物理评论快报》上报告，他们的实验获得了违反贝尔不等式的结果，也就是表明量子力学是正确的。

附录 6　时空结构领域物理学家传记

附表 6.1　时空结构领域物理学家一览表

序号	国籍	中译名	外文名	生卒年	终年	人物关系代表性贡献	传记配音
1	美国	莫雷	Edward Williams Morley	1838—1923	85 岁	与迈克耳孙合作进行了著名的测量“以太”的迈克耳孙-莫雷实验。	
2	匈牙利	厄特沃什	Roland Eötvös	1848—1919	71 岁	提出厄特沃什实验，精确验证引力质量与惯性质量相等。	
3	美国	迈克耳孙	Albert Abraham Michelson	1852—1931	79 岁	因发明了光学干涉仪而获 1907 年诺贝尔物理学奖。	
4	荷兰	洛伦兹	Hendrik Antoon Lorentz	1853—1928	75 岁	因塞曼效应的发现和解释而获 1902 年诺贝尔物理学奖，给出了电磁力的统一表述公式以及狭义相对论中的洛伦兹变换公式。	
5	法国	庞加莱	Jules Henri Poincaré	1854—1912	58 岁	独立于爱因斯坦提出了物理规律的相对性原理和光速不变原理，从数学的角度建立了狭义相对论基本理论。	
6	德国	闵可夫斯基	Hermann Minkowski	1864—1909	45 岁	提出了四维时空结构，为相对论提供了数学方法。	

续表

序号	国籍	中译名	外文名	生卒年	终年	人物关系代表性贡献	传记配音
7	美国	爱因斯坦	Albert Einstein	1879—1955	76 岁	创立了狭义相对论和广义相对论；在热力学统计物理和光的量子理论等领域也都做出了开创性的工作；由于在光电效应方面的研究而获 1921 年诺贝尔物理学奖。	
8	英国	爱丁顿	Arthur Stanley Eddington	1882—1944	62 岁	通过观测日全食验证了广义相对论的光线在引力场中偏折效应。	

附表 6.2　时空结构领域物理学家传记

序号	物理学家	传记
1	莫雷	莫雷（1838—1923），美国化学家、物理学家，与迈克耳孙合作进行了著名的测量“以太”的迈克耳孙-莫雷实验。 莫雷 1838 年出生于美国新泽西州，1857 年进入威廉姆斯大学，1860 年毕业后留在该学校任教。莫雷自己安装经纬仪和计时装置，精确测定了学校天文台的纬度，以此发表了自己的第一篇论文。莫雷 1863 年获硕士学位，1868 年被聘为俄亥俄州的凯斯西储大学化学教授，1895 年任美国科学促进会主席，1899 年任美国化学学会主席，1906 年退休后，他搬到康涅狄格州，在自己的实验室研究岩石和矿物。 1882 年由于学校迁址，莫雷得以认识当时在凯斯应用科学学院任教授的迈克耳孙，二人开始测量光速的合作。莫雷善于动手制作实验设备，在合作完成著名的迈克耳孙-莫雷实验过程中起到了重要的作用。但他并不十分了解这一实验的意义，在几次实验发布了“零结果”之后就转而从事化学研究了。 莫雷最有意义且毕生从事的工作是精确测量了氧原子相对氢原子的质量。他在实验中尽力使误差减小到最低的程度，还富有创造性地克服了测量仪器，如玻璃泡、天平所带来的误差，经过数年的辛勤细致的工作，莫雷完成了最后的计算，得出结果：以氢原子的质量为单位的氧原子的质量等于 15.879，这在当时、甚至今天都是相当精确的结果。
2	厄特沃什	厄特沃什（1848—1919），又译厄缶，匈牙利物理学家，提出了厄特沃什实验，精确验证引力质量与惯性质量相等。 厄特沃什 1848 年出生于匈牙利的布达佩斯，1865 年进入布达佩斯大学学习法律，1867 年转入德国海德堡大学，学习数理科学，1870 年获博士学位，1872 年任布达佩斯大学教授，1889 年到 1905 年任匈牙利科学院院长，1891 年被选为匈牙利数学物理学会第一届理事长。

续表

序号	物理学家	传记
2	厄特沃什	19 世纪 80 年代，匈牙利自然科学协会号召国内的科学家们对匈牙利各地的重力加速度进行精确测量，促使厄特沃什把注意力转向引力问题。他研究了卡文迪什测引力常量的扭秤方法，作了一些重要改进，发展了扭秤在地球物理勘探方面的应用。 1889 年厄特沃什用改进的扭秤进行了验证引力质量和惯性质量相等实验，后称厄特沃什实验。厄特沃什用轻线将两个不同材料、质量相等的球悬挂在扭秤横杆的两端，使横杆沿东西方向放置。物体受地心引力和地球自转的惯性离心力作用。若物体的引力质量与惯性质量不等，则二者将产生一个使横杆转动的力矩，横杆的转动引起扭秤悬丝扭转，产生扭转力矩。当两个力矩平衡时系统静止。此时将整个实验装置转 180°，使两球的位置互换，则引力质量和惯性质量不等引起的力矩也变成相反方向，但悬丝的扭转力矩还未改变，两个力矩的效果叠加，则可观察到悬丝的转动。1889 年的实验表明，在 10^{-6} 精度内未观察到转动。以后厄特沃什和他的同事又重复了多次实验，将精度提高到 10^{-9}，表明引力质量和惯性质量精确相等。这一结论是广义相对论的重要实验基础。
3	迈克耳孙	迈克耳孙（1852—1931），美国物理学家，因发明光学干涉仪而获 1907 年诺贝尔物理学奖。 迈克耳孙 1852 年出生于波兰，后随家人迁居美国。1873 年迈克耳孙于美国海军军官学校毕业，然后留校担任物理教师。由于理论研究和航海方面的实际需要，他从 1879 年开始进行光速测量的工作。最初依靠一笔私人资助，改进了由菲索、傅科等人使用的测量光速的旋转镜装置，并发表了测量结果。他的工作引起美国航海历书局局长纽克姆的兴趣，以后两人合作并得到了美国政府的资助，对光速测量作了进一步的改进。 1880 年迈克耳孙被批准到欧洲攻读研究生，跟亥姆霍兹学习。在这里他接触到麦克斯韦关于测量地球相对以太运动速度的设想。当时人们普遍相信存在一种被称为“以太”的光介质，以太充满了宇宙空间并且在牛顿所提出的“绝对空间”中静止不动，地球及其他星体在“以太的海洋”中运动，光在“以太”中的速度是确定的，并且沿各个方向都相同的。这样由于地球的运动，按照速度叠加，在地球上测量各个方向的光速应该不同。麦克斯韦推导了这种差别的数量级，是与光速的平方成反比的，这么小的效应很难在实验中观测到。迈克耳孙提出，可以利用光的干涉效应来测出这一微小的差别。他设计制造了一台称为干涉仪的仪器，将一束光分成互相垂直的两路，当这两路光复合时会发生干涉，并且干涉条纹的位置与两路光到达接收面的时间差有关，即与不同方向的光速差有关。迈克耳孙设想，当转动整个装置时，由于地球上不同方向的光速不同，干涉条纹会发生平移，他根据已知的地球公转数据，估算出可以观察到约 0.4 个条纹移动，这是很容易观察到的现象了。1887 年迈克耳孙和莫雷合作开展实验，但是实验的结果却是根本观察不到条纹的移动！这就是著名的寻找“以太”漂移的零结果实验。后来迈克耳孙又和莫雷合作重新设计实验仪

续表

序号	物理学家	传记
3	迈克耳孙	器，大大提高了干涉仪的灵敏度，经过连续多天的观察，得到的仍是零结果。后来人们也把这个实验称作“迈克耳孙－莫雷实验”。 迈克耳孙-莫雷实验的零结果引起了洛伦兹、汤姆孙、菲兹杰惹等理论物理学家的注意，以后人们又在不同地点、不同条件下多次重复了这一实验，都得出了零的结果，也就是测量不出地球上不同方向的光速差别。这一结果后来由爱因斯坦在狭义相对论中以“光速不变原理”的形式给出了解释。 由于在精密光学仪器以及用这些仪器进行的光谱学和计量学方面的研究工作上作出了重大的贡献，迈克耳孙于1907年获得了诺贝尔物理学奖，成为历史上第一个获得诺贝尔奖的美国人。爱因斯坦评价他为“科学中的艺术家”。
4	洛伦兹	参见“附表3.2　电磁现象领域物理学家传记”中的洛伦兹。
5	庞加莱	庞加莱（1854—1912），法国数学家、物理学家、哲学家，独立于爱因斯坦提出了光速不变原理和物理规律的相对性原理，从数学角度建立了狭义相对论的基本理论。 亨利·庞加莱1854年出生于法国南锡的一个显赫世家。他的父亲L. 庞加莱是南锡医科大学教授，叔父A. 庞加莱是拿破仑政府的官员，堂弟R. 庞加莱在1913—1920年间任法兰西第三共和国总统。庞加莱1873年进入巴黎综合工科学校学习，1878年毕业后进入高等矿业学院，1879年获得博士学位。同年12月被卡昂大学聘为数学分析教授，1881年任巴黎大学教授，1906年当选为巴黎科学院主席，1908年被选为法国科学院院士。 庞加莱提出了光速不变原理和物理规律的相对性原理。1895年荷兰物理学家洛伦兹为了解释迈克耳孙-莫雷实验的结果，提出了著名的洛伦兹收缩假说，即假定物体沿其运动方向的长度会发生收缩，并且洛伦兹根据实验结果计算了收缩的因子。庞加莱认为，虽然洛伦兹理论“是现有理论中最好的”，但在探讨以太漂移实验或者其他新实验的过程中，针对每一个实验事实都要引入孤立的假设，这种方法肯定是不恰当的。他强调应该尝试引入一个更为普遍的观点。1898年庞加莱发表题目为《时间的测量》论文，首次提出了光速在真空中不变的假设。在1902年出版的《科学与假设》中，他再次强调了他的观点：“绝对空间是没有的，我们所理解的只不过是相对运动而已”。1904年在美国圣路易斯国际技术和科学会议的讲演中，庞加莱完整地提出了相对性原理，他指出：“不可能测出有重物质的绝对运动，或者更明确地说，不可能测出有重物质相对于以太的相对运动。人们所能提供的一切证据就是有重物质相对于有重物质的运动。根据相对性原理，无论对于固定的观察者，还是对于做匀速运动的观察者，物理现象的定律应该是相同的，于是我们没有也不可能有任何办法识别我们是否做匀速运动。” 庞加莱从数学角度建立了狭义相对论的基本理论。他分别于1905年6月和7月以相同的题目《论电子动力学》向法国的“科学院学报”和意大利“巴勒莫数学学会学报”提交了两篇有关相对论的理论论文，前一篇可以看作后一篇的

续表

序号	物理学家	传记
5	庞加莱	摘要。从坐标系时空变换的角度，庞加莱以系统分析洛伦兹变换本质为出发点，归纳和演绎了他命名的洛伦兹群的特征，引入 *ict* 作为假想的第四个维度的时间坐标，与三维空间坐标一起构成了四维时空坐标（即后来的闵可夫斯基所引入的闵氏空间），证明了三维空间的两个惯性参考系间的变换相当于两个具有共同原点的四维时空坐标轴的转动，这也意味着四维时空矢量的大小或者四维时空间隔的不变性。从物理学规律的角度，庞加莱严格证明了电动力学规律具有洛伦兹变换的协变性，给出了力的洛伦兹变换公式，分析了最小作用量原理与洛伦兹变换的兼容性，给出了带电粒子具有洛伦兹协变性的相对论运动方程等狭义相对论的基本理论。 作为 19 世纪末法国出色的科学家，庞加莱在数学、物理学、天文学方面都作出了卓越的贡献。仅以物理学为例，1895 年伦琴发现 X 射线后，庞加莱很快在法国科学院的例会上同贝可勒尔讨论了伦琴的新发现，正是在庞加莱的有意义的启发下，贝可勒尔从实验中发现了铀盐的放射性；1905 年爱因斯坦和斯莫卢霍夫斯基发展了建立在分子热运动基础之上的布朗运动理论，庞加莱随后指出，布朗运动所揭示的概率极小的可逆过程的存在，必将对卡诺原理或热力学第二定律产生重要影响。可见，庞加莱具有非凡的科学直觉。
6	闵可夫斯基	闵可夫斯基（1864—1909），德国数学家、物理学家，又译闵科夫斯基，他提出了四维时空结构，为相对论提供了数学方法。 闵可夫斯基 1864 年出生于立陶宛，他的父母是德国人。8 岁时全家到哥尼斯堡（现俄罗斯的加里宁格勒）定居。闵可夫斯基 1885 年在哥尼斯堡大学获得博士学位，1886 年任波恩大学讲师，1892 年升为副教授，1894 年接替希尔伯特任哥尼斯堡大学教授，1896 年到苏黎世执教，爱因斯坦曾经是他的学生。1902 年起任哥廷根大学教授。 闵可夫斯基在数论、代数和数学物理几个领域都有建树。他对物理学的主要影响是提出了四维时空的数学结构，也称“闵可夫斯基世界”，用以描述相对论中时间与空间联系的性质。在狭义相对论提出以前，时间与空间被认为是两个相互独立的概念，它们与物质的运动无关。在爱因斯坦 1905 年提出的狭义相对论中，两个事件的时间间隔和空间间隔都与观察者的运动速度有关。闵可夫斯基将时间作为一个维度坐标轴，与空间的三维坐标轴统一起来，构成四维时空结构。在这样的四维时空里，能够更加明晰地描述狭义相对论的概念和效应。闵可夫斯基的四维时空结构还可以推广到广义相对论中，可表示弯曲时空的效应，因此受到爱因斯坦的高度评价。 闵可夫斯基的主要论著有《数的几何》（1896）、《算术等价的不连续性》（1905）、《丢番图逼近》（1907）、《时间与空间》（1907）、《两篇关于电动力学基本公式的论文》（1909）等。
7	爱因斯坦	爱因斯坦（1879—1955），美籍犹太裔物理学家。他创立了狭义相对论和广义相对论，在热力学统计物理和光的量子理论等领域也都做出了开创性的工作，

续表

序号	物理学家	传记
7	爱因斯坦	由于在光电效应方面的研究而获 1921 年诺贝尔物理学奖。 爱因斯坦出生在德国南部的乌耳姆城。父亲是电气修理厂的小业主。爱因斯坦 6 岁时母亲就教他学习小提琴，此后他一直喜爱音乐。爱因斯坦在学校读书时并未得到过很高的评价，甚至有的教师认为他智力迟钝。不过，在叔父的影响下他对数学兴趣浓厚，舅父的影响又使他对科学有强烈的好奇心。他还自学了解析几何、微积分和一些理论物理学。1894 年爱因斯坦因厌恶德国军国主义教育放弃了德国国籍，1895 年进入瑞士阿劳市的州立中学，1896 年进瑞士苏黎世联邦理工学院师范系学习物理学，1900 年毕业，同一年他取得瑞士国籍。毕业后爱因斯坦曾一度找不到工作，所幸在一位同学父亲的推荐下，他终于谋到了伯尔尼瑞士专利局试用技术员的工作。爱因斯坦对这份工作感到很满意，他一面努力工作，一面业余研究物理和数学。这段时期成为他科学生涯中最富有创造性的时期。1905 年爱因斯坦在物理学三个不同领域（统计物理、量子论、时空理论）中取得了历史性的成就。同年，他以论文《分子大小的新测定法》取得苏黎世大学的博士学位。爱因斯坦 1909 年离开专利局任苏黎世大学理论物理学副教授，1911 年任布拉格德国大学理论物理学教授，1912 年任母校瑞士苏黎世联邦理工学院教授，1914 年应普朗克和能斯特的邀请，爱因斯坦回德国任威廉皇帝物理研究所所长兼柏林大学教授，直到 1933 年。在此期间，他于 1915 年建立了广义相对论。1933 年 1 月纳粹攫取德国政权后，爱因斯坦是科学界首要的迫害对象，3 月他避居比利时，9 月到英国，10 月转到美国普林斯顿，在新建的高级研究院任教授。1940 年爱因斯坦取得美国国籍，1955 年因病在普林斯顿去世。 爱因斯坦热爱和平，反对侵略战争，反对军国主义和法西斯主义。第一次世界大战爆发时，他在一份仅有四人赞同的反战宣言上签了名，随后又积极参加反战组织的活动。他对 1917 年俄国十月革命和 1918 年德国十一月革命都热情支持。第一次世界大战后，他致力于恢复各国人民相互谅解的活动，结果事与愿违。1922 年底到 1923 年初，爱因斯坦赴日本讲学曾两次路过并访问上海。1931 年日本侵占我国东三省，爱因斯坦强烈谴责日本的侵略行为，并与英国哲学家罗素等人一起发表宣言，呼吁世界各国抵制日货，支持中国的抗日战争。1933 年纳粹在德国取得执政地位，使他改变了反对一切战争和暴力的绝对和平主义的态度。1939 年爱因斯坦获悉铀核裂变及其链式反应的发现，在匈牙利物理学家西拉德推动下，上书当时的美国总统罗斯福，建议美国政府支持研制原子弹，以防德国占先。不过当他得悉美国的原子弹轰炸了人口稠密的日本城市时，大为震惊和愤怒。此后他一直努力反对美国的原子弹外交政策。第二次世界大战后，原子弹成为人类安全的极大障碍。他向全世界人民大声疾呼，要尽全力来防止核战争。他逝世前 7 天签署的《罗素-爱因斯坦宣言》，是当代反核战争和平运动的重要文献。爱因斯坦关心受纳粹残杀的犹太人的命运。第二次世界大战后他始终强调以色列同阿拉伯各国之间应“发展健康的睦邻关系”。

续表

序号	物理学家	传记
7	爱因斯坦	爱因斯坦最重要的科学成就是创立了狭义相对论和广义相对论。此外，他在热力学统计物理和光的量子理论等领域也都做出了开创性的工作。 狭义相对论与广义相对论方面： 1905年爱因斯坦在德国《物理学年鉴》上发表论文《论动体的电动力学》，完整地提出狭义相对论理论。论文中通过将电磁感应现象应用到动体上的分析，设想自然界中并不存在一种绝对的空间。从考察两个在空间上分隔开的事件的“同时性”问题入手，否定了绝对同时性，进而否定了绝对时间、绝对空间以及“以太”的存在。他把伽利略发现的力学运动的相对性，提升为一切物理理论都必须遵循的基本原理——狭义相对性原理（即物理规律在任何惯性系中都是相同的）。另一方面，又从菲末索实验和光行差概念出发，将光在真空中总是以一确定速度 c 传播提升为原理——光速不变原理。要使相对性原理和光速不变原理同时成立，不同惯性系的坐标之间的变换就不可能再是伽利略变换，而应该是类似于洛伦兹1904年发现的那种变换。对于洛伦兹变换，空间和时间长度不再是不变的，但包括麦克斯韦方程组在内的一切物理定律却是不变（即协变）的。经典的牛顿力学可以作为相对论力学在低速运动时的一种极限情况。 1905年9月，爱因斯坦写了《物体的惯性同它所含的能量有关吗？》一文，揭示了质量 m 和能量 E 的相当性，即 $E = mc^2$。后来人们发现，这个公式能够说明放射性元素（如镭）能释放出大量能量的原因，这也是利用原子能的理论基础。 狭义相对论建立后，爱因斯坦把相对性原理的适用范围推广到非惯性系。他从引力场中一切物体都具有同一加速度这一事实中找到了突破口，于1907年提出了等效原理，并且由此推论：在引力场中，钟要走得慢，光波波长要变化，光线要弯曲。1912年初，他意识到在引力场中欧几里得几何并不严格有效。同时他还发现洛伦兹变换不是普适的，需要寻求更普遍的变换关系；为了保证能量和动量守恒，引力场方程必须是非线性的、等效原理只对无限小区域有效。为解决这些问题，爱因斯坦在他的大学同学格罗斯曼教授的帮助下，学习了黎曼几何和张量分析。两人于1913年共同发表了重要论文《广义相对论纲要和引力理论》，提出了引力的度规场理论。1915年10月至11月他集中精力探索新的引力场方程，接连向普鲁士科学院提交了四篇论文。在第一篇论文中他得到了满足守恒定律的普遍协变的引力场方程。第三篇论文中，他根据新的引力场方程，推算出水星近日点每100年的剩余进动值是43"，同观测结果完全一致，完满地解决了60多年来天文学中一大难题。同时还推算出光线经太阳表面所发生的偏折角度，这一预言于1919年由爱丁顿等人通过日食观测得到证实。在第四篇论文《引力的场方程》中，建立了真正普遍协变的引力场方程，宣告“广义相对论作为一种逻辑结构终于完成了”。 广义相对论的建立，把时空、物质及引力联系起来，物质的分布导致时空的弯曲，弯曲的时空又反过来决定物质的运动。这使人们对时空及引力的认识更深入一步，对后续物理学的发展产生了深远的影响。 热力学与统计物理方面：

续表

序号	物理学家	传记
7	爱因斯坦	1902 年爱因斯坦发表了题为《关于热平衡和热力学第二定律》的论文，从力学定律和概率运算推导出热平衡理论和热力学第二定律。阿伏伽德罗常量是说明分子实在性的基础，因此也是统计物理学的基本常量之一。爱因斯坦曾以多种方式研究它，并提出各种测定的方法。1905 年 3 月发表的《关于光的产生和转化的一个推测性观点》论文中，利用黑体辐射长波极限，推导出阿伏伽德罗常量 N_A 的理论值。在同一年提交的博士论文《分子大小的新测定法》中，爱因斯坦根据分子热运动的思想解释了布朗运动，指出了一种应用布朗运动数据推算阿伏伽德罗常量的方法，再次从理论上计算了 N_A 的数值。1907 年在《普朗克辐射理论和比热理论》一文中，他把量子概念扩展到物体内部的振动上，解释了低温条件下固体的比热容随温度下降的机制，同时提出一种测定 N_A 值的方法。1910 年他又提出用临界浮光测定 N_A 值的方法。这些方法后经实验证实，为确认分子的实在性提供了有力的支持。 1924 年爱因斯坦收到印度青年物理学家玻色寄给他的论文《普朗克定律和光量子假说》。这篇论文中，玻色提出了一个分析光子行为的统计力学方法，也就是现在我们所说的“玻色统计”。爱因斯坦立刻意识到这篇论文的重要性，他亲自把该论文译成德文，并通过自己的影响力将它发表在德国的学术刊物上。在玻色工作的基础上，爱因斯坦于 1924 年 9 月和 1925 年 2 月紧接着发表了《单原子理想气体的量子理论Ⅰ》和《单原子理想气体的量子理论Ⅱ》两篇论文，系统地创立了玻色-爱因斯坦统计理论。爱因斯坦还提出，无相互作用的玻色子在足够低的温度下将发生相变，即全部玻色子会分布在相同的最低能级上，这就是著名的“玻色-爱因斯坦凝聚”。 光的量子论和量子力学方面： 1900 年普朗克为了解释辐射实验中出现的能量不连续特性现象，提出了能量量子化假说。爱因斯坦在 1905 年 3 月发表《关于光的产生和转化的一个推测性观点》，进一步发展了普朗克的思想，把量子概念扩充到光的产生和转化过程中，提出了光量子（光子）概念，解释了赫兹在 1887 年实验中发现的光电效应现象。这一现象运用光的波动学说是无论如何解释不清的。他因此获得了 1921 年的诺贝尔物理学奖。 1909 年爱因斯坦在德国自然科学家协会大会上作题为《论我们关于辐射的本质和组成的观点的发展》的报告，更加明确地指出光的本质应该是“波动论和发射论的综合”，即现在所说的波粒二象性。1916 年他发表了《关于辐射的量子理论》论文，提出关于辐射的吸收和发射过程的统计理论，从玻尔的量子跃迁概念出发，用统计力学的方法推导出普朗克的辐射公式。论文中提出的受激发射概念，为激光器的发明提供了理论基础。在爱因斯坦波粒二象性概念的启发下，1924 年德布罗意在自己的博士论文中提出实物粒子也应当具有波粒二象性，即物质波理论。爱因斯坦高度评价了德布罗意的论文，使物质波概念得到当时物理学界的重视，成为量子力学诞生的标志。 尽管爱因斯坦是量子论的创立者之一，但是当玻恩等人提出量子力学的概率

续表

序号	物理学家	传记
7	爱因斯坦	诠释时，爱因斯坦却无法接受这一观点。他认为自然规律应该是完全确定的，不应包含概率的成分。爱因斯坦提出一个形象的比喻：上帝不是用掷骰子的方式做决定的。关于量子力学的概率诠释是否是完备的，爱因斯坦和以玻尔为代表的哥本哈根学派进行了长期的争论。在这个过程中，爱因斯坦提出了很多著名的思想实验，试图说明量子力学的概率诠释是不完备的。玻尔等针对这些实验一一进行了反驳，进一步证明了量子力学概念的合理性。其中比较著名的有爱因斯坦的“光子箱”实验以及爱因斯坦与波多尔斯基（B. Podolsky）以及罗森（N. Rosen）联名提出的“EPR 佯谬”。这些争论促进了量子力学理论的发展和完善。
8	爱丁顿	爱丁顿（1882—1944），英国天文学家、物理学家、数学家、科普作家，他通过观测日全食验证了广义相对论的光线在引力场中偏折效应。 爱丁顿 1882 年出生于英国的肯特郡，1898 年获得奖学金进入曼彻斯特的欧文斯学院学习物理学，1902 年获得剑桥大学三一学院的奖学金，1905 年获三一学院硕士学位，进入卡文迪什实验室研究热辐射，1907 年获得史密斯奖，同时获得剑桥大学的研究员资格，1913 年被任命为剑桥大学天文学和实验物理学终身教授，1914 年被任命为剑桥大学天文台台长，不久就被选为英国皇家学会会员，1938 年担任国际天文学联合会主席。 1916 年爱因斯坦发表了《广义相对论的基础》，对广义相对论的研究进行了全面的总结，并提出了三个可通过天文观测验证的推论，即水星轨道近日点的进动问题、光谱线在强引力场中的红移、光线在近日引力场中的偏折。当时的多数科学家对爱因斯坦的理论持怀疑甚至否定的态度，再加上正值第一次世界大战，英国与德国是敌对国，英国科学界也被反德情绪笼罩。尽管如此，爱因斯坦的论文还是通过荷兰的科学家转交到了英国皇家学会。爱丁顿当时是英国皇家天文学会的秘书，在仔细地阅读并研究之后，他充分地理解了相对论的理论，并且意识到其重要性。爱丁顿热情地向英国科学界的同事宣传爱因斯坦的理论，并决定利用即将于 1919 年 5 月发生的日全食进行天文观测，以验证光线在近日引力场中偏折的预言。 爱丁顿和他的同事，皇家天文学会的弗兰克·戴森爵士一起，从 1917 年即着手开始组织考察队、准备器材。他们计划分两组进行考察，一组由 A. C. D. 克洛梅林和 C. 戴维孙带领，去巴西的索布拉尔，另一组由 E. T. 科丁汉和爱丁顿领队，到西非的普林西比岛。1918 年 11 月第一次世界大战结束，他们不久就率队出发了。1919 年 5 月 29 日，日全食如期发生，两个考察组都拍摄到了日全食时太阳附近的恒星视位置，将它们与太阳处于其他位置时对同一星场所拍摄的底片进行比较，二者的差异就表示了光线在太阳附近经过时的偏折现象。经过计算，爱丁顿等人确信所观测到的恒星位置支持爱因斯坦的预言。这次考察的科学研究结果于 1919 年 11 月 6 日在英国皇家学会和皇家天文学会的联席会议上做了报告，爱因斯坦的理论经受住了考验，并且很快在世界范围内引起关

续表

序号	物理学家	传记
8	爱丁顿	注。爱丁顿本人也把这次考察称为“天文学研究中最激动人心的事件”。 爱丁顿是一位卓越的天体物理学家。他对恒星组成成分的研究对天文学理论具有重要影响。他建立了恒星质量与其亮度关系的定律，提出恒星内部由于引力造成的向内的压力必须准确地与气体压强即辐射造成的向外的压力相平衡。自然界密实物体的发光强度的极限被命名为“爱丁顿极限”。

附录 7　物理学常用数据

附表 7.1　常用物理常量表

物理量	符号	数值	单位	相对标准不确定度
真空中的光速	c	299 792 458	$m \cdot s^{-1}$	精确
普朗克常量	h	$6.626\ 070\ 15 \times 10^{-34}$	$J \cdot s$	精确
约化普朗克常量	$h/2\pi$	$1.054\ 571\ 817\cdots \times 10^{-34}$	$J \cdot s$	精确
元电荷	e	$1.602\ 176\ 634 \times 10^{-19}$	C	精确
阿伏伽德罗常量	N_A	$6.022\ 140\ 76 \times 10^{23}$	mol^{-1}	精确
摩尔气体常量	R	$8.314\ 462\ 618\cdots$	$J \cdot mol^{-1} \cdot K^{-1}$	精确
玻耳兹曼常量	k	$1.380\ 649 \times 10^{-23}$	$J \cdot K^{-1}$	精确
理想气体的摩尔体积（标准状态下）	V_m	$22.413\ 969\ 54\cdots \times 10^{-3}$	$m^3 \cdot mol^{-1}$	精确
斯特藩 - 玻耳兹曼常量	σ	$5.670\ 374\ 419\cdots \times 10^{-8}$	$W \cdot m^{-2} \cdot K^{-4}$	精确
维恩位移定律常量	b	$2.897\ 771\ 955 \times 10^{-3}$	$m \cdot K$	精确
引力常量	G	$6.674\ 30(15) \times 10^{-11}$	$m^3 \cdot kg^{-1} \cdot s^{-2}$	2.2×10^{-5}
真空磁导率	μ_0	$1.256\ 637\ 062\ 12(19) \times 10^{-6}$	$N \cdot A^{-2}$	1.5×10^{-10}
真空电容率	ε_0	$8.854\ 187\ 812\ 8(13) \times 10^{-12}$	$F \cdot m^{-1}$	1.5×10^{-10}
电子质量	m_e	$9.109\ 383\ 701\ 5(28) \times 10^{-31}$	kg	3.0×10^{-10}
电子荷质比	$-e/m_e$	$-1.758\ 820\ 010\ 76(53) \times 10^{11}$	$C \cdot kg^{-1}$	3.0×10^{-10}
质子质量	m_p	$1.672\ 621\ 923\ 69(51) \times 10^{-27}$	kg	3.1×10^{-10}
中子质量	m_n	$1.674\ 927\ 498\ 04(95) \times 10^{-27}$	kg	5.7×10^{-10}
里德伯常量	R_∞	$1.097\ 373\ 156\ 816\ 0(21) \times 10^{7}$	m^{-1}	1.9×10^{-12}
精细结构常数	α	$7.297\ 352\ 569\ 3(11) \times 10^{-3}$		1.5×10^{-10}
精细结构常数的倒数	α^{-1}	$137.035\ 999\ 084(21)$		1.5×10^{-10}
玻尔磁子	μ_B	$9.274\ 010\ 078\ 3(28) \times 10^{-24}$	$J \cdot T^{-1}$	3.0×10^{-10}

续表

物理量	符号	数值	单位	相对标准不确定度
核磁子	μ_N	$5.050\ 783\ 746\ 1(15)\times10^{-27}$	$J\cdot T^{-1}$	3.1×10^{-10}
玻尔半径	a_0	$5.291\ 772\ 109\ 03(80)\times10^{-11}$	m	1.5×10^{-10}
康普顿波长	λ_C	$2.426\ 310\ 238\ 67(73)\times10^{-12}$	m	3.0×10^{-10}
原子质量常量	m_u	$1.660\ 539\ 066\ 60(50)\times10^{-27}$	kg	3.0×10^{-10}

注：表中数据为国际科学理事会（ISC）国际数据委员会（CODATA）2018 年的国际推荐值。

附表 7.2　常用天文数据

常用天文量	具体数值
太阳质量	1.99×10^{30} kg
太阳平均密度	1.41×10^{3} kg/m^3
太阳半径	6.96×10^{5} km
太阳中心温度	1.5×10^{7} K
地球表面重力加速度，g（赤道） g（两极）	9.780 m/s^2 9.832 m/s^2
地球质量	5.98×10^{24} kg
地球半径	6.37×10^{6} m（平均值） $6.378\ 2\times10^{6}$ m（赤道） $6.356\ 8\times10^{6}$ m（两极）
地球平均密度	5.5×10^{3} kg/m^3
地球公转平均速度	29.79 km/s
地球自转周期	23 h 56 min 4 s
月球质量	7.35×10^{22} kg
月球半径	1 737 km
月球赤道表面重力加速度，$g_{月}$	1.62 m/s^2
日地平均距离	1.496×10^{8} km
月地平均距离	（384 401 ± 1）km